"十四五"职业教育国家规划教材

电力系统继电保护与自动装置

（第二版）

全国电力职业教育教材编审委员会　组　编

王　艳　杨利水　主　编

张成林　任　贤　杨　旭　副主编

刘晓芹　编　写

罗建华　主　审

中国电力出版社
CHINA ELECTRIC POWER PRESS

内 容 提 要

本书是"十四五"职业教育国家规划教材，采用"项目导向、任务驱动、理实一体"的教学模式，注重对学生职业能力的培养，实现了"教、学、做"的一体化，充分体现了高等职业教育的特色。

本书包括继电保护的基本知识和技能、输电线路的保护及自动重合闸、电力系统的元件保护、电力系统安全自动装置四个项目共十八个任务，涵盖了线路、母线、变压器、发电机、断路器、电抗器、电容器保护及备用电源自动投入、按频率自动减负荷、故障录波、发电机自动调节励磁、准同期自动并列装置等的原理及性能检验与运行维护。本书配套了数字教学资源和课程思政资源，以方便教学。

本书可作为高职院校电力类专业的教材，也可作为现场从事电力系统继电保护与自动装置技术人员的参考书。

图书在版编目（CIP）数据

电力系统继电保护与自动装置/王艳，杨利水主编；全国电力职业教育教材编审委员会组编. —2 版. —北京：中国电力出版社，2019.11（2024.1 重印）

全国电力高职高专"十三五"规划教材

ISBN 978-7-5198-3952-9

Ⅰ.①电⋯　Ⅱ.①王⋯②杨⋯③全⋯　Ⅲ.①电力系统-继电保护-高等职业教育-教材②电力系统-继电保护装置-高等职业教育-教材　Ⅳ.①TM77

中国版本图书馆 CIP 数据核字（2019）第 239352 号

出版发行：中国电力出版社
地　　址：北京市东城区北京站西街 19 号（邮政编码 100005）
网　　址：http://www.cepp.sgcc.com.cn
责任编辑：雷　锦
责任校对：朱丽芳
装帧设计：赵姗姗
责任印制：吴　迪

印　　刷：北京雁林吉兆印刷有限公司
版　　次：2014 年 9 月第一版　2019 年 11 月第二版
印　　次：2024 年 1 月北京第十四次印刷
开　　本：787 毫米×1092 毫米　16 开本
印　　张：21
字　　数：517 千字
定　　价：55.00 元

前　言

继电保护与自动装置是电力系统安全稳定运行的可靠保证。

使学生掌握电力系统继电保护与自动装置的专业知识与职业技能，是电力技术类高职教育的重要职责。微机（数字式）保护装置与自动装置已普及应用，本书重点介绍微机（数字式）保护装置与自动装置工作原理、检验调试及运行维护，这也是电力企业工程技术人员对继电保护知识与技能的迫切需求。

我们依据电力类高等职业教育人才培养目标、电力行业对电力系统继电保护与自动装置的专业知识和专业技能的需求，编写了本书。

本书采用"项目导向、任务驱动、理实一体"的教学模式，注重对学生职业能力的培养，实现了"教、学、做"的一体化，充分体现了高等职业教育的特色。为学习贯彻落实党的二十大精神，本书根据《党的二十大报告学习辅导百问》《二十大党章修正案学习问答》，在数字资源中设置了"二十大报告及党章修正案学习辅导"栏目，以方便师生学习。

本书包括继电保护的基本知识和技能、输电线路的保护及自动重合闸、电力系统的元件保护和电力系统安全自动装置四个教学项目共十八个工作任务。

西安电力高等专科学校的王艳老师编写了项目一的任务一、任务二、任务三，项目三的任务一、任务二；长沙电力职业技术学院的张成林老师编写了项目二的任务一、任务二、任务三；山西电力职业技术学院的任贤老师编写了项目二的任务四，项目三的任务三，项目四的任务一；深圳供电局有限公司的杨旭工程师编写了项目三的任务四、任务五、任务六，项目四的任务三；保定电力职业技术学院的刘晓芹老师编写了项目四的任务二；保定电力职业技术学院的杨利水教授编写了项目四的任务四、任务五。

全书由西安电力高等专科学校的王艳老师和保定电力职业技术学院的杨利水教授担任主编，由王艳老师负责统稿工作。罗建华老师对本书进行了认真的审阅，提出了很多宝贵意见，在此表示衷心的感谢！在编写过程中，得到了相关单位的大力支持和帮助，在此表示诚挚的谢意。

由于篇幅和学时的限制，本书主要侧重知识的掌握和基本技能的培养，对现场的保护与自动装置检验调试不可能面面俱到，实际还需以具体装置的调试大纲或作业指导书为准。

由于编者水平所限，不妥之处，敬请读者和专家不吝指正。

编　者
2022 年 11 月修改

目　录

前言

项目一　继电保护的基本知识和技能 ··· 1

　　任务一　继电保护的基本知识 ·· 1

　　任务二　互感器的工作原理及性能检验与运行维护 ·· 7

　　任务三　常用继电器的工作原理及性能检验 ·· 19

　　复习思考 ·· 28

　　项目总结 ·· 29

项目二　输电线路的保护及自动重合闸 ·· 30

　　任务一　35kV（10kV）线路保护装置的原理、性能检验与运行维护 ·················· 31

　　任务二　110kV线路保护装置的原理、性能检验与运行维护 ···························· 53

　　任务三　220～500kV线路保护装置的原理、性能检验与运行维护 ···················· 73

　　任务四　自动重合闸（装置）的原理及性能检验 ·· 95

　　复习思考 ·· 112

　　项目总结 ·· 112

项目三　电力系统的元件保护 ·· 113

　　任务一　电力变压器保护装置的原理、性能检验与运行维护 ······························ 113

　　任务二　发电机保护装置的原理、性能检验与运行维护 ····································· 137

　　任务三　母线保护装置的原理、性能检验与运行维护 ·· 170

　　任务四　断路器保护装置的原理、性能检验与运行维护 ····································· 184

　　任务五　并联电抗器保护装置的原理、性能检验与运行维护 ······························ 203

　　任务六　并联电容器组保护装置的原理、性能检验与运行维护 ···························· 224

　　复习思考 ·· 240

　　项目总结 ·· 240

项目四　电力系统安全自动装置 ·· 241

　　任务一　备用电源自动投入装置的原理、性能分析与运行维护 ···························· 241

　　任务二　自动按频率减负荷装置的原理、性能检验与运行维护 ···························· 252

　　任务三　自动录波装置的原理、性能检验与运行维护 ·· 269

扫一扫，获得本书资源

任务四　发电机自动调节励磁装置的原理、性能检验与运行维护······················286

任务五　准同期自动并列装置的原理及性能检验··300

复习思考··324

项目总结··324

附录 A　线路保护现场运行与维护导则··325

参考文献··328

项目一

继电保护的基本知识和技能

【项目描述】

该项目介绍了继电保护的任务、基本要求、分类等基本知识，电流、电压互感器的工作原理及准确度等级、极性的检验方法，电磁型继电器的工作原理及检验方法。

【教学目标】

知识目标：通过该项目的学习，掌握继电保护的基本知识、互感器的工作原理、电磁型继电器的工作原理。

能力目标：通过该项目的学习，使学生具备电流互感器、电流继电器、电压继电器、时间继电器、中间继电器的检验能力。

【教学环境】

1. 学习场地、设施要求

一体化教室，多媒体设备，有授课区、实训区。万用表，螺钉旋具，常用电工仪表，继电保护测试仪，各类继电器，电流互感器，电压互感器，测试作业指导书，测试报告单等。

2. 对教师的要求

（1）具备高校教师资格的讲师及以上职称。

（2）具备系统的继电保护理论知识。

（3）具备继电保护测试的技能与实践经验。

（4）具备先进的教学方法，有比较强的驾驭课堂的能力。

（5）具备基于行动导向教学法的设计应用能力。

（6）具有良好的职业道德和责任心。

任务一　继电保护的基本知识

【教学目标】

知识目标：通过学习和查阅资料，学生能结合电力系统的运行状态，描述继电保护的任务及作用，能按照不同的分类方式对继电保护进行分类说明。

能力目标：能对继电保护的动作行为是否满足四个基本要求进行分析。

素质目标：树立正确的学习态度，学会查阅资料，养成自觉学习的好习惯，具备团队协作精神。

💬【任务描述】

　　该任务是本课程的入门引导，通过教师讲授、小组讨论、学生查阅资料，了解电力系统的运行状态、继电保护的作用与任务、对继电保护的基本要求。

🔧【任务准备】

　　具备电力系统分析、电力系统的故障类型及后果、二次回路的相关知识。

📖【相关知识】

一、电力系统及电力系统的故障

　　电力系统是由发电机、变压器、母线、输电线路及用电设备等所组成的统一整体。电力系统中的各种电气设备（如发电机、变压器、母线及输电线路等）在运行中都有可能发生各种故障和不正常运行状态。

　　电力系统故障是指电力系统的一次设备在运行过程中，由于外力、绝缘老化、过电压、误操作、设计制造缺陷等原因引发的短路、断相等情况。短路是指电力系统相与相或相与地之间非正常的连接，包括三相短路、两相短路、两相接地短路、单相接地短路。断相是指电力系统一相或两相断开，包括单相断相和两相断相。

　　电力系统中最常见和最危险的故障类型是短路。电力系统发生短路时可能产生以下后果：

　　（1）通过短路点的短路电流和所燃起的电弧，烧损故障元件。

　　（2）短路电流通过故障元件和非故障元件时发热和产生的电动力将引起电气设备的机械损伤和绝缘损伤。

　　（3）电力系统中部分地区电压降低，使大量的电力用户的正常工作受到破坏，影响产品质量。

　　（4）破坏电力系统运行的稳定性，引起系统振荡，甚至使系统瓦解。

　　电力系统正常运行状态遭到破坏，使设备的运行参数偏离正常值，但未形成故障，称为不正常运行状态。如一些设备过负荷、系统频率异常、电压异常、系统振荡等，其中电力系统中最常见的不正常运行状态之一是过负荷。

二、电力系统继电保护的任务

　　电力系统故障和不正常运行状态都应及时的正确处理，否则有可能在电力系统中引起事故。事故是指系统或其中一部分的正常工作遭到破坏，并造成对用户少送电或电能质量变坏到不能允许的地步，甚至造成人身伤亡或电气设备损坏的事件。

　　当电力系统中的电气设备（如发电机、线路等）或电力系统本身发生了故障或发生了危及其安全稳定的事件时，需向运行值班人员及时发出警告信号，或者直接向所控制的断路器发出跳闸命令，以终止这些事件发展。实现这种自动化措施的，用于保护电力系统的成套硬件设备，称为电力系统安全自动装置；用于保护电气设备的，一般称为继电保护装置，具有动作速度快、非调节性的特点。

　　电力系统继电保护的基本任务是：

　　（1）当电力系统发生故障时，有选择性地将故障设备从系统中快速、自动地切除，使其损坏程度减至最轻，以避免故障设备继续遭到破坏，保证系统其他非故障部分能继续运行。

　　（2）反应电力系统的不正常运行状态，在有人值班的情况下，一般发出报警信号，提醒值班人员进行处理；在无人值班情况下，继电保护装置可视设备承受能力作用于减负荷或延时跳闸。

由此可见，继电保护装置是保证电气设备安全运行的基本装备，它在电力系统中的地位是十分重要的，任何电气设备不得在无继电保护的状态下运行。

三、对继电保护的基本要求

电力系统中的电气设备和线路，应装设短路故障和不正常运行的保护装置。对于反应电力系统故障而要求作用于断路器跳闸的继电保护装置，应满足选择性、速动性、灵敏性和可靠性四个基本要求。一般也适用于反映不正常运行状态的保护装置，只是需针对具体情况有所舍取。如动作于信号的保护装置，是要求其按选择性延时发信号。

1. 选择性

继电保护的选择性是指继电保护动作时，仅将故障设备或线路从电力系统中切除，使系统无故障部分继续运行。即首先由故障设备或线路本身的保护切除故障，当故障设备或线路本身的保护或断路器拒动时，才允许相邻设备、线路的保护或断路器失灵保护切除故障。

以图 1-1 所示电路为例进行说明，当 6.3kV Ⅱ 母线上的引出线 L-4 上 k 点发生故障时，应该由引出线 L-4 的保护装置动作，仅将本引出线的断路器 4QF 断开，而发电机 2G 的主断路器 6QF 和母线分段断路器 QF 不应断开，否则，将引起 Ⅱ 母线上所有引出线停电。当考虑到引出线 L-4 的保护装置或断路器 4QF 由于某种原因拒绝动作时，发电机 2G 的主断路器 6QF 及分段断路器 QF 才由本身的保护装置动作而断开。但是，此时发电机 1G 及 Ⅰ 母线上所有引出线的保护装置不应动作。

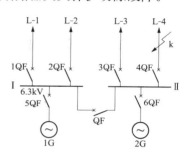

图 1-1　保护选择性说明图

2. 速动性

继电保护的速动性是指继电保护以允许而又可能的最快速度动作于断路器的跳闸，断开故障设备。继电保护快速动作可以减轻故障设备的损坏程度，提高线路故障后自动重合闸的成功率，特别有利于故障后的电力系统同步运行的稳定性。

通常以故障切除时间衡量继电保护的速动性，故障切除时间等于保护装置的动作时间和断路器动作时间的总和。一般快速保护的动作时间为 0.06～0.12s，最快的可达 0.01～0.04s；一般断路器的动作时间为 0.06～0.15s，最快的可达 0.02～0.06s。

3. 灵敏性

继电保护的灵敏性是对于其保护范围内发生故障及不正常运行状态的反应能力。满足灵敏性要求的保护装置应该是在规定的保护范围内部故障时，在系统任意运行条件下，无论短路点位置、短路类型如何，以及短路点是否有过渡电阻，当发生短路时都能正确反应。继电保护的灵敏性，通常以灵敏系数来衡量。在 GB/T 14285—2006《继电保护和安全自动装置技术规程》中，对各类保护的灵敏系数都作了规定。灵敏系数的计算方法在介绍到具体保护时会详细说明。

灵敏系数越大（一般要求在 1.2～2 之间），保护越灵敏，越能可靠地反应要求动作的故障或不正常运行状态。但同时，也越易于在非要求动作的其他情况下发生误动作，因而灵敏性与选择性是相互矛盾的，需要协调处理。

4. 可靠性

继电保护的可靠性是对电力系统继电保护的最基本性能要求，包括可信赖性与安全性两个方面。可信赖性要求继电保护在设计要求它动作的状态下，能够准确地完成动作；安全性是要求继电保护在非设计要求它动作的其他所有情况下，能够可靠地不动作。简而言之，前者是要求保护在应动作时，不拒动；后者是要求保护在不应动作时，不误动。

影响可靠性的因素主要包括直流电源异常、交流电流电压回路异常、继电保护装置本身异常、继电保护外部直流回路异常、电磁干扰（电磁兼容）、纵联通道异常、继电保护设计考虑不周导致的原理缺陷、人员行为失误导致的继电保护不正确动作、一次系统方式不合理导致的继电保护不正确动作等。

为满足上述四点基本要求，确保故障设备能够从电力系统中被切除，电力设备和线路短路故障的保护应有主保护和后备保护，必要时可增设辅助保护。

主保护是指满足系统稳定和设备安全要求，能以最快速度有选择性的切除被保护设备和线路故障的保护。

后备保护是指被保护设备主保护或断路器拒动时，用以切除故障的保护，可分为远后备保护和近后备保护两种。远后备保护是主保护或断路器拒动时，由相邻电力设备或线路（靠近电源侧）的保护实现后备，远后备保护的保护范围覆盖所有下级电气设备的主保护范围，它能解决远后备保护范围内所有故障设备任何原因造成的不能切除问题，在电压较低的线路上应优先采用，只有当远后备不能满足灵敏性和速动性的要求时，才考虑采用近后备方式。近后备保护与主保护安装在同一断路器处，当主保护拒动时，由本电气设备或线路的另一套保护实现后备的保护；当断路器失灵时，由断路器失灵保护来实现的后备。

辅助保护是指为补充主保护和后备保护性能的不足或当主保护和后备保护退出运行而增设的简单保护。

不难看出，上述四点基本要求之间，存在矛盾。在实际应用中，如何处理好这些矛盾关系，使继电保护能全面满足这四点基本要求，始终是继电保护技术发展所遇到和要给予解决的问题。

❧【任务实施】

一、继电保护的基本原理及其组成

电力系统继电保护泛指继电保护技术和由继电保护工作回路组成的继电保护系统。继电保护技术是一个完整的体系，包括电力系统故障分析、继电保护原理及实现、继电保护配置设计、继电保护运行与维护等方面；继电保护工作回路是完成继电保护功能的核心，包括有获取电量信息的电压、电流互感器二次回路，经过各种继电保护装置到跳闸线圈的一整套具体设备、工作电源以及必要的通信设备等。

1. 继电保护基本原理

要完成电力系统继电保护的基本任务，满足继电保护的基本要求，首先必须区分出电力系统的正常运行、不正常运行和故障三种运行状态，选择出发生故障和出现异常的设备。而要进行区分和选择故障和出现异常的设备，必须寻找电气设备在这三种运行状态下的可测参数的差异，提取和利用这些可测参数的差异，实现对正常运行、不正常运行和故障设备的快速区分。电力系统发生短路时，工频电气量将发生下列变化：

（1）电流增大。在短路点与电源间直接联系的电气设备上的电流会增大。

（2）电压降低。系统故障相的相电压或相间电压会下降，而且离故障点越近，电压下降越多，甚至降为零。

（3）电流与电压间的相位角会发生变化。例如，正常运行时，同相的电流与电压间的

相位约为 20°；在正方向三相短路时，电流与电压间的相位角则为线路阻抗角，对于架空线路电流与电压的相位角是 60°～85°；在反方向三相短路时，电流与电压之间的相位角则是 180°+（60°～85°）。

（4）不对称短路时，会出现序分量。任何不对称短路时，都会有负序分量产生，只有接地短路时才会有零序分量出现。

利用短路时这些电气量的变化，可以构成各种原理的继电保护。例如，利用电流增大的特点可以构成过电流保护；利用电压降低的特点可以构成低电压保护；利用电流增大和电压降低的特点可以构成阻抗保护；利用电流增大和电流电压间相位角的变化可以构成方向电流保护等。

2. 继电保护装置的构成

继电保护装置通常由测量比较元件、逻辑判断元件和执行输出元件三部分组成，如图 1-2 所示。

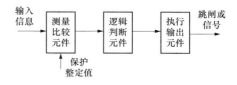

图 1-2 继电保护装置的构成

测量比较元件的作用是测量通过被保护设备的电气量，并与给定值进行比较，当控制量（输入信息）变化到某一定值（保护的整定值或动作边界）时，被控量（输出量）发生突变，给出"是"或"非"、"0"或"1"性质的逻辑信号，从而判断保护装置是否应该启动。这种被控量发生突变的自动化开关特性称为继电特性。

逻辑判断元件是根据测量比较元件输出逻辑信号的性质、先后顺序、持续时间等，使保护装置按一定的逻辑关系判断故障的类型和范围，最后确定是否应该使断路器跳闸、发出信号或不动作，并将对应的指令传给执行输出元件。

执行输出元件是根据逻辑部分传来的指令，发出跳开断路器的跳闸脉冲及相应的动作信息、发出信号或不动作。

二、继电保护的分类

电力系统继电保护装置的分类方法很多，如按照继电保护装置的构成原理分类，通常有电流保护、电压保护、差动保护、功率方向保护、距离保护和纵联保护等；按照被保护的对象分类有线路保护、变压器保护、发电机保护、母线保护、电动机保护、电容器保护等；按照构成保护装置的元件或模块分类，通常分为机电型保护装置、静态型保护装置和微机型保护装置；按照继电保护的作用不同，可分为主保护、后备保护、辅助保护和异常运行保护。

三、继电保护的发展与展望

电力系统的飞速发展对继电保护不断提出新的要求，电子技术、计算机技术与通信技术的飞速发展又为继电保护技术的发展不断地注入了新的活力，因此，继电保护技术得天独厚，在 40 余年的时间里完成了发展的 4 个历史阶段（机电型的、晶体管型的、集成电路型的和微机型的）。

新中国成立后，我国继电保护学科、继电保护设计、继电器制造工业和继电保护技术队伍从无到有，在大约 10 年的时间里走了先进国家半个世纪走过的道路。20 世纪 50 年代，我国工程技术人员创造性地吸收、消化、掌握了国外先进的继电保护设备性能和运行技术，建成了一支具有深厚继电保护理论造诣和丰富运行经验的继电保护技术队伍，对全国继电保护技术队伍的建立和成长起了指导作用。阿城继电器厂引进消化了当时国外先进的继电器制造技术，建立了我国自己的继电器制造业。因而在 20 世纪 60 年代中，我国已建成了继电保护研究、设计、制造、运行和教学的完整体系。这是机电型继电保护繁荣的时代，为我国继电保护技术的发展奠定了坚实基础。

自 20 世纪 50 年代末，晶体管型继电保护已开始研究。60 年代中到 80 年代中是晶体管型继电保护蓬勃发展和广泛采用的时代。其中天津大学与南京电力自动化设备厂合作研究的 500kV 晶体管方向高频保护和南京电力自动化研究院研制的晶体管高频闭锁距离保护，运行于葛洲坝 500kV 线路上，结束了 500kV 线路保护完全依靠从国外进口的时代。

在此期间，从 20 世纪 70 年代中，基于集成运算放大器的集成电路型保护已开始研究。到 80 年代末，集成电路保护已形成完整系列，逐渐取代晶体管型保护。到 90 年代初，集成电路型保护的研制、生产、应用仍处于主导地位，这是集成电路型保护时代。在这方面南京电力自动化研究院研制的集成电路工频变化量方向高频保护起了重要作用，天津大学与南京电力自动化设备厂合作研制的集成电路相电压补偿式方向高频保护也在多条 220kV 和 500kV 线路上运行。

我国从 20 世纪 70 年代末已开始了微机型继电保护的研究，高等院校和科技研究院所起着先导的作用。华中理工大学、东南大学、华北电力大学、西安交通大学、天津大学、上海交通大学、重庆大学和南京电力自动化研究院都相继研制了不同原理、不同型式的微机保护装置。1984 年原华北电力学院研制的输电线路微机保护装置首先通过鉴定，并在系统中获得应用，揭开了我国继电保护发展史上新的一页，为微机型保护的推广开辟了道路。在主设备保护方面，东南大学和华中理工大学研制的发电机失磁保护、发电机保护和发电机—变压器组保护也相继于 1989、1994 年通过鉴定，投入运行。南京电力自动化研究院研制的微机线路保护装置也于 1991 年通过鉴定。天津大学与南京电力自动化设备厂合作研制的微机相电压补偿式方向高频保护，西安交通大学与许昌继电器厂合作研制的正序故障分量方向高频保护也相继于 1993、1996 年通过鉴定。至此，不同原理、不同机型的微机线路和主设备保护各具特色，为电力系统提供了一批新一代性能优良、功能齐全、工作可靠的继电保护装置。随着微机保护装置的研究，在微机保护软件、算法等方面也取得了很多理论成果。可以说从 20 世纪 90 年代开始，我国继电保护技术已进入了微机型保护的时代。

继电保护技术未来趋势是向计算机化，网络化，智能化，保护、控制、测量和数据通信一体化发展。

✎ 【复习思考】

1-1-1　什么是故障？什么是不正常运行状态？什么是事故？它们之间有何区别和联系？

1-1-2　电力系统常见的故障类型有哪些？故障后果表现在哪些方面？

1-1-3　电力系统中继电保护的基本任务是什么？

1-1-4　对动作于跳闸的继电保护有哪些基本要求？并详细说明。

1-1-5　继电保护装置一般由哪几部分组成？各部分的作用是什么？

1-1-6　何谓主保护、后备保护、辅助保护？在什么情况下依靠近后备保护切除故障？在什么情况下依靠远后备保护切除故障？

1-1-7　电力系统继电保护按照被保护对象可分为哪些？

1-1-8　针对图 1-3 所示系统，分析在 k1、k2、k3 点故障时保护的动作情况。

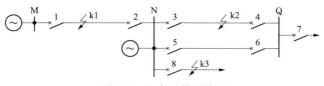

图 1-3　电力系统网络图

任务二 互感器的工作原理及性能检验与运行维护

🔊【教学目标】

知识目标：掌握电流互感器、电压互感器的工作原理及特点。

能力目标：能按照准确度等级，合理选择互感器。能进行互感器极性、误差的检验与互感器的运行维护。

素质目标：树立正确的学习态度，学会查阅资料，养成自觉学习的好习惯，具备团队协作精神。

💬【任务描述】

该任务通过教师讲授、小组讨论、学生查阅资料弄清电流互感器、电压互感器的工作原理及接线方式；通过学生设计实验方案、小组讨论、教师指导、学生动手试验，完成电流互感器的极性和误差检验。

🔧【任务准备】

每小组电流互感器、电压互感器各 1 台；每小组互感器极性与误差检验所使用的仪器设备 1 套；互感器检验的作业指导书或实验指导书 1 份。

📖【相关知识】

下面介绍电压互感器、电流互感器的工作原理及接线方式，误差检验、极性检验，互感器的运行维护。

一、电流互感器的工作原理

电流互感器就是把大电流按比例降到可以用仪表直接测量的数值，以便用仪表直接测量，并作为各种继电保护的信号源。电流互感器的一次绕组串联在电力线路中，线路电流就是互感器的一次电流；二次绕组外部接有测量仪表和保护装置，作为二次绕组的负荷。电流互感器二次回路不能开路。

1. 电流互感器的极性和参考方向

电流互感器的极性：电流互感器一次侧" ＊ "端与二次侧" ＊ "端为同极性端。如电流互感器一、二次侧的始端 L1 和 K1、末端 L2 和 K2 分别为同极性端。参考方向采用"减极性"，如图 1-4 所示。定性分析时一、二次侧电流同相位。

2. 电流互感器的误差

电流互感器符号、等效电路、相量图如图 1-5 所示。

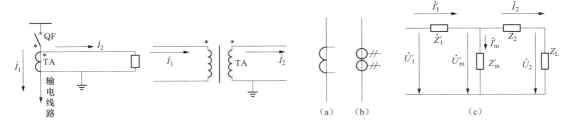

图 1-4 电流互感器极性和参考方向示意图　　图 1-5 电流互感器符号、等效电路和相量图

（a）、（b）电流互感器符号；（c）等效电路

不难看出，电流互感器产生误差的根本原因来自于励磁电流，由于一次电流中有一部分流入励磁支路而不变换至二次侧。影响电流互感器误差的主要因素是二次负荷及一次电流大小。二次负荷越大，分流到励磁回路的励磁电流也越大，造成电流互感器误差增大。一次电流增大时，电流互感器铁芯趋向饱和，励磁阻抗下降也会导致励磁电流增大，电流互感器误差增大。

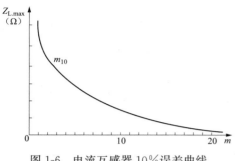

图 1-6　电流互感器 10% 误差曲线

继电保护使用的电流互感器误差极限多为 10%，在误差为 10% 情况下二次阻抗与一次电流倍数关系曲线称为 10% 误差曲线，如图 1-6 所示，图中 m 为一次电流倍数，$Z_{\mathrm{L.max}}$ 为允许的最大二次阻抗。

电流互感器的准确度等级分为测量用电流互感器的准确度等级和保护用电流互感器的准确度等级。测量用电流互感器的准确度等级为 0.1、0.2、0.5、1、3、5 六个标准。一般的测量电流互感器的准确度采用 0.5 级，计量回路可采用 0.2 级的电流互感器。保护用的电流互感器有 5P（误差 5%）和 10P（误差 10%）两个准确度等级。

二、电流互感器的接线方式

电流互感器的接线方式是指保护中电流测量元件与电流互感器二次绕组之间的连接方式。常见的有三相星形接线和两相星形接线两种接线方式，如图 1-7 所示。

三相星形接线（又称为完全星形接线）是将三个电流互感器与三个电流继电器分别按相连接在一起，形成星形。三个继电器触点并联连接，相当于"或"回路。三相星形接线方式的保护对各种故障，如三相短路、两相短路、单相接地短路都能动作。

两相星形接线（又称两相不完全星形接线）与三相星形接线的区别是能反应各种相间短路，但 B 相发生单相短路时，保护装置不会动作。

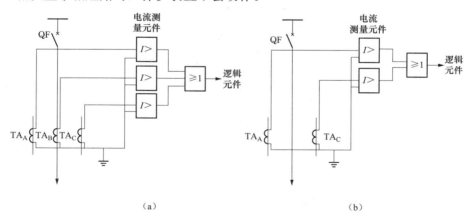

图 1-7　电流互感器的接线方式

（a）三相星形接线；（b）两相星形接线

为了反映在不同短路类型下，流过测量元件的电流与电流互感器二次侧短路电流之间的不同关系，引入一个接线系数：$K_{\mathrm{c}} = \dfrac{I_{\mathrm{K}}}{I_{\mathrm{TA2}}}$。

对于三相和两相星形接线方式，流入电流测量元件的电流 I_K 与电流互感器的二次电流 I_{TA2} 相等，所以任何短路形式均有 $K_c = 1$。

三、电压互感器的工作原理

电压互感器是隔离高电压，供继电保护、自动装置和测量仪表获取一次电压信息的传感器。电压互感器也是一种特殊形式的变换器，其二次电压正比于一次电压，近似为一个电压源，正常使用时电压互感器的二次负荷阻抗一般较大。在二次电压一定的情况下，阻抗越小则电流越大，当电压互感器二次回路短路时，二次回路的阻抗接近于零，二次电流将变得非常大，如果没有保护措施，将会烧坏电压互感器。所以电压互感器的二次回路不能短路。

电压互感器的类型多种多样，按工作原理分有电磁式电压互感器、电容式电压互感器、新型的光电式电压互感器，其中电磁式电压互感器在结构上又有三相式和单相式两种；在三相式电压互感器中又有三相三柱式和三相五柱式两种；从使用绝缘介质上又可分为干式、油浸式及六氟化硫式等多种。

1. 电磁式电压互感器

电磁式电压互感器的优点是结构简单、有长时间的制造和运行经验、产品成熟、暂态响应特性较好。其缺点是因铁芯的非线性特性，容易产生铁磁谐振，引起测量不准确和造成电压互感器的损坏。

2. 电容式电压互感器

电容式电压互感器（CVT）的优点是没有谐振问题，装在线路上时可以兼作高频通道的结合电容器。其主要缺点是暂态响应特性较电磁式差。

带载波附件的电容式电压互感器原理接线如图 1-8 所示，电容分压后的电压经 T 变换后输出。CVT 包括电容分压器和电磁装置两部分，电容分压器的作用就是电容分压，它又包括高压电容器 C1（主电容器）和中压电容器 C2（分压电容器）。电容器组由 3 节瓷套耦合电容器及电容分压器重叠而成，每节耦合电容器或电容分压器单元装有数十只串联而成的膜纸复合介质组成的电容元件，并充以十二烷基苯绝缘油密封，高压电容 C1 的全部电容元件和中压电容 C2 被装在 1~3 节瓷套内，由于它们保持相同的温度，所以温度引起的分压比的变化可被忽略。电容元件置

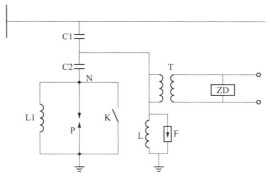

图 1-8 电容式电压互感器原理接线图

C1—高压电容；C2—中压电容；T—中间变压器；
ZD—阻尼器；L—补偿电抗器；F—氧化锌避雷器；
L1—排流线圈；P—保护间隙；K—接地开关

于瓷套内经真空处理、热处理后已彻底脱水、脱气，注以已脱水脱气的绝缘油并密封于瓷套内。每节电容器单元顶部有一个可调节油量的金属膨胀器，以便在运行温度范围内使油压总是保持正常。电磁装置由中间变压器 T 和补偿电抗器 L 组成，电磁装置是将分压电容器上的电压降低到所需的二次电压值。由于分压电容器上的电压会随负荷变化，在分压回路串入电感（补偿电抗器），用以补偿电容器的内阻抗，可使电压稳定。分压电容器经过一个电磁式电压互感器隔离后再接仪表、保护装置。另外，电容式电压互感器还设有过电压保护装置和载波耦合装置。保护装置包括保护间隙 P 和氧化锌避雷器 F，用来限制补偿电抗器和电磁

式电压互感器与分压器的过电压。阻尼器 ZD 是用来防止持续的铁磁谐振的。

　　3. 光电式电压互感器

　　光电式电压互感器（optic electric voltage transformer，OVT）从测量原理上大致可分为基于 Pockels 效应和基于逆压电效应或电致伸缩效应两种，从类型和结构上可以分为有分压型和无分压型。

　　光电式电压互感器工作原理如图 1-9 所示，光电式电压互感器由精密电容分压器、传感头、单模光纤导线、光源/检测四部分组成。精密电容分压器处于精密电容分压器和传感头之间，为传感头提供一个稳定的适当的电压，有利于提高传感头的精度。传感头将电压的变化量准确转变为光纤中光学参量的变化。单模保偏光纤处于控制室与现场之间，连接于光源/探测器和传感头；将光源发出的光如实地传输到传感头部分，并将经过传感头后被电压信号调制的光波如实地传输到检测部分；因而要求光纤对周围环境的扰动不敏感。光源/检测部分置于控制室中，其作用是发出稳定的未受扰动的光波，检测经过传感头后受到扰动的信号光的光强，由光强的变化实时得到外部电压的大小。

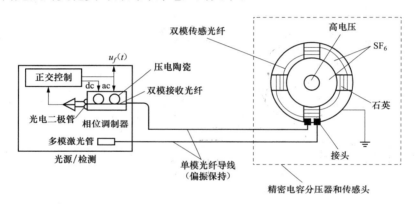

图 1-9　光电式电压互感器工作原理图

四、电压互感器的接线方式

　　为了满足不同的测量要求，以及继电保护及安全自动装置的使用，电压互感器有多种配置与接线方式。

　　1. 电压互感器的配置

　　电压互感器一般按以下原则配置：

　　（1）对于主接线为单母线、单母线分段、双母线等接线方式时，在母线上安装三相式电压互感器；当其出线上有电源，需要重合闸检同期或检无压，需要同期并列时，应在线路侧安装单相或两相电压互感器。

　　（2）对于 3/2 主接线，常常在线路或变压器侧安装三相电压互感器，而在母线上安装单相互感器以供同期并联和重合闸检无压、检同期使用。

　　（3）内桥接线的电压互感器可以安装在线路侧，也可以安装在母线上，一般不同时安装。安装地点的不同对保护功能有所影响。

　　（4）对 220kV 及以下的电压等级，电压互感器的二次侧一般有两个绕组：一组接为星形，一组接为开口三角形。在 500kV 系统中，为了实现继电保护的完全双重化，一般选用二次侧为 3 个绕组的电压互感器，其中两组接为星形，一组接为开口三角形。

（5）当计量回路有特殊需要时，可增加专供计量的电压互感器二次侧绕组个数或安装计量专用的电压互感器组。

（6）在小电流接地系统中，需要检查线路电压或同期时，应在线路侧装设两相式电压互感器或装一台电压互感器接相间电压。在大电流接地系统中，线路有检查线路电压或同期要求时，应首先选用电压抽取装置。500kV线路一般都装设三只电容式线路电压互感器，作为保护、测量和载波通信公用。

2. 继电保护和测量用电压二次回路接线

电压互感器的二次接线主要有：单相接线、单线电压接线、V/V接线、星形接线、开口三角形接线、中性点接有消弧电压互感器的星形接线。各接线的连接方式如图1-10所示。

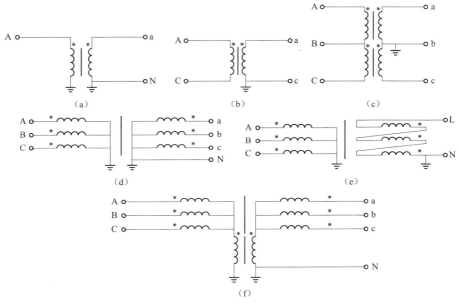

图1-10　电压互感器的接线方式

(a) 单相接线；(b) 单线电压接线；(c) V/V接线；(d) 星形接线；(e) 开口三角形接线；
(f) 中性点接有消弧电压互感器的星形接线

图1-10（a）所示单相接线常用于大电流接地系统判别线路无压或同期，可以接于任何一相。

图1-10（b）所示单线电压接线中一只电压互感器接于两相电压间，主要用于小电流接地系统判别线路无压或同期。

图1-10（c）所示V/V接线主要用于小电流接地系统的母线电压测量，它只要两台接于线电压的电压互感器就能完成三相电压的测量，节约了投资。但是该接线在二次回路无法测量系统的零序电压，当需要测量零序电压时，不能使用该接线。

图1-10（d）、（e）所示星形接线与开口三角形接线应用最多，常用于母线测量三相电压及零序电压。星形接线可以获得三相对地电压，开口三角形绕组输出电压为三相电压之和，即3倍零序电压。

图1-10（f）所示为中性点安装有消弧电压互感器的星形接线。在小电流接地系统中，当单相接地时允许继续运行2h，由于非接地相的电压上升到线电压，是正常运行时的$\sqrt{3}$倍，

特别是间隙性接地还要产生暂态过电压，这将可能造成电压互感器铁芯饱和，引起铁磁谐振，使系统产生谐振过电压。所以使用在小电流接地系统中的电压互感器均要考虑消弧问题。消弧措施有多种，例如在开口三角形绕组输出端子上接电阻性负荷或电子型、微机型消弧器，图 1-10（f）中在星形接线的中性点接一台电压互感器也能起到消弧的作用。所以该电压互感器也称为消弧电压互感器。

3. 电压互感器二次回路的保护

电压互感器相当于一个电压源，当二次回路发生短路时将会出现很大的短路电流，如果没有合适的保护装置将故障切除，将会使电压互感器及其二次绕组烧坏。

电压互感器二次回路的保护设备应满足：在电压回路最大负荷时，保护设备不应动作；而电压回路发生单相接地或相间短路时，保护设备应能可靠地切除短路；在保护设备切除电压回路的短路过程中和切除短路之后，反应电压下降的继电保护装置不应误动作，即保护装置的动作速度要足够快；电压回路短路保护动作后出现电压回路断线应有预告信号。

电压互感器二次回路保护设备，一般采用快速熔断器或自动空气开关。采用熔断器作为保护设备，简单且能满足上述选择性及快速性要求，报警信号需要在继电保护回路中实现。采用自动空气开关作为保护设备时，除能切除短路故障外，还能保证三相同时切除，防止缺相运行，并可利用自动开关的辅助触点，在断开电压回路的同时也切断有关继电保护的正电源，防止保护装置误动作，或由辅助触点发出断线信号。

电压互感器二次侧应在各相回路和开口三角形绕组的试验芯上配置保护用的熔断器或自动开关。开口三角形绕组回路正常情况下无电压，故可不装设保护设备。熔断器或自动开关应尽可能靠近二次绕组的出口处装设，以减小保护死区。保护设备通常安装在电压互感器端子箱内，端子箱应尽可能靠近电压互感器布置。

【任务实施】

一、电流互感器性能检验

1. 电流互感器极性检验

检查电流互感器的极性在交接和大修时都要进行，这是继电保护和电气测量的共同要求；当运行中的差动保护误动作或电能表反转时也要检查电流互感器的极性。

如果电流互感器的误差测量装置具有极性指示器，且标准器的极性已知时，可用比较法进行绕组的极性检查。

当使用的误差测量装置不具有极性指示器时，可用直流法检查绕组的极性，其试验接线如图 1-11 所示。电流互感器一次绕组端子为 L1、L2，二次绕组端子为 K1、K2。在电流互感器的一次侧接入 3～6V 的直流电源，在其二次侧接入毫伏表或万用表的直流电压挡。

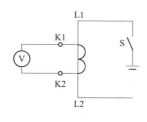

图 1-11　直流法检验电流互感器的极性接线图

试验时，将刀闸开关瞬时投入、切除，观察电压表的指针偏转方向，按图 1-11 投入开关 S 的瞬间，电压表指针往正方向偏转，则电池正极性端所接端子 L1 和电压表正极性端所接端子 K1 是同极性端。反之，则说明电池正极性端所接端子 L1 和电压表负极性端所接端子 K2 是同极性端。同理，按图 1-11 断开开关 S 的瞬间，观察电压表指针偏转方向，也可以判断电流互感器的极性，请读者自行判断。

由于使用电压较低，可能仪表偏转方向不明显，可将刀闸开关多投、切几次，防止误判断。

2. 电流互感器的误差检验

误差是电流互感器电性能的重要指标之一，包括变比误差和角度误差。对不同使用要求下的误差要求很严格，误差检验的目的就是检验其误差能否满足准确度的要求。

在电流互感器进行误差检验之前，通常需要检查极性和退磁。

（1）退磁。电流互感器在电流突然下降的情况下，互感器铁芯可能产生剩磁，如电流互感器在大电流情况下突然切断电源、二次绕组突然开路等。互感器铁芯有剩磁，使铁芯磁导率下降，影响互感器性能。长期使用后的互感器都应该退磁。互感器在做各项试验之前和做完全部试验之后均应进行退磁，防止由于铁芯剩磁的影响使互感器误差失准。

互感器的退磁，就是给一次或二次绕组通以交变的励磁电流，给铁芯以交变的磁场。从零开始逐渐加大交变的磁场（励磁电流），使铁芯达到饱和状态，然后再慢慢减小励磁电流到零，以消除剩磁，恢复铁芯导磁率。退磁的方法有开路退磁法和闭路退磁法两种。

1）开路退磁法。对于电流互感器退磁，在二次（或一次）绕组开路情况下，给一次（或二次）绕组通以工频电流，从零开始逐渐增加到10%的额定一次（或二次）电流，然后平稳缓慢地把电流降至零，时间不少于10s。如此重复2～3次，铁芯退磁完成。若在10%的额定电流下退磁时，被开路绕组两端所感应的电压峰值超过匝间绝缘强度试验时所规定值的75%，则应在较小的电流值下进行退磁。

这种退磁方法，既能达到退磁目的，又比较安全。

2）闭路退磁法。对于有些电流互感器，由于二次绕组的匝数都比较多，若采用开路退磁法，开路的绕组可能产生高电压，因此可以采用闭路退磁法。在二次绕组接上较大的电阻（额定负荷的10～20倍）。一次绕组通以电流，缓慢将电流升到120%额定一次电流后，回到零，再升到100%额定一次电流，回到零，再升到80%，逐步重复此过程，直到电流升到20%，回到零，则认为退磁已经完成。有多个二次绕组的电流互感器，可依次进行。如某绕组有多个抽头，则可只进行一次退磁，因为退磁是对铁芯而言，如有多个绕组合用一个铁芯，也只需退磁一次，一般选用电流较大的绕组进行退磁，效果较好。

由于接有负荷，铁芯可能不能完全退磁。由于一次绕组的最大电流有限制，过大的话可能烧坏一次绕组。如果接有负荷的二次绕组产生电压不是过高的话，可以加大二次绕组的负荷电阻，这样可以提高退磁效果。

（2）误差检验。

1）比较法测量电流互感器误差。互感器误差检验一般采用被测互感器与标准互感器进行比较，两互感器的二次电流差即为被测互感器误差，这种检验方法称为比较法。无论采用何种测量装置，均应按下面的规定接线：把一次绕组的L1端和二次绕组的K1端定义为相对应的同名测量端。将标准器和被检电流互感器的一次绕组的同名测量端连接在一起，并将升流器输出端中的一端接地或通过对称支路（或其他的方法）间接接地。相应二次绕组同名测量端也连接在一起，并使其等于或接近于地电位，但不能直接接地。当标准器和被检电流互感器的额定变流比相同时，误差测量的接线如图1-12所示。

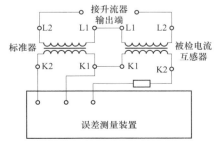

图1-12　电流互感器误差测量接线图

　　检定准确度等级为 0.1 级及以上的电流互感器，在较小的额定一次电流（例如 1A 以下）时，一次回路应通过对称支路（或其他方法）间接接地，如图 1-13 所示。先将开关 S 置于适当的位置，调节 R 和 C，直到毫伏表 PV 的指示最小时，则 L1 端接近地电位。

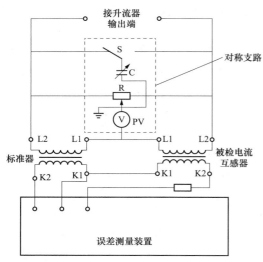

图 1-13　对称支路接地的比较线路

　　被测互感器与标准互感器的二次电流差一般采用互感器校验仪进行测量。直接从互感器校验仪上读出比值差 f_X（%）和相位差 δ_X。由于互感器校验仪测的是被测互感器和标准互感器电流差与二次电流的比值，所以对互感器校验仪的要求不高。能校验什么等级的互感器，基本由标准互感器决定。

　　标准互感器是互感器校验系统的关键核心。试验用的标准互感器必须与试品同一变比，额定一次电流可以略高于被试互感器。如果标准互感器比被测互感器高出两个等级，此时标准互感器误差可忽略不计。若标准互感器比被测互感器只高一个等级，此时试验结果误差应考虑加上标准互感器误差。

　　对被测互感器进行校验，除了有标准互感器、互感器校验仪，还要有给互感器提供一次电流的升流器、可以调节升流器电流的调压器及负荷。试验所用的升压器的容量要足够大，并能够达到试验规定的额定电压百分点，波形基本保持正弦波。

　　2）被检电流互感器的误差计算标准器比被检电流互感器高两个级别时，计算式如下

$$f_X = f_P(\%)$$
$$\delta_X = \delta_P(')$$
$$(1\text{-}1)$$

式中　f_X、δ_X——被检电流互感器的比值差和相位差；

　　　　f_P——电流上升和下降时所测得两次比值差读数的算术平均值，对 0.5 级及以下的电流互感器为电流上升时所测得比值差的读数；

　　　　δ_P——电流上升和下降时所测得两次相位差读数的算术平均值，对 0.5 级及以下的电流互感器为电流上升时所测得相位差的读数。

　　标准器比被检电流互感器高一个级别时，计算式如下

$$f_X = f_P + f_N(\%)$$
$$\delta_X = \delta_P + \delta_N(')$$
$$(1\text{-}2)$$

式中　f_N、δ_N——标准器检定证书中给出的比值差和相位差。

　　3. 电流互感器的伏安特性测量

　　电流互感器的伏安特性是指互感器一次侧开路，二次侧励磁电流与所加电压的关系曲线，实际上就是铁芯的磁化曲线。该试验的主要目的是检查互感器的铁芯质量，通过鉴别磁化曲线的饱和程度，以判断互感器的绕组有无匝间短路等缺陷。

　　（1）测量方法。电流互感器伏安特性测量原理实验接线如图 1-14 所示。因为一般的电流互感器电流加到额定值时，电压已达 400V 以上，单用调压器无法升到试验电压，所以还

必须再接一个升压变压器（其高压侧输出电流需大于或等于电流互感器二次侧额定电流）升压和一个电压互感器读取电压。如果有 FLUKE87 型万用表，由于其可测最高交流电压为 4000V，可用它直接读取电压而无需另接电压互感器。

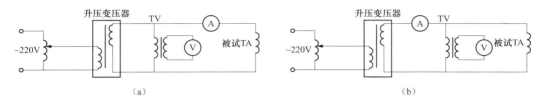

图 1-14　电流互感器伏安特性测量原理实验接线图

（a）用高内阻电压表接线；（b）用低内阻电压表接线

试验前应将电流互感器二次绕组引线和接地线均拆除。实验时，一次侧开路，从二次侧施加电压，可预先选取几个电流点，逐点读取相应电压值。通入的电流或电压以不超过制造厂技术条件的规定为准。当电压稍微增加一点而电流增大很多时，说明铁芯已接近饱和，应极其缓慢地升压或停止试验。最后，根据试验数据绘出伏安特性曲线。

（2）注意事项。

1）电流互感器的伏安特性试验，只对继电保护有要求的二次绕组进行。

2）测得的伏安特性曲线与过去或出厂的伏安特性曲线比较，电压不应有显著降低。若有显著降低，应检查二次绕组是否存在匝间短路。

3）升压过程中应均匀地由小到大升上去，中途不能降压后再升压，以免因磁滞回线的影响使测量准确度降低；读数可以电流为准。

4）试验仪表的选择对测量结果有较大影响。

5）为使测量准确，可先对电流互感器进行退磁，即先升至额定电流值，再降到 0，后逐点升压。

二、电压互感器性能检验

1. 绝缘电阻的测定

用绝缘电阻表测量各绕组之间和绕组对地的绝缘电阻。

凡用 2500V 绝缘电阻表测量绝缘电阻时，其绝缘电阻参考值为：全绝缘电压互感器不小于 $10M\Omega/kV$，半绝缘电压互感器不小于 $1k\Omega/kV$。试验时还应注意试品表面清洁程度及气候对试验结果带来的影响。

2. 绕组极性检查

电压互感器绕组极性规定为减极性。检查电压互感器绕组极性的方法有以下几种：

（1）比较法。利用已知极性的标准电压互感器和互感器实验表来确定被检互感器绕组极性的方法称为比较法。比较法检查电压互感器极性如图 1-15 所示。

（2）直流法。使用小量程的直流电压表接在电压互感器二次侧（或一次侧），在一次侧（或二次侧）施加 $1.2\sim1.5V$ 直流电压，如图 1-16 所示，即可检查电压互感器的极性。图

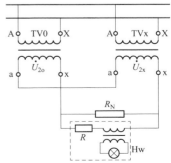

图 1-15　比较法检查电压互感器极性

中当开关 K 接通电源的瞬间，电压表 PV 指针向正的方向偏转，则电压互感器绕组为减极性，也就是说图中 A、X 及 a、x 的标志是正确的，反之则极性标注是错误的。开关 K 断开电源的瞬间，电压表指针偏转的方向应与接通时的方向相反。采用直流法检查极性时，在电压互感器铁芯上会产生剩磁，对互感器的误差会有影响，所以对于精密互感器一般不采用这种方法。

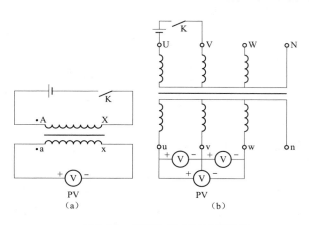

图 1-16　直流法检查互感器极性

（a）检查电压互感器极性；（b）检查三相电压互感器接线组别

（3）相位表法。数字相位表问世以后，给从事电力生产和基建安装以及检修试验的电力工作人员带来了极大的方便。使用数字相位表可以任意测量两个电压间的相位角、两个电流之间的相位角以及电压、电流之间的相位角，而且通过量程开关可以改变量程，所以使用数字相位表就可以直接测试电压互感器一、二次电压间相位角，来判断其极性和组别，试验接线如图 1-17 所示，图中 φ 为数字相位表。

实验时按图接线后，施加一次电压的大小，应根据该表允许的电压量限确定。接线时应注意相位表的电压接线端子的同名端标志，即有"*"号的端钮必须和电压互感器的一次、二次同名端相对应，不能接错。测量时可以分别测出 $\dot{U}_{uv}$、$\dot{U}_{vw}$、$\dot{U}_{wu}$ 之间的相角。当组别正确时，测得的相位角应为 0°、120° 和 240°。

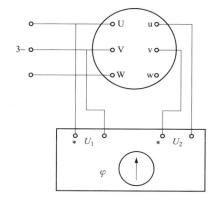

图 1-17　相位表法检查三相
电压互感器接线组别

另外，检查电压互感器绕组极性和接线组别还可以采用交流法，即双电压表法，但这种方法不如上述几种方法方便、直观。

三、互感器的运行维护

1. 电流互感器的运行维护

（1）电流互感器运行注意事项。

1）电流互感器的二次侧在使用时绝对不可开路。使用过程中拆卸仪表和继电器时，应事先将二次侧短路。安装时，接线应可靠，不允许二次侧安装熔丝。

2）电流互感器二次侧必须有一端接地。防止一、二次侧绝缘损坏，高压串入二次侧，危及人身和设备安全。

3）电流互感器接线时要注意极性。电流互感器一、二次侧的极性端子，都用字母标明极性。

4）电流互感器一次侧串接在线路中，二次侧与继电器或测量仪表串接。

（2）电流互感器巡视检查和维护。

1）检查瓷套无裂纹、破损和放电痕迹。

2）电流互感器无漏油、渗油现象，无锈蚀。

3）电流互感器油位应正常，油色无变化。

4）电流互感器无异常声响，外观无严重污垢。

5）检查一次导线接头有无过热现象，二次接地是否良好，二次回路连接是否可靠。

6）检查电流表三相指示值是否在允许范围内，电流互感器是否过负荷运行。

7）当开路运行的电流互感器一次电流较大时，不论二次回路的设备有无异常，均应立即停止运行。当开路运行的电流互感器一次电流很小时，二次回路的设备又无异常时，可以带电处理开路故障。这时检修人员必须穿绝缘靴，戴绝缘手套，并有人监护，先用短导线可靠地短接电流互感器二次接线端子，然后再查找和处理开路故障。

2. 电压互感器的运行维护

（1）电压互感器使用注意事项。

1）电压互感器在工作时，二次侧不能短路。电压互感器的一、二次侧都必须实施短路保护，装设熔断器。当发现电压互感器的一次侧熔丝熔断后，首先应将电压互感器的隔离开关拉开，并取下二次侧熔丝，检查是否熔断。在排除电压互感器本身的故障后，可重新更换合格熔丝再将电压互感器投入运行。若二次侧熔断器一相熔断时，应立即更换。若再次熔断，则不应再次更换，待查明原因后处理。

2）电压互感器二次侧有一端必须接地，以防止电压互感器一、二次绕组绝缘击穿时，一次侧的高压窜入二次侧，危及人身和设备安全。

3）电压互感器接线时必须注意极性，防止因接错线而引起事故。单相电压互感器分别标 A、X 和 a、x。三相电压互感器分别标 A、B、C、N 和 a、b、c、n。

（2）电压互感器运行。

1）运行中的电压互感器二次回路严禁短路，按规定保证每个二次绕组一点可靠接地，其负荷不得超过额定容量。

2）电压互感器退出运行时，应将失去电压可能误动的保护和自动装置退出运行。

3）电压互感器停电检修时，应将其一次、二次全部断开，防止二次反送电。

（3）电压互感器有关注意事项。

1）新安装的电压互感器在投入运行前要检查顶部密封情况，严防进水受潮。要坚持按 DL/T 596—2021《电气设备预防性试验标准》的试验项目进行试验。

2）生产部门应尽可能在其投入运行前做局部放电和油的含水量测量。对于 TV（TYD）电容部分还应进行耐压试验。

3）对已投入运行中的电压互感器要采取有效的防雨措施，防止端部漏入雨水，可加装防雨帽或采取其他防止进水受潮措施。

4）结合预防性试验，每年检查一次电压互感器的密封状态是否良好，要尽力消除进水受潮的可能性。

5）要加强电压互感器的预防性试验，并注意试验结果有无变化，进行前后对比和综合分析，不应仅仅满足于符合规程规定的标准，规程中规定的介质损耗值有偏宽的，各地可按历次结果的增量分析，进行判断。

6）已安装好长期不带电运行的电压互感器，容易进水或受潮，因此在带电之前，也应进行试验和检查，必要时先接入旁路母线试运行一段时间再投入运行。

7）如电压互感器经吊芯检查或其他原因使主绝缘露出油面，装复时必须真空注油，真空度残压不大于 13.3Pa（10mmHg），注入的油经脱真空处理。

8）电压互感器的高压绕组 X 端如果规定必须接地运行时，在安装和大修后，应注意检查是否可靠接地。

9）在系统运行方式和倒闸操作上，应注意防止铁磁谐振和操作过电压，避免损坏电压互感器。

10）更换电压互感器后，应注意检查极性，保证接线正确。

（4）电压互感器的维护。

1）电压互感器如遇停电时，必须进行绝缘子清扫。

2）每月应对电压互感器二次电压进行一次测量。

（5）电压互感器日常巡视。

1）检查瓷套无裂纹、破损和放电痕迹。

2）检查接点、接头无发热、发红、散股、断股，连接螺栓无松动和断脱，金具完整。

3）电压互感器无漏油、渗油现象，无锈蚀。

4）电压互感器的油位是否正常，油色有无变化。

5）电压互感器无异常声响，外观无严重污垢。

（6）电压互感器定期巡视。除完成上述日常巡视项目外，还应完成下列巡视内容：

1）端子箱内无异常，电压互感器二次快分开关、熔断器有无异常或熔断现象。

2）电压互感器端子箱内加热器是否按要求投入或退出。

（7）电压互感器特殊巡视。下列情况下应进行特殊巡视：

1）电压互感器存在缺陷需加强巡视时。

2）系统异常运行时（过电压）。

3）天气异常和雷雨、冰雹等恶劣天气过后。

4）下雪时，应重点检查接头、接点处的发热情况。

（8）电压互感器异常处理。

1）对于油浸纸绝缘的电容式套管设备，如 OY、TYD 等，出现任何程度的渗、漏油情况，均需立即停电处理。

2）当系统发生电磁谐振时，可采取的消谐处理方法是：断开不重要用户的线路断路器；母联断路器在合上位置，两条母线并列运行时可短时在二次侧并列电压互感器；停用有关保护及自动装置后合上电压互感器刀开关。

3）电压互感器发生异常情况时，应立即停用与该电压互感器有关的保护及自动装置，运行人员应立即汇报相关调度。

4）当电压互感器爆炸着火、本体有过热现象、互感器向外喷油、内部有严重放电声或异常声响时，应立即停电，向相关调度汇报。

5）电压互感器着火时，应断开电源，并做必要的安全措施，用沙或干式灭火器灭火。

6）对于故障退出的电压互感器，应进行必要的电气试验检查和处理。

7）电压互感器发生异常时应及时记录时间，以便检查。

◆ 【复习思考】

1-2-1   什么是电流互感器的变比误差和角度误差？

1-2-2   何谓电流互感器的 10% 误差曲线？有何用途？

1-2-3   提高电流互感器的准确度、减少误差可采用什么措施？

1-2-4   电流互感器的极性是如何确定的？

1-2-5　电流互感器的接线方式有哪些？

1-2-6　电压互感器的接线方式有哪些？

1-2-7　如何用直流法检定电流互感器的极性？

1-2-8　为什么在电流互感器误差试验前要先进行退磁？如何退磁？

1-2-9　简述比较法测量电流互感器误差的方法。

1-2-10　简述测量电流互感器误差试验的目的和方法。

1-2-11　电流互感器运行注意事项有哪些？电压互感器运行注意事项有哪些？

任务三　常用继电器的工作原理及性能检验

【教学目标】

知识目标：掌握电磁型电流、电压（过电压、低电压）、时间继电器的工作原理。

能力目标：能对常用的电磁型继电器进行定值整定及性能检验。

素质目标：树立正确的学习态度，学会查阅资料，养成自觉学习的好习惯，具备团队协作精神。

【任务描述】

该任务通过教师讲授、学生查阅资料弄清电磁型电流、电压（过电压、低电压）、时间继电器的工作原理。通过学生设计实验方案、小组讨论、教师指导、学生动手实验，完成电磁型电流、电压（过电压、低电压）、时间继电器的整定与检验。

【任务准备】

每小组电磁型电流、电压（过电压、低电压）、时间继电器，中间继电器，电流表、电压表、电秒表各1块；交流调压器、直流可调电源各1台；相关实验指导书1份。

【相关知识】

下面介绍电磁型电流、电压（过电压、低电压）、时间继电器，中间继电器，极化继电器的工作原理（动作值、返回值），性能检验，定值整定，运行维护。

一、常用电磁型继电器

电磁型继电器主要有三种不同的结构型式，即螺管线圈式、吸引衔铁式和转动舌片式，如图1-18所示。

不管哪种结构型式的继电器，都是由电磁铁、可动衔铁、线圈、触点、反作用弹簧和止挡组成。

绕组通入电流时所产生的电磁转矩正比于输入继电器的电流 I_K 的

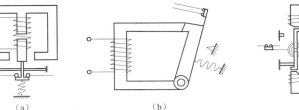

(a)　　　　　　　　(b)　　　　　　　　(c)

图 1-18　电磁型继电器的原理结构图

(a) 螺管线圈式；(b) 吸引衔铁式；(c) 转动舌片式

平方，而与其电流的方向无关，所以根据电磁原理构成继电器，可以制成直流或交流继电器。

1. 电流继电器（KA）

电流继电器的作用是测量电流的大小，它是反应电流超过整定值而动作的继电器，其线圈导线较粗、匝数少，串接在电流互感器的二次侧，作为测量或启动元件，用以判断被保护对象的运行状态。

（1）动作电流（I_{act}）。动作电流是指能使继电器动作的最小电流。

当通入继电器线圈电流 $I_K = 0$ 或较小时，继电器不动作；$I_K \geqslant I_{act}$ 时，继电器动作。

继电器线圈分成两组，采用串联或并联连接方式可改变继电器动作电流。当继电器两线圈串联时，动作电流的大小是刻度值；当继电器两线圈并联时，动作电流的大小是刻度值的两倍。

（2）返回电流（I_{re}）。返回电流是指能使继电器返回原位的最大电流。

当线圈电流 I_k 减小到一定数值，即 $I_K \leqslant I_{re}$ 时，继电器返回。所谓继电器的返回是指继电器由动作后状态改变至释放状态的过程。

（3）返回系数（K_{re}）。返回系数是指返回电流与动作电流之比，即

$$K_{re} = \frac{I_{re}}{I_{act}} \tag{1-3}$$

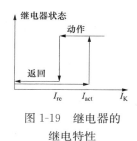

图 1-19　继电器的
继电特性

由于剩余力矩和摩擦力矩的存在，使过电流继电器的返回系数恒小于 1。一般，K_{re} 取 0.85～0.90。

（4）继电特性。继电特性是指无论动作与返回，继电器从起始位置到最终位置是突发性的。即它的动作都很明确干脆，不可能停留在中间的某个位置。继电器的继电特性如图 1-19 所示。继电特性有两个特点：永远处于动作或返回状态，无中间状态；I_{act} 不等于 I_{re}，使触点无抖动。

2. 电压继电器（KV）

电磁型电压继电器工作原理与电流继电器基本相同。由于它接于电压互感器二次侧，因此线圈的匝数多、导线细、阻抗大。

继电器动作与否，取决于继电器的输入电压，电压继电器分过电压继电器和低电压继电器两种。

过电压继电器是反应电压升高而动作的继电器，它与过电流继电器的动作、返回概念相同。其返回系数 $K_{re} = 0.85$（动合触点）。

低电压继电器是反应电压降低而动作的继电器。它与过电压继电器的动作与返回概念相反。其中动作电压是指能使低电压继电器动作，即使其动断触点闭合的最高电压；返回电压是指能使低电压继电器返回，即使其动断触点打开的最低电压。低电压继电器的返回系数 $K_{re} > 1$，一般不大于 1.2（动断触点）。

3. 辅助继电器

（1）时间继电器（KT）。时间继电器是一种利用不同原理实现延时控制的继电器。它在继电保护中作为时间元件，按照所需时间间隔来建立保护装置的动作延时。因此，它是按整定时间长短进行动作的控制电器。

时间继电器的种类很多，按构成原理来分，有电磁型、空气阻尼型、电动型和数字型等；按延时方式分，有通电延时型和断电延时型。

（2）中间继电器（KM）。中间继电器的工作原理是将一个输入信号变成一个或多个输出信号的电子元件。它的输入信号为线圈的通电或断电。它的输出是触点的动作（触点开、

合），它的触点接在其他控制回路中，通过触点的变化导致控制回路发生变化（例如导通或截止），从而实现既定的控制或保护的目的。

在继电保护装置中，中间继电器主要有两个作用：一是增加触点的数量及容量，二是隔离作用。它可以用以同时接通或断开几条独立回路和用以代替小容量触点或者带有不大延时来满足保护的需要。

电磁式中间继电器一般采用吸引衔铁式结构，为保证在直流操作电源电压降低时，仍能可靠动作，要求中间继电器可靠动作电压不应大于额定电压的 70%。动作和返回可带不大的延时，可以构成自保持回路。

（3）信号继电器（KS）。信号继电器在继电保护和自动装置中用来表示动作指示，同时接通灯光、音响信号，并对保护装置的动作情况起记忆作用，以便运行维护人员能够方便地分析电力系统故障性质和统计保护装置正确动作次数。常采用的电磁式信号继电器有电流型和电压型两种。电流型又称为串联型，通常串联在中间继电器或跳闸绕组回路中；电压型又称为并联型，常与两绕组并联。

（4）极化继电器（KP）。从结构原理上看，极化继电器是电磁型继电器的变形。一般的电磁型继电器，其衔铁只受单一磁通的作用，而极化继电器的衔铁上则有两种磁通作用，即一种是继电器线圈产生的磁通（称为工作磁通），另一种是永久磁铁产生的磁通（称为极化磁通）。极化继电器不仅反应线圈中电流的大小，而且反应电流的方向，只有当一定方向的电流达到一定值时，继电器才能动作。

若在继电器线圈中通入交流电流，则继电器衔铁将随着电流方向的不断改变而来回摆动。因此，极化继电器不适用于交流电工作。

极化继电器是一种插件式小型继电器，由于具有灵敏度高、消耗小、动作快（只有几个毫秒）且带方向性等特点，因而广泛作为功率方向继电器和阻抗继电器等的执行元件，但是它触点容量小，有时返回系数比较低。

4. 继电器符号

继电器的表示符号包括文字符号和图形符号两种。在新国家标准中，继电器的文字符号均以"K"为第一个字母，后面再加上表示该继电器用途的英语词汇字头或者用其在电工中的单位符号或限定符号。常用继电器的图形符号见表1-1。

表 1-1　　　　常用继电器图形符号表

名　称	图形符号	名　称	图形符号
电流继电器	$I>$ KA	线圈	
过、低电压继电器	$U>$ KV　$U<$ KV	动合触点	
功率方向继电器	KW	动断触点	
时间继电器	t KT	延时闭合的动合触点	
中间继电器	KM	延时闭合的动断触点	
信号继电器	KS	信号继电器的动合触点	

二、继电器的检验通则

继电器的检验可以分为新安装验收检验、定期检验和补充检验三种类型，这里介绍继电器在新安装和定期检验时的通用检验规则及要求。

1. 一般性检查

（1）一般性检查内容。

1）外壳透明罩应完整，嵌接良好，有可靠的防尘密封设施，内部应清洁无尘埃及油污。

2）外部带电的导电部分与地（金属外壳或外露非带电金属零件）之间及两带电导电部分之间的电气间隙和爬电距离。

3）感应型继电器转动部分应灵活无异常现象，检查圆盘与电磁铁、永久磁铁间应清洁无异物，检查圆盘是否平整以及上、下轴承的间隙是否合适。

4）检查机电型继电器可动部分的动作灵活性，转轴的横向、纵向活动范围是否适当，轴和轴承除有特殊要求外，禁止注入任何润滑油。

5）检查静态型继电器（包括晶体管型、集成电路型和微机型）的印制电路板表面及焊接质量。

6）检查各零部件的安装与装配质量。

7）检查整定机构、接插件、弹簧（游丝）、按钮、开关和指示器等的质量。

8）检查触点质量。

（2）一般性检查要求。

1）继电器外部（即壳体外部）的电气间隙和爬电距离的最小值应符合表 1-2 规定，如有特殊要求，应在产品技术文件中规定。

表 1-2　电气间隙和爬电距离

回路额定绝缘电压 U_N （V）	最小电气间隙（mm）		最小爬电距离（mm）
	L—L	L—M	
$U_N \leqslant 60$	2.0	3.0	3.0
$60 < U_N \leqslant 380$	4.0	6.0	6.0

注　表中 L—L 表示两带电部分之间的电气间隙；L—M 表示带电部分和暴露的金属零件之间的电气间隙。

2）所有焊接处不应出现虚焊、假焊现象，印制电路板线条应无锈蚀。

3）机电型继电器的弹簧（游丝）应无变形，当由起始位置转至最大刻度位置时，层间距离要均匀，整个平面与转轴要垂直。

4）接插件应接触可靠、插拔方便。整定机构应可靠地固定在整定位置，整定插头插针与整定孔的接触应良好。

5）各零部件的安装应完好，螺栓（钉）应拧紧，焊接头应牢固可靠。

6）按钮、开关等电气元件操作应灵活，经手动作 5 次不应出现发卡现象。

7）插拔机构及活动盖板等应灵活，不应磕碰其他部位。

8）对继电器触点的检查。

（a）触点铆接要牢固，无挫伤和烧损现象，动合触点闭合后应有足够压力。触点压力可用测力计、砝码和灯光信号、万用表（欧姆表）配合测试。测试时，测力计（或砝码）作用力的方向应沿触点接触面的法线方向，并将灯光信号（或万用表）接入触点回路。当灯光信号熄灭（或万用表没有指示）时，测力计的读数（或砝码的质量）即为被测触点压力。

（b）触点间隙用塞尺检查，应以塞尺刚好通过并不使触点片产生位移时的间隙为触点间隙。

（c）触点超行程检查可以用塞尺直接测量触点位移的方法，也可以用间接测量并换算的方法，即对于动合触点，缓慢移动衔铁，计算从触点开始接触起到衔铁完全与磁轭接触闭合为止衔铁运动的直线距离，然后根据图样的标称尺寸换算为动合触点闭合的超行程。对于动断触点，先使衔铁闭合，然后缓慢释放，计算从动断触点开始接触起到衔铁完全释放为止衔铁运动的直线距离，然后根据图样的标称尺寸换算为动断触点闭合时的超行程。

（d）两组或以上触点接触时差的检查。对于没有接触时差要求时，可以采用目测，其方法是缓慢移动衔铁，利用灯光信号或万用表指示进行检查。对于有接触时差要求时，可分别测量各触点组的动作时间或返回时间，然后进行比较（以某一组触点为基准）。

（e）禁止使用砂纸、锉刀及锐利的工具擦拭和修理触点，触点烧伤处可用细油石修理并用鹿皮或绸布抹净，触点表面不得附有金属粉末和尘埃。

9）一般性检查应在无损继电器的试验下及正常照明和视觉条件下进行。

2. 电气性能检查

1）对内部安装的元器件如电容器、电阻、电子元器件、小型继电器等，只有在发现电气特性不能满足要求而又需要对上述元器件进行检查时，才核对其标注的标称值或者通电实测。

2）当输入规定的激励量时，各种信号指示器，如信号灯、光字牌以及音响信号等，应正确显示。

3）当输入一定激励量时，各种指示仪表应正确指示。

4）当输入的激励量为动作值时，应仔细观察触点的动作状况，除发现有抖动、接触不良等现象应及时处理外，还应结合整组试验，使触点接入规定的负荷，再一次观察触点应无抖动、粘住或出现持续电弧等异常现象。

5）继电器（包括其插件）单独检验调整完毕后，应仔细检查拆动过的部件和端子等是否都恢复正常，所有的临时衬垫等物件应清除，整定端子及整定机构的位置应与整定值相符；盖上外罩后，应结合整组试验检查动作情况，信号显示器的动作和复归应正确灵活。

6）测试性能时必须将壳罩装上。

7）整定点动作值的测试应重复 10 次（静态型继电器为 5 次），误差、一致性或变差应符合规定的要求。

8）在做电流或电压冲击试验时，冲击电流用继电保护设备安装处的最大故障电流（不超过 250A），冲击电压用 1.1 倍额定电压，时间 1s；若用负序电流或负序电压做冲击试验时，只需将相序倒换成负序即可。对电流或电压冲击值如有特殊要求，应做出明确规定。

9）当试验电源的影响量（如电源频率、畸变因数、纹波系数、交流电源值波动等）变化影响电气性能较大时，应在记录试验数据的同时，注明试验时的试验电源影响量值。

10）检测有或无继电器功能应在无自热状态下进行，采用突然施加激励量的方法，动作或返回前后电压变化不允许超过 5%；当电压有变化时，应取动作前的电压为继电器的动作电压，返回前的电压为继电器的返回电压。为保证电压变化不超过 5%，直流电压采用电阻分压时的分压电阻值，应小于线圈电阻的 1/4.75。

【任务实施】

一、电流继电器的性能检验

DL-10 系列电流继电器用在电动机、变压器和输电线路的过负荷保护和短路保护电路中，作为启动元件。

1. 原理简介

DL-10 系列电流继电器背后端子接线图如图 1-20 所示。

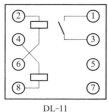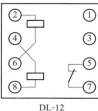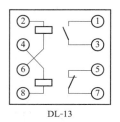

DL-11　　　　　　DL-12　　　　　　DL-13

图 1-20　DL-10 系列电流继电器背后端子接线图

该系列继电器采用电磁式瞬时动作原理。电磁系统有两个线圈，用连接片可将两线圈串联或并联，使继电器整定值范围变化一倍。

继电器的可动系统装在铁芯的两极间，连在同一轴上的有游丝、桥形动触点和 Z 形动片。当加在其线圈上的电流达到整定值时，动片和桥形触点一起转动，动合触点闭合，动断触点断开；当其断电或加在其线圈上的电流低于返回值时，可动系统受游丝反作用力矩的作用返回到原来位置，动合触点断开，动断触点闭合。

继电器铭牌上的刻度值是线圈串联时的电流值。改变整定值时，当整定范围确定之后（线圈串、并联）只需拨动刻度盘上的指针，即可改变游丝的力矩。

2. 试验项目及方法

（1）试验仪器、设备。

2kVA 单相调压器一台，4.5A/55Ω 滑线电阻一个，0-5A-10A 交流电流表一块，电池、小灯一套。

（2）电流继电器动作电流及返回电流试验。试验按图 1-21 接线（继电器线圈 2-8，动合触点 1-3）。

按表 1-3 要求测试，通电前先将继电器的调整把手放在刻度盘的某一刻度值，调压器把手置于零位、滑线电阻在最大位置，然后合上

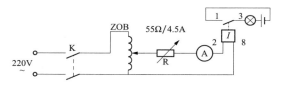

图 1-21　电流继电器试验接线

电源开关 K，逐渐增大电流，直至继电器刚好动作（动合触点闭合、灯亮）的电流，即为动作电流 I_{act}。再逐渐减小电流，使继电器刚好返回（动合触点打开、灯灭）的电流，即为返回电流 I_{res}。

表 1-3　　　　　　　　　　　　　　　　电流继电器试验数据

继电器刻度位置（A）		1.5	2.1	2.4	2.7	3		1.5	1.8	2.1
动作电流 I_{act}	继电器两线圈串联						继电器两线圈并联			
返回电流 I_{res}										
返回系数 K_{res}										
刻度误差（≤±5%）										

注　1. 刻度误差 $=\dfrac{\text{动作值}-\text{刻度值}}{\text{刻度值}}\times100\%$。

　　2. 使用 DL-11/6 型电流继电器。

　　3. 返回系应不小于 0.8。

二、电压继电器的性能检验

DY-30 系列电压继电器用于继电保护线路中，作为过电压保护或低电压闭锁元件。

1. 原理简介

DY-30 系列电压继电器背后端子接线如图 1-22 所示。

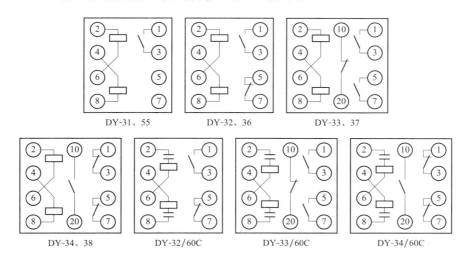

DY-31、55　　　DY-32、36　　　DY-33、37

DY-34、38　　DY-32/60C　　DY-33/60C　　DY-34/60C

图 1-22　DY-30 系列电压继电器背后端子接线图

该系列继电器是瞬时动作电磁式继电器，当线圈加上规定电压时，产生电磁力矩，衔铁克服反作用力矩而动作。

如作为过电压继电器，则当电压升高至整定值（或大于整定值）时，继电器立即动作，动合触点闭合，动断触点断开。当电压降低至返回值（或小于返回值）时，继电器立即返回，动合触点断开，动断触点闭合。

如作为欠电压继电器，则当电压降低至整定值（或小于整定值）时，继电器立即动作，动合触点断开，动断触点闭合。当电压升高至返回值（或大于返回值）时，继电器立即返回，动合触点闭合，动断触点断开。

继电器铭牌上刻度值是并联时的值。转动刻度牌上的指针，以改变游丝的作用力矩，从而改变继电器的动作值。

2. 实验项目及方法

（1）实验仪器、设备。

2kVA 单相调压器一台，4.5A/55Ω 滑线电阻一个，0-150V-300V 交流电压表一块，电池、小灯一套。

（2）低电压继电器动作电压及返回电压实验。试验按图 1-23 接线（继电器线圈 2-8，动断触点 5-7），按表 1-4 要求测试，通电前先将继电器的调整把手放在刻度盘的某一刻度值，调压器把手置于零位，然后合上电源开关 K，逐渐升高电压，直至继电器刚好返回（动断触点打开、灯灭）的电压，即为返回电压 U_{res}。再逐渐降低，使继电器刚好动作（动断触点闭合、灯亮）的电压，即为动作电压 U_{act}。

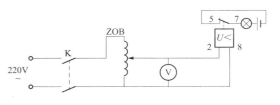

图 1-23　电压继电器试验接线

表 1-4　　　　低电压继电器试验数据

继电器刻度位置（V）			40	50	60	70		40	50
动作电压 U_{act}	继电器两线圈并联						继电器两线圈串联		
返回电压 U_{res}									
返回系数 K_{res}									
刻度误差（≤±5%）									

注　使用 DY-32 型低电压继电器。

三、时间继电器的检验

DS-20 系列时间继电器用在继电保护和自动装置的交直流回路中，作为时间元件。

1. 原理简介

DS-20 系列时间继电器的内部接线图如图 1-24 所示。

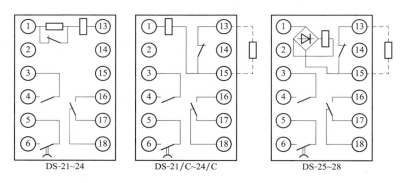

图 1-24　DS-20 系列时间继电器的内部接线图

DS-20 系列时间继电器是带有延时机构的吸入式电磁继电器，其中 DS-21～24 是短期带电的直流时间继电器，DS-21/C～DS24/C 是长期带电的直流时间继电器，DS-25～28 是长期带电的交流时间继电器。继电器具有一副瞬动转换触点，一副滑动主触点和一副终止主触点。

当加电压于线圈两端时，铁芯克服塔形弹簧的反作用力被吸入。瞬动动合触点闭合，动断触点断开，同时延时机构开始启动，经过一定的整定时间后先闭合滑动主触点，再经过一定时间后闭合终止动合主触点，从而得到所需延时。当线圈断电时，在塔形弹簧作用下，使衔铁和延时机构返回原位。

继电器延时可通过移动静触点位置来调整，并由指针在刻度盘上指出。

2. 实验项目及方法

（1）实验仪器、设备。

直流稳压电源一台，滑线电阻一台，0-150V-300V 直流电压表一块，401 点秒表一块，双刀开关两个。

（2）时间继电器的整定时间试验。

1）实验按图 1-25 接线，通电前将继电器时限把手放在整定值位置。

2）先合电源开关 S2，然后再合开关 S1，将实验结果填入表 1-5。

注：DS-21～24 时间继电器线圈为端子 1 和 13，触点为端子 5 和 6。

3）动作时间的整定实验要求重复三次，每次测量的动作时间与整定值的误差不超过

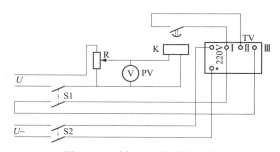

图 1-25　时间继电器实验接线

±0.07s。

4）在时间继电器动作后，先拉开开关 S2，然后再读时间。

（3）机械调整。

1）用手按电磁铁的铁芯到吸合位置，延时机构应立即启动，直至延时触点闭合为止。此时瞬动触点应可靠转换。

2）释放铁芯（在工作位置）时，动触点应迅速返回原位，瞬动动断触点应闭合，动合触点应断开。

3）当铁芯吸入时，铁芯端部的动板不得与延时机构中的扇形齿板相碰。若相碰时，可将动板下移至适当位置，然后将螺栓固紧。

4）当两副主触点的指针指示在零位时，第一副动触点的中心应与滑动主触点的中心相切，第二副动触点的中心应与终止主触点的中心相切（目视），并有不小于 0.5mm 的超行程。移动固定座的扇形板时，注意指针不要划坏刻度盘。

5）当铁芯吸合时，动板应使瞬动切换触点的动断触点可靠断开（两触点间的距离不得小于 1.5mm），动合触点可靠闭合（超行程不小于 0.5mm）。

表 1-5　　动作时间试验

整定值	继电器的动作时间（s）			
$t=1$s	一次	二次	三次	平均值

四、中间继电器的检验

DZ-10 系列中间继电器用于继电保护及自动装置的直流回路中，作为增加触点数量和容量的继电器。

1. 原理简介

DZ-10 系列继电器采用固定安装式壳体，其内部接线图如图 1-26 所示。

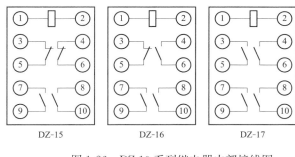

DZ-15　　　　DZ-16　　　　DZ-17

图 1-26　DZ-10 系列继电器内部接线图

DZ-10 系列继电器采用电磁式瞬时动作原理，内部机构主要由电磁系统和接触系统组成。当输入激励量为动作电压值时，衔铁由于电磁力克服弹簧反作用力而被吸合，同时带动触点闭合或断开。当输入激励量下降至返回电压值及以下时，电磁吸引力小于弹簧的反作用力，衔铁返回原位，同时触点也恢复到动作前的状态。

2. 实验项目及方法

（1）实验仪器、设备。

滑线电阻一台，0-150V-300V 直流电压表一块。

（2）中间继电器动作值、返回值的检验。

1）实验按 1-27 接线，通电前将滑线电阻滑至最小位置，电压表读数为零。

2）合上开关 S，调 R，使电压由零开始平稳地上升到继电器动作，然后断开 S。用突然施加激励量的方法读取继电器的动作值，即继电器的动作值为触点回路所接中间继电器动作时的最小值。

3）调 R，使电压升至继电器的额定值，然后逐渐降低至继电器返回。读取返回值，即触点回路所接中间继电器返回时的最大值。

注意：若动作值偏高，可调小弹簧的拉力（调弹簧上的螺栓），或调小衔铁打开时与极靴之间的间隙，也可调大动触点片的压力。

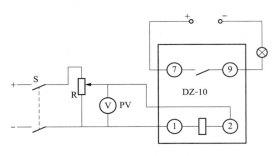

图 1-27　DZ-10 系列继电器实验接线图

五、保护装置的运行维护

1. 保护装置投运前检查

（1）继电器应加铅封，保护掉牌已复归。

（2）试验部件、压板、切换开关、专用小刀闸、整定销、熔断器等位置正确，标志清楚。

（3）各保护整定值与定值单相符，并有"传动试验良好可以投运"的书面交代。

（4）与保护有关的工作票全部结束，试验现场清扫干净。

（5）设备运行中，保护工作结束投入跳闸压板前，应检查装置无异常信号，并用高内阻电压表测量压板两端确无电压时，方能投入跳闸位置。

2. 保护装置日常运行巡视检查

（1）继电器的外壳应清洁完整无裂纹，防尘、密闭良好，铅封完整。

（2）继电器内部无异音，触点位置正确，无抖动和烧毛现象。线圈无过热变色，引接线无松动放电现象。

（3）各试验部件、压板、切换开关、专用小刀闸、整定销、熔断器等位置正确，且接触良好。

（4）保护装置的"运行"监视灯，保护信号灯应与当时运行方式相符。各信号继电器无掉牌。

3. 保护装置异常处理原则

（1）检查中发现保护装置有异常时，应立即汇报单元长或值长，并通知保护人员进行检查。必要时可经值长或调度批准，先将保护装置退出运行。

（2）发生事故或不正常情况时，运行人员应解除音响信号，检查保护动作情况，判断故障性质，按照有关规定进行处理。并及时汇报值长、调度和有关领导。

（3）若发现保护误动或信号不正常时，应立即汇报单元长或值长，并及时通知保护人员进行检查，待查明原因处理好后，方能将装置投入运行。必要时经调度或值长批准后退出有关保护装置，先将设备投入运行。

（4）在事故处理过程中，应及时记录所有保护动作信号，经值长或单元长许可后才能复归保护信号，恢复保护信号应由两人进行。重要设备的保护装置动作，须经值长同意才能复归保护掉牌。

（5）事故处理后，应将保护装置动作情况记录在值班操作记录本和继电保护动作记录本内。

【复习思考】

1-3-1　何谓电流继电器的动作电流、返回电流及返回系数？

1-3-2　何谓过电压继电器的动作电压、返回电压及返回系数？何谓低电压继电器的动作电压、返回电压及返回系数？

1-3-3　中间继电器、时间继电器、信号继电器有何作用？

1-3-4　如何调整电流继电器的动作电流？

1-3-5　对电流继电器的返回系数有什么要求？如果返回系数不符合要求应如何进行调整？

1-3-6　对低电压继电器的返回系数有什么要求？如果返回系数不符合要求应如何进行调整？

1-3-7　时间继电器的机械调整内容有哪些？调整时应注意什么？

◉ 【项目总结】

继电保护装置通常由测量比较元件、逻辑判断元件和执行输出元件三部分组成，电力系统继电保护的基本任务是：

（1）当电力系统发生故障时，有选择性地将故障元件从系统中快速、自动地切除，使其损坏程度减至最轻，以避免故障元件继续遭到破坏，保证系统其他非故障部分能继续运行。

（2）反应电力系统的不正常运行状态，在有人值班的情况下，一般发出报警信号，提醒值班人员进行处理；在无人值班情况下，继电保护装置可视设备承受能力作用于减负荷或延时跳闸。

任何电力元件不得在无保护的状态下运行。

对继电保护的基本要求：选择性、速动性、灵敏性、可靠性。

互感器的选用与检验对继电保护正确工作的影响很大。

继电器定值整定与检验是继电保护正确动作的关键。

项目二

输电线路的保护及自动重合闸

【项目描述】

本项目包括 35kV（10kV）、110kV、220～500kV 线路保护装置及自动重合闸（装置）的原理及性能检验与运行维护。通过本项目的学习，可以掌握输电线路保护的配置、保护动作过程的分析处理、线路保护装置性能检验调试和运行维护。

【教学目标】

知识目标：掌握各种电压等级输电线路保护的配置；掌握各种电压等级输电线路保护（自动重合闸）的构成、基本原理、作用和特点；熟悉相关的技术手册及规程；熟悉继电保护测试仪的使用；熟悉输电线路保护（自动重合闸）的动作性能检验过程和试验数据分析方法。

能力目标：能看懂各种电压等级线路保护标准化作业指导书、定值单、装置设备说明书；能对保护配置图和原理图进行正确识读与分析；能正确使用继电保护测试仪；能对各种电压等级输电线路保护（自动重合闸）的动作过程进行分析和处理；能进行各种电压等级线路保护（自动重合闸）装置的动作性能检验和运行维护。

【教学环境】

1. 学习场地、设施要求

一体化教室，有授课区、实训区、多媒体设备等。二次接线实训室，继电保护测试仪，各电压等级微机线路保护装置，模拟断路器，保护说明书，二次接线图，线路保护测试作业指导书，测试报告单，电力工程设计手册，继电保护和安全自动装置技术规程，万用表，螺钉旋具，安全设施器具，常用电工仪表工具箱。

2. 对教师的要求

（1）具备高校教师资格的讲师（或培训师）及以上职称。

（2）具有系统的继电保护理论知识。

（3）具有发电厂及变电站二次回路的分析、二次设备的选择、二次回路的设计等专业能力和电气安装的工程技术水平和技术能力。

（4）具备一定的项目设计能力和项目组织经验。

（5）具有先进的教学方法，有比较强的驾驭课堂的能力。

（6）课内实践部分指导教师必须具备现场实际工作经历 2 年以上。

（7）具备输电线路保护调试的能力。

（8）具备设计基于行动导向教学法的设计应用能力。

（9）具有良好的职业道德和责任心。

任务一　35kV（10kV）线路保护装置的原理、性能检验与运行维护

◁》【教学目标】

知识目标：掌握 35kV（10kV）线路保护的配置；掌握单侧电源线路的三段式电流保护的构成、各段的作用、动作的逻辑关系、整定原则、特点、接线方式及应用范围，动作性能的检验和运行维护；掌握双侧电源线路的方向性电流保护的构成、各段的作用、动作的逻辑关系、整定原则、特点、接线方式及应用范围，动作性能的检验和运行维护；掌握小电流接地系统零序保护的构成、作用、动作的逻辑关系，动作性能的检验。

能力目标：能看懂 35kV（10kV）线路保护标准化作业指导书、定值单、装置设备说明书；能对 35kV（10kV）线路保护配置图和原理图进行正确识读与分析；能正确使用继电保护测试仪；能进行 35kV（10kV）线路保护装置的动作性能检验和运行维护；能对 35kV（10kV）输电线路保护的动作过程进行分析和处理。

素质目标：能严格按照企业的行为规范开展工作，具备勤奋、进取的敬业精神，认真严谨的工作态度和互相配合的团队协作精神。

◯【任务描述】

依据 35kV（10kV）线路保护标准化作业指导书，设置检验测试安全措施，依据保护装置说明书进行装置界面操作，依据 35kV（10kV）线路保护二次图纸对线路保护装置三段式电流（方向）保护回路外观进行检查，连接好测试接线，操作测试仪器，对线路三段式电流（方向）保护的交流回路、直流回路、定值和动作逻辑进行检验测试，对照定值单等对检验测试结果进行判断。

👤【任务准备】

（1）教师下发项目任务书，明确项目学习目标和任务。

（2）讲解线路电流保护的基本原理及检验测试流程和注意事项。

（3）学生熟悉变配电站电气主接线，查阅典型电力系统网络中线路的运行方式及线路电流保护的接线特点，并对线路电流保护检验测试规程和技术规范、标准等相关资料进行查阅；熟悉线路保护标准化作业指导书、定值单、装置设备说明书；进行继电保护测试仪的学习使用。

（4）学生进行小组人员分工及职责划分。

（5）讨论 35kV（10kV）线路保护如何配置，单侧电源线路的三段式电流保护的构成、各段的作用、动作的逻辑关系、整定原则、特点、接线方式及应用范围分别有哪些，35kV（10kV）线路三段式电流保护动作性能的检验测试流程有哪些，检验过程中注意事项有哪些，双侧电源线路的方向性电流保护的构成、各段的作用、动作的逻辑关系、整定原则、特点、接线方式及应用范围分别有哪些，35kV（10kV）线路三段式电流方向保护动作性能的检验测试流程有哪些，小接地电流系统零序保护的构成、作用、动作的逻辑关系分别有哪些。

（6）制定工作计划及实施方案。教师审核工作计划及实施方案，引导学生确定最终实施

方案。

📖【相关知识】

一、单侧电源网络相间短路的电流保护

在电力系统中，输电线路发生短路故障时，线路中的电流增大，母线电压降低。利用电流增大这一特征，当电流超过某一预定值时保护即动作，称为线路的电流保护。该预定值叫做整定的动作电流 I_{act}。电流保护分为瞬时电流速断保护、限时电流速断保护、定时限过电流保护。

（一）瞬时电流速断保护（第 I 段）

对于仅反应于电流增大而瞬时动作的电流保护，称为瞬时电流速断保护。

1. 工作原理

对于图 2-1 所示单侧电源的辐射形电网，电流保护装设在线路始端，当线路发生三相短路时，短路电流计算如下

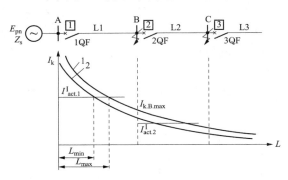

图 2-1　短路电流曲线与瞬时电流速断
保护范围示意图

$$I_k^{(3)} = \frac{E_{pn}}{Z_s + Z_k} = \frac{E_{pn}}{Z_{s.min} + Z_1 L_k} \quad (2-1)$$

式中　E_{pn}——系统等效电源的相电动势；

Z_s——系统阻抗（系统电源到保护安装点的阻抗）；

$Z_{s.min}$——最大运行方式下系统阻抗；

Z_k——短路阻抗（保护安装点到短路点的阻抗）；

Z_1——单位长度的阻抗；

L_k——故障点至母线的距离。

（$Z_s + Z_k$）为电源至短路点之间的总阻抗。当短路点距离保护安装点越远时，Z_k 越大，短路电流越小；当系统阻抗越大时，短路电流越小；而且短路电流与短路类型有关，同一点 $I_k^{(3)} > I_k^{(2)}$（其中 $I_k^{(2)} = \frac{\sqrt{3}}{2} I_k^{(3)} = \frac{\sqrt{3}}{2} \frac{E_{pn}}{Z_{s.max} + Z_1 L_k}$）。短路电流与短路点的关系如图 2-1 的 $I_k = f(L)$ 曲线，曲线 1 为最大运行方式（系统阻抗为 $Z_{s.min}$，短路时出现最大短路电流）下三相短路故障时的 $I_k = f(L)$，曲线 2 为最小运行方式（系统阻抗为 $Z_{s.max}$，短路时出现最小短路电流）下两相短路故障时的 $I_k = f(L)$。可见，I_k 的大小与运行方式、故障类型及故障点位置有关。

瞬时电流速断保护反应线路故障时电流增大而动作，并且没有动作延时，所以必须保证只有在被保护线路上发生短路时才动作，例如图 2-1 的保护 1 必须只反应线路 L1 上的短路，而对 L1 以外的短路故障均不应动作，这就是保护的选择性要求。瞬时电流速断保护是通过对动作电流的合理整定来保证选择性的。

2. 整定计算原则

为了保证瞬时电流速断保护动作的选择性，应按躲过本线路末端最大短路电流来整定计算。对于图 2-1 保护 1 的动作电流，应该大于线路 L2 始端短路时的最大短路电流。实际上，线路 L2 始端短路与线路 L1 末端短路时反应到保护 1 的短路电流几乎没有区别，因此，线路 L1 的瞬时电流速断保护动作电流的整定原则为：躲过本线路末端短路的可能出现的最大

短路电流，计算如下

$$I^{\mathrm{I}}_{\mathrm{act.}1} = K^{\mathrm{I}}_{\mathrm{rel}} I^{(3)}_{\mathrm{k. B. max}} \tag{2-2}$$

式中　$I^{\mathrm{I}}_{\mathrm{act.}1}$——线路 L1 的瞬时电流速断保护一次动作电流；

$\quad\quad K^{\mathrm{I}}_{\mathrm{rel}}$——瞬时电流速断保护的可靠系数，一般取 $K^{\mathrm{I}}_{\mathrm{rel}}=1.2\sim1.3$；

$\quad\quad I^{(3)}_{\mathrm{k. B. max}}$——最大运行方式下，线路 L1 末端（母线）发生三相短路时流过保护 1（即线路 L1）的短路电流。

3. 瞬时电流速断保护的构成

瞬时电流速断保护的单相构成原理接线如图 2-2 所示。过电流继电器接于电流互感器 TA 的二次侧，当流过它的电流大于它的动作电流后，比较环节 KA 有输出。在某些特殊情况下需要闭锁跳闸回路，设置闭锁环节。闭锁环节在保护不需要闭锁时输出为 1，在保护需要闭锁时输出为 0。当比较环节 KA 有输出并且不被闭锁时，与门有输出，发出跳闸命令的同时，启动信号继电器 KS。

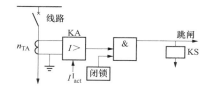

图 2-2　瞬时电流速断保护的
单相原理接线图

4. 保护范围、灵敏度的校验

在已知保护的动作电流后，大于动作电流的短路电流对应的短路点区域，就是保护范围。保护的范围随运行方式、故障类型的变化而变化，在各种运行方式下发生各种短路时保护都能动作切除故障的短路点位置的最小范围称为最小保护范围，例如保护 1 的最小保护范围为图 2-1 中直线 $I_{\mathrm{act.}1}$ 与曲线 2 的交点的前面部分。最小保护范围在系统最小运行方式下两相短路时出现。一般情况下，应按这种运行方式和故障类型来校验保护的最小范围，要求大于被保护线路全长的 15%～20%。

5. 评价

瞬时电流速断保护的优点是简单可靠、动作迅速，缺点是不可能保护线路的全长，并且保护范围直接受运行方式变化的影响。

（二）限时电流速断保护（第Ⅱ段）

1. 工作原理

如图 2-3 所示中的限时电流速断保护 1，因为要求保护线路的全长，所以它的保护范围必然要延伸到下级线路中去，这样当下级线路出口处发生短路时，它就要动作。是无选择性动作。为了保证动作的选择性，就必须使保护的动作带有一定的时限，此时限的大小与其延伸的范围有关。如果它的保护范围不超过下级线路速断保护的范围，动作时限则比下级线路的速断保护高出一个时间阶梯 Δt（0.3～0.6s，一般取 0.5s）。如果与下级线路的速断保护配合后，在本线路末端短路时灵敏性不足，则此限时电流速断保护必须与下级线路的限时电流速断保护配合，动作时限比下级的限时速断保护高出一个时间阶梯，即两个时间阶梯 $2\Delta t$，约为 1s。

2. 整定计算原则

（1）动作电流的整定。设图 2-3 所

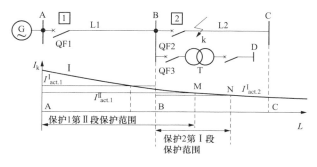

图 2-3　限时电流速断保护动作整定分析图

示系统保护 2 装有瞬时电流速断，其动作电流按式（2-2）计算后为 $I^{\mathrm{I}}_{\mathrm{act.2}}$，它与短路电流变化曲线的交点 N 即为保护 2 瞬时电流速断的保护范围。根据以上分析，保护 1 的限时电流速断范围不应超出保护 2 瞬时电流速断的范围。因此它的动作电流就应该整定为

$$I^{\mathrm{II}}_{\mathrm{act.1}} > I^{\mathrm{I}}_{\mathrm{act.2}} \tag{2-3}$$

引入可靠系数 $K^{\mathrm{II}}_{\mathrm{rel}}$（一般取为 1.1～1.2），则得

$$I^{\mathrm{II}}_{\mathrm{act.1}} = K^{\mathrm{II}}_{\mathrm{rel}} I^{\mathrm{I}}_{\mathrm{act.2}} \tag{2-4}$$

（2）动作时限的整定。图 2-3 中，线路 L2 的 BM 段处于线路 L2 的第 I 段电流保护和线路 L1 的第 II 段电流保护的双重保护范围内，在 BM 段发生短路时，必然出现这两段保护的同时动作。为了保证选择性，应由 L2 的第 I 段电流保护动作跳开 QF2，L1 的第 II 段电流保护不跳开 QF1。为此，L1 的限时速断的动作时限 t^{II}_1，应选择比下级线路 L2 瞬时速断保护的动作时限 t^{I}_2 高出一个时间阶梯 Δt，即

$$t^{\mathrm{II}}_1 = t^{\mathrm{I}}_2 + \Delta t \approx \Delta t \tag{2-5}$$

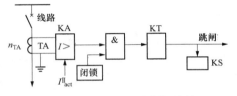

图 2-4　限时电流速断保护的单相原理接线图

3. 构成

限时电流速断保护的单相原理接线如图 2-4 所示。它比瞬时电流速断保护接线增加了时间继电器 KT，这样当电流继电器 KA 启动后，还必须经过时间继电器 KT 的延时 t^{II}_1 才能动作于跳闸。而如果在 t^{II}_1 以前故障已经切除，则电流继电器 KA 立即返回，整个保护随即复归原状，不会形成误动作。

4. 灵敏度校验

为了能够保护本线路的全长，限时电流速断保护必须在系统最小运行方式下，线路末端发生两相短路时，具有足够的反应能力，这个能力通常用灵敏系数 K_{sen} 来衡量。对反应于数值上升而动作的过量保护装置，灵敏系数的含义是

$$K_{\mathrm{sen}} = \frac{\text{保护区末端金属性短路时故障参数的最小计算值}}{\text{保护装置的动作参数值}} \tag{2-6}$$

为了保证在线路末端短路时，保护装置一定能够动作，考虑到电流互感器 TA、电流继电器误差，根据规程要求 $K_{\mathrm{sen}} \geq 1.3～1.5$。

若灵敏系数不满足要求时，限时电流速断保护应与下一相邻线路的第 II 段电流保护配合。此时，动作电流

$$I^{\mathrm{II}}_{\mathrm{act.1}} = K^{\mathrm{II}}_{\mathrm{rel}} I^{\mathrm{II}}_{\mathrm{act.2}} \tag{2-7}$$

动作时限

$$t^{\mathrm{II}}_1 = t^{\mathrm{II}}_2 + \Delta t \tag{2-8}$$

5. 评价

（1）限时电流速断保护的保护范围大于本线路全长。

（2）依靠动作电流值和动作时间共同保证其选择性。

（3）与第 I 段共同构成被保护线路的主保护，兼作第 I 段的近后备保护。

（三）定时限过电流保护（第Ⅲ段）

1. 工作原理

为防止本线路主保护（瞬时电流速断、限时电流速断保护）拒动和下一级线路的保护或断路器拒动，装设定时限过电流保护作为本线路的近后备和下一线路的远后备保护。过电流保护有两种：一种是保护启动后出口动作时间是固定的整定时间，称为定时限过电流保护；另一种是出口动作时间与过电流的倍数相关，电流越大，出口动作越快，称为反时限过电流保护。

2. 整定计算原则

（1）动作电流的整定。为保证在正常情况下过电流保护不动作，保护装置的动作电流必须大于该线路上出现的最大负荷电流 $I_{\mathrm{L.max}}$，即

$$I_{\mathrm{act}}^{\mathrm{III}} > I_{\mathrm{L.max}} \tag{2-9}$$

同时还必须考虑在外部故障切除后电压恢复，负荷自启动电流作用下保护装置必须能够返回，其返回电流 I_{re} 应大于负荷自启动电流 $K_{\mathrm{ast}}I_{\mathrm{L.max}}$，即

$$I_{\mathrm{re}} > K_{\mathrm{ast}}I_{\mathrm{L.max}} \tag{2-10}$$

$$K_{\mathrm{re}} = \frac{I_{\mathrm{re}}}{I_{\mathrm{act}}^{\mathrm{III}}} \tag{2-11}$$

由式（2-10）和式（2-11）可得

$$I_{\mathrm{act}}^{\mathrm{III}} > \frac{K_{\mathrm{ast}}I_{\mathrm{L.max}}}{K_{\mathrm{re}}} \tag{2-12}$$

为保证两个条件都满足，取以上两个条件中较大者为动作电流整定值，即

$$I_{\mathrm{act}}^{\mathrm{III}} = \frac{K_{\mathrm{rel}}}{K_{\mathrm{re}}}K_{\mathrm{ast}}I_{\mathrm{L.max}} \tag{2-13}$$

式中　K_{ast}——自启动系数，一般取 1.5～3；

　　　K_{rel}——可靠系数，一般取 1.15～1.25；

　　　K_{re}——电流继电器的返回系数，一般取 0.85～0.95。

（2）动作时限的整定。如图 2-5 所示，假定在每条线路首端均装有过电流保护，各保护的动作电流均按照躲开被保护元件上各自的最大负荷电流来整定。这样当 k1 点短路时，保护 1～5 在短路电流的作用下都可能启动，为满足选择性要求，应该只有保护 1 动作切除故障，而保护 2～5 在故障切除之后应立即返回。这个要求只有依靠使各保护装置带有不同的时限来满足。保护 1 位于电力系统的最末端，假设其过电流保护动作时间为 t_1^{III}，对保护 2 来讲，为了保证 k1 点短路时动作的选择性，则应整定其动作时限 $t_2^{\mathrm{III}} > t_1^{\mathrm{III}}$，即 $t_2^{\mathrm{III}} = t_1^{\mathrm{III}} + \Delta t$。

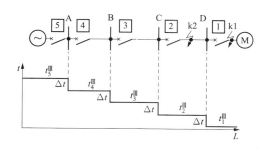

图 2-5　单侧电源放射形网络中定时限过电流保护的动作时限

依次类推，保护 3、4、5 的动作时限均应比相邻元件保护的动作时限高出至少一个 Δt，只有这样才能充分保证动作的选择性。即 $t_1^{\mathrm{III}} < t_2^{\mathrm{III}} < t_3^{\mathrm{III}} < t_4^{\mathrm{III}} < t_5^{\mathrm{III}}$。

由此可见，定时限过电流保护动作时限的配合原则是，各保护装置的动作时限从用户到电源逐级增加一个级差 Δt（一般取 0.5s），如图 2-5 所示，其形状好似一个阶梯，故称为阶

梯形时限特性。在电网终端的过电流保护时限最短，可取 0.5s 作主保护；其他保护的时限较长，只能作后备保护。

这种保护的动作时限，经整定计算确定之后不再变化且和短路电流的大小无关，因此称为定时限过电流保护。

第Ⅰ段电流保护依据动作电流整定保证选择性；第Ⅱ段电流保护依据动作电流和时限整定共同保证选择性；第Ⅲ段电流保护依据动作时限的"阶梯形时限特性"配合来保证选择性。

3. 构成

定时限过电流保护的原理接线与限时电流速断保护相同，只是动作电流和动作时限不同。

4. 灵敏度校验

过电流保护灵敏系数的校验仍采用式（2-6）。当过电流保护 4 作为本线路 AB 的近后备时，要求

$$K_{\text{sen}}^{\text{Ⅲ}} = \frac{I_{\text{k. B. min}}}{I_{\text{act}}^{\text{Ⅲ}}} = 1.3 \sim 1.5 \qquad (2\text{-}14)$$

当作为相邻线路 BC 的远后备保护时，要求

$$K_{\text{sen}}^{\text{Ⅲ}} = \frac{I_{\text{k. C. min}}}{I_{\text{act}}^{\text{Ⅲ}}} \geqslant 1.2 \qquad (2\text{-}15)$$

5. 评价

（1）第Ⅲ段的动作电流比第Ⅰ、Ⅱ段的小，其灵敏度比第Ⅰ、Ⅱ段高，但电流保护受运行方式的影响大，线路越简单，可靠性越高。

（2）在后备保护之间，只有灵敏系数和动作时限都互相配合时，才能保证选择性；在单侧电源辐射网中，有较好的选择性（靠动作电流、动作时限），但在多电源或单电源环网等复杂网络中可能无法保证选择性。

（3）保护范围是本线路和相邻下一线路全长。

（4）电网末端第Ⅲ段的动作时间可以是保护中所有元件的固有动作时间之和（可瞬时动作），故可不设电流速断保护；末级线路保护亦可简化（Ⅰ＋Ⅲ或Ⅲ），越接近电源，$t^{\text{Ⅲ}}$ 越长，应设三段式保护。

（四）阶段式电流保护及应用

瞬时电流速断保护（以下简称速断保护）、限时电流速断保护和过电流保护都是反应电流升高而动作的保护。它们之间的区别在于按照不同的原则来选择动作电流。速断是按照躲开本线路末端的最大短路电流来整定；限时速断是按照躲开下级各相邻线路电流速断保护的最大动作范围来整定；而过电流保护则是按照躲开本元件最大负荷电流来整定。

由于电流速断不能保护线路全长，限时电流速断又不能作为相邻元件的后备保护，因此为保证迅速而有选择性地切除故障，常常将电流速断保护、限时电流速断保护和过电流保护组合在一起，构成阶段式电流保护。具体应用时，可以只采用速断保护加过电流保护，或限时速断保护加过电流保护，也可以三者同时采用。阶段式电流保护的逻辑图如图 2-6 所示，其工作流程如图 2-7 所示。

电流保护在 35kV 及以下的单电源辐射状网络中广泛应用；电流第Ⅰ段在 110kV 电网中应用，作为辅助保护。

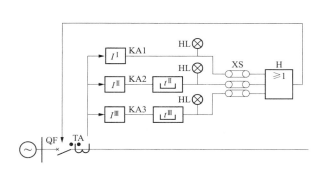

图 2-6　阶段式电流保护的逻辑图

KA1、KA2、KA3—Ⅰ、Ⅱ、Ⅲ段电流保护的电流测量元件；
HL—信号元件；XS—压板，投退各段保护；$t^Ⅱ$、$t^Ⅲ$—Ⅱ、
Ⅲ段保护时限元件的时限；H—出口跳闸元件

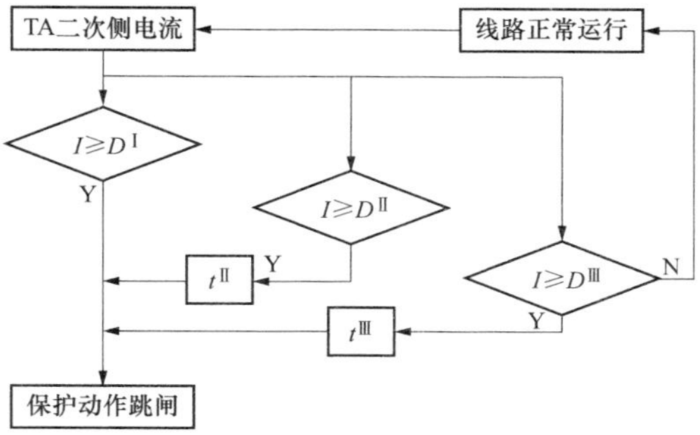

图 2-7　阶段式电流保护的工作流程

（五）电流保护的接线方式

电流保护的接线方式是指保护中电流继电器线圈与电流互感器二次绕组之间的连接方式。流入电流继电器的电流 I_K 与电流互感器的二次侧流出电流 I_2 的比值称为接线系数 K_{con}。

1. 下面介绍电流保护常用的接线方式

（1）三相完全星形接线（如图 2-8 所示）的特点：

1）每相上均装有 TA 和 KA，Y 形接线。

2）KA 的触点并联（或门逻辑关系）。

（2）两相两继电器不完全星形接线（如图 2-9 所示）的特点：

1）只在 A、C 相上装设 TA 和 KA，Y 形接线。

2）KA 的触点并联。

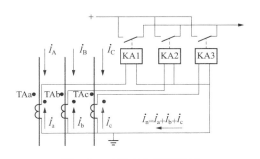

图 2-8　三相完全星形接线
方式的原理接线图

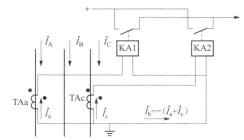

图 2-9　两相两继电器不完全星形
接线方式的原理接线图

上述两种接线方式中，流入电流继电器的电流 I_K 与电流互感器的二次电流 I_2 相等。接线系数

$$K_{con} = \frac{I_K}{I_2} = 1$$

对上述两种接线方式进行性能分析比较如下：①对各种相间短路，两种接线方式均能正

确反映；②在小电流接地系统中，在不同线路的不同相上发生两点接地时，一般只要求切除一个接地点，而允许带一个接地点继续运行一段时间；③两相星形接线经济性优于三相星形接线；④三相星形接线灵敏度是两相星形接线的两倍。

（3）两相三继电器接线变压器后面的两相短路。以 Yd11 接线降压变压器△侧 AB 短路为例，如图 2-10 所示。

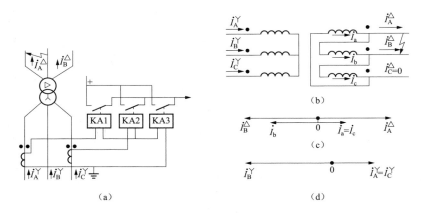

图 2-10　Yd11 接线降压变压器两相短路时的电流分析及过电流保护的接线图
（a）接线图；（b）电流分布图；（c）三角形侧电流相量图；（d）星形侧电流相量图

从上图 Yd11 接线降压变压器 AB 两相短路时的电流分布图中可知

$$\dot{I}_A^\triangle = -\dot{I}_B^\triangle \qquad \dot{I}_C^\triangle = 0$$

$$\dot{I}_a = \dot{I}_c = \frac{1}{3}\dot{I}_A^\triangle \quad \dot{I}_b = -\frac{2}{3}\dot{I}_A^\triangle \tag{2-16}$$

$$\dot{I}_A^Y = \dot{I}_C^Y \qquad \dot{I}_B^Y = -2\dot{I}_A^Y$$

由此可知，Yd11 接线降压变压器△侧两相短路，Y 侧故障相的滞后相电流是其他两相电流的两倍，并与它们反相位。

Yd11 升压变压器 Y 侧两相短路，△侧故障相的超前相电流是其他两相电流的两倍，并与它们反相位。

对于 Yd11 变压器可采取针对措施：在两相星形接线的中线上再接入一个 KA，其电流为

$$(\dot{I}_A^Y + \dot{I}_C^Y)/n_{TA} = -\dot{I}_B^Y/n_{TA} \tag{2-17}$$

其中，n_{TA} 为电流互感器的变比。

两互感器三继电器不完全星形接线如图 2-11 所示。

2. 应用情况说明

（1）三相星形接线：广泛应用于发电机、变压器等大型贵重电气设备的保护中，以及大电流接地电网系统中输电线路的电流保护中（要求较高的可靠性和灵敏性）。

（2）两相星形接线：广泛用于小电流接地电网中输电线路的电流保护（所有线路上的保护装

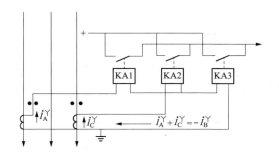

图 2-11　两互感器三继电器不完全星形接线

置应安装在相同的两相上）。

二、双侧电源线路的方向性电流保护

（一）方向问题的提出

采用图 2-12 所示的两侧供电辐射形电网或单电源环形电网可以提高供电可靠性，但必须在线路两侧都装设断路器和保护装置，以便在线路故障时，两侧断路器可以跳闸切除故障。当在图 2-12（a）和（b）中的 k1 点发生相间短路时，要求保护 3 和 4 动作，断开 QF3和 QF4 两个断路器，即切除故障设备，保证非故障设备继续运行。在这种电网中，如果还采用一般的电流保护作为相间短路保护，往往不能满足选择性的要求。

例如：在图 2-12（a）的保护 3 的 1 段范围内 k1 点短路，则 M 侧电源供给的短路电流为 $\dot{I}_{KM}$，N 侧电源供给的短路电流为 $\dot{I}_{KN}$，若 $I_{KM} > I_{act.2}$，则保护 2和 3 的无时限电流速断保护同时动作，错误地将断路器 QF2 跳开，造成变电站 P 全部停电。所以对电流速断保护来说，在双电源线路上难以满足选择性的要求。

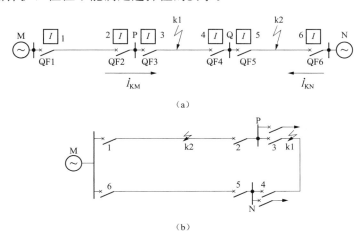

图 2-12　电网示意图
（a）双侧电源供电的辐射形电网；（b）单电源供电的环形电网

对电流保护第 III 段而言，k1 点短路故障时，为保证选择性，要求保护 5 的时限大于保护 4 的时限，即 $t_5 > t_4$；而当 k2 点短路故障时，又要求 $t_4 > t_5$，显然这是无法整定的。

（二）解决问题的措施

为此，应在 k1 点短路时，保护 2、5 不反应，而 k2 点短路时，保护 4 不反应。根据k1、k2 点短路时，流经保护的短路功率方向不同是可以实现的。k1 点短路时，流经保护 2、5 的短路功率方向是被保护线路流向母线，保护不应该动作；而流经保护 3、4 的短路功率方向是母线流向被保护线路，保护应该动作。所以若在过电流保护 2、3、4、5 上各加一功率方向元件，则只有当短路功率是由母线流向线路时，才允许保护动作，反之不动作。这样就解决了保护动作的选择性问题。这种在过电流保护中加一方向元件的保护称为方向性电流保护。

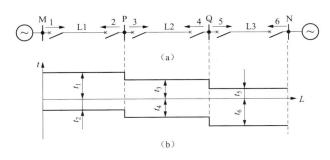

图 2-13　双侧电源辐射形电网各保护动作方向规定及其保护时限
（a）双侧电源辐射形电网各保护动作方向的规定；
（b）方向过电流保护的阶梯型时限特性

图 2-13 所示为一双侧电源辐射形电网，电网中装设了方向过电流保护，图中所示箭头方

向，即为各保护的动作方向，这样就可将两个方向的保护拆开看成两个单电源辐射形电网的保护。其中，保护1、3、5为一组，保护2、4、6为另一组，如各同方向保护的时限仍按阶梯原则来整定，它们的时限特性如图2-13（b）所示。当L2上发生短路时，保护2和5处的短路功率方向是由线路流向母线，功率为负，保护不动作。而保护1、3、4、6处短路功率方向为由母线流向线路，即功率为正，故保护1、3、4、6都启动，但由于$t_1 > t_3$，$t_6 > t_4$，故保护3和4先动作跳开相应断路器，短路故障消除，保护1和6返回，从而保证了保护动作的选择性。

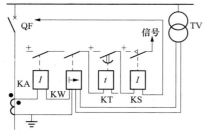

图2-14　方向性电流保护
单相原理接线图

（三）方向性电流保护单相原理接线图

图2-14示出了方向性电流保护单相原理接线图。其中电流继电器KA为电流测量元件，用来判别短路故障是否在保护区内；功率方向继电器KW，用来判别短路故障方向；时间继电器KT，用来建立过电流保护动作时限。

（四）功率方向判别元件

如果规定从母线指向线路的电流方向为正，在图2-15（a）所示的网络接线中，对保护1而言，当正方向k1点三相短路时，流过保护1的电流$\dot{I}_r$，即为短路电流$\dot{I}_{k1}$，滞后于该母线电压$\dot{U}$一个相角φ_{k1}（φ_{k1}为从母线至k1点之间的线路阻抗角），其值为$-90° < \varphi_{k1} < 90°$，如图2-15（b）所示。当反方向k2点短路时，通过保护1的短路电流是由电源$\dot{E}_{II}$供给的，此时流过保护1的电流是$-\dot{I}_{k2}$，滞后于母线电压$\dot{U}$的相角将是$180° + \varphi_{k2}$（φ_{k2}为从该母线至k2点之间的线路阻抗角），其值为$180° < (180° + \varphi_{k2}) < 270°$，如图2-15（c）所示。如以母线电压$\dot{U}$作为参考相量，并设$\varphi_{k1} = \varphi_{k2} = \varphi_k$，则流过保护安装处的电流$\dot{I}_r$在以上两种短路情况下相位相差180°。

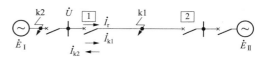

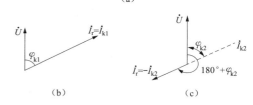

图2-15　方向元件工作原理的分析

（a）网络接线示意图；（b）正方向k1短路时$\dot{U}$与$\dot{I}_r$的相量关系；（c）反方向k2短路时$\dot{U}$与$\dot{I}_r$的相量关系

利用判别短路功率的方向或短路后电流、电压之间的相位关系，就可以判别发生故障的方向。该元件称为功率方向元件。由于它反应加入继电器中电流和电压之间的相位，因此用相位比较方式来实现最为简单。对A相的功率方向元件，加入电压$\dot{U}_r$（如$\dot{U}_A$）和电流$\dot{I}_r$（如$\dot{I}_A$），则当正方向短路时，元件中电压、电流之间的相角为

$$\varphi_{rA} = \arg \frac{\dot{U}_A}{\dot{I}_{k1A}} = \varphi_{k1} \tag{2-18}$$

式中，arg表示取相量$\frac{\dot{U}_A}{\dot{I}_{k1A}}$的幅角，即取$\dot{U}_A$超前$\dot{I}_{k1A}$的角度。

反方向短路时为

$$\varphi_{rA} = \arg \frac{\dot{U}_A}{-\dot{I}_{k2A}} = 180° + \varphi_{k2} \tag{2-19}$$

如果取 $\varphi_k = 60°$，可画出相量关系如图 2-16 所示。

一般的功率方向继电器当输入电压和电流的幅值不变时，其输出（转矩或电压）值随两者相位差的大小而改变，当输出为最大时的相位差称最大灵敏角 φ_{sen}。为了在最常见的短路情况下使方向元件动作最灵敏，采用上述接线的功率方向元件应做成最大灵敏角为 $\varphi_{sen} = \varphi_k = 60°$。又为了保证当短路点有过渡电阻、线路阻抗角 φ_k 在 $0° \sim 90°$ 范围内变化情况下正方向故障时，继电器都能可靠动作，功率方向元件动作的角度应该是一个范围，这个范围通常取 $\varphi_{sen} \pm 90°$。此动作特性在复数平面上是一条直线，如图 2-17（a）所示。其动作方程可表示为

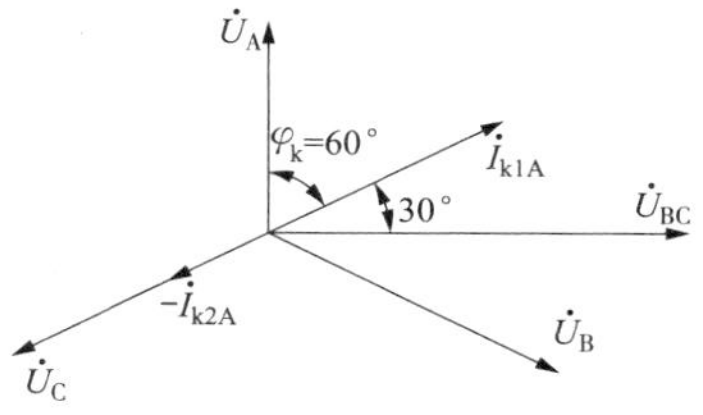

图 2-16　正反方向短路时输入功率方向继电器的电压和电流

$$90° \geqslant \arg \frac{\dot{U}_r e^{-j\varphi_{sen}}}{\dot{I}_r} \geqslant -90° \tag{2-20}$$

或

$$\varphi_{sen} + 90° \geqslant \arg \frac{\dot{U}_r}{\dot{I}_r} \geqslant \varphi_{sen} - 90° \tag{2-21}$$

采用这种特性和接线的功率方向元件时，在其正方向出口附近短路接地，故障相对地的电压很低时，功率方向元件不能动作，称为"电压死区"。为了减小和消除死区，在实际应用中广泛采用非故障的相间电压作为接入功率方向元件的电压参考相量，判别故障相电流的相位。例如对 A 相的功率方向元件加入电流 $\dot{I}_A$ 和电压 $\dot{U}_{BC}$。此时，$\varphi_{rA} = \arg \dot{U}_{BC}/\dot{I}_{Ar}$，当正方向短路时，$\varphi_{rA} = \varphi_k - 90° = -30°$，反方向短路时，$\varphi_{rA} = 150°$，相量关系也示于图 2-17 中。在这种情况下功率方向元件的最大灵敏角设计为 $\varphi_{sen} = \varphi_k - 90° = -30°$，动作特性如图 2-17（b）所示，动作方程为

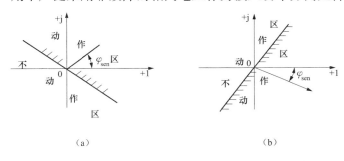

图 2-17　功率方向元件的动作特性（阴影部分表示动作区）
（a）一般动作特性图；（b）90°接线动作特性图

$$90° \geqslant \arg \frac{\dot{U}_r e^{j(90°-\varphi_k)}}{\dot{I}_r} \geqslant -90° \tag{2-22}$$

习惯上称 $\alpha = 90° - \varphi_k$ 为功率方向继电器的内角，则式（2-22）可变为

$$90° - \alpha \geqslant \arg \frac{\dot{U}_r}{\dot{I}_r} \geqslant -90° - \alpha \tag{2-23}$$

除正方向出口附近发生三相短路时，$\dot{U}_{BC} \approx 0$，继电器具有很小的电压死区外，在其他任何包含 A 相的不对称短路时，I_A 的电流很大，U_{BC} 的电压很高，因此继电器不仅没有死区，而且动作灵敏度很高。采用 I_A、U_{BC}，I_B、U_{CA}，I_C、U_{AB} 的接线方式叫做 90°接线，指系统三相对称且 $\cos\varphi = 1$ 时，$\arg \dfrac{\dot{I}_r}{\dot{U}_r} = 90°$ 的接线方式。

90°接线方式的主要优点是：①对各种两相短路都没有死区，因为继电器加入的是非故障的相间电压，其值很高；②选择继电器的内角 $\alpha=90°-\varphi_k$ 后，对线路上发生的各种故障，都能保证动作的方向性。

注：90°接线方式仅为了称呼方便，且仅在定义中成立。

（五）方向性电流保护的整定计算

方向性电流保护的整定计算方法与三段式电流保护的整定计算方法基本相同，不同的是方向性电流保护的动作电流要按正向电流大小计算。

对于方向过电流保护的时间整定，根据同方向的保护按阶梯时限整定。

方向元件的加装原则：

（1）若不装方向元件，也不会造成无选择性误动作，就不必装设方向元件。

（2）各段保护在什么情况下加装方向元件，需要具体情况具体分析。

1）瞬时电流速断。当保护安装处反方向故障，通过保护的电流大于瞬时电流速断保护的动作电流时，瞬时电流速断保护必须加装方向元件。

2）带时限电流速断。反向电流瞬时速断保护区末端短路故障，流过本保护的电流小于带时限电流速断保护的动作电流时，可不加装方向元件。

3）定时限过电流保护。在同一母线上，负荷线路不装方向元件；双侧电源线路动作时间最长的过电流保护可不装设方向元件，动作时间短的需装设方向元件，两者时间相等的则都需装设方向元件。各断路器过电流保护的动作时间如图 2-18 所示。因此，只需在 QF2 和 QF5 上加装方向元件就能满足过电流保护选择性的要求。

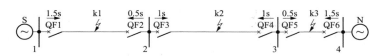

图 2-18　过电流保护加装方向元件的分析图

在阶段式电流保护中增设方向元件，和电流继电器构成"与"门逻辑，便形成阶段式方向性电流保护。

（六）对方向性电流保护的评价和应用

方向性电流保护在多电源网络及单电源环网中能保证选择性；快速性和灵敏性同前述单侧电源网络的电流保护；接线比单电源电流保护复杂，可靠性稍差，且增加投资；灵敏度受网络结构和运行方式的影响；出口三相短路时，功率方向元件有死区，使保护有死区；不能全线速动。因此，方向性电流保护应力求不装设方向元件（如果用动作电流和延时能保证选择性）。

方向性电流保护广泛应用于 35kV 及以下的多侧电源网络和单电源环网。

三、小电流接地系统零序保护

在中性点非直接接地的电网（又称小电流接地系统）中发生单相接地时，由于故障点的电流很小，而且三相之间的线电压仍然保持对称，对负荷供电影响小，在故障不扩大的情况下，可以运行 1～2h。要求保护装置发信号，而不必跳闸，只在对人身和设备的安全有危险时，才动作于跳闸。如今对配电网供电可靠性要求越来越高，更是应该如此。

1. 绝缘监视装置

绝缘监视装置是利用单相接地时出现零序电压的特点构成的，其原理接线如图 2-19 所示，在发电厂或变电站的母线上装设三相五柱式电压互感器，其二次侧有两组绕组，一组接成星形，接 3 只电压表用以测量各相对地电压，另一组接成开口三角形，以取得零序电压，过电压继电器接在开口处用来反应系统的零序电压，并接通信号回路。

正常运行时，系统三相电压对称，无零序电压，过电压继电器不动作，3 块电压表读数相等。当发生单相接地时，系统各处都会出现零序电压，因此开口三角形绕组有零序电压输出，使继电器动作并起动信号继电器发信号。若要判断是哪一相发生了故障，可以通过电压表读数来判别，接地相对地电压为零，非故障相电压升高$\sqrt{3}$倍。

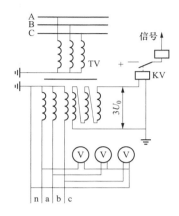

图 2-19　绝缘监视装置原理图

根据这种装置的动作，可以知道系统发生了接地故障和故障的相别，但不知道接地故障发生在哪条线路上，因此绝缘监视装置是无选择性的。为查找故障线路，需要由值班人员依次短时断开每条线路，再用自动重合闸将断开线路投入。当断开某条线路时，零序电压消失，3 只电压表读数相同，即说明该线路发生了故障。

2．零序电流保护

当发生单相接地时，故障线路的零序电流是所有非故障元件的零序电流之和，故障线路零序电流比非故障线路大，利用这个特点可以构成零序电流保护。保护装置通过零序电流互感器取得零序电流，电流继电器用来反映零序电流的大小并动作于信号。

3．零序功率方向保护

利用故障线路与非故障线路零序功率方向不同的特点，可以构成有选择性的零序功率方向保护，发生接地故障时，故障线路的零序电流滞后于零序电压 90°，若使零序功率方向继电器的最大灵敏角为 $\varphi_{\text{sen. max}} = 90°$，则此时保护装置灵敏动作。非故障线路的零序电流超前零序电压 90°，零序电流落入非动作区，保护不动作。

【任务实施】

1．工作策略

在学习线路三段式电流保护基本原理知识后，按照 10kV 线路三段式电流保护的定期检验作业指导书的要求，运用继电保护测试仪（本文以博电 PW 系列继电保护测试仪为例来说明，下同），根据定值单要求，完成 10kV 线路三段式电流保护的检验测试。

在学习线路三段式电流方向保护基本原理知识后，按照 10kV 线路三段式电流方向保护的定期检验作业指导书的要求，运用继电保护测试仪，根据定值单要求，完成 10kV 线路三段式电流方向保护的检验测试。

2．工作规范

（1）保护的检验测试过程及其结果分析每做一步要进行检查一步（自查）。

（2）每个保护的检验测试过程及其结果分析完毕后，各个小组进行整体检查（复查）。

（3）自评：学生对本项目的整体实施过程进行评价。

（4）互评：以小组为单位，分别对其他组的工作结果进行评价和建议。

（5）教师评价：教师对工作过程、工作结果进行评价，指出每个小组成员的优点，并提出改进建议。

3．劳动组织

学生汇报计划与实施过程，回答同学与教师的问题。重点检查检验项目和检验结果，教师与学生共同对工作结果进行评价。

4．参考案例

根据现有实际教学条件，可灵活举例演示。

5．总结提炼

学生和教师对本任务的学习全过程进行总结提炼，以便更好更有效的学习后续项目内容或课程。

一、单侧电源网络相间短路的电流保护检验与调试

1．工作准备

（1）课前预习相关知识的理论知识部分。

（2）学习 10kV 线路三段式电流保护的定期检验作业指导书要求的相关测试项目，阅读定值单中的相关定值，查阅 10kV 线路保护图纸，测试仪相关项目测试的使用说明，经小组认真讨论后编制测试方案，填写测试仪的参数设置、保护压板的投退及接线端子。

（3）填写任务工单的咨询、决策、计划部分。

2．操作步骤

操作流程的要求同项目任务的要求，尤其要注意测试前要做好装置初始状态记录（如压板的位置等），断开待测试设备与运行设备相关联的电流、电压回路，做好记录和安全措施。测试后要按记录恢复到初始状态。

10kV 线路三段式电流保护测试以电流Ⅰ段 1 时限为例进行试验，其他各段各时限测试方法类似。

对电流Ⅰ、Ⅱ、Ⅲ段的动作值和动作时间进行测试。在测试过程中，需要将非测试段退出，将不要测试的功能（如方向）退出。

压板：只投"电流Ⅰ段（瞬时速断）保护"硬压板。

（1）定值设置。

1）将电流Ⅰ段定值调到 5A。

2）退出电流Ⅱ段：电流Ⅱ段 1 时限控制字设置为 000E。

3）退出电流Ⅲ段：电流Ⅲ段控制字设置为 000E。

（2）试验接线。

测试仪电流——10kV 线路保护装置交流电流；

开入触点——并接保护出口接点两端。

实验接线对应表见表 2-1。

（3）实验步骤。

1）测试仪设置。选择测试模块："递变"—"试验参数"—"电流保护"，如图 2-20 所示。

表 2-1　　　实 验 接 线 对 应 表

项目	测试仪端子	保护装置	备　　注
电流	I_A	1D1-1	
	I_B	1D1-2	
	I_C	1D1-3	
	I_N	1D1-4、5、6	1D1-4、5、6 要短接
开入	A	1LP19-②	
	AN	1D51-1	

注　实验前应断开检修设备与运行设备相关联的电流回路。

2）选择测试模块："递变"—"开关量"，如图 2-21 所示。

3）选择测试模块："递变"—"试验参数"—"电流保护"—"添加试验项"，依次设置测试项目、动作值及动作时间。

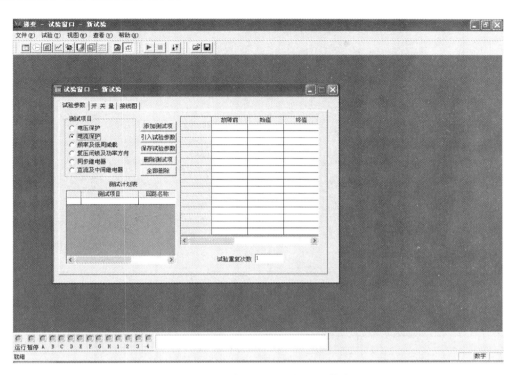

图 2-20　测试仪设置（选择测试模块）

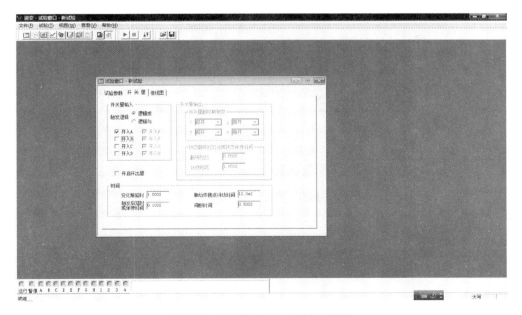

图 2-21　测试仪设置（选择开关量）

测试项目：依次选择动作值和动作时间。

动作值："步长变化时间"要大于保护出口动作时间，"变化始值"要小于动作值，而"变化终值"要大于动作值设置。如图 2-22 所示。

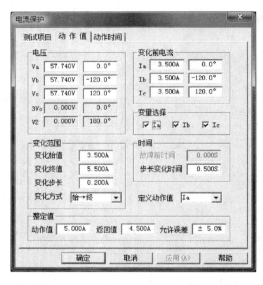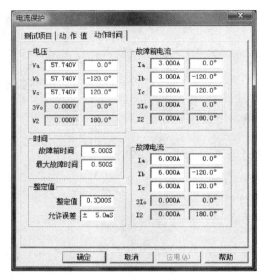

图 2-22　测试仪设置（设置电流电压）

表 2-2　试验情况记录表

检验项目		动作情况
电流Ⅰ段定值试验	1.05 倍整定值动作行为	
	0.95 倍整定值动作行为	
	1.2 倍整定值动作时间	
电流Ⅱ段定值试验	1.05 倍整定值动作行为	
	0.95 倍整定值动作行为	
	1.2 倍整定值动作时间	
电流Ⅲ段定值试验	1.05 倍整定值动作行为	
	0.95 倍整定值动作行为	
	1.2 倍整定值动作时间	

动作时间："故障电流"按 1.2 倍动作电流设置；"故障前时间"设为 5s，大于保护上电复位时间；"最大故障时间"设为 0.7s，大于保护出口动作时间。

4）设置好后，点击"开始试验"即可。

5）查看测试仪、保护动作情况（动作事件、动作出口、信号出口、录波记录）；重复上述步骤，依次测试电流Ⅰ、Ⅱ、Ⅲ段动作值、动作时间是否与整定值一致。

（4）试验情况记录见表 2-2。

任务工单见表 2-3。

表 2-3　　　　任 务 工 单

工作任务	三段式电流保护及测试			学时	6
姓名		学号	班级	日期	

任务描述：完成微机保护的三段式电流保护的整定定值的调整及动作过程的检验测试。
1. 咨询（课外完成）
（1）继电保护实训指导书。
1）认识微机线路保护的软、硬件。
2）了解通过微机保护的人机接口调整定值的方法。
3）画出实验接线图。

（2）相关问题。
1）10kV 线路微机保护的定值清单是什么，包括哪些内容？

2）三段式电流保护每一段的动作电流和动作时限如何整定，它们之间有什么样的关系？

3）三段式电流保护每一段的作用是什么？

4）确定实验用仪器仪表与量程。

5）写出实验步骤。

2. 决策（课外完成）
（1）分工：

分工 组别	仪器仪表选择	接线	操作	观察	读数	记录	整理工位	编制检验报告

（2）编制三段式电流保护测试方案：

3. 计划
根据《继电保护实训指导书》核对各组编制的测试方案。

4. 实施
实验时注意哪些事项？

5. 检查及评价
个人评分规则：

考评项目		自我评估	组长评估	教师评估	备注
素质考评（20）分	劳动纪律（5分）				
	积极主动（5分）				
	协作精神（5分）				
	贡献大小（5分）				
工单考评（20分）					
检验测试结果分析（20分）					
综合评价（40分）					

二、双侧电源线路的方向性电流保护检验与调试

1. 工作准备

（1）课前预习相关知识部分。

（2）学习 35kV 双电源线路方向性电流保护的定期检验作业指导书要求的相关测试项目，阅读定值单中的相关定值，查阅 35kV 线路方向性电流保护图纸，测试仪相关项目测试的使用说明，经小组认真讨论后编制测试方案，填写测试仪的参数设置、保护压板的投退及接线端子。

（3）填写任务工单的咨询、决策、计划部分。

2. 操作步骤

操作流程的要求同项目任务的要求，尤其要注意测试前要做好装置初始状态记录（如压板的位置等），断开待测试设备与运行设备相关联的电流、电压回路，做好记录和安全措施。测试后要按记录恢复到初始状态。

35kV 双电源线路方向过电流保护测试以过电流Ⅰ段 1 时限为例进行试验，其他各段各时限测试方法类似。

对过电流Ⅰ、Ⅱ、Ⅲ段的动作值和动作时间进行测试。在测试过程中，需要将非测试段退出，将不要测试的功能（如重合闸）退出。

压板：只投"方向过电流保护"硬压板。

（1）定值设置。

1）将过电流Ⅰ段定值调到 5A。

2）退出过电流Ⅱ段：过电流Ⅱ段 1 时限控制字设置为 000E。

3）退出过电流Ⅲ段：过电流Ⅲ段控制字设置为 000E。

（2）试验接线。

测试仪电流——35kV 双电源线路保护装置交流电流；

测试仪电压——35kV 双电源线路保护装置交流电压；

开入触点——并接保护出口接点两端；见表 2-4。

（3）试验步骤。

1）测试仪设置。选择测试模块："递变"—"试验参数"—"复压闭锁及功率方向"，如图 2-23 所示。

表 2-4　　　试验接线对应表

项目	测试仪端子	保护装置	备注
电流	I_A	1D1-1	
	I_B	1D1-2	
	I_C	1D1-3	
	I_N	1D1-4、5、6	1D1-4、5、6 要短接
电压	U_A	1D2-1	
	U_B	1D2-2	
	U_C	1D2-3	
	U_N	1D2-4	
开入	A	1LP19-②	
	AN	1D51-1	

注　试验前应断开检修设备与运行设备相关联的电流、电压回路。

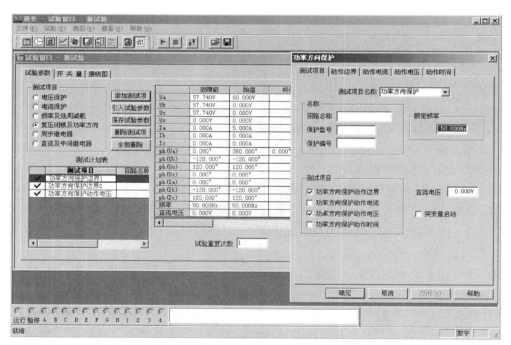

图 2-23　测试仪设置（选择测试模块）

2）选择测试模块："递变"—"开关量"，如图 2-24 所示。

3）选择测试模块："递变"—"试验参数"—"复压闭锁及功率方向"—"添加试验项"。

依次设置测试项目、动作值及动作时间。

测试项目：依次选择动作值和动作时间。

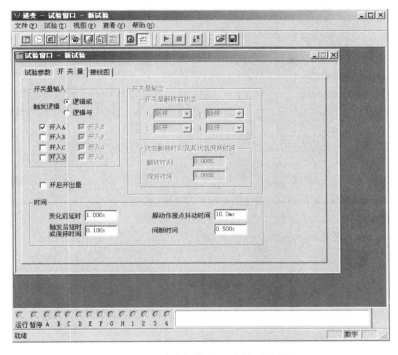

图 2-24　测试仪设置（选择开关量）

动作值："步长变化时间"要大于保护出口动作时间，"变化始值"要小于动作值，而"变化终值"要大于动作值设置，如图 2-25 所示。

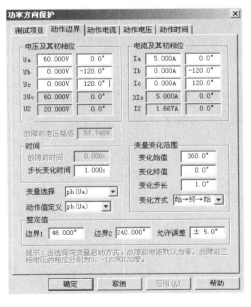 

图 2-25　测试仪设置

表 2-5　　试 验 情 况 记 录 表

检验项目		动作情况
方向过流电Ⅰ段定值试验	1.05 倍整定值动作行为	
	0.95 倍整定值动作行为	
	1.2 倍整定值动作时间	
方向过电流Ⅱ段定值试验	1.05 倍整定值动作行为	
	0.95 倍整定值动作行为	
	1.2 倍整定值动作时间	
方向过电流Ⅲ段定值试验	1.05 倍整定值动作行为	
	0.95 倍整定值动作行为	
	1.2 倍整定值动作时间	

任务工单见表 2-6。

动作时间："故障电流"按 1.2 倍动作电流设置；"故障前时间"设为 5s，大于保护通电复位时间；"最大故障时间"设为 0.7s，大于保护出口动作时间。

4）设置好后，点击"开始试验"即可。

5）查看测试仪、保护动作情况（动作事件、动作出口、信号出口、录波记录）；重复上述步骤，依次测试过电流Ⅰ、Ⅱ、Ⅲ段动作值、动作时间是否与整定值一致。

（4）试验情况记录见表 2-5。

表 2-6　　　　　　　　　　　　　　　任 务 工 单

工作任务	方向性电流保护及测试				学时		4
姓名		学号		班级		日期	

任务描述： 完成微机保护功率方向判别功能的整定定值的调整及动作过程的测试。

1. 咨询（课外完成）

（1）继电保护实训指导书。

1）认识微机线路保护的软、硬件。

2）了解通过微机保护的人机接口调整定值的方法。

3）画出实验接线图。

（2）相关问题。

1）方向性电流保护装置的动作区、动作电流和动作时限如何整定，它们之间有什么样的关系？

2）方向性电流保护的作用是什么？

3）确定实验用仪器仪表与量程。

4）如何配合使用移相器和相位表来确定方向保护的动作区？如何计算灵敏角？

5）写出实验步骤。

2. 决策（课外完成）

（1）分工。

分工／组别	仪器仪表选择	接线	操作	观察	读数	记录	整理工位	编制检验报告

（2）编制方向性电流保护测试方案。

3. 计划

根据《继电保护实训指导书》核对各组编制的测试方案。

4. 实施

实验时注意哪些事项？

5. 检查及评价

个人评分规则：

续表

考评项目		自我评估	组长评估	教师评估	备注
素质考评（20）分	劳动纪律（5分）				
	积极主动（5分）				
	协作精神（5分）				
	贡献大小（5分）				
工单考评（20分）					
检验测试结果分析（20分）					
综合评价（40分）					

三、35kV（10kV）线路保护配置及运行维护

（一）35kV（10kV）线路保护配置

35kV（10kV）线路保护的基本配置，一般为三段式电流（方向）保护、反时限过电流保护、过负荷保护、小电流接地选线装置、三相自动重合闸、低频（压）减载装置等。目前 35kV（10kV）线路保护型号主要有：RCS-9611、CSC-160、CSC-211、PDS-741A、ISA-351G。如选用深圳南瑞的 ISA-351G 型保护测控装置，该装置集保护与测控于一体（下面以此为例来说明运行维护情况）。某 10kV 线路保护配置见表 2-7。

表 2-7　　某 10kV 线路保护配置一览表

保护设备名称	屏内装置型号	保护配置
某 10kV 线路	ISA-351G 保护测控装置（深圳南瑞）	三段式过电流保护
		反时限过电流保护
		相电流加速保护
		三相自动重合闸
		低频（压）减载
		接地保护
		过负荷保护
		控制回路断线告警

（二）装置操作说明及运行注意事项

1. 显示说明

显示模块是最常用的人机接口单元，主要由一个 128×128 的点阵液晶显示窗，9 键键盘列阵及若干状态指示发光二极管组成。

（1）液晶显示窗。每行可显示 8 个汉字或 16 个英文字符，每屏可显示 8 行。采用多级菜单显示模式，具有自动背光管理功能。

（2）九键键盘阵列加独立复归按钮含义。

［▲］光标上移一行或上翻一页；

［▼］光标下移一行或下翻一页；

［▶］光标右移一格，或启动设置，启动打印；

［◀］光标左移一格，或启动设置，启动打印；

［＋］增加数值；

［－］减少数值；

［确定］进入下一级菜单或确认当前修改，执行当前操作；

［取消］返回上一级菜单或取消当前修改，取消当前操作；

［复位］系统重新启动，正常运行时严禁随意按复位键；

［复归］复归保护事件。

（3）状态指示灯。指示灯名称：电源、运行、告警、保护跳、重合闸、重合允许，正常运行时电源灯和运行灯亮。

2. 装置菜单说明及操作说明

装置通电经初始化后，进入开机界面，显示装置地址、装置类型、定值区号、系统时间等信息，按确认键进入主菜单。通过［▲］、［▼］键移动菜单选项，被选中项反显。按确认键进入相应菜单子项，按取消键返回上级菜单。在任何界面下连续按取消键，均可返回开机画面。

（1）实时信息。显示各类装置采集的实时数据及计算数据，包括遥测采样值、遥信状态、电度量、谐波及通信状态。

测量信息，包括保护测量、监控测量、相角测量、相序测量。

1）保护测量。显示各类装置对保护回路采集的电压、电流、频率等实时数据。

2）监控测量。显示各类装置对测量回路采集的母线电压、电流、频率等实时采集数据，并计算分相有功功率、无功功率、总有功功率、总无功功率、系统频率、功率因数等实时计算值。在监控测量界面下按确认键可以切换选择测量一次值和二次值显示。屏幕右上角有相应提示。

3）相角测量。显示各类装置各相电压、各相电流（测量、保护）对参考相的相对夹角。逆时针方向为正。

4）相序测量。显示各类装置电压、保护电流的正序分量值、负序分量值和零序分量值。

（2）遥信信息。包括实遥信、虚遥信。

通过［▲］、［▼］键翻屏显示各项遥信数据。屏幕右上角显示当前屏遥信起始序号，点号从1开始计数。

1）实遥信。显示各类装置采集的断路器、隔离开关、有载调压分接头或外部硬压板的实时状态。

2）虚遥信。显示各类装置自身产生的保护事件、告警事件、自检事件信息。依装置类型不同显示虚遥信内容不同。

（3）历史信息。显示装置记录的历史数据，包括保护动作事件、保护动作过程、自检记录、事件顺序记录、操作记录、录波记录。

按［▲］、［▼］键翻屏显示各项记录。记录依据先入先出原则，第1条为当前最新记录。按左右键启动打印。

1）保护动作事件。记录各种保护动作、告警的时间、类型、动作值、动作相别。

2）保护动作过程。记录各种保护的动作过程，包括各种保护的启动时间、返回时间、闭锁原因。与保护动作事件组合，可实现保护动作过程的"可视"。

3）自检事件。记录装置硬件、软件自检监测的信息，记录自检出错，自检恢复内容、时间。

4）事件顺序记录。记录各实遥信、虚遥信发生变位的时间、性质。

5）操作记录。记录人工对装置进行的各种操作及各种参数、定值的修改，包括就地或远方的遥控操作、装置参数修改、定值修改、系统参数修改。

6）录波记录。记录40条故障录波信息。

（4）定值管理。完成定值工作区的选择，完成定值控制字及定值的查询和修改。

（5）自动打印。可以分别对历史事件中的保护事件、保护过程、自检记录、事件顺序记录、操作记录进行自动打印功能设置，通过投入或退出，实现自动打印功能。

3. 装置投运步骤

（1）投入直流电源。

（2）检查装置"运行"指示灯亮，其余指示灯灭，装置无"告警"等异常信号。

（3）按运行要求投入装置压板。

4. 运行注意事项

（1）装置投运后的检修必须遵照有关规程规定执行。

（2）装置投运后的检修必须由专业人员进行。

（3）运行中禁止随意开出传动、切换定值区、更改定值、投切软压板、更改装置地址。

5. 保护投退规定

正常情况下根据调度下发的继电保护定值通知单投入相应保护。

（三）异常处理及事故分析

装置出现异常时，向调度申请退出保护出口压板，通知检修人员进行处理。

【复习思考】

2-1-1 第Ⅱ段电流保护的动作时限、动作电流及灵敏系数如何计算？为什么？

2-1-2 第Ⅲ段电流保护是如何保证选择性的？在整定计算中为什么要考虑返回系数及自启动系数？

2-1-3 三段式电流保护是怎样构成的？画出三段式电流保护各段的保护范围和时限配合图。

2-1-4 在图 2-26 所示电网中，线路 L1、L2 均装有三段式电流保护，当在线路 L2 的首端 k 点短路时，有哪些保护启动？由哪个保护动作跳开哪个断路器？

2-1-5 在图 2-27 所示的 35kV 单侧电源辐射形电网中，已知线路 L1 正常最大工作电流为 112A，电流互感器的变比为 300/5；最大运行方式下，k1 点三相短路电流为 1200A，k2 点三相短路电流为 500A；最小运行方式下，k1 点三相短路电流为 1050A，k2 点三相短路电流为 485A。线路 L2 过电流保护的动作时限为 2s。试计算 L1 线路三段式电流保护各段的继电器动作电流及动作时限，校验Ⅱ、Ⅲ段保护的灵敏度。

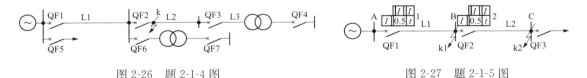

图 2-26 题 2-1-4 图   图 2-27 题 2-1-5 图

2-1-6 为什么在 Yd 接线的变压器线路上电流保护一般要采用两相三继电器接线方式？

2-1-7 中性点不接地系统单相接地时的电流和电压有什么特点？

2-1-8 画出绝缘监视装置的原理图并简述其工作原理。

任务二 110kV 线路保护装置的原理、性能检验与运行维护

【教学目标】

知识目标：掌握 110kV 线路保护的配置；掌握距离保护的构成、各段的作用、动作的逻辑关系、整定原则、特点、接线方式及应用范围，动作性能的检验和运行维护；掌握大电

流接地系统零序保护的构成、各段的作用、动作的逻辑关系、整定原则、特点、接线方式及应用范围，动作性能的检验。

能力目标：能看懂 110kV 线路保护标准化作业指导书、定值单、装置设备说明书；能对 110kV 线路保护配置图和原理图进行正确识读与分析；能正确使用继电保护测试仪；能进行 110kV 线路保护装置的动作性能检验和运行维护；能对 110kV 输电线路保护的动作过程进行分析和处理；能自我调节，正确面对学习和生活中的成绩和挫折，及时总结和反思，不断提高。

素质目标：能严格按照企业的行为规范开展工作，具备勤奋、进取的敬业精神，认真严谨的工作态度和互相配合的团队协作精神。

💬【任务描述】

依据 110kV 线路保护标准化作业指导书，布置检验测试安全措施，依据保护装置说明书进行装置界面操作，依据 110kV 线路保护二次图纸对线路保护装置距离保护、零序保护回路外观进行检查，连接好测试接线，操作测试仪器，对线路距离保护、零序保护的交流回路、直流回路、定值和逻辑进行检验测试，对照定值单等对检验测试结果进行判断。

🏃【任务准备】

（1）教师下发项目任务书，明确项目学习目标和任务。

（2）讲解线路距离保护、零序电流保护的基本原理及检验测试流程和注意事项。

（3）学生熟悉变电站（发电厂）电气主接线，查阅典型电力系统网络中线路的运行方式及线路距离保护和零序电流保护的接线特点，并对线路距离保护和零序电流保护检验测试规程和技术规范、标准等相关资料进行查阅；熟悉线路保护标准化作业指导书、定值单、装置设备说明书；进行继电保护测试仪的学习使用。

（4）学生进行小组人员分工及职责分配。

（5）讨论 110kV 线路保护如何配置；讨论距离保护的构成、各段的作用、动作的逻辑关系、整定原则、特点、接线方式及应用范围分别有哪些；讨论 110kV 线路距离保护动作性能的检验测试流程有哪些；讨论检验过程中注意事项有哪些；讨论大电流接地系统零序保护的构成、各段的作用、动作的逻辑关系、整定原则、特点、接线方式及应用范围分别有哪些；讨论 110kV 线路零序保护动作性能的检验测试流程有哪些。

（6）制订工作计划及实施方案。教师审核工作计划及实施方案，引导学生确定最终实施方案。

📖【相关知识】

一、距离保护

（一）距离保护的基本概念

电流保护的主要优点是简单、经济及工作可靠。但是由于这种保护整定值的选择、保护范围以及灵敏系数等方面都直接受电网接线方式及系统运行方式的影响，所以，在 35kV 以上电压的复杂网络中，它们都很难满足选择性、灵敏性及快速切除故障的要求。为此，就必须采用性能更加完善的保护装置。距离保护就是适应这种要求的一种保护原理。

距离保护是反应故障点至保护安装地点之间的距离（或阻抗），并根据距离的远近而确定动作时间的一种保护装置。该装置的主要元件为距离（阻抗）继电器，它可根据其端子上所加的电压和电流测知保护安装处至短路点间的阻抗值，此阻抗称为继电器的测量阻抗。当短路点距保护安装处近时，其测量阻抗小，动作时间短；当短路点距保护安装处远时，其测量阻抗增大，动作时间增长，这样就保证了保护有选择性地切除故障线路。如图 2-28 所示，当 k 点短路时，保护 2 测量的阻抗是 Z_k，保护 1 测量的阻抗是 $Z_{AB}+Z_k$。由于保护 2 距短路点较近，保护 1 距短路点较远，所以保护 2 的动作时间可以做到比保护 1 的动作时间短。这样，故障将由保护 2 切除，而保护 1 不致误动。这种选择性的配合，是靠适当地选择各个保护的整定值和动作时限来完成的。

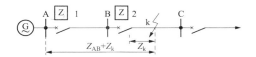

图 2-28　距离保护网络接线图

保护安装处母线电压与线路电流之比 $Z_m = \dot{U}_m / \dot{I}_m$，称为测量阻抗，故障时它反映了保护安装处至故障点的阻抗。将此测量阻抗与动作阻抗 Z_{act} 进行比较，当 $Z_m < Z_{act}$ 时，说明故障点在保护范围内，保护动作；当 $Z_m > Z_{act}$ 时，说明故障点在保护范围外，保护不动作。Z_m 只与故障点 k 至保护安装处的距离成正比，基本不受系统运行方式的影响，所以距离保护的保护范围基本不随系统运行方式变化而变化。

（二）距离保护的阶段时限特性及整定

距离保护的动作时限 t 与测得的故障点和保护安装处的距离 L 的关系，即 $t = f(L)$ 或 $t = f(Z)$ 称为距离保护的时限特性。目前广泛应用的是三段式阶梯形时限特性，它具有 3 个保护范围及相应的三段延时 t_1^{I}、t_2^{II}、t_3^{III}，如图 2-29 所示。距离保护第 I、II、III 段（简称距离 I、II、III 段）的整定计算与电流保护的第 I、II、III 段相似，不同之处是距离 I 段的保护范围不受系统运行方式变化的影响，其他两段受到的影响也比较小，故距离保护的保护范围比较稳定。

为保证选择性，瞬时动作的距离 I 段的保护范围为被保护线路全长的 80%～85%，动作时限为各继电器的固有动作时间，约 0.1s 以内，故认为是瞬时动作。距离 II 段的保护范围为被保护线路的全长及下一线路的 30%～40%，动作时限要与下一线路的距离 I 段的动作时限配合，即 $t_1^{\mathrm{II}} = t_2^{\mathrm{I}} + \Delta t$，为 0.5s。距离 III 段为后备保护，其保护范围较长，一般包括本线路及下一线路全长甚至更远，故距离 III 段的动作时限应按阶梯原则整定，即 $t_1^{\mathrm{III}} = t_2^{\mathrm{II}} + \Delta t$，如图 2-29 所示。

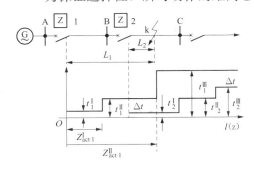

图 2-29　三段式距离时限特性

由图 2-29 可以看出，当 k 点发生短路时，从保护 2 安装处到 k 点的距离为 L_2，保护 2 将以 t_2^{I} 的时间动作；从保护 1 安装处到 k 点的距离为 L_1，保护 1 将要以 t_1^{II} 的时间动作，$t_1^{\mathrm{II}} > t_2^{\mathrm{I}}$，保护 2 将动作于跳闸，切除故障，满足了选择性要求。由于距离保护从原理上保证了离故障点近的保护的动作时间总是小于离故障点远的保护的动作时间，故障总是由距故障点近的保护首先切除，因此它能在多电源的复杂网络中保证动作的选择性。

距离保护 I 段的动作阻抗整定为

$$Z_{act \cdot 1}^{\mathrm{I}} = (0.8 \sim 0.85) Z_{AB} \tag{2-24}$$

距离保护 II 段的动作阻抗整定为

$$Z_{act \cdot 1}^{\mathrm{II}} = K_{rel}(Z_{AB} + Z_{act \cdot 2}^{\mathrm{I}}) \tag{2-25}$$

距离保护Ⅲ段的动作阻抗整定按躲过正常运行时的最小负荷阻抗来选择，动作时限应按阶梯特性原则整定。

距离保护Ⅰ段与Ⅱ段共同构成本线路的主保护，距离保护Ⅲ段除作为本身距离Ⅰ、Ⅱ段的后备保护外，还作为相邻线路保护装置和断路器拒动时的后备保护。

（三）阻抗继电器

阻抗继电器是距离保护的核心元件，其主要作用是测量短路点到保护安装地点之间的阻抗，并与整定阻抗值进行比较，以确定保护是否应该动作。阻抗继电器的类型主要有全阻抗继电器、方向阻抗继电器、偏移特性的阻抗继电器以及四边形阻抗继电器等。

1. 全阻抗继电器

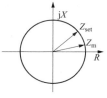

图 2-30　全阻抗继电器的动作特性图

全阻抗继电器的特性是以继电器安装点为圆心，以整定阻抗 Z_{set} 为半径所作的一个圆，如图 2-30 所示。当测量阻抗 Z_m 位于圆内时继电器动作，即圆内为动作区，圆外为不动作区。当测量阻抗正好位于圆周上时，继电器刚好动作，对应于此时的阻抗就是继电器的起动阻抗。由于这种特性是以原点为圆心而作的圆，因此，无论加入继电器的电压和电流的夹角 φ 为多大（由 $0°\sim180°$ 之间变化），继电器的起动阻抗在数值上都等于整定阻抗。具有这种特性的继电器称为全阻抗继电器，它没有方向性。

2. 方向阻抗继电器

方向阻抗继电器的特性是以整定阻抗 Z_{set} 为直径，圆周通过坐标原点的一个圆，如图 2-31 所示，圆内为动作区，圆外为不动作区。当加入继电器的短路电压和短路电流之间的相位差 φ 为不同数值时，该继电器的起动阻抗也将随之改变。当 φ 等于整定阻抗 Z_{set} 的阻抗角时，继电器的起动阻抗达到最大，等于圆的直径，此时，阻抗继电器的保护范围最大，工作最灵敏，因此这个角度称为继电器的最大灵敏角。当保护范围内部发生

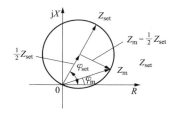

图 2-31　方向阻抗继电器动作特性图

故障时，$\varphi=\varphi_k$（为被保护线路的阻抗角），因此应该使继电器的最大灵敏角等于 φ_k，以便继电器工作在最灵敏的条件下。

当反方向发生短路时，测量阻抗 Z_m 位于第三象限，继电器不能动作，因此它本身具有方向性，故称为方向阻抗继电器。

可用相位比较动作方程表示为

$$90° < \arg \frac{Z_m - Z_{set}}{Z_m} < 270° \tag{2-26}$$

3. 偏移特性的阻抗继电器

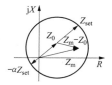

图 2-32　具有偏移特性的阻抗继电器图

偏移特性阻抗继电器的特性是当正方向的整定阻抗为 Z_{set} 时，同时向反方向偏移一个 αZ_{set}，其中 $0<\alpha<1$，继电器的动作特性如图 2-32 所示，圆内为动作区，圆外为不动作区。圆的直径为 $|Z_{set}+\alpha Z_{set}|$，圆心的坐标为 $Z_0=\frac{1}{2}(Z_{set}-\alpha Z_{set})$，圆的半径为 $|Z_{set}-Z_0|=\frac{1}{2}(Z_{set}+\alpha Z_{set})$。

可用相位比较动作方程表示为

$$90° < \arg \frac{Z_m - Z_{set}}{Z_m + \alpha Z_{set}} < 270° \tag{2-27}$$

这种继电器的动作特性介于方向阻抗继电器和全阻抗继电器之间，当采用 $\alpha = 0$ 时，即为方向阻抗继电器；当 $\alpha = 1$ 时，则为全阻抗继电器，其起动阻抗 Z_{act} 既与 φ 有关，但又没有完全的方向性，一般称其为具有偏移特性的阻抗继电器。实用上通常采用 $\alpha = 0.1 \sim 0.2$，以便消除方向阻抗继电器的死区。

这三种阻抗的意义总结如下：

(1) 测量阻抗 Z_m：由加入阻抗继电器的电压相量 $\dot{U}_K$ 与电流相量 $\dot{I}_K$ 的比值确定。

(2) 整定阻抗 Z_{set}：一般取阻抗继电器安装点到保护范围末端的线路阻抗。

全阻抗继电器的 Z_{set}：圆的半径。

方向阻抗继电器的 Z_{set}：在最大灵敏角方向上圆的直径。

偏移特性阻抗继电器的 Z_{set}：在最大灵敏角方向上由原点到圆周的长度。

(3) 起动阻抗（动作阻抗）Z_{act}：它表示当继电器刚好动作时，加入继电器的电压 $\dot{U}_K$ 和电流 $\dot{I}_K$ 的比值。除全阻抗继电器以外，Z_{act} 随 φ_k 的不同而改变。当 $\varphi_k = \varphi_{sen}$ 时，$Z_{act} = Z_{set}$，此时起动阻抗最大。

（四）阻抗继电器的接线方式

根据距离保护的工作原理，加入继电器的电压 $\dot{U}_K$ 和电流 $\dot{I}_K$ 应满足以下要求：

(1) 继电器的测量阻抗正比于短路点到保护安装地点之间的距离。

(2) 继电器的测量阻抗应与故障类型无关，也就是保护范围不随故障类型而变化。

因此，采用的阻抗继电器常用接线方式主要有 0°接线、相电压和具有 $K3I_0$ 补偿的相电流接线两种。

1. 相间阻抗继电器的 0°接线方式

这是在距离保护中广泛采用的接线方式，当阻抗继电器加入的电压和电流为 $\dot{U}_{AB}$ 和 $\dot{I}_A - \dot{I}_B$ 时，称为 0°接线。继电器端子上所加电压和电流见表 2-8。

现根据这种相应的接线方式，对各种相间短路时继电器的测量阻抗分析如下：

表 2-8　0°接线时阻抗继电器所加电压和电流

阻抗继电器	$\dot{U}_K$	$\dot{I}_K$
KR1	$\dot{U}_{AB}$	$\dot{I}_A - \dot{I}_B$
KR2	$\dot{U}_{BC}$	$\dot{I}_B - \dot{I}_C$
KR3	$\dot{U}_{CA}$	$\dot{I}_C - \dot{I}_A$

(1) 三相短路。在三相短路时，三个继电器的测量阻抗均等于短路点到保护安装地点之间的阻抗，三个继电器均能动作。

(2) 两相短路。与三相短路时的测量阻抗相同，因此，KR1 继电器也能动作。

在 A、B 两相短路的情况下，对继电器 KR2 和 KR3 而言，由于所加电压为非故障相间的电压，数值较 $\dot{U}_{AB}$ 为大，而电流又只有一个故障相的电流，数值较 $\dot{I}_A - \dot{I}_B$ 为小，因此其测量阻抗必然大于 $Z_K^{(2)}$ 的数值，也就是说它们不能正确地测量保护安装地点到短路点的阻抗，从而不能起动。

由此可见，在 A-B 两相短路时，只有 KR1 能准确地测量到短路阻抗而动作。同理，分析 B-C 和 C-A 两相短路可知，相应的也只有 KR2 和 KR3 能准确地测量到短路点的阻抗而动作，这就是为什么要用三个阻抗继电器并分别接于不同相间的原因。

（3）中性点直接接地电网中的两相接地短路保护能够正确动作。

2. 接地阻抗继电器的相电压和具有 $K3I_0$ 补偿的相电流接线方式

在中性点直接接地的电网中，当零序电流保护不能满足要求时，一般考虑采用接地距离保护，主要是用来正确反应这个电网中的接地短路。

反应接地故障阻抗继电器的测量阻抗为

$$Z_m = \frac{\dot{U}_m}{\dot{I}_m} = \frac{Z_1 l[\dot{I}_A^{(1)} + K3\dot{I}_0]}{\dot{I}_A^{(1)} + K3\dot{I}_0} = Z_1 l\left(其中, K = \frac{Z_0 - Z_1}{3Z_1}, 为零序电流补偿系数\right)$$

$$(2\text{-}28)$$

（五）影响距离保护正确动作的因素

阻抗继电器在测量阻抗时受很多因素影响，主要有：

（1）短路点的过渡电阻。

（2）电力系统振荡。

（3）保护安装处与故障点之间有分支电路。

（4）TA、TV 的误差。

（5）TV 二次回路断线。

（6）串联补偿电容。

距离保护的评价：距离保护灵敏度比电流保护高，距离 Ⅰ 段不受运行方式的影响，Ⅱ、Ⅲ 段受运行方式影响小；在多电源的复杂网络中能保证选择性；距离 Ⅰ 段虽然是瞬时动作的，但是它只能保护线路全长的 80%～85%，因此两端合起来就使得在 30%～40% 的线路长度内的故障，不能从两端瞬时切除，在一端须经过 0.35～0.5s 的延时才能切除，在 220kV 及以上的电网中，有时候这不能满足电力系统稳定运行的要求，因而不能作为主保护来应用。距离保护一般用于 110kV 电网线路上作为主保护。

二、大电流接地系统零序保护

110kV 及以上电压等级的电网均为中性点直接接地电网。该电网中发生一点接地故障即构成单相接地短路，将产生很大的故障相电流。从对称分量角度分析，则出现很大的零序电流，反映零序电流增大而动作的保护叫零序电流保护。

（一）中性点直接接地系统发生接地故障时的零序分量

1. 零序分量分析

设在图 2-33（a）所示网络中 k 点发生 A 相接地故障，零序电流的参考方向仍取从母线流向线路，零序电压的参考方向则取指向大地。从图中可看出：

（1）故障点零序电压最高，离故障点越远零序电压越低，变压器接地中性点处零序电压为零。

（2）零序电流是由故障点零序电压产生的，经变压器接地的中性点构成回路。零序电流的分布主要取决于输电线路的零序阻抗和中性点接地变压器的零序阻抗，与电源的数目和位置无关。

（3）对发生故障的线路，两端零序功率的方向与正序功率的方向相反，零序功率方向实际上都是从线路流向母线。零序功率为

$$P_0 = 3I_0 3U_0 \cos(180° - \varphi_{k0}) < 0(其中, \varphi_{k0} 为线路的零序短路阻抗角, < 90°)$$

（4）正向故障时，保护安装处母线零序电压与零序电流的相位差取决于母线背后变压器

的零序阻抗，而与保护线路的零序阻抗及故障点的位置无关。

　　用零序电压滤过器和零序电流滤过器即可实现接地短路的零序电流和方向保护。现分别讨论如下。

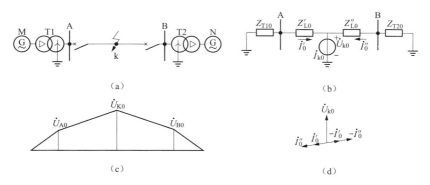

图 2-33　单相接地短路零序分量分析图

（a）接线图；（b）零序等效网络图；（c）零序电压的分布；（d）零序电流、电压相量图

2. 零序电流滤过器

　　接地保护装置是通过零序电流滤过器来取得零序电流的。将三相电流互感器极性相同的二次端子分别接在一起，就组成了零序电流滤过器，如图 2-34 所示。流入继电器的电流为

$$3\dot{I}_0 = \dot{I}_a + \dot{I}_b + \dot{I}_c \tag{2-29}$$

　　对采用电缆引出的送电线路，采用零序电流互感器获得零序电流。如图 2-35 所示，此电流互感器套在电缆的外面，即这个互感器的一次电流是 $\dot{I}_A + \dot{I}_B + \dot{I}_C = 3\dot{I}_0$，只有当一次侧出现零序电流时，在互感器二次侧才有相应的零序电流输出，故称它为零序电流互感器。

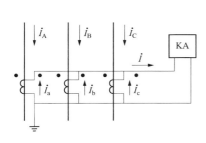

图 2-34　零序电流滤过器

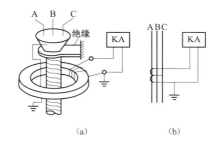

图 2-35　零序电流互感器接线示意图

（a）结构图；（b）接线图

3. 零序电压滤过器

　　零序电压滤过器是指输入端加三相电压而输出端只有零序电压的滤过器，如图 2-36 所示。开口三角输出电压

$$\dot{U}_a + \dot{U}_b + \dot{U}_c = 3\dot{U}_0$$

（二）零序电流保护

　　一般采用三段式或四段式。三段式零序电流保护由零序电流速断（零序Ⅰ段）、限时零序电流速断（零序Ⅱ段）、零序过电流（零序Ⅰ、Ⅱ段）组成。其中Ⅰ段为速动段保护，Ⅱ

段（Ⅱ、Ⅲ段）应能有选择性切除本线路范围的接地故障，其动作时间应尽量缩短，最末一段则为后备保护。三段式零序电流保护原理与三段式电流保护是相似的。

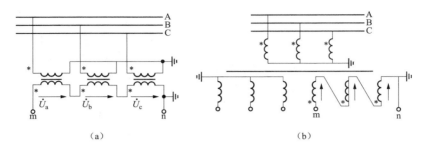

图 2-36　零序电压滤过器取得零序电压的接线图

(a) 用三个单相式电压互感器；(b) 用三相五柱式电压互感器

1. 零序电流速断保护（零序Ⅰ段）

零序电流速断保护的整定原则如下：

（1）零序Ⅰ段的动作电流应躲过被保护线路末端发生单相或两相接地短路时可能出现的最大零序电流 $3\dot{I}_{0.\max}$。

$$I_{\mathrm{act}}^{\mathrm{I}} = K_{\mathrm{rel}}^{\mathrm{I}} 3I_{0.\max}（其中，K_{\mathrm{rel}}^{\mathrm{I}} = 1.2 \sim 1.3）\tag{2-30}$$

（2）躲过由于断路器三相触头不同时合闸所出现的最大零序电流。

$$I_{\mathrm{act}}^{\mathrm{I}} = K_{\mathrm{rel}}^{\mathrm{I}} 3I_{0.\mathrm{unb}}（其中，K_{\mathrm{rel}}^{\mathrm{I}} = 1.1 \sim 1.2）\tag{2-31}$$

（3）在 220kV 及以上电压等级的电网中，当采用单相或综合重合闸时，会出现非全相运行状态，若此时系统又发生振荡，将产生很大的零序电流，按（1）、（2）来整定的零序Ⅰ段可能误动作。如果使零序Ⅰ段的动作电流按躲开非全相运行系统振荡的零序电流来整定，则整定值高，正常情况下发生接地故障时，保护范围缩小。

为此，通常设置两个零序Ⅰ段保护。一个是按整定原则（1）、（2）整定，由于其定值较小，保护范围较大，称为灵敏Ⅰ段，它用于全相运行状态下出现的接地故障，在单相重合闸时，则将其自动闭锁，并自动投入第二种零序Ⅰ段。第二种零序Ⅰ段称为不灵敏Ⅰ段，按躲开非全相振荡的零序电流整定，其定值较大，灵敏系数较低，用来保护非全相运行状态下的接地故障。

灵敏Ⅰ段的灵敏系数按保护范围的长度来校验，要求最小保护范围不小于线路全长的 15%。

2. 限时零序电流速断保护（零序Ⅱ段）

零序Ⅱ段能保护线路全长，以较短时限切除接地故障。其动作电流与下一线路的零序Ⅰ段配合。零序Ⅱ段的动作时限比下一线路零序Ⅰ段的动作时限大一个时限级差 Δt 为 0.5s。

$$I_{\mathrm{act.1}}^{\mathrm{II}} = K_{\mathrm{rel}}^{\mathrm{II}} I_{\mathrm{act.2}}^{\mathrm{I}}（其中，K_{\mathrm{rel}}^{\mathrm{II}} = 1.1 \sim 1.2）\tag{2-32}$$

$$t_1^{\mathrm{II}} = t_2^{\mathrm{I}} + \Delta t = 0.5\mathrm{s}\tag{2-33}$$

零序Ⅱ段的灵敏系数，按本线路末端接地短路时的最小零序电流来校验，要求 $K_{\mathrm{sen}} = \dfrac{3I_{0.\min}}{I_{\mathrm{act.1}}^{\mathrm{II}}} \geqslant 1.5$。

若灵敏度不满足要求，则本线路零序Ⅱ段与下一线路零序Ⅱ配合，即

$$I_{\mathrm{act.1}}^{\mathrm{II}} = K_{\mathrm{rel}}^{\mathrm{II}} I_{\mathrm{act.2}}^{\mathrm{II}}（其中，K_{\mathrm{rel}}^{\mathrm{II}} = 1.1 \sim 1.2）\tag{2-34}$$

$$t_1^{\text{II}} = t_2^{\text{II}} + \Delta t = 1.0\text{s} \tag{2-35}$$

同时采用 0.5s 的零序Ⅱ段和 1.0s 的零序Ⅱ段。

3. 零序过电流保护（零序Ⅲ段）

零序过电流保护在正常运行及外部相间短路时不应动作，而此时零序电流滤过器有不平衡电流输出并流过本保护，所以零序Ⅲ段的动作电流应按躲过最大不平衡电流来整定。

（1）躲过相邻线路首端三相短路时，出现的最大不平衡电流，即

$$I_{\text{act}}^{\text{III}} = K_{\text{rel}}^{\text{III}} I_{\text{unb.max}} \tag{2-36}$$

$$I_{\text{unb.max}} = K_{\text{aper}} \cdot K_{\text{ss}} \cdot K_{\text{met}} \cdot I_{\text{k.max}}^{(3)}$$

式中　K_{aper}——非周期分量系数，$t=0$s 时取 1.5～2，$t=0.5$s 时取 1；

　　　K_{ss}——同型系数，同型时取 0.5，不同型时取 1；

　　　K_{met}——电流互感器误差，取 0.1；

　　　$I_{\text{k.max}}^{(3)}$——线末变压器另一侧短路时流过保护的最大短路电流。

（2）与相邻零序Ⅲ段进行灵敏度配合

$$I_{\text{act.1}}^{\text{III}} = K_{\text{rel}}^{\text{III}} I_{\text{act.2}}^{\text{III}} \tag{2-37}$$

零序电流Ⅲ段保护动作电流定值取上面较大值。

动作时限的确定按阶梯形原则配合，配合范围比相间短路过电流保护配合范围小，因此同一条线路上零序过电流动作时限比相间短路过电流时限短。

零序电流Ⅲ段保护的灵敏系数，按保护范围末端接地短路时的最小零序电流来校验。作近后备时，校验点取本线路末端，要求 $K_{\text{sen}} = \dfrac{3I_{0.\text{min}}}{I_{\text{act.1}}^{\text{III}}} \geqslant 1.5$；作下一线路的远后备时，校验点取下一线路末端，要求 $K_{\text{sen}} \geqslant 1.25$。

（三）零序方向电流保护

1. 方向性问题的提出

在双侧或多侧电源的电网中，电源处变压器的中性点一般至少有一点接地，如图 2-37（a）所示的电网。当在线路上发生接地故障时，零序电流流经各个中性点接地变压器。图 2-37（b）、（c）分别画出了 k1 点与 k2 点短路时的零序等值网络。当在 k1 点短路时，应由保护 1 和 2 动作切除故障，但零序电流 $\dot{I}_{02}$ 流过保护 2 与 3，保护 3 有可能动作。同理当在 k2 点短路时，保护 2 可能动作。因此，与方向电流保护相同，必须在零序电流保护上增加功率方向元件，判别零序电流的方向，构成零序方向电流保护。

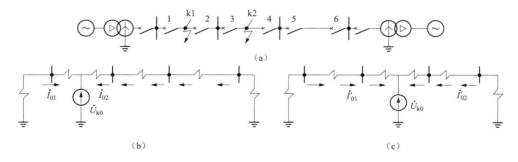

图 2-37　零序方向电流保护

（a）网络图；（b）k1 点短路的零序等值网络；（c）k2 点短路的零序等值网络

2. 零序功率方向元件

测量零序电压和零序电流的夹角，满足式（2-38）继电器动作，反之继电器不动作。

$$-190° < \arg \frac{\dot{U}_0}{\dot{I}_0} < -10° \qquad (2\text{-}38)$$

下面分析一下零序功率方向继电器。

正方向接地故障时，$\varphi_0 = \arg \dfrac{\dot{U}}{\dot{I}} = -(180° - \varphi_{k0})$

当 $\varphi_{k0} = 70° \sim 80°$ 时，$\varphi_0 = -(110° \sim 100°)$，此时，$\varphi_{sen} \approx -105°$，所以，接线为：$\dot{U}_k = 3\dot{U}_0$，$\dot{I}_k = 3\dot{I}_0$。

以前，整流型和晶体管型：$\varphi_{sen} = 70° \sim 85°$，所以，接线为：$\dot{U}_k = -3\dot{U}_0$，$\dot{I}_k = 3\dot{I}_0$。

由于越靠近故障点的零序电压越高，因此出口短路时零序功率方向继电器无死区，远处故障时 U_0 下降 I_0 减小，零序功率方向继电器可能不动，为此要求灵敏性（作相邻元件后备）$K_{sen} = \dfrac{S_{min}}{S_{act}} \geq 1.5$。

3. 阶段式零序方向电流保护。

三段式零序方向电流保护的原理接线图如图 2-38 所示。只有在零序功率方向元件动作后，零序电流保护才能动作于跳闸。当发生正方向接地故障时，KW0 判别功率方向为正而动作，电流继电器流过故障电流动作，故保护跳闸。Ⅰ、Ⅱ、Ⅲ 段零序电流保护共用一个功率方向继电器 KW0。

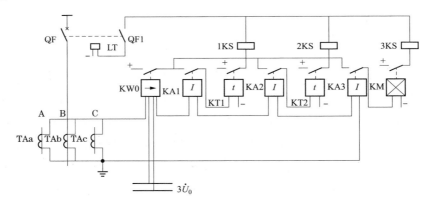

图 2-38 三段式零序方向电流保护的原理接线图

（四）对大电流接地系统零序保护评价

在前面分析相间短路电流保护的接线方式中，已经指出三相星形接线也可反映单相接地故障，那为什么还要采用专门的零序电流保护呢？这是因为两者比较，后者具有很多的优点：

（1）零序电流保护更灵敏，Ⅰ、Ⅱ受运行方式影响较小，Ⅰ段保护范围长且稳定，Ⅱ段灵敏性易于满足，Ⅲ段躲不平衡电流，定值低更灵敏且时间较短。

（2）零序功率方向继电器出口无死区，接线简单、经济、可靠。

（3）系统振荡、短时过负荷等情况下（三相对称）I_0 不受影响。

零序电流保护的缺点是：

（1）对于短线路或运行方式变化比较大的情况，保护往往不能满足系统运行的要求。

（2）采用单相重合闸方式时，在重合闸过程中出现的非全相运行状态会影响零序电流保护的正确工作，因此应从整定计算上考虑，或在单相重合闸过程中短时退出运行。

（3）采用自耦变压器联系两个不同电压等级电网时，任一网络的接地短路都将在另一侧产生零序电流，使零序保护的整定配合复杂化，并增大第Ⅲ段保护的动作时限。

【任务实施】

1. 工作策略

（1）在学习线路距离保护基本原理知识后，按照线路距离保护的定期检验作业指导书的要求，运用继电保护测试仪，根据定值单要求，完成110kV线路距离保护的检验测试。

（2）在学习线路零序电流保护基本原理知识后，按照线路零序电流保护的定期检验作业指导书的要求，运用继电保护测试仪，根据定值单要求，完成110kV线路零序电流保护的检验测试。

2. 工作规范

（1）保护的检验测试过程及其结果分析每做一步要进一步检查（自查）。

（2）每个保护的检验测试过程及其结果分析完毕后，各个小组进行整体检查（复查）。

（3）自评：学生对本项目的整体实施过程进行评价。

（4）互评：以小组为单位，分别对其他组的工作结果进行评价和建议。

（5）教师评价：教师对工作过程、工作结果进行评价，指出每个小组成员的优点，并提出改进建议。

3. 劳动组织

学生汇报计划与实施过程，回答同学与教师的问题。重点检查检验项目和检验结果，教师与学生共同对工作结果进行评价。

4. 参考案例

根据现有实际教学条件，可灵活举例演示。

5. 总结提炼

学生和教师对本任务的学习全过程进行总结提炼，以便更好更有效地学习后续项目内容或课程。

一、距离保护的检验与调试

（一）工作准备

（1）课前预习相关知识部分。

（2）学习110kV线路距离保护装置定期检验作业指导书要求的相关测试项目，阅读定值单中的相关定值，查阅线路保护图纸、测试仪相关项目测试的使用说明，经小组认真讨论后编制测试方案，填写测试仪的参数设置、保护压板的投退及接线端子。

（3）填写任务工单的咨询、决策、计划部分。

（二）操作步骤

操作流程的要求同项目任务的要求，尤其要注意测试前要做好装置初始状态记录（如压板的位置等），断开待测试设备与运行设备相关联的电流、电压回路，做好记录和安全措施。测试后要按记录恢复到初始状态。

表 2-9　　试 验 接 线 对 应 表

项目	测试仪	保护装置	备　　注
电流	I_A	1D1-1	
	I_B	1D1-2	
	I_C	1D1-3	
	I_N	1D1-4、5、6	1D1-4、5、6 要短接
电压	U_A	1D2-1	
	U_B	1D2-2	
	U_C	1D2-3	
	U_N	1D2-4	
开入	A	1LP19-②	
	AN	1D51-1	

注　试验前应断开检修设备与运行设备相关联的电流、电压回路。

110kV 线路距离保护测试以距离Ⅰ段 1 时限为例进行试验，其他各段各时限测试方法类似。

对距离Ⅰ、Ⅱ、Ⅲ段的动作值和动作时间进行测试。在测试过程中，需要将非测试段退出，将不要测试的功能（如重合闸）退出。

压板：只投"距离保护"硬压板。

（1）定值设置。

1）将距离Ⅰ段定值调到 2Ω。

2）退出距离Ⅱ段：距离Ⅱ段 1 时限控制字设置为 000E。

3）退出距离Ⅲ段：距离Ⅲ段控制字设置为 000E。

（2）试验接线。

测试仪电流——110kV 线路距离保护装置交流电流；

测试仪电压——110kV 线路距离保护装置交流电压；

开入触点——并接保护出口接点两端。

（3）试验步骤。

1）测试仪设置。选择测试模块："线路保护定值校验"—"阻抗定值校验"—"添加"。如图 2-39 所示。

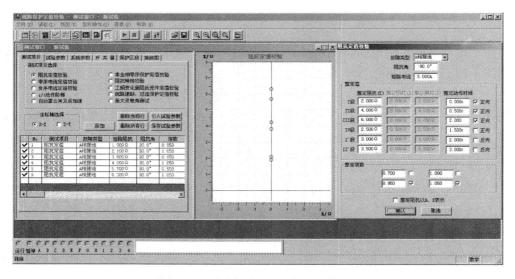

图 2-39　测试仪设置（选择测试模块）

2）选择测试模块："线路保护定值校验"—"阻抗定值校验"—"开关量"。如图 2-40 所示。

3）选择测试模块："线路保护定值校验"—"阻抗定值校验"—"添加"—"阻抗定值校验"—"确认"。

依次设置故障类型、阻抗角、短路电流、阻抗定值及动作时间。

测试项目：依次选择动作值和动作时间。

动作值：按 0.95 倍和 1.05 倍动作值来进行设置。

动作时间："故障前时间"设为 5s，大于保护上电复位时间；"最大故障时间"设为 0.7s，大于保护出口动作时间。

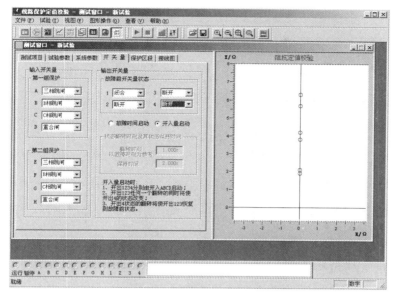

图 2-40　测试仪设置（选择开关量）

4）设置好后，单击"开始试验"即可。

5）查看测试仪、保护动作情况（动作事件、动作出口、信号出口、录波记录）；重复上述步骤，依次测试距离Ⅰ、Ⅱ、Ⅲ段动作值、动作时间是否与整定值一致。

（4）试验记录。

1）相间距离保护试验情况见表 2-10。

表 2-10　　　　　　　　　　　　相间距离保护试验情况表

动作段	整定值	故障电流	故障电压	故障类型	保护动作情况	动作时间	
						整定值	实测
Ⅰ段			$0.95 \times 2 \times I \times ZZ_1$	AB	动作	—	—
			$1.05 \times 2 \times I \times ZZ_1$		不动	—	—
Ⅱ段			$0.95 \times 2 \times I \times ZZ_2$	BC	动作	—	—
			$1.05 \times 2 \times I \times ZZ_2$		不动	—	—
Ⅲ段			$0.95 \times 2 \times I \times ZZ_3$	CA	动作	—	—
			$1.05 \times 2 \times I \times ZZ_3$		不动	—	—
模拟反方向故障			0V	AB	不动	—	—

2）接地距离保护试验情况见表 2-11。

表 2-11　　　　　　　　　　　　接地距离保护试验情况表

动作段	整定值	故障电流	故障电压 $(K=0.67)$	故障类型	保护动作情况	动作时间	
						整定值	实测
Ⅰ段			$0.95 \times (1+K) \times I \times XD_1$	AN	动作	—	—
			$1.05 \times (1+K) \times I \times XD_1$		不动	—	—
Ⅱ段			$0.95 \times (1+K) \times I \times XD_2$	BN	动作	—	—
			$1.05 \times (1+K) \times I \times XD_2$		不动	—	—

动作段	整定值	故障电流	故障电压 (K=0.67)	故障类型	保护动作情况	动作时间 整定值	动作时间 实测
Ⅲ段			$0.95\times(1+K)\times I\times XD_3$	CN	动作		
			$1.05\times(1+K)\times I\times XD_3$		不动	—	—
模拟反方向故障			0V	AN	不动	—	—

任务工单见表 2-12。

表 2-12　　　　　　　　　　　任 务 工 单

工作任务	距离保护及测试			学时		6
姓名		学号	班级		日期	

任务描述：完成微机保护的距离保护的整定定值的调整及动作过程的测试。

1. 咨询（课外完成）

（1）继电保护实训指导书。

1）认识微机线路保护的软、硬件。

2）了解通过微机保护的人机接口调整定值的方法。

3）测试仪的使用，画出试验接线图。

（2）相关问题。

1）110kV 线路微机保护的定值清单是什么，包括哪些内容？

2）三段式距离保护每一段的动作电流和动作时限如何整定，它们之间有什么样的关系？

3）三段式距离保护每一段的作用是什么？

4）确定实验用仪器仪表与量程。

5）写出实验步骤。

2. 决策（课外完成）

（1）分工：

分工 / 组别	仪器仪表选择	接线	操作	观察	读数	记录	整理工位	编制检验报告

（2）编制线路距离保护测试方案：

3. 计划

根据《继电保护实训指导书》核对各组编制的测试方案。

4. 实施

测试试验时注意哪些事项？

5. 检查及评价

个人评分规则：

考评项目		自我评估	组长评估	教师评估	备注
素质考评（20）分	劳动纪律（5分）				
	积极主动（5分）				
	协作精神（5分）				
	贡献大小（5分）				
工单考评（20分）					
检验测试结果分析（20分）					
综合评价（40分）					

二、110kV 线路零序电流保护装置的检验与调试

（一）工作准备

（1）课前预习相关知识部分。

（2）学习 110kV 线路零序电流保护装置定期检验作业指导书要求的相关测试项目，阅读定值单中的相关定值，查阅 110kV 线路零序电流保护图纸，测试仪相关项目测试的使用说明，经小组认真讨论后编制测试方案，填写测试仪的参数设置、保护压板的投退及接线端子。

（3）填写任务工单的咨询、决策、计划部分。

（二）操作步骤

操作流程的要求同项目任务的要求，尤其要注意测试前要做好装置初始状态记录（如压板的位置等），断开待测试设备与运行设备相关联的电流、电压回路，做好记录和安全措施。测试后要按记录恢复到初始状态。

110kV 线路零序电流保护测试以零序 I 段 1 时限为例进行试验，其他各段各时限测试方法类似。

对过电流 I、II、III 段的动作值和动作时间进行测试。在测试过程中，需要将非测试段退出，将不要测试的功能（如重合闸）退出。

压板：只投"零序电流保护"硬压板。

（1）定值设置。

1）将零序 I 段定值调到 1A。

2）退出零序 II 段：零序 II 段 1 时限控制字设置为 000E。

3）退出零序 III 段：零序 III 段控制字设置为 000E。

4）将"零序 I 段经方向闭锁"控制字设置为"0"。

（2）试验接线。

测试仪电流——110kV 线路零序电流保护装置交流电流；

表 2-13　　试 验 接 线 对 应 表

项目	测试仪	保护装置	备注
电流	I_A	1D1-1	
	I_B	1D1-2	
	I_C	1D1-3	
	I_N	1D1-4、5、6	1D1-4、5、6 要短接
电压	U_A	1D2-1	
	U_B	1D2-2	
	U_C	1D2-3	
	U_N	1D2-4	
开入	A	1LP19-②	
	AN	1D51-1	

注　试验前应断开检修设备与运行设备相关联的电流、电压回路。

测试仪电压——110kV 线路零序电流保护装置交流电压；

开入触点——并接保护出口接点两端。

（3）试验步骤。

1）测试仪设置。选择测试模块："线路保护定值校验"—"零序电流定值校验"—"添加"。如图 2-41 所示。

2）选择测试模块："线路保护定值校验"—"零序电流定值校验"—"开关量"。如图 2-42 所示。

3）选择测试模块："线路保护定值校验"—"零序电流定值校验"—"添加"—"零序定值校验"—"确认"。

依次设置故障类型、故障方向、零序定值及动作时间。

测试项目：依次选择动作值和动作时间。

动作值：按 0.95 倍和 1.05 倍动作值来进行设置。

动作时间："故障电流"按 1.2 倍动作电流设置；"故障前时间"设为 5s，大于保护上电复位时间；"最大故障时间"设为 0.7s，大于保护出口动作时间。

4）设置好后，点击"开始试验"即可。

5）查看测试仪、保护动作情况（动作事件、动作出口、信号出口、录波记录）；重复上述步骤，依次测试零序电流Ⅰ、Ⅱ、Ⅲ段动作值、动作时间是否与整定值一致。

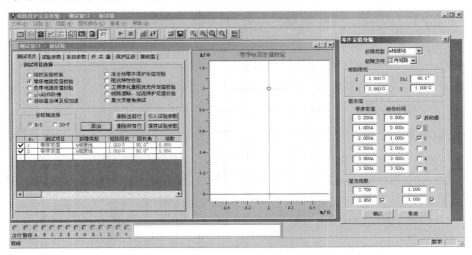

图 2-41　测试仪设置（选择测试模块）

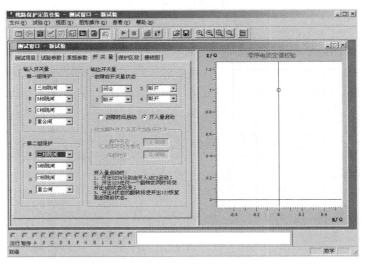

图 2-42　测试仪设置（开关量选择）

（4）试验记录情况见表 2-14。

表 2-14　　　　　　　　　　　　试 验 记 录 情 况 表

动作段	整定值	故障电压	故障电流	故障类型	保护动作情况	动作时间 整定值	动作时间 实测
Ⅰ段		30V	$1.05 \times I_{01}$	AN	动作	—	
			$0.95 \times I_{01}$		不动	—	—
Ⅱ段		30V	$1.05 \times I_{02}$	BN	动作		
			$0.95 \times I_{02}$		不动		
Ⅲ段		30V	$1.05 \times I_{03}$	CN	动作		
			$0.95 \times I_{03}$		不动	—	—

动作段	整定值	故障电压	故障电流	故障类型	保护动作情况	动作时间	
						整定值	实测
Ⅳ段	30V	$1.05 \times I_{04}$		AN	动作		
		$0.95 \times I_{04}$		AN	不动	—	—
模拟反向故障	30V	$1.2 \times I_{01}$		AN	不动	—	—

任务工单见表 2-15。

表 2-15   任 务 工 单

工作任务	零序电流保护及测试			学时	4
姓名		学号	班级	日期	

任务描述：完成微机线路保护零序电流保护的整定定值的调整及动作过程的测试。

1. 咨询（课外完成）

（1）继电保护实训指导书。

1）认识微机线路保护的软、硬件。

2）了解通过微机保护的人机接口调整定值的方法。

3）画出实验接线图。

（2）相关问题。

1）零序电流、零序电压的特点是什么？

2）零序电流保护的构成原理、保护范围、动作时限、整定值的配合、接线方式的特点是什么？

3）确定实验用仪器仪表与量程。

4）如何使用继电保护测试仪来模拟接地故障？

5）写出实验步骤。

2. 决策（课外完成）

（1）分工。

分工 组别	仪器仪表选择	接线	操作	观察	读数	记录	整理工位	编制检验报告

（2）编制零序电流保护测试方案：

3. 计划

根据《继电保护实训指导书》核对各组编制的测试方案。

4. 实施

实验时注意哪些事项？

5. 检查及评价

个人评分规则：

考评项目		自我评估	组长评估	教师评估	备注
素质考评（20）分	劳动纪律（5分）				
	积极主动（5分）				
	协作精神（5分）				
	贡献大小（5分）				
工单考评（20分）					
检验测试结果分析（20分）					
综合评价（40分）					

三、110kV 线路保护配置及运行维护

（一）110kV 线路保护配置

110kV 线路保护的基本配置为三段相间距离保护、三段接地距离保护、四段零序电流保护、过电流保护、三相自动重合闸等，有部分 110kV 线路采用光纤纵联差动电流保护作为主保护。目前 110kV 线路保护型号主要有 RCS-900 系列、LFP941、PSL-621C、PSL-621D、PDS-711B、PDS-713A、CSC-163A、WXH-811 等。下面举例说明 110kV 线路保护配置及运行维护情况。某 110kV 线路保护配置见表 2-16。

表 2-16   某 110kV 线路保护配置一览表

保护设备名称	屏内装置型号	保护配置
某 110kV 线路 1 502	PSL-621C （国电南自）	三段相间和接地距离
		四段零序保护
		三相一次重合闸
某 110kV 线路 2 504	PSL-621D （国电南自）	光纤差动
		三段相间和接地距离
		四段零序保护
		三相一次重合闸
某 110kV 线路 3 506	RCS-941A （南京南瑞）	三段相间和接地距离
		四段零序保护
		两段式过电流保护
		三相自动重合闸
		过负荷告警
		低频保护
某 110kV 线路 4 508	RCS-943A （南京南瑞）	分相、零序电流差动
		三段相间和接地距离
		四段零序保护
		三相自动重合闸
		两段式过电流保护

（二）装置操作说明及运行注意事项

1. 保护装置面板介绍及操作说明

（1）装置各信号（指示灯等）名称、指示状态。PSL621C 保护装置面板包括液晶显示、信号指示灯和操作小键盘。信号指示灯有运行、重合允许、保护动作、重合动作、TV 断线和告警、跳位、合位、Ⅰ母、Ⅱ母。

1）运行：正常时亮，表示装置运行正常。

2）重合允许：表示重合闸充电完成，重合条件满足。

3）跳位：断路器跳闸；合位：断路器合位。

4）告警：表示装置异常。正常时不亮，如灯亮，表示装置硬件异常，此时，将闭锁保护出口回路的 +24V 电源。

5）TV 断线：TV 断线时，对差动保护没影响，退出距离保护。

6）Ⅰ母、Ⅱ母对应线路所在母线。

PSL621D 保护装置面板信号灯同 PSL621C 保护装置。

（2）装置菜单说明及操作说明。PSL621C 保护装置（PSL621D 同）主菜单界面如图 2-43 所示。

1）定值调阅、打印。用"↑""↓"键选择至"定值"，在定值管理菜单中通过"↑""↓"键选择"显示和打印"，按"↵"键进入后，选择保护类型，之后选择打印。

2）时钟核对、修改。操作方法：按"↵"键进入主菜单→移动大光标到"设置"，按"↵"键进入子菜单→移动大光标到"时间设置"，按"↵"键进入即可修改时间。

3）采样值调阅与打印。在主菜单中进入"采样信息"

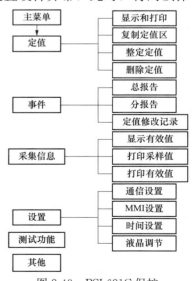

图 2-43   PSL621C 保护
装置（PSL621D 同）主菜单

菜单后选择"显示有效值"或者"打印采样值"菜单，然后操作。

4）报告调阅与打印。操作方法：按"⏎"键进入主菜单→移动大光标到"事件"，按"⏎"键进入子菜单→移动大光标到"分报告"，按"⏎"键进入下一级菜单→按"⏎"键选择CPU号，再移动光标到"√"上，按"⏎"键进入下一级菜单→用"←""→"键翻页选择欲打印的动作报告，按"⏎"键打印动作索引，并进入下一级菜单→移动光标选择报告输出格式，按"⏎"键开始打印。

2. 装置投运步骤

（1）检查保护装置在通电投运前所有跳闸出口压板应退出。

（2）合上直流电源快分开关，这时装置面板上"运行"灯亮。

（3）电压互感器和电流互感器有且仅有一处接地点，接地点设在保护屏内，并应牢固。

（4）保护专业人员检查交流回路三相电压、电流相序及相位正确。

（5）校对液晶显示屏的时钟正确。运行方式显示模件指示运行状态与系统运行方式一致。

（6）将打印机与保护装置连接好，合上打印机电源，检查打印机运行正常。

（7）保护定值按调度定值整定通知单整定，所有保护的定值整定完后，打印一份各保护的定值清单，核实无误后签名存档。

（8）投运前退出装置传动试验的全部试验项目，避免正常运行中因误操作导致装置误动作。

（9）保护专业人员检查各CPU保护软压板是否正确投退。

（10）按调度命令加用各单元跳闸出口压板，装置投运正常。

3. 运行注意事项

（1）装置发出告警信号后，应查看液晶画面显示的告警内容。在排除告警原因后，才能按复归按钮复归告警信号，严禁运行人员随意按复归按钮。

（2）严禁运行人员进行以下操作：投退软压板、切换定值区、修改定值、开出传动、更改装置运行参数及出厂设置参数和需进行参数固化的操作等。

（3）严禁带电插拔装置各插件、触摸印制电路板上的芯片和器件。

（4）运行中要停用装置的所有保护，要先断跳闸压板再停直流电源。

（5）运行中直流电源消失，应首先退出跳闸压板。

4. 保护投退规定

正常情况下根据调度下发的继电保护定值通知单投入相应保护。

（三）异常处理及事故分析

（1）装置运行灯熄灭或运行中异常，检查装置液晶屏是否显示正常、是否有其他异常情况，若有其他异常应立即向调度申请退出保护，并通知检修人员进行处理。

（2）装置背面电源插件上装置内部+24V、+5V电源指示灯灭，应立即向调度申请退出保护，通知检修人员进行处理。某110kV线路保护装置异常情况处理见表2-17。

❀ 【复习思考】

2-2-1 简述距离保护的基本工作原理。

2-2-2 距离Ⅰ段的保护范围是多少？动作时间是多少？

2-2-3 距离Ⅱ段的保护范围是多少？动作时间如何整定？

表 2-17　某 110kV 线路保护装置异常情况处理表

事件名称	装置反应	处理措施
装置上电	告警、呼唤、闭锁保护	停机检修
RAM 错误	告警、呼唤、闭锁保护	停机检修
EPROM 错误	告警、呼唤、闭锁保护	停机检修
闪存错误		
EEPROM 错误	告警、呼唤、闭锁保护	停机检修
开出异常	告警、呼唤、闭锁保护	停机检修
AD 错误	告警、呼唤、闭锁保护	停机检修
零漂越限	告警、呼唤、闭锁保护	停机检修
内部电源偏低	呼唤	停机检修
无效定值区	告警、呼唤、闭锁保护	切换到有效定值区
定值校验错误	告警、呼唤、闭锁保护	重新输入正确定值
TV 断线	TV 断线灯亮、呼唤	检修 TV 回路
TV 三相失压	TV 断线灯亮、呼唤	检修 TV 回路
线路 TV 断线	TV 断线灯亮、呼唤	检修线路 TV 回路
TV 反序	呼唤	检修 TV 回路
TA 不平衡	呼唤	
TA 反序	呼唤	检修 TA 回路
负载不对称	呼唤	

2-2-4　距离 Ⅲ 段的保护范围是多少？动作时间如何整定？

2-2-5　距离保护相对于电流保护而言有什么优点？

2-2-6　写出两种阻抗继电器的动作方程并画出其动作特性。

2-2-7　反映相间故障的阻抗继电器是如何接线的？

2-2-8　三段式距离保护是如何整定的？

2-2-9　三段式距离保护是如何来实现选择性的？

2-2-10　反应接地故障的阻抗继电器是如何接线的？

2-2-11　双侧电源或单电源环网的线路电流保护为什么要加装方向元件？

2-2-12　为什么要特别注意方向元件接线的极性？在实际应用中若将方向继电器中的电流或电压线圈的极性接反，会产生什么后果？

2-2-13　说明零序电流滤过器的基本原理。

2-2-14　中性点直接接地系统发生接地故障时有什么特点？

2-2-15　零序电流速断保护是按什么原则整定的？

2-2-16　限时零序电流速断保护是按什么原则整定的？

2-2-17　零序电流保护为什么要加装方向元件？

2-2-18　中性点直接接地电网阶段式零序电流保护是如何构成的？说明其整定计算原则和时限特性。

2-2-19　在图 2-44 中，拟在断路器 QF1～QF6 处装设相间第 Ⅲ 段电流保护和零序第 Ⅲ 段电流保护，已知 $\Delta t = \Delta t_0 = 0.5s$，试确定：

（1）相间第 Ⅲ 段电流保护和零序第 Ⅲ 段电流保护的动作时间。

（2）画出上述两种保护的时限特性并进行评价。

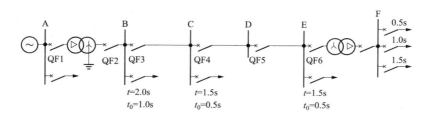

图 2-44　题 2-2-19 图

2-2-20　中性点直接接地电网的零序电流保护是如何构成的？画出三段式零序电流保护的原理接线图、时限特性，说明其整定计算的原则。

任务三　220～500kV 线路保护装置的原理、性能检验与运行维护

📢【教学目标】

知识目标：掌握 220～500kV 线路保护的配置；掌握纵联保护的基本概念，通道的种类（高频、光纤）及构成，通道的检验；掌握光纤纵联电流差动保护的构成、工作方式、工作性能的检验和运行维护；掌握闭锁式纵联距离保护的构成、工作方式、工作性能的检验和运行维护；掌握纵联零序方向保护的构成、工作方式、工作性能的检验和运行维护。

能力目标：能看懂 220～500kV 线路保护标准化作业指导书、定值单、装置设备说明书；能对 220～500kV 线路保护配置图和原理图进行正确识读与分析；能正确使用继电保护测试仪；能进行 220～500kV 线路保护装置的动作性能检验和运行维护；能对 220～500kV 输电线路保护的动作过程进行分析和处理。

素质目标：能严格按照企业的行为规范开展工作，具备勤奋、进取的敬业精神，认真严谨的工作态度和互相配合的团队协作精神。

💬【任务描述】

依据 220～500kV 线路保护标准化作业指导书，设置检验测试安全措施，依据保护装置说明书进行装置界面操作，依据 220～500kV 线路保护二次图纸对线路保护装置光纤纵联电流差动保护、闭锁式纵联距离保护、纵联零序方向保护回路外观进行检查，连接好测试接线，操作测试仪器，对线路光纤纵联电流差动保护、闭锁式纵联距离保护、纵联零序方向保护的交流回路、直流回路、定值和逻辑进行检验测试，对照定值单等对检验测试结果进行判断。

⚖【任务准备】

（1）教师下发项目任务书，明确项目学习目标和任务。

（2）讲解纵联保护的基本概念，通道的种类（高频、光纤）及构成，220kV（500kV）线路光纤纵联电流差动保护、闭锁式纵联距离保护、纵联零序方向保护的基本原理及检验测试流程和注意事项。

（3）学生熟悉变电站（发电厂）电气主接线，查阅典型电力系统网络中线路的运行方式及线路光纤纵联电流差动保护、闭锁式纵联距离保护、纵联零序方向保护的接线特点，并对线路光纤纵联电流差动保护、闭锁式纵联距离保护、纵联零序方向保护检验测试规程和技术规范、标准等相关资料进行查阅；熟悉线路保护标准化作业指导书、定值单、装置设备说明书；进行继电保护测试仪的学习使用。

（4）学生进行小组人员分工及职责划分。

（5）讨论 220～500kV 线路保护如何配置；讨论纵联保护的基本概念，通道的种类（高频、光纤）及构成分别有哪些；讨论光纤纵联电流差动保护的构成、工作方式有哪些；讨论线路光纤纵联电流差动保护动作性能的检验测试流程有哪些；讨论闭锁式纵联距离保护的构成、工作方式有哪些；讨论线路闭锁式纵联距离保护动作性能的检验测试流程有哪些；讨论纵联零序方向保护的构成、工作方式有哪些；讨论线路纵联零序方向保护动作性能的检验测试流程有哪些；讨论检验过程中注意事项有哪些。

（6）制订工作计划及实施方案。教师审核工作计划及实施方案，引导学生确定最终实施方案。

📖 【相关知识】

一、输电线路纵联保护

（一）输电线路纵联保护基本知识

1. 纵联保护概念

仅反应线路一侧的电气量不可能区分本线末端和对侧母线（或相邻线始端）故障，只有反应线路两侧的电气量才可能区分上述两处故障，达到有选择性地快速切除全线故障的目的。为此需要将线路一侧电气量的信息传输到另一侧去，也就是说在线路两侧之间发生纵向的联系。因此所谓输电线纵联保护，就是用某种通信手段将输电线两端的保护装置纵向联系起来，将各端的信息传送到对端进行比较判别，以确定故障是在保护区内还是保护区外，将被保护线路故障有选择性地无时限切除。

2. 纵联保护按使用通道分类

为了交换线路两侧的信息，需要利用通道。纵联保护按照所利用通道的不同类型分为四种，通常纵联保护也以此命名，即：

（1）导引线纵联保护（简称导引线保护）。

（2）电力线载波纵联保护（简称高频保护）。

（3）微波纵联保护（简称微波保护）。

（4）光纤纵联保护（简称光纤保护）。

3. 纵联保护按动作原理分类

输电线路纵联保护按照动作原理的不同可分为两种：

（1）方向纵联保护与距离纵联保护。两侧保护装置仅反应本侧的电气量，利用通道将继电器对故障方向的判别结果传送到对侧，每侧保护根据两侧保护继电器的动作情况进行逻辑判断，区分是区内还是区外故障。可见这类保护是间接比较线路两侧的电气量，在通道中传送的是逻辑信号。按照保护判别方向所用的继电器又可分为方向纵联保护和距离纵联保护。这类纵联保护一般采用电力线载波通道，并可分为专用通道和复用通道两种。

（2）纵联差动保护。这类保护利用通道将本侧电流的波形或代表电流相位的信号传送到对侧，每侧保护根据对两侧电流的幅值和相位进行比较的结果，来区分是区内还是区外故障。可见这类保护在每侧都直接比较两侧的电气量，与差动保护相类似，因此称为纵联差动保护。这类纵联保护一般采用光纤通道，也可分为专用和复用两种。

4. 纵联保护按传送信号分类

任何纵联保护都是依靠通信通道传送的某种信号来判断故障的位置是否在被保护线路内，因此信号的性质和功能在很大程度上决定了保护的性能。信号按照其性质可分为闭锁信号、允许信号、跳闸信号三种，如图 2-45 所示。相应的纵联保护也可分为以下三种：

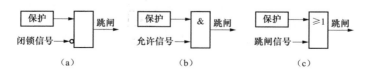

图 2-45　信号性质的逻辑关系图

（a）闭锁信号；（b）允许信号；（c）跳闸信号

（1）闭锁式纵联保护。以两端线路为例，所谓闭锁式就是指："收不到闭锁信号是保护动作跳闸的必要条件"。当发生外部故障时，由判定为外部故障的一端保护装置发出闭锁信号，将两端的保护闭锁，而当发生内部故障时，两端均不发闭锁信号，因而也收不到闭锁信号，保护即可动作于跳闸。

（2）允许式纵联保护。允许式是指："收到允许信号是保护动作跳闸的必要条件"。因此，当内部故障时，两端保护应同时向对端发出允许信号，使保护装置能够动作于跳闸，而当外部故障时，则因接近故障点的一端判断出故障在反方向而不发允许信号，对端保护不能跳闸，本端也因判断故障在反方向不能跳闸。对于允许式纵联保护一般都应用于500kV线路中较多。

（3）直跳式纵联保护。直跳式是指："收到直接跳闸信号是保护动作于跳闸的充要条件"。实现这种保护时，实际上是利用装设在每一端的瞬时电流速断、距离Ⅰ段或零序电流瞬时速断等保护，当其保护范围内部故障而动作于跳闸的同时，还向对端发出跳闸信号，可以不经过其他监控元件而直接使对端的断路器跳闸。采用这种工作方式时，两端保护的构成比较简单，无需互相配合，但是必须要求各端发送跳闸信号保护的动作范围小于线路全长，而两端保护动作范围之和应大于线路全长。前者是为了保证动作的选择性，后者则是为了保证两端保护动作范围有交叉，在全线上任一点故障时总有一端能发出跳闸信号。

（二）高频保护通道及设备

1. 电力线载波通道的构成

电力线的主要功能是传输工频电流，它也可兼作传输40～500kHz高频信号的通道以实现纵联保护。高频通道可用一相导线和大地构成，称为"相—地"通道，也可用两相导线构成，称为"相—相"通道。

利用"导线—大地"作为高频通道比较经济，只需在线路一相上装设高频加工设备，但缺点是高频信号的能量衰耗和受到的干扰都比较大。图2-46即为电力线路高频通道的构成图，主要包括电力线、高频阻波器、耦合电容器、结合滤波器、高频电缆和高频收发信机，这就是在我国电网中得到了广泛应用的"相—地"制电力线高频通道的构成图。

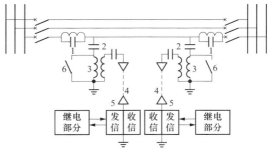

图2-46　高频通道构成示意图
1—阻波器；2—耦合电容器；3—结合滤波器；
4—高频电缆；5—高频收发信机；6—接地开关

（1）高频阻波器是一个由电感线圈和可调电容器组成的并联谐振电路，当其谐振频率为选用的载波频率时，对载波电流呈现很大的阻抗（在1000Ω以上），对工频电流而言，高频阻波器的阻抗仅是电感线圈的阻抗，其值约为0.04Ω，不影响工频电流的传输；其作用是分离工频电流和高频电流，阻止高频电流向变电站或分支线的泄漏，达到减小高频能量损耗的作用。

（2）耦合电容器接于电力线和结合滤波器之间，耐高压，电容量小，它对工频信号，呈现很大阻抗，对地泄漏电流小，而对高频信号呈现的阻抗很小，高频信号可以顺利传输。

（3）结合滤波器和耦合电容器构成带通滤波器。利用结合滤波器使电力线路与电力电缆起阻抗匹配作用，以减小高频信号的衰耗，使高频收发信机收到的高频功率最大。同时还利用结合滤波器进一步使高频收发信机与高压线路隔离，以保证高频收发信机及人身安全。

（4）高频电缆的作用是把户外的带通滤波器和户内保护屏上的收发信机连接起来，并屏蔽干扰信号。一般采用75Ω的同轴电缆，有助于减少衰耗和干扰。

（5）收发信机是发送和接收高频信号的设备。发信机部分由继电保护装置控制，通常都是在电力系统发生故障时，保护启动之后才发出信号，但有时也可采用长期发信，故障时停信或改变信号频率的方式。由发信机发出的信号，通过高频通道送到对端的收信机中，也可为自己的收信机所接收。高频收信机接收由本端和对端所发送的高频信号，经过比较判断之后，再动作于继电保护装置，使其跳闸或将其闭锁。

此外，还有避雷器、保护间隙和接地开关等保护设备和人身安全的设备。当线路由于遭受雷击或其他原因产生危及高频设备安全的高电压时，避雷器的间隙击穿接地，起保护作用。在检查、调试高频保护时，将接地开关合上，可防止高压窜入。

2. 继电保护载波通道应满足的基本运行条件

（1）P1——收信机灵敏启动电平不应低于+4dB，当收信入口处的电平达到此值时，收信输出就起变化。

（2）P2——通道上出现的最大干扰或串扰电平值不允许超过-13dB。

（3）P3——收信机输出能使保护正常工作的最低收信电平值，必须比灵敏收信电平+4dB高出+6dB，即要大于+10dB。

（4）P4——最低通道裕量，即正常接收电平一定要高于可靠工作电平，它是保证保护安全运行的重要数据，此值不应小于8.868dB，但允许短时波动+2.6dB。对使用载波通道的闭锁式纵联保护，在正常运行状态其通道裕量不应小于1.0Np，遇有裕量较正常情况降低0.3Np，应及时查明原因，要特别注意及时发现阻波器失调的不正常现象。

（5）P5——本侧接收到对侧的信号电平，此值需大于+19dB。

（6）bΣ——允许最大的传输衰耗，此值不大于+21dB。每一侧的终端衰耗约为+4dB，因此，输电线路本身的传输衰耗最大值应按+13dB计算。

3. 高频通道的日常运行维护

高频通道的工作方式有三种：

（1）故障时发信方式：正常运行时，收发信机不工作；当系统故障时，发信机由启动元件启动，通道中才有高频电流（平常无高频电流）。优点：干扰小，收发信机使用寿命长。缺点：正常时通道无信号，需人工启信监视通道的完好性，需启动元件。

（2）长期发信方式：正常运行时，始终收发信（经常有高频电流）；故障时停止发信。优点：正常时通道一直有信号，可监视通道的完好性，无需启动元件。缺点：干扰大，收发信机使用寿命短。

（3）移频方式：正常时发一种频率信号用以闭锁保护和监视通道；故障时发另一种频率信号。优点：可靠，抗干扰能力强。缺点：收发信机使用寿命短，投资大。

目前，我国电力系统中的高频保护通道的运行方式广泛采用故障时发信方式。该方式是正常运行情况下发信机不发信，载波通道中无高频电流通过，只有系统故障时，保护的启动元件才启动发信机发信，通道中才有高频电流传输。其优点是可以减少对通道中其他信号的干扰和延长发信机寿命，但保护中应有快速反应故障的启动元件。为了确知高频通道是否完好，需要定期启动发信机来检查通道的完好性。因此，对运行部门来说，高频通道的日常巡视检查就显得特别重要。具体地讲，可分为户外加工结合设备的检查和通道数据的测试。

（1）高频阻波器正常巡视项目如下：

1）检查导线有无断股，接头有无发热现象，阻波器有无异常响声；

2）高频阻波器安装是否牢固；

3）高频阻波器上部与导线间悬挂的绝缘子是否良好；

4）阻波器上有无杂物，构架有无变形。

运行中通道设备故障，尤其是线路阻波器故障，会造成高频保护通道衰耗增大，通道裕度减少等问题。严重时将使高频保护误动作。当相邻两次测得的通道裕度大于 3dB 时，用接收电压表示：

$$\Delta A = 20\lg \frac{U_1}{PU_2} > 3\text{dB}, \text{即} \frac{U_1}{PU_2} > 1.4 \qquad (2\text{-}39)$$

当相邻两次测得的接收电压之比大于 1.4 时，表明通道裕度突变已超过了 3dB，必须及时查明原因予以排除。

（2）耦合电容器正常巡视项目如下：

1）耦合电容器瓷瓶有无破损，渗、漏油现象；

2）耦合电容器引线有无松动、过热，经结合滤波器接地是否良好，有无放电现象，接地开关瓷瓶有无破损；

3）耦合电容器内部有无异常声音。

（3）结合滤波器正常巡视检查项目如下：

1）引线连接牢固，接地线接触是否良好；

2）瓷瓶有无裂纹和破损；

3）外壳能否盖严，有无锈蚀和雨水渗入；

4）接地开关安装是否牢固，连接线是否正确，高频电缆的保护管是否牢固。

结合设备包括以下基本元件：接地开关、避雷器、排流线圈、调谐元件、平衡变量器等。从长期运行资料分析，结合滤波器常见故障有如下几类：高频电缆接地端子绝缘水平下降；橡胶圈封口老化，雨水渗透内部引起积水；变量器、避雷器击穿；其他元件损坏，致使特性变坏。以上故障均将影响通道的工作衰减，使通道的传输衰耗增大。

（4）高频通道整组试验项目要达到规定要求。

1）通道衰耗实验，要求由两侧所测的衰耗值之差不大于 3dB；

2）信号差拍，要求 U_1/U_2 大于 2（U_1 为本端发信电压，U_2 为对侧发信时本端所接受的电压）；

3）通道信号裕量测量，应在 8.868dB 以上；

4）衰耗控制器调整，使收信输出电流为 1mA。

4. 专用收发信机

专用发信机一般为闭锁式方向纵联保护用，目前常用的方框图如图 2-47 所示。

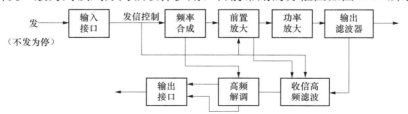

图 2-47 常用收发信机方框图

（1）输入接口：接收发信，不发信为停信。输出控制频率合成器及前置放大的控制门关闭或开放，以及控制收信滤波器的门控电路。

（2）频率合成器：按 $(42+4n)$ kHz，$n=0$，1，…，114，组合成发送频率 $f_0=40\sim50$kHz 及载供信号频率 f_0+12kHz。

（3）前置放大：放大 f_0 信号，以推动功放；在本机发信时，收信门控电路关闭，收信滤波器只接收来自本机前置放大的 f_0 信号，自发自收，以避免通道上的差拍。

（4）功率放大：将 f_0 的功率放大到额定值，例如 10W/40dBm。

（5）输出滤波器：使占用带宽 $B=4$kHz；使允许并机间隔同相 $\geqslant 3B$，邻相 $\geqslant 0B$，分流衰耗不大于 1dB；满功率发信时，外线谐波电平 $\leqslant -26$dBm；外线输出阻抗 75Ω，使回波衰耗 $\geqslant 10$dB。

（6）收信滤波器：一般使用收信通频带 2kHz（$f_0\pm 1$kHz），带外衰耗满足 35dB。

（7）高频解调：将收信频率（f_0）与载波信号频率 f_0+12kHz 混频后解调出 12kHz。同时输出通道监视。

（8）输出接口：将收信情况传给保护装置。

正常运行时，没有发信起动命令输入，输入接口的发信控制为"0"态。该控制信号使频率合成器和前置放大器中的控制门关闭，从而使高频信号（f_0）不能送出。同时，该控制信号还送到收信滤波器，使它的控制门开放，保证本机收信支路处于准备接收对侧高频信号（f_0）的状态。

这时，如果收到对侧送来的高频信号（f_0），经收信高频带通滤波器输出，该信号送入高频解调器，经放大器后分成两路：一路高频信号送到解调器，因载波信号频率为 f_0+12kHz，故混频输出信号中含有 12kHz 的中频成分，经 12kHz 中频带通滤波器选出后送到输出接口，经处理后产生收信输出；另一路高频信号直接送到输出接口，用作通道衰减的监视，送到通道衰减增大 3dB 告警电路和收信输入电平指示电路。

当线路发生故障时，保护装置相应继电器的接点闭合，输出发信启动命令，发信控制输出"1"态。该控制信号开放频率合成器及前置放大中的控制门，频率合成器发出高频信号（f_0），并经前置放大、功率放大和输出滤波器送到外线端，并经过高频通道传输到对侧。同时，该控制信号使收信滤波器内的控制门 A1 关闭。这时，无论是本机发出的信号，还是对侧送来的信号，都不能通过收信滤波器控制门 A1，即本机收信支路拒绝接收这两种信号，而在本机前置放大的输出端，高频信号经衰减后送到收信滤波器第 2 放大器 A2 的输入端，收信支路处于自发自收状态，可得到与收对侧信号时同样的收信输出。

根据现场运行反映，近年来，收发信机引起的保护误动作占的份额不小，专用收发信机普遍存在的问题是：抗干扰性能差；直流电源容易损坏；短线收信电平较高时，产生倒灌现象，使直流功率输出增大，过负荷保护动作，造成功放无直流电源而不发信，结果区外故障误动；差拍缺口；元器件损坏，工艺质量差；调试复杂，现场变频率困难等。这些问题，引起了各方面的重视。

（三）光纤通道

光纤通道传送的信号频率在 10^{14} 左右。光纤通信的原理是在发送端首先要把传送的信息变成电信号，然后调制到激光器发出的激光束上，使光的强度随电信号的幅度（频率）变化而变化，并通过光纤发送出去；在接收端，检测器收到光信号后把它变换成电信号，经解调后恢复原信息。光纤通信原理图如图 2-48 所示。

1. 光纤的基本型式

光纤有三种基本型式：

图 2-48　光纤通信原理图

（1）多模（折射率）阶跃式，简称多模阶跃式，数据传输速率较低，只能用于短距离数据传输，优点是直径较大，机械强度大，光源和光纤的对准比较容易。

（2）多模（折射率）渐变式，简称多模渐变式，可用于中等距离、中等信号速率的数据传输。

（3）单模（折射率）阶跃式，简称单模阶跃式，有效地消除了色散现象，可用于远距离高数据速率的传输，缺点是光纤太细，机械强度较小，需要非常精密的光源与光纤对准工具。

所谓阶跃式是指光纤芯中和包层中光的折射率都是均匀分布的，而渐变式是指在光纤芯中从轴线沿着径向方向折射率逐渐减少。多模是指可传送多束光线，单模则指沿轴线传送一束光线。

2. 五种光缆敷设的方法

（1）包在架空地线的铝绞线内，称为架空地线复合光缆 OPGW。

（2）用金属丝捆在架空地线上。

（3）埋在沿线路的电缆沟中。

（4）用挂环挂在输电线导线或架空地线导线上。

（5）专门敷设平行于输电线的架空光缆线路。

以上五种光缆敷设方法中，第一种方法最好，在我国都已得到大量应用。光纤通道用于50～70km 以下的短距离输电线时，不需要中继站，而且没有过电压、电磁干扰等问题。对于其他长距离的输电线路，只需要每经过 50～70km 设立一个中继站。同时，光纤通信是单方向的，发送和接收各用一根光纤。因光纤通信容量大，也可与其他通信部门复用。

二、纵联差动保护

输电线的纵联差动保护是用某种通信通道将输电线两端的保护装置纵向连接起来，将各端的电气量（电流、功率的方向等）传送到对端，比较两端的电气量，以判断故障在本线路范围内还是在线路范围外，从而决定是否跳闸。因此，从理论上讲这种纵联差动保护有绝对的选择性。比较不同的电气量构成不同原理的纵联保护。目前，光纤纵联电流差动保护得到了广泛的应用。

光纤纵联电流差动保护工作原理：在图 2-49（a）所示的系统图中，设流过两侧保护的电流为 $\dot{I}_\text{M}$、$\dot{I}_\text{N}$，其方向如图中箭头所示。以两侧电流的相量和作为继电器的动作电流

$$I_\text{d} = |\dot{I}_\text{M} + \dot{I}_\text{N}| \tag{2-40}$$

该电流有时也称作差动电流，另以两侧电流的相量差作为继电器的制动电流

$$I_\text{r} = |\dot{I}_\text{M} - \dot{I}_\text{N}| \tag{2-41}$$

纵联电流差动继电器的动作特性一般如图 2-49（b）所示，阴影区为动作区。这种动作特性称作比率制动特性。图中 I_{qd} 为差动继电器的启动电流，$K_r = I_d/I_r$ 为制动系数。图 2-49

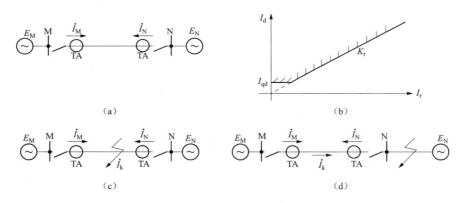

图 2-49　纵联电流差动保护原理图
(a) 系统图；(b) 动作特性图；(c) 内部短路；(d) 外部短路

（b）的动作特性以数学形式表述为

$$\left. \begin{array}{l} I_d > I_{qd} \\ I_d > K_r I_r \end{array} \right\} \tag{2-42}$$

当线路内部短路时，如图 2-49（c）所示，两侧电流的方向与规定的正方向相同。根据基尔霍夫电流定理 $\dot{I}_M + \dot{I}_N = \dot{I}_k$

故

$$I_d = |\dot{I}_M + \dot{I}_N| = I_k \tag{2-43}$$

此时动作电流等于短路点的电流 I_k，动作电流很大。

$$I_r = |\dot{I}_M - \dot{I}_N| = |\dot{I}_M + \dot{I}_N - 2\dot{I}_N| = |\dot{I}_k - 2\dot{I}_N| \tag{2-44}$$

制动电流较小，小于短路点的电流 I_k，差动继电器动作。当线路外部短路时，$\dot{I}_M$、$\dot{I}_N$ 中有一个电流反相。例如在图 2-49（d）中，流过本线路的是短路电流 $\dot{I}_k$，则

$$\dot{I}_M = \dot{I}_k \tag{2-45}$$

$$\dot{I}_N = -\dot{I}_k \tag{2-46}$$

因而，动作电流

$$I_d = |\dot{I}_M + \dot{I}_N| = |\dot{I}_k - \dot{I}_k| = 0 \tag{2-47}$$

制动电流

$$I_r = |\dot{I}_M - \dot{I}_N| = |\dot{I}_k + \dot{I}_k| = 2I_k \tag{2-48}$$

此时动作电流是零，制动电流是 2 倍的短路电流，制动电流很大，因此差动继电器不动作。所以这样的差动继电器可以区分线路外部短路（含正常运行）和线路内部短路。继电器的保护范围是两侧电流互感器之间的范围。

输电线路纵联电流差动保护中所用的差动继电器的动作特性如图 2-49（b）所示的比率制动特性。输电线路纵联差动保护的原理接线图如图 2-50 所示。

三、纵联方向保护

（一）高频闭锁方向保护的基本原理

高频闭锁方向保护是利用高频信号，间接地比较线路两侧电气量的方向，以判别是被保护线路内部故障还是外部故障，决定其是否动作的一种保护。一般规定母线指向线路的电流方向为正方向，线路指向母线的电流方向为反方向。被保护线路两侧都装有方向元件，当被保护线路内部故障时，两侧短路电流

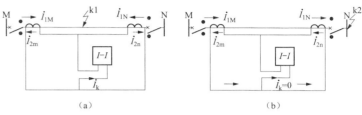

图 2-50 输电线路纵联差动保护的原理接线图
(a) 区内故障时的情况；(b) 正常运行或区外故障时的情况

方向皆为母线指向线路，方向元件均感受为正方向，两侧均不发闭锁信号，线路两侧断路器立即跳闸。当被保护线路外部故障时，近故障点一侧的短路电流方向由线路指向母线，该侧方向元件感受为反方向，发出高频闭锁信号，一方面使该侧保护不动作，另一方面将高频闭锁信号送到对侧。对侧的短路电流方向由母线指向线路，方向元件虽感受为正方向，但因收到对侧送来的高频闭锁信号，故这一侧保护被闭锁而不会动作，从而保证了选择性。高频闭锁方向保护的工作原理图如图 2-51 所示。

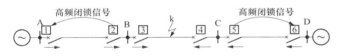

图 2-51 高频闭锁方向保护的工作原理图

（1）故障线路 BC 段：保护 3、4 的方向元件均感受为正方向短路，不发闭锁信号，保护动作立即跳两侧断路器 3、4，瞬时切除故障。

（2）非故障线路 AB、CD 段：近故障点端保护 2、5 的方向元件感受为反方向短路，它们发出高频闭锁信号，分别送到对侧将保护 1、6 闭锁，断路器 1、2、5、6 均不跳闸。

主要优点：在故障线路上，即使由于短路而导致高频通道被破坏，也不会影响保护的正确动作。

采用短时发信方式，其继电部分由启动元件和方向元件组成。

高频闭锁方向保护有电流元件启动、方向元件启动、远方启动三种启动方式。

（二）纵联方向保护原理

利用输电线路两端功率方向相同或相反的特征可以构成方向比较式纵联保护。当系统中发生故障时，两端保护的功率方向元件判别流过本端的功率方向，功率方向为负者发出闭锁信号，闭锁两端的保护，称为闭锁式方向纵联保护；或者功率方向为正者发出允许信号，允许两端保护跳闸，称为允许式方向纵联保护。

纵联方向保护原理：比较输电线路两端四个方向元件的动作行为，满足故障线路特征时保护就发跳闸命令，否则就把保护闭锁。核心元件是方向元件的纵联保护就称作纵联方向保护。

输电线路每一端都装有两个方向元件：一个是正方向方向元件 F＋，保护方向为正方向，反方向短路时不动作；一个是反方向方向元件 F－，保护方向为反方向，正方向短路时不动作。

如图 2-52 中 NP 为故障线路，MN 为非故障线路。√表示方向元件动作，×表示方向元件不动作。

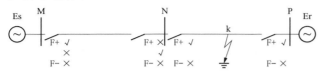

图 2-52　闭锁式纵联方向保护原理图

故障线路特征：两端 F＋均动作，F－均不动作；非故障线路特征：两端中有一端（近故障的一端）F＋不动作，而 F－可能动作。

闭锁式纵联方向保护动作逻辑图如图 2-53 所示。

启动元件：现在一般都采用两相电流差的突变量启动元件和零序电流启动元件。动作过程以图 2-52 的 N 端保护为例进行分析：

故障线路 NP 的 N 端：低定值启动，与门 1 有输出立即发信；同时高定值启动，F＋元件启动，与门 2 有输出，给与门 5 一个动作

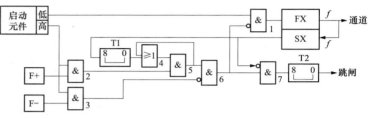

图 2-53　闭锁式纵联方向保护动作逻辑图

条件；与此同时发信机一直发信，收信机一直收到信号，一方面将与门 7 闭锁，闭锁跳闸回路，另一方面延时元件 T1 计延时，计满 8ms 后 T1 有输出，或门 4 有输出给与门 5 另一个动作条件，与门 5 有输出给与门 6 一个动作条件；由于 F－元件不动作，与门 3 没有输出，与门 6 没有被闭锁；与门 6 有输出后，一方面闭锁与门 1，与门 1 没有输出发信机停信，另一方面给与门 7 一个动作条件；本端信号停了以后要看对端的发信情况，对端保护的动作情况与本端一样，所以对端在收信机收到 8ms 信号以后也停信，两端都停信解除了对与门 7 的闭锁；于是与门 7 有输出，经 T2 的 8ms 延时发跳闸命令。

非故障线路 MN 的 N 端：低定值启动，与门 1 有输出立即发信；同时高定值启动，F＋元件不动作，与门 2 没有输出，所以与门 5 没有输出，与门 6 没有动作条件；F－元件如果动作，与门 3 有输出，闭锁与门 6，与门 6 也不会有输出，就不会去闭锁与门 1，与门 1 一直有输出，所以 N 端保护一直发信、不停信。与门 6 没有输出，与门 7 就没有动作条件，收信机一直收到本端信号，闭锁与门 7，所以与门 7 一定没输出，N 段保护一定不会发跳闸信号。

远方起信功能：由于某种原因 N 侧的两个启动元件都未启动（如启动定值输错），M 侧方向元件的动作行为是 F－元件不动，F＋元件如果动作，8ms 后停信，N 侧由于启动元件未启动而根本未发过信，于是 M 侧收不到闭锁信号而造成保护误动，为避免这种误动，可设置远方起信功能。

远方起信条件：①低定值启动元件未启动；②收信机收到对侧的高频信号。

远方起信动作情况：收发信机发信 10s，闭锁对侧保护。

综上所述，高频闭锁方向保护能发跳闸命令一定要满足以下条件：

（1）高定值启动元件动作；只有高定值启动元件动作后才能进入方向元件及各个逻辑功能的计算判断。

（2）F－元件不动作。

（3）曾经连续收到过 8ms 的高频信号。

（4）F＋元件动作（同时满足上述四个条件时去停信）。

（5）收信机收不到信号（同时满足上述五个条件 8ms 后即可启动出口继电器，发跳闸命令）。

四、纵联距离保护

纵联距离保护的构成原理和方向比较式纵联保护相似，只是用阻抗元件替代功率方向元件。它较方向比较式纵联保护的优点在于：当故障发生在保护Ⅱ段范围内时相应的方向阻抗元件才启动，当故障发生在距离保护Ⅱ段以外时相应的方向阻抗元件不启动，减少了方向元件的启动次数，从而提高了保护的可靠性。

如图 2-54 所示电力系统，线路全部配置闭锁式距离纵联保护，当在 k1 点

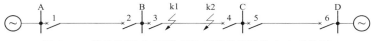

图 2-54　线路配置有闭锁式距离纵联保护的电力系统图

（线路 BC 出口处）和 k2 点（线路 CB 出口处）短路时，线路 AB 和线路 BC 上保护的工作过程如下。需要注意的是，闭锁式距离纵联保护的工作过程需要考虑距离保护的动作情况，尤其是距离Ⅰ段。闭锁式距离纵联保护的原理接线图如图 2-55 所示。

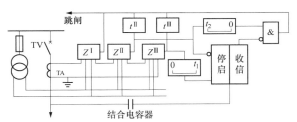

图 2-55　闭锁式距离纵联保护的原理接线图

（1）k1 点短路时：

1）线路 AB 上的保护 1 和保护 2：距离保护Ⅲ段启动发信机发出闭锁信号；保护 1 的距离保护Ⅱ段动作停信，但保护 2 的距离保护Ⅱ段不动作（由于是反方向故障）、不停信；保护 1 和保护 2 均不动作。

2）线路 BC 上的保护 3 和保护 4：距离保护Ⅲ段启动发信机发出闭锁信号；k1 点在距离保护 3 的Ⅰ段动作范围内，距离保护 3 的Ⅰ段和Ⅱ段均启动，且Ⅰ段瞬时跳闸、Ⅱ段动作停信；k1 点在距离保护 4 的Ⅱ段动作范围内，Ⅱ段启动停信；保护 4 经延时跳闸。

（2）k2 点短路时：

1）线路 AB 上的保护 1 和保护 2：距离保护Ⅲ段启动发信机发出闭锁信号；k2 点超出了保护 1 的距离保护Ⅱ段的保护范围，Ⅱ段不动作、不停信；保护 2 的距离保护Ⅱ段也不动作、不停信；保护 1 和保护 2 均不动作。

2）线路 BC 上的保护 3 和保护 4：距离保护Ⅲ段启动发信机发出闭锁信号；k2 点在距离保护 4 的Ⅰ段动作范围内，距离保护 4 的Ⅰ段和Ⅱ段均启动，且Ⅰ段瞬时跳闸、Ⅱ段动作停信；k2 点在距离保护 3 的Ⅱ段动作范围内，Ⅱ段启动停信；保护 3 经延时跳闸。

图 2-54 所示电力系统故障线路与非故障线路两端都装有具有方向性的阻抗继电器，只要短路点在保护范围内阻抗继电器都能动作。

故障线路特征：两端的阻抗继电器均动作。

非故障线路特征：两端至少有一端阻抗继电器不动作。

对纵联距离保护的核心元件阻抗继电器的要求：①良好的方向性；②阻抗继电器应在本线路全长范围内都有足够的灵敏度。

对距离纵联保护的评价：距离元件不仅带有方向性，而且动作范围基本上是固定的，

很少受系统运行方式、网络结构和负荷变化的影响。故用距离元件构成方向比较式纵联保护可以实现多种不同的保护逻辑，用户可根据通道的情况进行选择，因此具有很大的优越性，在欧美各国得到了广泛应用，几乎成为高压、超高压输电线的基本保护方式。距离纵联保护的缺点主要是受系统振荡、电压回路故障、用于有串补电容线路上整定困难以及接地距离元件受零序互感的影响等。对于这些问题，各国继电保护工作者做了大量的研究工作，也取得了巨大成果，在一般情况下，这些问题都得到了解决，但都将使保护接线复杂化。

距离纵联保护的另一优点是可以兼作本线路和相邻线路的后备保护，对于常规（非微机）保护，这种优点又带来主保护和后备保护彼此牵制，造成维护、检修、调试等方面的困难。但对于微机保护，主保护和后备保护可装设在独立的插件上，这个缺点并不严重。尤其是高压、超高压输电线路一般要求主保护双重化，即必然还要有另一套保护与此装置互为备用，则调试维护、检修可以分别进行，不会有什么困难。因此，距离纵联保护应是高压、超高压和特高压输电线基本的主保护和后备保护原理。

【任务实施】

1. 工作策略

（1）在学习线路光纤纵联电流差动保护基本知识后，按照线路光纤纵联电流差动保护的定期检验作业指导书的要求，运用继电保护测试仪，根据定值单要求，完成 220kV（500kV）线路光纤纵联电流差动保护的检验测试。

（2）在学习线路闭锁式纵联距离保护基本原理知识后，按照线路闭锁式纵联距离保护的定期检验作业指导书的要求，运用继电保护测试仪，根据定值单要求，完成 220kV（500kV）线路闭锁式纵联距离保护的检验测试。

（3）在学习线路纵联零序方向保护基本原理知识后，按照线路纵联零序方向保护的定期检验作业指导书的要求，运用继电保护测试仪，根据定值单要求，完成 220kV（500kV）线路纵联零序方向保护的检验测试。

2. 工作规范

（1）保护的检验测试过程及其结果分析，每做一步要进一步检查（自查）。

（2）每个保护的检验测试过程及其结果分析完毕后，各个小组进行整体检查（复查）。

（3）自评：学生对本项目的整体实施过程进行评价。

（4）互评：以小组为单位，分别对其他组的工作结果进行评价和建议。

（5）教师评价：教师对工作过程、工作结果进行评价，指出每个小组成员的优点，并提出改进建议。

3. 劳动组织

学生汇报计划与实施过程，回答同学与教师的问题。重点检查检验项目和检验结果，教师与学生共同对工作结果进行评价。

4. 参考案例

根据现有实际教学条件，可灵活举例演示。

5. 总结提炼

学生和教师对本任务的学习全过程进行总结提炼，以便后续项目内容或课程的更好更有效的学习。

一、220kV 线路纵联保护装置的检验与调试

（一）工作准备

（1）课前预习相关知识部分。

（2）学习 220kV 线路纵联保护装置定期检验作业指导书要求的相关测试项目，阅读定值单中的相关定值，查阅 220kV 线路保护图纸，测试仪相关项目测试的使用说明，经小组认真讨论后编制测试方案，填写测试仪的参数设置、保护压板的投退及接线端子。

（3）填写任务工单的咨询、决策、计划部分。

（4）列写检验项目清单，见表 2-18。

表 2-18　　　　　　　　　　　检 验 项 目 清 单

检验项目	新安装检验	全部检验	部分检验
1　开箱检验及装置铭牌和参数检查	√	√	√
2　外观、接线和机械部分检查	√	√	√
3　装置绝缘检查及交流耐压试验 3.1　绝缘电阻检测 3.2　交流耐压试验	√	√	√
4　逆变电源的检验 4.1　检验逆变电源的自启动性能 4.2　逆变电源输出电压及稳定性检测 4.2.1　空载状态下检测 4.2.2　正常工作状态下检测	√ √	√	√
5　通电初步检验 5.1　保护装置的通电检验 5.2　检验键盘 5.3　打印机与保护装置的联机试验 5.4　软件版本和程序校验码的核查 5.5　时钟的整定与校对 5.6　定值整定 5.6.1　定值区号的整定 5.6.2　整定值的整定 5.6.3　整定值的失电保护功能检验	√ √	√ √	√ √ √
6　电气特性检验 6.1　开关量输入回路检验 6.1.1　保护功能压板开入检验 6.1.2　三取二闭锁功能检验 6.1.3　其他开入端子的检查 6.2　开出传动试验 6.3　功耗测量 6.4　模数变换系统检验 6.4.1　零漂检验 6.4.2　模拟量输入的幅值特性检验 6.4.3　模拟量输入的相位特性检验 6.5　保护定值检验	√ √ √ √ √ √	√ √ √ √ √ √	√ √
7　整组试验 7.1　开关量输入的整组试验 7.2　整组动作时间测量 7.3　重合闸整组动作时间测量 7.4　与本线路其他保护装置联动试验 7.5　与断路器失灵保护配合联动试验 7.6　与中央信号、远动装置的联动试验 7.7　带通道联调检验	√	√	√

续表

检验项目	新安装检验	全部检验	部分检验
8　装置与断路器传动试验	√	√	√
9　带通道联调试验 9.1　通道检查试验 9.2　保护装置带通道试验	√ √	√ √	√
10　接入系统工作电压电流的检验	√	√	√
11　反措实施情况检查	√	√	√
12　保护交付运行前的检查	√	√	√

（二）操作步骤

操作流程的要求同项目任务的要求，尤其要注意测试前要做好装置初始状态记录（如压板的位置等），断开待测试设备与运行设备相关联的电流、电压回路，做好记录和安全措施。测试后要按记录恢复到初始状态。

220kV 线路纵联保护测试以高频距离保护为例进行试验，其他纵联保护（如差动保护）测试方法在后面会涉及。

对高频距离保护的动作值和动作时间进行测试。在测试过程中，需要将非测试段退出，将不要测试的功能（如复压闭锁、方向退出）。

压板：只投"高频距离保护"硬压板。

（1）定值设置。

1）将距离Ⅰ段定值调到 2Ω。

2）退出距离Ⅱ段：距离Ⅱ段 1 时限控制字设置为 000E。

3）退出距离Ⅲ段：距离Ⅲ段控制字设置为 000E。

（2）实验接线。

测试仪电流——线路高频距离保护装置交流电流；

测试仪电压——线路高频距离保护装置交流电压；

开入触点——并接保护出口接点两端；

试验接线对应表见表 2-19。

表 2-19　　试验接线对应表

项目	测试仪	保护装置	备注
电流	I_A	1D1-1	
	I_B	1D1-2	
	I_C	1D1-3	
	I_N	1D1-4、5、6	1D1-4、5、6 要短接
电压	U_A	1D2-1	
	U_B	1D2-2	
	U_C	1D2-3	
	U_N	1D2-4	
开入	A	1LP19-②	
	AN	1D51-1	

注　试验前应断开检修设备与运行设备相关联的电流、电压回路。

（3）试验步骤。

1）测试仪设置。选择测试模块："线路保护定值校验"—"阻抗定值校验"—"添加"。如图 2-56 所示。

2）选择测试模块："线路保护定值校验"—"阻抗定值校验"—"开关量"。如图 2-57 所示。

3）选择测试模块："线路保护定值校验"—"阻抗定值校验"—"添加"—"阻抗定值校验"—"确认"。

依次设置故障类型、阻抗角、短路电流、阻抗定值及动作时间。

测试项目：依次选择动作值和动作时间。

动作值：按 0.95 倍和 1.05 倍动作值来进行设置。

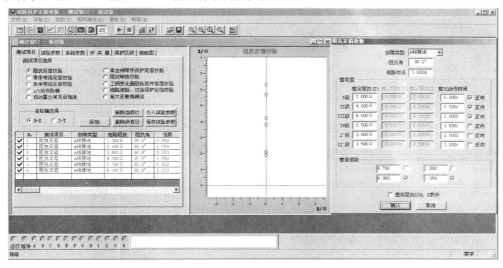

图 2-56 测试仪设置选择测试模块

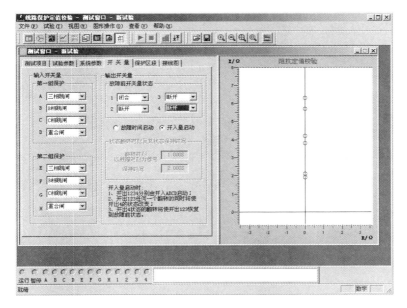

图 2-57 测试仪设置选择开关量

动作时间："故障前时间"设为 5s，大于保护上电复位时间；"最大故障时间"设为 0.7s，大于保护出口动作时间。

4）设置好后，点击"开始试验"即可。

5）查看测试仪、保护动作情况（动作事件、动作出口、信号出口、录波记录）；重复上述步骤，依次测试距离Ⅰ、Ⅱ、Ⅲ段动作值、动作时间是否与整定值一致。

（4）纵联保护检验试验记录。

1）电流差动保护（WXH-803 型微机线路保护装置）。将电流差动保护功能 CURRENT DIFF FUNCTION 设为 ENABLE。单机试验时，应为尾纤自环保护。分别在 A、B、C 三相上缓慢加入电流，同时监视相应的出口接点，直到保护动作。

根据动作方程检验装置的整定刻度，对照表见表 2-20。

表 2-20　　　　　　　　　动作值和整定值对照表

整定电流值（A）	A 相动作值（A）	B 相动作值（A）	C 相动作值（A）

采用突然加量法分相加入 1.2 倍定值的故障电流，测量电流差动保护的动作时间，见表 2-21。

表 2-21　　　　　　　　　动作时间测量情况表

A 相动作时间（ms）	B 相动作时间（ms）	C 相动作时间（ms）

TA 断线闭锁差动保护逻辑：正确。

2）高频距离保护（WXH-25B 型微机线路保护装置），其检验试验记录见表 2-22。

表 2-22　　　　　　　　　高频距离保护检验试验记录表

故障方向	故障电流	故障电压（$K=0.67$）	故障类型	保护动作情况	动作时间 整定值	动作时间 实测
正方向故障		$0.95 \times 2 \times I \times XD$	AB	动作	—	
			BC			
			CA			
		$1.05 \times 2 \times I \times XD$	AB	不动	—	—
			BC			
			CA			
		$0.95 \times (1+K) \times I \times XD$	AN	动作	—	
			BN			
			CN			
		$1.05 \times (1+K) \times I \times XD$	AN	不动	—	—
			BN			
			CN			
反方向故障		0V	AB	不动	—	—
			BC			
			CA			
			AN			
			BN			
			CN			
整定值						

3）高频零序方向保护，其检验试验记录见表 2-23。

表 2-23   高频零序方向保护检验试验记录表

故障方向	故障电压	故障电流	故障类型	保护动作情况	动作时间	
					整定值	实测
正方向故障	30V	$1.05 \times 3I_0$	AN	动作	—	
			BN			
			CN			
		$0.95 \times 3I_0$	AN	不动	—	—
			BN			
			CN			
反方向故障	30V	$1.2 \times 3I_0$	AN	不动	—	—
			BN			
			CN			
整定值						

任务工单见表 2-24。

表 2-24   任　务　工　单

工作任务	高压线路纵联保护及测试				学时		4
姓名		学号		班级		日期	

任务描述：完成微机线路保护纵联电流差动保护（或高频保护）的整定定值的调整及动作过程的测试。

1. 咨询（课外完成）

（1）继电保护实训指导书。

1）认识微机线路保护的软、硬件。

2）了解通过微机保护的人机接口调整定值的方法。

3）测试仪的使用，画出试验接线图。

（2）相关问题。

1）纵联电流差动保护（或高频保护）装置的定值如何整定，构成原理是什么？

2）纵联电流差动保护（或高频保护）的作用是什么？

3）确定实验用仪器仪表与量程。

4）如何模拟分相差动保护和零序差动保护动作的故障？

5）写出实验步骤。

2. 决策（课外完成）

（1）分工：

分工 / 组别	仪器仪表选择	接线	操作	观察	读数	记录	整理工位	编制检验报告

（2）编制高压线路纵联保护测试方案：

3. 计划

根据《继电保护实训指导书》核对各组编制的测试方案。

4. 实施

试验时注意哪些事项？

5. 检查及评价

个人评分规则：

续表

考评项目		自我评估	组长评估	教师评估	备注
素质考评（20）分	劳动纪律（5分）				
	积极主动（5分）				
	协作精神（5分）				
	贡献大小（5分）				
工单考评（20分）					
检验测试结果分析（20分）					
综合评价（40分）					

二、220kV（500kV）线路保护配置及运行维护

（一）220kV（500kV）线路保护配置

220kV（500kV）线路保护应遵循相互独立的原则按双重化配置，并独立组屏。即两套主保护的交流电流、交流电压、直流电源、通道设备、跳闸线圈等应互相独立，每套保护应包括能全线速动的主保护和完善的后备保护。通道条件具备时，每套保护宜采用双通道。

220kV线路保护的基本配置为：主保护为光纤纵联差动电流保护、光纤纵联距离保护；后备保护为快速距离保护、三段相间距离保护、三段接地距离保护、四段零序电流保护、TV断线后的过电流保护、断路器三相不一致保护；还配置有单相自动重合闸等。目前220kV线路保护双重化配置型号主要有RCS-931BM和PSL-603，RCS-931BM和RCS-902，RCS-931GPMV和PSL-603U，RCS-902GPV和PSL601U，L90和ALPS，CSC103和CSC101等。

500kV线路保护的基本配置为：主保护为光纤纵联差动电流保护（分相电流差动和零序电流差动）、高频距离保护、高频方向保护、光纤纵联距离保护；后备保护为快速距离保护、三段相间距离保护、三段接地距离保护、四段零序电流保护、远跳保护；还配置有综合重合闸等。目前500kV线路保护双重化配置型号主要有（RCS-931BM和RCS-925A，CSL101A和CSI125，RCS-931BM和RCS-925A，WXH-802/A和WGQ-871，PSL603GW和SSR530AW，RCS-902CD（S）FF和RCS-925AMM等。

下面举例说明220kV线路保护配置，见表2-25。

表2-25　　　　　　　　　　某220kV线路保护配置一览表

线路名称	屏内装置型号	保　护	通　道
某220kV线路1 606	A屏 RCS-902GPV保护 CZX-12G测控 PCS-912收发信机	纵联距离和零序方向（主保护）	高频通道
		快速距离（工频变化量）	
		三段式接地和相间距离	
		多个零序方向过电流	
		三相不一致	
		自动重合闸	
	B屏 PSL601U保护 PCX操作箱 PSF631高频传输	纵联方向（主保护）	高频通道
		快速距离（工频变化量）	
		三段式接地和相间距离	
		两段式定时限零序	
		反时限零序	
		自动重合闸	

续表

线路名称	屏内装置型号	保　护	通　道
某 220kV 线路 2 608	A 屏 RCS-931GPMV （南京南瑞）	纵联电流差动（分相电流差动和零序电流差动）	光纤
		三段式接地和相间距离	
		快速距离（工频变化量）	
		2 个延时段零序方向过电流	
		三相不一致	
		自动重合闸	
	B 屏 PSL-603U （国电南自）	纵联电流差动（分相电流差动和零序电流差动）	光纤
		快速距离（工频变化量）	
		四段式零序电流	
		三段式接地和相间距离	
		自动重合闸	

500kV 线路保护配置，见表 2-26。

表 2-26　　　　　　　　　　500kV 线路保护配置一览表

线路名称	保护屏名称	屏内装置名称	保护配置	保护通道	跳闸对象
某 500kV 线路 1	PRC31BM-54	RCS-931BM	光纤差动保护（分相电流差动和零序电流差动）、三段式相间和接地距离保护、4 个延时段零序方向过电流、自动重合闸	光纤通道	5031、5032 断路器
		RCS-925A	远方跳闸保护、过电压保护	光纤通道	
	GXJ101A-201/JS	CSL101A	高频距离保护、三段式相间和接地距离保护、4 个延时段零序方向过电流、故障录波器	复用载波	
		CSI125	远方跳闸保护、过电压保护	复用载波	
某 500kV 线路 2	PRC31BM-54	RCS-931BM	光纤差动保护（分相电流差动和零序电流差动）、三段式相间和接地距离保护、4 个延时段零序方向过电流、自动重合闸	光纤通道	5012、5013 断路器
		RCS-925A	远方跳闸保护、过电压保护	光纤通道	
	GXH802A-202/HN	WXH-802/A	高频距离零序保护、三段式相间距离和接地距离、六段式零序电流方向保护	复用载波	
		WGQ-871	远方跳闸保护、过电压保护	复用载波	
某 500kV 线路 3	PRC31BM-54	RCS-931BM	光纤差动保护（分相电流差动和零序电流差动）、三段式相间和接地距离保护、4 个延时段零序方向过电流、自动重合闸	光纤通道	5032、5033 断路器
		RCS-925A	远方跳闸保护、过电压保护	光纤通道	
	GXH802A-202/HN	WXH-802/A	高频距离零序保护、三段式相间距离和接地距离、六段式零序电流方向保护	复用载波	
		WGQ-871	远方跳闸保护、过电压保护	复用载波	

　　说明：远方跳闸保护是当线路对端出现线路过电压、电抗器内部短路（本站没有高抗）或断路器失灵等故障均可通过远方保护系统发出远跳信号。由本端远跳保护根据收信逻辑和相应的就地判据出口跳本端断路器。

　　（二）220kV（500kV）线路保护运行维护

　　1. RCS-931BM 装置操作说明及运行注意事项

　　（1）装置面板介绍及操作说明。RCS-931BM 装置面板如图 2-58 所示。

装置面板上的信号灯 8 个，分别为：

1）"运行"灯为绿色，装置正常运行时点亮。

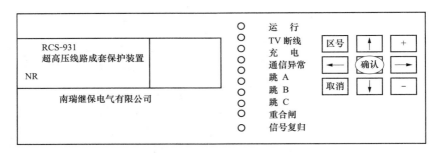

图 2-58　RCS-931BM 装置面板图

2）"TV 断线"灯为黄色，当发生电压回路断线时点亮。

3）"充电"灯为黄色，当重合充电完成时点亮。

4）"通信异常"灯为黄色，当通道故障时点亮。

5）"跳 A""跳 B""跳 C""重合闸"灯为红色，当保护动作出口时点亮，在"信号复归"后熄灭。

6）"信号复归"按钮对整套装置进行复归。

操作键盘：在显示面板上操作小键盘。

1）"←""→""↑""↓"是左右上下移动。

2）"＋""－"是增加和减小，主要是用来修改定值。

3）"确定""取消"和"区号"三个按键。

小键盘的操作在主画面状态下，按"↑"键可进入主菜单，通过"↑""↓""确认"和"取消"键选择子菜单。

（2）装置菜单说明及操作说明。RCS-931 保护装置主菜单界面如图 2-59 所示。

1）保护状态。本菜单的设置主要用来显示保护装置电流、电压实时采样值和开入量状态，它全面地反映了该保护运行的环境，只要这些量的显示值与实际运行情况一致，则保护能正常运行，本菜单的设置为现场人员的调试与维护提供了极大的方便。对于开入状态，"1"表示投入或收到接点动作信号，"0"

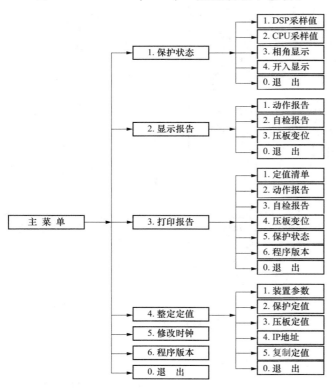

图 2-59　RCS-931 保护装置主菜单

表示未投入或没收到接点动作信号。

2）显示报告。本菜单显示保护动作报告、自检报告及压板变位报告。由于本保护自带掉电保持，不管断电与否，它能记忆上述报告各 128 次（或 64 次）。首先显示的是最新一次报告，按"↑"键显示前一个报告，按"↓"键显示后一个报告，按"取消"键退出至上一级菜单。

3）打印报告。本菜单选择打印定值清单、动作报告、自检报告、压板变位、保护状态、程序版本。打印动作报告时需选择动作报告序号，动作报告中包括动作元件、动作时间、动作初始状态、开关变位、动作波形、对应保护定值等，其中动作报告记忆最新 128 次（或 64 次），故障录波只记忆最新 24 次。

4）整定定值。按"↑""↓"键用来滚动选择要修改的定值，按"←""→"键用来将光标移到要修改的那一位，"＋"和"－"用来修改数据，按"取消"键为不修改返回，按"确认"键完成定值整定后返回。

整定定值菜单中的"复制定值"子菜单，是将"当前区号"内的"保护定值"复制到"复制区号"内，"复制区号"可通过"＋"和"－"修改。

5）修改时钟。显示当前的日期和时间。

按"↑""↓""←""→"键用来选择，"＋"和"－"键用来修改。按"取消"键为不修改返回，"确认"键为修改后返回。

6）程序版本。液晶显示程序版本、校验码以及程序生成时间。

7）修改定值区号。按键盘的"区号"键，液晶显示"当前区号"和"修改区号"，按"＋"或"－"键来修改区号，按"取消"键为不修改返回，按"确认"键完成区号修改后返回。

2. RCS-925A 过电压保护及故障启动装置操作说明及运行注意事项

（1）保护装置面板介绍及操作说明。RCS-925A 装置面板如图 2-60 所示。

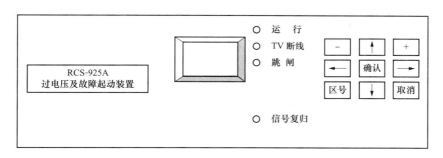

图 2-60　RCS-925A 装置面板图

装置面板上的信号灯 4 个，分别为：

1）"运行"灯为绿色，装置正常运行时点亮。

2）"TV 断线"灯为黄色，当发生电压回路断线时点亮。

3）"跳闸"灯为红色，当保护动作出口时点亮，在"信号复归"后熄灭。

4）"信号复归"按钮对整套装置进行重归。

操作键盘：在显示面板上操作小键盘：

1）"←""→""↑""↓"是左右上下移动。

2）"＋""－"是增加和减小，主要是用来修改定值。

3)"确定""取消"和"区号"三个按键。

小键盘的操作在主画面状态下，按"↑"键可进入主菜单，通过"↑""↓""确认"和"取消"键选择子菜单。

（2）装置菜单说明及操作说明。装置菜单以及操作方法与 RCS-931BM 装置一致，相关内容参照 RCS-931BM 装置部分说明。

3. 装置投运步骤

（1）退出保护出口压板。

（2）退出保护投入压板，合上直流电源快分开关，这时装置面板上"运行"灯亮。

（3）电压互感器和电流互感器有且仅有一处接地点，接地点宜设在主控室，并应牢固。

（4）检修人员检查交流回路三相电压、电流相序及相位正确。

（5）校对液晶显示屏的时钟正确。

（6）保护定值按调度定值整定通知单整定，所有保护的定值整定完后，打印一份各保护的定值清单，核实无误后签名存档。

（7）投运前退出装置传动试验的全部试验项目，避免正常运行中因误操作导致装置误动作。

（8）检查各 CPU 保护软压板是否正确投退。

（9）投入保护硬压板。

4. 运行注意事项

（1）保护装置在正常运行时只有"运行"灯亮，其余灯不亮。当出现异常和保护动作时相应灯亮，并有相应的异常信号和保护信息上送监控系统。

（2）保护屏上"开关运行状态切换开关 1QK"共三个位置："边开关检修"、"正常"、"中开关检修"。当线路带边开关和中开关运行时，应置"正常"位置，当某一开关检修而另一开关运行时，应将 1QK 开关切换至相应的开关检修位置。1QK 开关切换操作应在断开相应断路器的操作电源前进行。恢复运行时，在合上相应断路器的操作电源后，应立即进行 1QK 开关切换，然后再进行一次设备操作。

（3）在正常运行时若出现保护装置异常信号、保护跳闸等信息，值班人员应立即到保护装置处查看，并作好保护信息、保护装置信号灯等内容的记录，同时通知调度及有关部门进行处理。在异常情况和事故未处理前，不得随意复归保护信号。

5. 异常处理及事故分析

（1）装置异常处理。

1）线路运行时，当发生一侧 RCS-931BM 装置闭锁，直流电源消失，直流接地，TA 二次回路断线等异常情况，应立即汇报调度。经调度同意后，退出线路两侧的光纤差动保护，停用异常侧的 RCS-931BM 保护，并通知有关部门处理。发生 TV 断线时，可不退出光纤差动保护，但仍应立即通知有关部门处理。

2）若发生 RCS-925A 装置闭锁、直流电源消失、TA 二次回路断线等异常情况，应查明原因，及时进行处理。不能处理者，应汇报调度将 RCS-925A 停用并通知有关部门。

3）保护装置出现 TV 断线信号时，值班人员应进行如下检查：①汇报调度，退出与断线电压相关的保护压板。②检查保护装置采样值，确认断线相别。③确认断线相别后，到本线路 TV 端子箱，检查电压二次空气开关是否断开。如该项电压断线仅为二次空气开关跳闸引起，可直接恢复电压二次空气开关。恢复后，使用万用表测量断线相别电压是否正常。④

如无法确认或处理时，通知有关部门进行处理。

（2）典型事故报告分析。

1）事故保护动作报告应及时报送中调，报告中应有事故发生时保护及断路器动作情况。事故时所发信号，做好相应记录，无论断路器是否跳闸，只要保护启动，根据保护报告，结合打印信息一览表，组织人员进行事故异常分析。

2）装置报告应及时组织分析讨论，采取事故预防措施，同时将故障报告及时交调试人员进行分析，并妥善保管。

线路保护现场运行与维护导则见附录。

【复习思考】

2-3-1　简述纵联差动保护的基本原理。

2-3-2　输电线路短路时两侧电气量有哪些故障特征？

2-3-3　纵联保护分为哪几类？

2-3-4　高频信号分为哪几种？

2-3-5　什么是闭锁信号、允许信号和跳闸信号？采用闭锁信号有何优点和缺点？

2-3-6　简述高频闭锁方向保护的工作原理。

2-3-7　通道检查是如何进行的？

2-3-8　"相—地"制高频通道的原理接线图由哪些元件组成？各元件作用如何？

2-3-9　耦合电容器在高频保护中的作用是什么？

2-3-10　高频阻波器的工作原理是什么？

2-3-11　结合滤波器在高频保护中的作用是什么？

2-3-12　电力线载波通道有哪几种工作方式？

2-3-13　说明高频收发信机的构成。

2-3-14　说明图 2-52 中故障线路 NP、非故障线路 MN 中高频闭锁方向保护的构成、动作原理和时间元件的作用。

2-3-15　在线路 NP 上装有图 2-52 所示的高频闭锁方向保护。如果变电站 P 侧或 N 侧有一侧保护：

（1）发信机出了故障不能发信时，试分析在何种情况下，发生短路会导致保护误动或拒动？

（2）收信机出了故障不能收信时，试分析在何种情况下，发生短路会导致保护误动或拒动？

2-3-16　如何评价高频闭锁方向保护、高频闭锁距离保护、纵联差动保护？

任务四　自动重合闸（装置）的原理及性能检验

【教学目标】

知识目标：能够正确表述自动重合闸的基本概念；能够说出自动重合闸的作用及对自动重合闸的基本要求；能够表述自动重合闸的工作方式。

能力目标：能够分析三相一次自动重合闸的工作原理，双侧电源的自动重合闸的工作原理，自动重合闸前加速保护与自动重合闸后加速保护的工作原理；具有分析微机自动重合闸装置的动作逻辑的能力；具有完成自动重合闸动作性能检验和运行维护的能力。

素质目标：能严格按照企业的行为规范开展工作，具备勤奋、进取的敬业精神，认真严谨的工作态度和互相配合的团队协作精神。

💬 【任务描述】

（1）某 110kV 单电源线路发生瞬时性故障的概率占总故障的 80％，为了提高供电可靠性，在线路上装设自动重合闸装置。①分析在线路上装设自动重合闸装置有哪些优缺点。②画出模拟式单电源三相一次重合闸的原理图，按照对自动重合闸的基本要求，简述其工作原理及如何满足对其的基本要求的。③自动重合闸与继电保护配合方式有哪些？在此线路上应选择哪种？为什么？

（2）某 220kV 双电源网络上希望通过自动重合闸提高供电可靠性：①此双电源系统上装设重合闸装置需要考虑哪些特殊问题。②为其选出合理的重合闸方式。③分析模拟式自动重合闸装置的工作原理。④试分析微机型综合重合闸的基本工作原理。⑤完成对重合闸的运行维护。

🔧 【任务准备】

查阅继电保护和自动装置的运行规程中关于自动重合闸的部分。

了解对于自动重合闸装置的基本要求有哪些？单电源自动重合闸装置的工作原理及如何满足对它的基本要求？双电源系统自动重合闸有哪些类型，各有哪些特点？自动重合闸与继电保护配合方式有哪些，各有什么特点，适用于什么系统？综合重合闸的基本工作方式有哪些？

📖 【相关知识】

一、自动重合闸的作用及对自动重合闸的基本要求

（一）自动重合闸的作用

运行经验表明，电力系统中，输电线路特别是架空线路发生故障的概率最大。因此，需要提高其供电可靠性。输电线路的故障按其性质可分为瞬时性故障和永久性故障。瞬时性故障主要有大风时的短时碰线、通过鸟类的身体放电、树枝落到导线上、雷电引发的绝缘子表面闪络引起短路等。发生此类故障时，继电保护动作将电源断开，故障点的电弧自行熄灭，绝缘强度重新恢复，故障自行消除。若将断路器重新合上，就能恢复正常运行。永久性故障包括倒杆、断线、绝缘子击穿或损坏而引发的故障，线路断开后，故障仍然存在，若将断路器重新合上，继电保护也会动作将其再次断开。

输电线路的故障中瞬时性故障占总故障次数的 80％～90％。如果在断路器被断开后，将断路器重新合上，就可以在很大程度上减少停电时间，提高供电可靠性。自动重合闸装置就是一种断路器跳闸后能将断路器重新合上的自动装置。

在线路上装设自动重合闸装置后，根据运行经验数据，重合成功率（重合闸成功的次数与重合闸的重合次数的比值）为 60％～90％。

1. 自动重合闸装置对系统作用的主要体现

（1）提高输电线路供电可靠性，减少因瞬时性故障停电造成的损失。

（2）对于双端供电的高压输电线路，可提高系统并列运行的稳定性，从而提高线路的输送容量。

（3）可以纠正由于断路器本身机构不良，或继电保护误动作而引起的误跳闸。

2. 重合于永久性故障对系统的不利影响

（1）使电力系统又一次受到故障的冲击。

（2）由于断路器在很短的时间内，连续切断两次短路电流，而使其工作条件变得更加恶劣。

通过上述优缺点的对比分析，可以看到针对瞬时性故障、断路器的偷跳及误跳闸，重合

闸装置有着对系统有很大的用处，但是针对永久性故障，重合闸装置对系统有不利的影响。由于架空线路中瞬时性故障的发生概率较大，综合其利弊，自动重合闸在架空线路上获得了广泛的应用。

（二）装设重合闸的规定

（1）3kV及以上的架空线路及电缆与架空混合线路，在具有断路器的条件下，如用电设备允许且无备用电源自动投入时，应装设自动重合闸装置。

（2）旁路断路器与兼作旁路的母线联络断路器，应装设自动重合闸装置。

（3）必要时母线故障可采用母线自动重合闸装置。

（三）对自动重合闸装置的基本要求

（1）重合闸不应动作的情况。

1）手动跳闸时不应重合。

原因：手动通过控制开关或遥控装置使断路器跳闸属于正常运行操作，自动重合闸装置不应动作。

2）手动合闸于故障线路时不重合。

原因：手动合闸于故障线路，这种故障属于永久性故障，可能是检修质量不合格，隐患为消除或接地线未拆除等原因所产生，再重合也不会成功。除此，当断路器由继电保护动作或其他原因而跳闸后，自动重合闸装置均应动作。

（2）自动重合闸动作后应能自动复归。

原因：自动复归可以保证下次动作，在雷击机会较多的线路非常必要。

（3）自动重合闸装置动作次数应符合预先的规定。

原因：多次将断路器重合在故障线路，会使系统遭到多次冲击，可能会损坏断路器。所以一次重合闸只动作一次，重合于永久性故障再次跳闸后就不应再重合；两次重合闸只动作两次，第二次重合于永久性故障跳闸不再重合；任何情况下（包括元件损坏、继电器触点粘住或拒动）重合闸都不应将断路器多次重合到永久性故障上。

（4）自动重合闸装置应有可能在重合闸以前或重合闸以后加速继电保护的动作，以便加速故障的切除。

原因：重合闸与继电保护配合加速故障切除，可以减小重合于永久性故障对系统的影响。具体配合方式见"四、重合闸与继电保护的配合"。

（5）在双侧电源的线路上实现重合闸时，重合闸应考虑两侧电源的同期问题。

原因：在双电源线路上实现重合闸，后合闸一侧不考虑同期问题有可能会导致系统失去同步，严重的会导致系统的解列瓦解。

（6）自动重合闸装置应能自动闭锁。

原因：当断路器处于不正常状态时不允许重合闸，重合闸应该能够自动闭锁。

（四）自动重合闸装置的分类

（1）按组成元件的动作原理可以分为机械式和电气式。

（2）按作用于断路器的方式可以分为三相重合闸、单相重合闸、综合重合闸。

（3）按动作次数可以分为一次重合闸、二次重合闸、多次重合闸。

（4）按运用的线路结构可以分为单侧电源重合闸、双侧电源重合闸（快速重合闸、非同期重合闸、检定无压和检定同期的重合闸）。

二、单侧电源线路的三相一次重合闸装置

1. 三相一次重合闸装置

单侧电源线路由一侧电源供电，重合闸装置装在靠近电源侧。三相一次重合闸是指在输电线路上发生任何故障，继电保护装置将三相断路器断开时，自动重合闸启动，发出重合脉冲，将三相断路器一起合上。若为瞬时性故障，则重合成功，线路继续运行；若为永久性故障，则继电保护再次动作将三相断路器断开，不再重合。

2. 电气式三相一次自动重合闸的构成和工作原理

（1）电气式三相一次自动重合闸由启动回路、时间元件、一次合闸脉冲元件、执行元件构成。

启动回路：按控制开关与断路器位置不对应原理启动。断路器因任何意外原因跳闸时，都能进行自动重合，即使误碰引起的跳闸也能自动重合。

时间元件：保证断路器断开后，故障点有足够的去游离时间和断路器操作机构复归所需要的时间。

一次合闸脉冲元件：保证断路器只合一次。

执行元件：将重合闸动作信号送至合闸回路和信号回路，使断路器合闸并发出重合闸动作信号。

（2）电气式三相一次自动重合闸工作原理。电气式三相一次自动重合闸接线如图 2-61 所示。SA 触点通断状况见表 2-27。

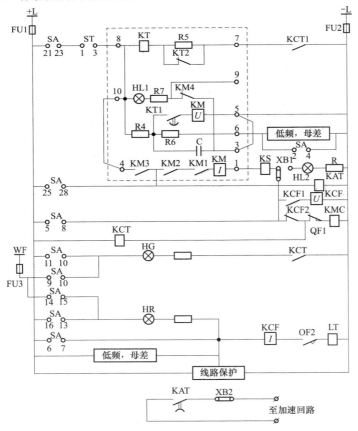

图 2-61　电气式三相一次自动重合闸接线图

1）图 2-61 中各符号含义如下：

KCT——断路器跳闸位置继电器，断路器处在跳闸位置时，KCT 通过断路器辅助动断触点 QF1 动作。

KCF——防跳继电器，防止 KM 触点粘住引起断路器多次重合于永久性故障。

KAT——加速继电器，瞬时动作，延时返回。

SA——手动操作的控制开关。

ST——用来投退重合闸装置。

表 2-27　　　　SA 触点通断状况

操作状态		手动合闸	合闸后	手动跳闸	跳闸后
SA 触点号	2-4	—	—	—	×
	5-8	×	—	—	—
	6-7	—	—	×	—
	21-23	×	×	—	—
	25-28	×	—	—	—

注　"×"表示通，"—"表示断。

2）电气式三相一次自动重合闸动作行为分析如下：正常运行情况下，断路器处于合闸状态，断路器辅助动断触点 QF1 断开→KCT 线圈失电→KCT1 触点打开。而 SA 处在合后位置，其触点 SA21-23 接通，ST 投入（1-3 接通），重合闸继电器的电容 C 经 R4 充满电，电容器 C 两端电压等于电源电压，此电压可使中间继电器 KM 启动，指示灯 HL 亮。

线路发生故障时，断路器跳闸，QF1 闭合→KCT 得电→KCT1 闭合→启动 KT→KT 经过整定好的延时→KT1 闭合→电容器 C 放电→KM 启动→闭合其动合触点 KM1、KM2、KM3→KMC 励磁，断路器重新合上，同时 KS 励磁，发出重合闸动作信号。

注意：KT2 动断触点的作用是，时间继电器 KT 线圈励磁后瞬时断开，将 R5 接入 KT 线圈回路，保证它的热稳定性。

若为瞬时性故障，断路器合闸后，KM 因电流自保持线圈失去电流而返回。同时，KCT 失电→KCT1 断开→KT 失电，触点 KT1 断开→电容器 C 经 R4 重新充满电，又使电容 C 两端建立电压。整个回路复归，准备再次动作。

若为永久性故障，断路器合闸后，继电保护动作再次将断路器断开→QF1 闭合→KCT 得电→KCT1 闭合，KT 启动→KT1 经过整定的延时闭合→电容器由于充电时间短，两端电压达不到 KM 的动作电压，KM 不动作。电容器 C 也不会继续充电，因为在 KM 电压线圈的电阻（一般几千欧）比 R4（一般几兆欧）要小的多，根据串联电路的分压定理，KM 电压线圈上的电压远小于动作电压，保证了自动重合闸只重合一次。

以上即为三相一次自动重合闸的基本动作行为，通过分析，可实现三相一次重合闸。

3）下面对照前面对自动重合闸的基本要求来分析此装置能否满足要求：

用控制开关 SA 手动跳闸时，SA 发出预跳命令→其触点 SA2-4 接通→将 C 上的电荷经 R6（一般几百欧）很快放掉。SA 发出跳闸命令→其触点 SA6-7 接通→断路器跳闸→KCT 闭合→KT 启动，经过 0.5～1s 的延时→KT1 闭合。这时，储能电容器 C 两端早已没有电压，KM 不能启动→重合闸不能重合。

手动合闸于故障线路时，SA 手动合闸时，触点 21-23 接通，2-4 断开，电容 C 开始充电，同时 SA5-8 触点闭合，接通合闸回路，QF 合闸。SA25-28 触点闭合，启动加速继电器 KAT。当合于故障线路时，保护动作，经 KAT 的动合触点使 QF 加速跳闸。C 尚未充满电，不能使 KM 启动，所以断路器不能自动重合。

重合闸闭锁回路，有些情况下，断路器跳闸后不允许自动重合。例如，按频率自动减负荷装置动作使断路器跳闸时，重合闸装置不应动作。在这种情况下，应将自动重合闸装置闭锁。为此，可将自动按频率减负荷装置的出口辅助触点与 SA 的 2-4 触点并联。当自动按频率减负荷装置动作时，相应的辅助触点闭合，接通电容器 C 对 R6 的放电回路，从而保证了重合闸装置在这些情况不会动作，达到闭锁重合闸的目的。

如果线路发生永久性故障，并且第一次重合时出现了 KM3、KM2、KM1 触点粘住而不能返回时，当继电保护第二次动作使断路器跳闸后，由于断路器辅助触点 QF1 又闭合，若无防跳继电器，则被粘住的 KM 触点会立即启动合闸接触器 KMC，使断路器第二次重合，因为是永久性故障，保护再次动作跳闸。这样，断路器跳闸、合闸不断反复，形成"跳跃"现象，这是不允许的。为防止断路器多次重合于永久性故障，装设了防跳继电器 KCF。KCF 在其电流线圈通电流时动作，电压线圈有电压时保持。当断路器第一次跳闸时，虽然串在跳闸线圈回路中的 KCF 电流线圈使 KCF 动作，但因 KCF 电压线圈没有自保持电压，当断路器跳闸后，KCF 自动返回。当断路器第二次跳闸时，KCF 又动作，如果这时 KM 触点粘住而不能返回，则 KCF 电压线圈得到自保持电压，因而处于自保持状态，其动断触点 KCF2 一直断开，切断了 KMC 的合闸回路，防止了断路器第二次合闸。同时 KM 动合触点粘住后，KM 的动断触点 KM4 断开、信号灯 HL1 熄灭，给出重合闸故障信号，以便运行人员及时处理。

当手动合闸于故障线路时，如果 SA（5-8）粘牢，在保护动作使断路器跳闸后，KCF 电流线圈启动，并经 SA（5-8）、KCF1 接通 KCF 电压自保持回路，使 SA（5-8）断开之前 KCF 不返回，因此防跳继电器 KCF 同样能防止因合闸脉冲过长而引起的断路器多次重合。

通过以上分析，上例中的电气式三相一次重合闸装置能够满足对自动重合闸装置的基本要求。

（3）参数整定。为保证自动重合闸装置功能的实现，应正确整定其参数。

1）重合闸动作时限值的整定。对图 2-61 所示 ARC（自动重合闸）装置，重合闸动作时限是指时间继电器 KT 的整定时限。在整定该时限时必须考虑如下两个方面：

（a）必须考虑故障点有足够的断电时间，以使故障点绝缘强度恢复，否则即使在瞬时性故障下，重合也不能成功。在考虑绝缘强度恢复时还必须计及负荷电动机向故障点反馈电流时使得绝缘强度恢复变慢的因素，再者，对于单电源环状网络和平行线路来说，由于线路两侧继电保护可能以不同时限切除故障，因而断电时间应从后跳闸的一侧断路器断开时算起，所以在整定本侧重合闸时限时，应考虑本侧保护以最小动作时限跳闸，对侧以最大动作时限跳闸后有足够的断电时间来整定。

（b）必须考虑当重合闸动作时，继电保护装置一定要返回，同时断路器的操动机构等已恢复到正常状态，才允许合闸的时间。

运行经验表明，单电源线路的三相重合闸动作时限取 0.8～1s 较为合适。

2）重合闸复归时间的整定。重合闸复归时就是电容器 C 上两端电压从零值充电到使中间继电器 KM 动作电压的时间。整定复归时间，首先要保证重合到永久性故障，由最长时间段的保护装置切除故障时，断路器不会再次重合。另外，为保证断路器切断能力的恢复，当重合成功后，复归时间应不小于断路器恢复至再次动作的间隔时间。一般间隔时间取10～15s。

所以，一般取复归时间取 15～25s，可以满足上述两方面的要求。

三、双侧电源线路的三相一次自动重合闸

1. 双侧电源线路三相一次自动重合闸特点

（1）当双侧电源线路发生故障时，两侧的保护装置可能以不同的时限动作于跳闸，为了

保证故障点电弧的熄灭和绝缘强度的恢复，线路两侧的重合闸必须保证在两侧的断路器都跳闸以后，再进行重合。

（2）当线路上发生故障，两侧断路器跳闸以后，线路两侧电源电动势出现相位差，有可能失去同步。后合闸的断路器在进行重合时，应考虑两侧电源是否同步，以及是否允许非同步合闸的问题。

因此，在双侧电源线路上，应根据电网的接线方式和具体的运行情况，采取不同的重合闸方式。

双侧电源的重合闸方式可以归纳为两大类，一类是检定同期重合闸，另一类是不检定同期重合闸。前者有检定无压和检定同期的三相一次重合闸及检查平行线路有电流的重合闸等；后者有非同期重合闸、快速重合闸、解列重合闸及自同期重合闸等。

2. 双电源线路上重合闸的选择方式

（1）对于联系紧密的发电厂或电力系统之间，同时断开所有联系的可能性基本不存在，所以采用不检查同期的自动重合闸。

（2）对于联系较弱的系统：

1）采用非同期重合闸最大冲击电流超过系统所能承受的运行值时，采用检定无压和检定同期的自动重合闸。

2）如果采用非同期重合闸，最大的冲击电流不超过系统所能承受的允许值，但采用非同期重合闸对系统安全性有影响时，可在正常运行时采用非同期重合闸，在其他联络线断开，只有一回线运行时，将重合闸停用。

3）在没有旁路的双回线路上，不能采用非同期重合闸时，可采用检定另一回线有电流的重合闸。

4）在双侧电源的单回线路：①不能采用非同期重合闸时，可采用解列重合闸。②水电厂在条件许可时，可采用自同期重合闸。

（3）满足下列条件，且有必要时采用非同期重合闸：

1）采用非同期重合闸时，流过发电机、同步调相机或电力变压器的最大冲击电流不超过规定值。

2）在非同期重合闸后产生的振荡过程中，对重要负荷影响较小，或者可采取措施减小其影响。

（4）220kV线路满足上述采用三相重合闸要求时，可采用三相重合闸，否则采用综合重合闸。330～500kV线路一般装设综合重合闸。

本任务中重点介绍需要检定无压和检定同期的自动重合闸。

3. 具有同期检定和无压检定的重合闸

（1）装置构成：具有同期检定和无压检定的重合闸接线如图2-62所示，在线路两侧各装有一套重合闸装置及检定无压的低电压继电器KV和检定线路两侧是否同期的同期继电器KY，两个继电器经连接片接入重合闸的启动回路中。其中，一侧无压继电器和同步继电器都接入重合闸，另一侧只接入检定同期的继电器，检定无压的继电器通过压板断开。

（2）工作原理：线路正常运行，两侧断路器闭合，重合闸不动作。

线路发生瞬时性故障，继电保护动作将两侧断路器跳闸，线路无电压，两侧检定同期继电器不动作。M侧低电压继电器检定线路无电压动作，触点闭合，启动重合闸。重合闸动作，将 M 侧断路器闭合。M 侧断路器闭合后，N 侧同期继电器检测母线和线路两侧满足同期条件后动作，触点闭合，启动重合闸，将 N 侧断路器闭合。线路恢复正常运行。

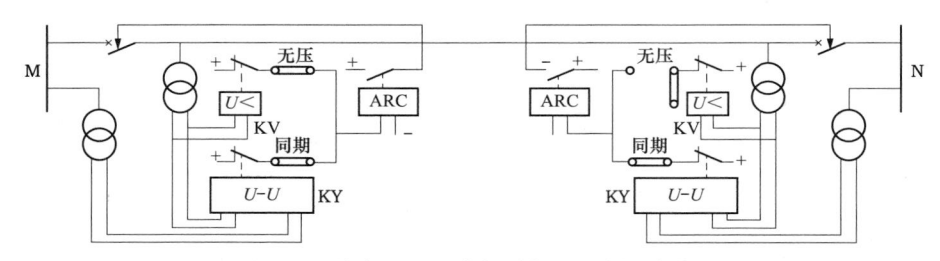

图 2-62　检定无压和检定同期的重合闸接线图

M 侧—无压侧；N 侧—同期侧

线路发生永久性故障，M 侧断路器闭合后，由于线路故障并未消除，继电保护动作，断路器再次跳闸。N 侧同期检定继电器不动作，该侧重合闸不启动。

1）两侧都装检定无压和检定同期继电器。

在检定线路无电压一侧的断路器，如重合不成功，就要连续两次切断短路电流，因此，该断路器的工作条件就要比同期检定一侧断路器的工作条件恶劣。为解决这个问题，通常在每一侧都装设无电压检定和同期检定的继电器，利用压板进行切换，使两侧断路器轮换使用每种检定方式的重合闸，因而使两侧断路器工作的条件接近相同。

2）两侧都投入检定同期继电器，只有一侧投入检无压继电器。

原因：在使用检查线路无电压方式的重合闸的 M 侧，当其断路器在正常运行情况下因某种原因而跳闸时，由于对侧并未动作，因此，线路上有电压，不能实现重合。这是一个很大的缺陷，为解决这个问题，通常都是在检定无电压的一侧也同时投入同期检定继电器，两者的触点并联工作。此时如遇有上述情况，则同期检定继电器就能够起作用，当符合同期条件时，即可将误跳闸的断路器重新投入。但是在检定同期的另一侧，其无压检定是绝对不能同时投入的。

因此，此重合闸的配置方式是，一侧投入无压检定和同期检定，二者并联工作；而另一侧只投入同期检定。两侧的投入方式可以利用其中的切换片定期轮换。

（3）启动回路的工作情况。检定无压和检定同期的三相自动重合闸装置的接线与图 2-61 相比较只是启动回路不同。检定同期和检定无压的三相自动重合闸启动回路如图 2-63 所示。在无压侧，无压压板 XB 接通。线路故障时两侧断路器跳开后，因线路无电压，低电压继电器 KV1 触点闭合，KV2 触点打开，跳闸位置继电器 KCT 动作，其触点 KCT1 闭合，这样，由 KV1→XB→KCT1 触点构成的检查无压启动回路接通，ARC 动作，M 侧断路器重新合闸。如果 M 侧断路器误跳闸，则线路侧有电压，KV1 触点打开，KV2 触点闭合，KCT 动作，KCT1 闭合，同步继电器 KY 检定同期条件后，重合该侧断路器。

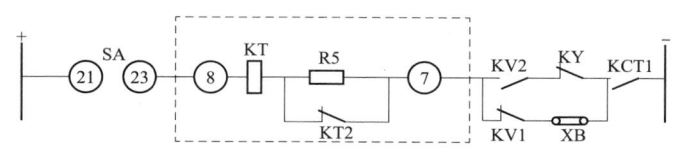

图 2-63　检定无压和检定同期的重合闸启动回路

在同步侧无压连接片 XB 断开，切断了检定线路无电压重合的启动回路。只有在断路器跳闸，线路侧有电压，即 KCT1 触点闭合，KV2 触点闭合的情况下，且满足同期条件时，该侧 ARC 才动作将断路器重新合上，恢复同步运行。

（4）同步检定继电器和无压检定继电器的工作原理。

无电压检定继电器就是一般的低电压继电器，其整定值的选择应保证只当对侧断路器确实跳闸之后，才允许重合闸动作。根据经验，通常都是整定为 0.5 倍额定电压。

电磁型同期检定继电器 KY 由铁芯、两个电压线圈、反作用弹簧及触点等构成。两个电压线圈，分别从母线侧和线路侧的电压互感器上接入同名相的电压 $\dot{U}_M$ 和 $\dot{U}_L$，两组线圈在铁芯中所产生的磁通方向是相反的，铁芯中的总磁通 $\Sigma\Phi$ 反应于两个电压所产生的磁通之差，即反应于两个电压之差，如图 2-64（a）中的 ΔU，而 ΔU 的数值则与两侧电压 U_M 和 U_L 之间的电压差、相位差和频率差有关。

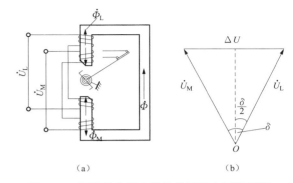

图 2-64　同期检定继电器结构图及电压相量图
（a）结构图；（b）电压相量图

当 $U_M = U_L$ 时，

$$\Delta U = 2U_M \sin\frac{\delta}{2} \qquad (2\text{-}49)$$

通过分析，ΔU 的大小与断路器两侧电压的幅值和相位差 δ 有关，如 $\delta = 0°$ 时，$\Delta U = 0$，$\Sigma\Phi = 0$，δ 增加，$\Sigma\Phi$ 也增大，则作用于活动舌片上的电磁力矩增大。当 δ 大到一定数值后，电磁吸力吸动舌片，即把继电器的动断触点打开，将重合闸闭锁，使之不能动作。当 $U_M = U_L$ 时，δ 小于整定值，同期检定继电器 KY 动断触点闭合，启动重合闸继电器，重合闸继电器经 0.5～1s 后，发出合闸脉冲。

4. 三相快速自动重合闸

三相快速自动重合闸就是当输电线路上发生故障时，继电保护很快使线路两侧断路器跳开，并随即进行重合。因此，采用三相快速自动重合必须具备以下条件：

1）线路两侧都装有能瞬时切除全线故障的继电保护装置，如纵联保护等。

2）线路两侧必须具有快速动作的断路器，如空气断路器等。

若具备上述两条件就可以保证从线路短路开始到重新合闸的整个时间间隔在 0.5～0.6s 以内，在这样短的时间内，两侧电源电动势之间相位差不大，系统不会失去同步，即使两侧电源电动势间相位差较大，因重合周期短，断路器重合后也会很快被拉入同步。显然，三相快速重合闸方式具有快速的特点，所以在 220kV 以上的线路应用比较多。它是提高系统并列运行稳定性和供电可靠性的有效措施。

由于三相快速重合闸方式不检定同期，所以在应用这种重合闸方式时须校验线路两侧断路器重新合闸瞬间所产生的冲击电流，要求通过电气设备的冲击电流周期分量不超过规定的允许值。

5. 三相非同期自动重合闸

三相非同期自动重合闸就是指当输电线路发生故障时，两侧断路器跳闸后，不管两侧电源是否同步就进行自动重合。非同期重合时合闸瞬间电气设备可能要承受较大的冲击电流，系统可能发生振荡。所以，只有当线路上不具备采用快速重合闸的条件，且符合下列条件并认为有必要时，可采用非同期重合闸。

（1）非同期重合闸时，流过发电机、同步调相机或电力变压器的冲击电流未超过规定的允许值；冲击电流的允许值与三相快速自动重合闸的规定值相同，不过在计算冲击电流时，两侧电动势间夹角取 180°；当冲击电流超过允许值时，不应使用三相非同期重合闸。

（2）非同期重合闸所产生的振荡过程中，对重要负荷的影响应较小。因为在振荡过程中，系统各点电压发生波动，从而产生甩负荷的现象，所以必须采取相应的措施减小其影响。

（3）重合后，电力系统可以迅速恢复同步运行。

此外，非同期重合闸可能引起继电保护误动，如系统振荡可能引起电流、电压保护和距离保护误动作；在非同期重合闸过程中，由于断路器三相触头不同时闭合，可能短时出现零序分量从而引起零序Ⅰ段保护误动。为此，在采用非同期重合闸方式时，应根据具体情况采取措施，防止继电保护误动作。

四、重合闸与继电保护的配合

在电力系统中，自动重合闸与继电保护关系密切。如果使自动重合闸与继电保护很好的配合工作，可以加速切除故障，提高供电的可靠性。自动重合闸与继电保护的配合方式有自动重合闸前加速保护和自动重合闸后加速保护两种。

1. 自动重合闸前加速保护

自动重合闸前加速保护（简称前加速）一般用于具有几段串联的辐射形线路中，自动重合闸装置只装在靠近电源的一段线路上。当线路上发生故障时，靠近电源侧的保护首先无选择性的瞬时动作跳闸，而后借助自动重合闸来纠正这种非选择性动作。自动重合闸前加速保护原理说明如图 2-65 所示。

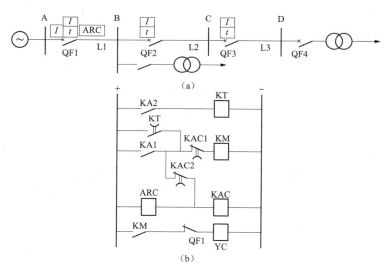

如图 2-65 所示的单电源供电的辐射形网络中，线路 L1、L2、L3 上各装有一套定时限过电流保护，其动作时限按阶梯型原则整定。这样，线路 L1 靠近电源侧的断路器处另装有一套能保护到线路 L3 的无选择性电流速断保护和三相自动重合闸。为了使电流速断保护的动作范围不至于扩展的太长，一般规定，当变压器低压侧短路时，速断保护装置的动作电流按照躲开变压器低压侧短路进行整定。

图 2-65　自动重合闸前加速保护
(a) 原理说明图；(b) 原理接线图

线路 L1、L2、L3 上任意一点发生故障时，电流速断保护因不带延时，故总是首先动作瞬时跳开电源侧断路器，然后启动重合闸装置，将该断路器重新合上，并同时将无选择性的电流速断保护闭锁。若故障是瞬时性的，则重合成功，恢复正常供电，若故障是永久性的，则依靠各段线路定时限过电流保护有选择性地切除故障。可见，重合闸前加速既能加速切除瞬时故障，又能在重合闸动作后，有选择性地切除永久故障。

当线路发生故障时，加速继电器 KAC 未动作，KA1 动作，其动合触点闭合，经加速继电器 KAC 的动断触点 KAC1 启动保护出口中间继电器 KM，电源侧断路器瞬时跳闸。重合闸动作，启动加速继电器 KAC，KAC 的动断触点 KCP1 瞬时打开，动合触点瞬时闭合。对于瞬时性故障，重合成功，ARC 复归，KAC 失电，动合、动断触点延时返回。对于永久性故障，KA1 触点再次闭合，通过 KAC2 使 KAC 自保持，必须等 KA2 经 KT 延时才能跳闸，保证重合闸动作后保护有选择性动作。

采用重合闸前加速的优点是能快速切除瞬时故障，而且设备少，只需一套重合闸装置，接线简单，易于实现。其缺点是：切除永久性故障时间长；装有重合闸装置的断路器动作次数较多，且一旦此断路器或重合闸装置拒动，则使停电范围大。因此，重合闸前加速主要适用于 35kV 以下的发电厂和变电站引出的直配线上，以便能快速切除故障。

2. 自动重合闸后加速保护

自动重合闸后加速保护一般简称后加速。采用后加速时，必须在线路各段上都装设有选择性的保护和自动重合闸装置，如图 2-66 所示，但不设专用的电流速断保护。当任一线路上发生故障时，首先由故障线路的选择性保护动作将故障切除，然后由故障线路的自动重合闸装置进行重合。如果是瞬时故障，则重合成功，线路恢复正常供电；如果是永久性故障，则故障线路的加速保护装置不带延时地将故障再次切除。这样，就在重合闸动作后加速了保护动作，使永久性故障尽快地切除。

实现重合闸后加速的方法是，将加速继电器 KAC 的动合触点与过电流保护的电流继电器 KA 的动合触点串联，如图 2-66 所示。

当线路发生故障时，KA 动作，加速继电器 KAC 未动，其动合触点打开。只有当按选择性原则动作的延时触点 KT 闭合后，才启动出口中间继电器 KM，跳开断路器，随后自动重合闸动作，重新合上断路器，同时也启动加速继电器 KAC，KAC 动作

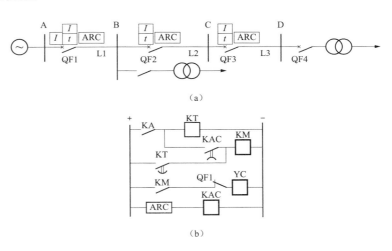

图 2-66　自动重合闸后加速保护
(a) 原理说明图；(b) 原理接线图

后，其动合触点 KAC 瞬时闭合。这时若重合于永久性故障上，则 KA 再次动作，KA 动合触点经闭合的 KAC 瞬时启动 KM，使断路器再次跳闸。这样实现了重合后加速保护动作的目的。

采用重合闸后加速的优点是第一次保护装置动作跳闸是有选择性的，不会扩大停电范围。特别是在重要的高压电网中，一般不允许保护无选择地动作，故应用这种重合闸后加速方式较合适；其次，这种方式使再次断开永久性故障的时间加快，有利于系统并联运行的稳定性。其缺点是第一次切除故障带延时，因而影响了重合闸的动作效果，另外，每段线路均需装设一套重合闸，设备投资大。

自动重合闸后加速保护广泛用于 35kV 以上的电网中，应用范围不受电网结构的限制。

五、综合重合闸

1. 综合重合闸的重合闸方式

在 220kV 及以上电压等级的大电流接地系统中，由于架空线路的线间距离大，发生相

间故障的机会减少，而单相接地故障的机会较多。如果发生单相接地故障时，只断开故障相，然后进行重合，让未发生故障的两相继续运行，不仅可以大大提高供电的可靠性和系统并列运行的稳定性，而且还可以减少相间故障的发生。如果线路上发生相间故障时，跳开三相断路器，根据系统情况决定进行三相重合或不再重合。将这两种方式综合设计构成的自动重合闸称为综合重合闸。

综合重合闸利用切换开关的切换，一般可以实现以下四种重合闸方式：

（1）单相重合闸方式。线路上发生单相故障时，只跳故障相，然后进行单相重合；当重合到永久性单相故障，系统又不允许长期非全相运行时，保护再次动作，跳开三相并不再进行重合。当线路发生相间故障时，保护动作跳开三相后不进行自动重合。

（2）三相重合闸方式。线路上发生任何形式故障时，均实行三相自动重合闸；当重合到永久性故障时，断开三相并不再进行重合。

（3）综合重合闸方式。线路上发生单相接地故障时，只跳开故障相，实行单相自动重合闸，当重合到永久性单相故障时。若不允许长期非全相运行，则应断开三相不再进行自动重合。当线路上发生相间短路故障时，跳开三相断路器，实行三相自动重合闸；当重合到永久性相间故障时，断开三相不再进行自动重合。

（4）停用方式。线路上发生任何形式故障时，保护动作均跳开三相不进行重合。此方式也叫直跳方式。

2. 对综合重合闸的基本要求

综合重合闸除应满足三相重合闸的基本要求外，还应满足如下要求：

（1）综合重合闸除了采用断路器与控制开关位置不对应启动方式外，考虑到在单相重合闸过程中需要进行一些保护的闭锁，逻辑回路中需要对故障相实现选相固定等，还应采用一个由保护启动的重合闸启动回路。因此，在综合重合闸的启动回路中，有两种启动方式。其中以不对应启动方式为主，保护启动方式为补充。

（2）综合重合闸与继电保护的配合。在设置综合重合闸的线路上，保护动作后一般要经过综合重合闸才能使断路器跳闸，考虑到非全相运行时，某些保护可能误动，须采取措施进行闭锁，因此，为满足综合重合闸与各种保护之间的配合，一般设有五个保护接入端子，即 M、N、P、Q、R 端子。

1）M 端子——接本线路非全相运行时会误动而相邻线路非全相运行时不会误动的保护。

2）N 端子——接本线路和相邻线路非全相运行时不会误动的保护。

3）P 端子——接相邻线路非全相运行时会误动的保护。

4）Q 端子——接任何故障都必须切除三相并允许进行三相重合的保护。

5）R 端子——接入的保护是只要求直跳三相断路器，而不再进行重合闸的保护。

（3）单相接地时只跳故障相断路器，然后进行单相重合，如重合不成功则跳开三相不再重合。相间故障时跳开三相断路器，并进行三相重合。如重合不成功，仍跳三相，并不再重合。

（4）当选相元件拒动时，应能跳开三相断路器，并进行三相重合。如重合不成功，仍跳三相，并不再重合。

（5）任两相的分相跳闸继电器动作后，应联跳第三相，使三相断路器均跳闸。

（6）当单相接地故障，故障相跳开后重合闸拒绝动作时，则系统处于长期非全相运行状态，若系统不允许长期非全相运行，应能自动跳开其余两相。

（7）无论单相或三相重合闸，在重合不成功后，应能实现加速切除三相断路器，即实现重合闸后加速。

（8）在非全相运行过程中，如又发生另一相或两相的故障，保护应能有选择的切除故障。

3. 综合重合闸的特殊问题

综合重合闸与一般的三相重合闸相比多了一个单相重合闸的性能。因此，综合重合闸需要考虑的特殊问题是由单相重合闸引起的，主要有四个方面的问题。

（1）需要接地故障判别元件。接地故障判别元件：综合重合闸方式要求在单相接地故障时进行单相重合闸，相间故障时进行三相重合闸。因此，当输电线路上发生故障时，需要判断是单相接地故障还是相间故障，以确定是单相跳闸还是三相跳闸，即判断故障类型。目前我国 220kV 系统中广泛采用零序分量作为接地故障判别依据，线路发生相间短路时，没有零序分量，接地故障判别元件不动作，继电保护直接动作于三相断路器。当线路发生接地短路时，出现零序分量，选相元件选出故障相，并判断是单相接地还是两相接地。单相接地时，继电保护经选相元件跳故障相断路器；两相接地时，继电保护通过选相元件构成的三取二回路启动，可靠地跳开三相断路器。

（2）故障选相元件。单相接地时，应能确定是哪一相故障，即选择故障相。故障选相元件是实现单相自动重合闸的重要元件，其任务是当线路发生接地短路时选出故障相。常用的故障选相元件有相电流选相元件、相电压选相元件、阻抗选相元件和相电流差突变量选相元件等。

（3）潜供电流的影响。当线路发生单相接地短路时，故障相自两侧断开后，由于非故障相与断开相之间存在着静电（通过相间耦合电容）和电磁（通过相间互感）的联系，这时短路电流虽然已被切除，但在故障点的弧光通道中，仍然有一定的电流流过，这些电流的总和称为潜供电流。

受潜供电流的影响，短路时弧光通道中的去游离受到严重阻碍，电弧不能很快熄灭，而自动重合闸只有在故障点的电弧熄灭、绝缘强度恢复后，才有可能成功。因此，单相重合闸的时间必须考虑潜供电流的影响。

潜供电流的大小与线路的参数有关，线路电压越高、线路越长、负荷电流越大，潜供电流就越大，对单相重合闸的影响也越大。通常在 220kV 及以上的线路，单相重合闸时间要选择 0.6s 以上。

（4）应考虑非全相运行对继电保护的影响。

1）非全相运行状态对继电保护的影响：采用综合重合闸后，要求在单相接地短路时跳开故障相的断路器，这样在重合闸周期内出现了只有两相运行的非全相运行状态，使线路处于不对称运行状态，从而在线路中出现负序分量和零序分量的电流和电压，这就可能引起本线路保护以及系统中的其他保护误动作。对于可能误动的保护，应在单相重合闸动作时予以闭锁，或使保护的动作值躲开非全相运行，或使其动作时限大于单相重合闸周期。

2）若单相重合闸不成功，根据系统运行的需要，线路需转入长期非全相运行时，则应考虑下列问题：①长期出现负序电流对发电机的影响。②长期出现负序和零序电流对电网继电保护的影响。③长期出现零序电流对通信线路的干扰。

六、微机型自动重合闸

微机型自动重合闸多数含在微机线路保护中，下面以 CSC-103B 型线路保护装置中综合重合闸为例学习。

1. 重合闸方式

综合重合闸功能，该功能只负责合闸，不担当保护跳闸选项。装置利用背面端子接切换开关可以实现四种重合闸方式切换（硬压板）或软压板方式切换，软压板方式切换时，四种方式任一种投入，其他方式自动退出，同时投入两种以上方式，则报"重合闸压板异常"。若四种方式均退出，则自动投入重合闸停用方式。

单相重合闸方式：单相故障单跳单合，多相故障进行三跳不重合。

三相重合闸方式：任何故障三跳三合。

综合重合闸方式：单相故障单跳单合，相间故障进行三跳三合。

停用方式：重合闸退出，任何故障三跳不重合，重合闸长期不用时，应设置于该方式。

2. 重合闸检定方式

装置可以实现在断路器三相跳开时的三种重合闸检定方式：

（1）检同期：线路侧电压和母线侧电压均有电压，且满足同期条件进行同期重合。

（2）检无压：检线路侧无电压重合，若两侧均有电压，则自动转为检同期重合。

（3）非同期：无论线路侧和母线侧电压如何，都重合。

说明：（1）检"无压"为检定电压低于额定电压的 30%，检"有压"门槛是额定电压的 70%，检同期角度可以整定。

（2）检同期或检无压的相别不用整定，采用装置软件自动识别的方式，即如果装置重合闸方式选为三相重合闸方式或综合重合闸方式，检定方式设为同期或检无压方式，装置自动根据两侧接入电压的情况判别检定相别。若不能找到两侧满足同期条件的相别，在开关合闸状态下，告警"检同期电压异常"，同期电压按 A 相处理。

（3）三种重合闸检定方式只能投一种，若三种重合闸检定方式均未投则面板显示"重合闸方式：非同期"。

（4）对于单相重合闸不受上面三条件限制。

3. 重合闸的充放电

软件设置一个时间计时元件，实现充放电功能，避免多次重合闸。充电计时元件充满电的时间为 15s，重合闸的重合功能必须在充满电后才允许重合，同时点亮面板上的充电灯；未充满电时不允许重合，熄灭面板上的充电灯。

（1）在如下条件满足时，充电计数器开始计数，模仿重合闸的充电功能：

1）断路器在"合闸"位置，即接入保护装置的跳闸位置继电器 TWJ 不动作。

2）重合闸不在"重合闸停用"位置。

3）重合闸启动回路不动作。

4）没有低气压闭锁重合闸和闭锁重合闸开入。

（2）如下条件下，充电计数器清零，模仿重合闸放电的功能：

1）重合闸方式在"重合闸停用"位置。

2）重合闸在"单重"方式时保护动作三跳，或断路器断开三相。

3）收到外部闭锁重合闸信号（如手跳、永跳、遥控闭锁重合闸等）。

4）重合闸出口命令发出的同时"放电"。

5）重合闸"充电"未满时，跳闸位置继电器 TWJ 动作或有保护启动重合闸信号开入。

6）重合闸启动前，收到低气压闭锁重合闸信号，经 400ms 延时后放电。

7）重合闸启动过程中，跳开相有电流，又由三跳启动重合闸。

4. 重合闸的启动

装置设有两个启动重合闸的回路：保护启动和断路器位置不对应启动。

（1）保护跳闸启动。设有保护单跳启动重合闸、三跳启动重合闸两个开入端子，这些端子开入信号不要求来自跳闸固定继电器，而要求来自跳闸重动继电器，即要求跳闸成功后立即返回，重合闸在这些触点闭合又返回时启动。

如果单相故障，重合闸在单重计时过程中收到三跳启动重合闸信号，将立即停止单重计时，并在三跳启动重合闸触点返回时开始三重计时。保护启动重合闸虽有单相和三相两个输入端，可以区分单跳还是三跳，但装置还将根据三个跳位继电器触点进一步判别，防止三跳按单重处理。

装置内保护功能发出跳闸命令时，已经内部启动重合闸。保护功能与重合闸功能配合时不需要外部引入单跳启动重合闸和三跳启动重合闸信号。

（2）断路器位置不对应启动。断路器位置不对应启动重合闸，主要用于断路器偷跳。装置利用三个跳位继电器触点启动重合闸，二次回路设计必须保证手跳时通过闭锁重合闸开入端子将重合闸"放电"，不对应启动重合闸时，单跳还是三跳的判别全靠三个跳位触点输入。单相断路器偷跳和三相断路器偷跳可分别由控制字设定是否启动重合闸。

另外，不对应启动重合闸重合后没有后加速触点给出。

5. 重合

重合闸启动后，在未发重合令前，程序完成以下功能：

（1）不断检测有无闭锁重合闸开入，若有开入，充电计数器清零，主程序查到充电计数器未满整组复归。

（2）若为单跳启动重合闸或单相偷跳启动重合闸，则不断检测是否有三跳启动重合闸开入和三跳位置，若有，则按三重处理。

（3）主程序中，根据重合闸控制字设置的检同期和检无压等方式，进行电压检查，不满足条件时，重合计数器清零。

6. 重合闸复归

若发重合令，则重合闸模块固定在 4s 后复归。

重合闸在启动过程中，满足充电时间计数器放电条件，即复归，不再重合。

若由于不能满足同期或其他条件不能重合，等待一定延时后复归。在单重方式下，延时为单相重合闸短延时定值（单相重合闸长延时定值）+12s；在三重方式下，延时为三相重合闸短延时定值（三相重合闸长延时定值）+12s。

对 CSC-103B 型装置，保护工作电压一般来自母线 TV，所以检无压或检同期时，指的是检 Ux 端子上的电压，若两侧均有电压时，自动转检同期。

7. 沟通三跳

在重合闸三重方式、停用方式或重合充电时间计数器未满的情况下，沟通三跳触点闭合。需要注意：沟通三跳触点是动断触点，即在装置严重警告或失电情况下，沟通三跳触点闭合。输出沟通三跳触点的同时，已经内部通知相应保护功能。所以，使用重合闸功能时，本保护不需要接入沟通三跳输入。

8. 综合重合闸逻辑图

综合重合闸逻辑图如图 2-67 所示。

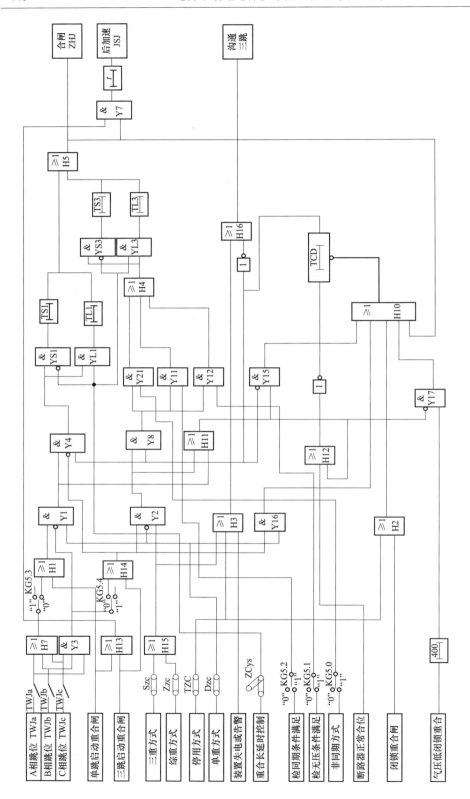

图 2-67　综合重合闸逻辑框图

KG5.0—非同期方式投退控制；KG5.1—检无压方式投退控制；KG5.2—检同期方式投退控制；KG5.5—检三相有压投退控制；
KG5.3—单相偷跳闭锁重合闸控制；KG5.4—三相偷跳闭锁重合闸控制；

（1）重合闸的充、放电。

1）重合闸的充电：断路器在合位，跳闸位置继电器 TWJA、TWJB、TWJC 不动、重合闸启动回路不动作，说明是在正常状态，此时若无重合闸闭锁信号，即门 H10 无输出，则经门 H12 反相后对重合闸 TCD 开始充电，时间约为 15s。

2）重合闸的放电：当断路器合闸压力低时，经 400ms 延时仍未恢复，重合闸启动回路（单重启动回路为门 Y1；三重启动回路为门 Y21）未动作，门 H11 无输出，则门 Y17—H10 动作放电；如外部有闭锁信号开入，或重合闸在停用位置，则门 H2—H10 动作放电；重合闸回路未充满电，保护启动重合闸动作，门 H11—Y15—H10 动作放电；重合闸出口命令发出的同时也动作放电。

（2）单相重合闸。在单重方式下（即投入单重压板），单相故障保护单跳，单跳启动重合闸有开入，门 H1—Y1 有输出，经 Y4—YS1（YL1）—TS1（TL1）—H5 延时合闸 ZHJ，另外由门 H5—Y7 输出重合闸后加速 JSJ 信号。

在综重方式下，单相故障，发出合闸脉冲前又收到保护发出的三跳命令，则停止单重计时开始三重计时，即三跳启动重合闸经门 H14 闭锁门 Y4，而经门 Y21—Y8 启动三相重合闸。为防止三跳按单重处理，用三个跳位继电器触点进一步判别，即用门 Y3 闭锁门 Y1。

（3）三相重合闸。三重和综重方式下，门 H15 有信号，三跳启动重合闸有开入，则门 H14—Y21—Y8 有输出，如非同期方式投入，经 KG5.0—Y21—H4—YS3（YL3）—TS3（TL3）—H5 延时合闸 ZHJ，另外由门 H5—Y7 输出重合闸后加速 JSJ 信号；如检同期条件满足并投入，经 KG5.2—Y11—H4—YS3（YL3）—TS3（TL3）—H5 延时合闸 ZHJ，另外由门 H5—Y7 输出重合闸后加速 JSJ 信号。

（4）断路器偷跳。若单相断路器偷跳，经控制字控制是否启动重合闸，即 H7—KG5.3—H1—Y1—Y4，KG5.3 合（"0"）启动重合闸，Y4 将有输出；KG5.3 断（"1"）闭锁重合闸，Y4 无输出。在三重或综重方式下，单相断路器偷跳仍能重合。

三相断路器偷跳，在三重或综重方式由控制字控制是否启动重合闸，即 Y3—KG5.4—H14—Y21—Y8，KG5.4 合（"0"）启动重合闸，Y8 有输出；KG5.4 断（"1"）闭锁重合闸，Y8 无输出。三相断路器偷跳，在单重方式下则不能重合，门 Y21 被闭锁。

断路器偷跳，虽然门 Y1 和门 Y21 将启动重合闸回路，但因无保护启动重合闸，故门 Y7 不开放，不输出重合闸后加速信号。

（5）沟通三跳。重合闸在综重方式或三重方式、停用方式、其他保护及回路告警、重合闸未充满电，则门 H3—H16 沟通三跳触点 GTST。

七、自动重合闸的性能检验

重合闸装置的整组实验（模拟式三相一次重合闸）：

（1）模拟瞬时性故障，重合闸装置应动作，断路器重合成功。测定断路器断开又重合成功，断路器断开的时间应略大于重合闸整定时间。

（2）模拟永久性故障情况，重合闸装置启动，断路器重合一次不成功，再次跳闸。如有重合闸后加速，检查加速继电器加速保护动作的情况。

（3）手动跳开断路器时，重合闸不应动作。

（4）模拟重合闸继电器触点粘住或控制开关长时间发出合闸脉冲时，断路器不应多次重合。

注：微机型自动重合闸装置一般集成在线路保护中，整组实验在线路保护中完成。

❦ 【任务实施】

（1）110kV 单电源系统任务实施步骤：

第一步：根据线路上瞬时性故障和永久性故障的比例，得出装设自动重合闸的优缺点。

第二步：根据系统特点选择三相一次重合闸方式，画出其原理接线图，分析其工作原理，并对照对自动重合闸的基本要求，分析其能否满足要求。

第三步：根据自动重合闸与继电保护配合的不同方式的特点，选择合适的配合方式并分析其动作原理。

（2）220kV 双电源系统任务实施步骤：

第一步：与单电源系统相比，分析双电源系统装设重合闸要考虑的特殊问题。

第二步：分析双电源系统重合闸的类型特点，选出合适的重合闸方式。

第三步：简述该重合闸的基本工作原理。

第四步：分析综合重合闸的基本工作原理；并分析微机型综合重合闸的动作逻辑。

第五步：给出自动重合闸日常巡视的要求及典型异常的处理方法。

❦ 【复习思考】

2-4-1 输电线路上为什么要装设自动重合闸装置？

2-4-2 对于自动重合闸有哪些基本要求？

2-4-3 模拟式自动重合闸如何实现只重合一次？

2-4-4 分析图 2-61 中线路发生永久性故障时重合闸的动作行为。

2-4-5 在检定无压和检定同期的自动重合闸装置中：①为什么两侧都装低电压继电器和同期检定继电器？②为什么无压侧两个继电器都投入，同步侧只投同期检定继电器？

2-4-6 重合闸与继电保护配合的方式有哪两种？试分别阐述其各自的优缺点。

2-4-7 画出自动重合闸后加速保护的原理图并分析其动作行为。

2-4-8 简述综合重合闸的几种工作方式。

❦ 【项目总结】

本项目包括 35kV（10kV）、110kV、220～500kV 线路保护装置的原理及性能检验与运行维护以及自动重合闸（装置）的原理及性能检验与运行维护。

主要内容有：

（1）各种电压等级输电线路保护的配置。

（2）35kV（10kV）输电线路三段式电流（方向）保护、小电流接地系统零序保护的构成、基本原理。

（3）110kV 输电线路距离保护保护、大电流接地系统零序（方向）保护的构成、基本原理。

（4）纵联保护的基本概念，通道的种类（高频、光纤）及构成。

（5）220～500kV 输电线路纵联差动保护、纵联方向保护、纵联距离保护的构成、基本原理。

（6）输电线路保护的动作性能检验流程和试验数据分析方法。

（7）各种电压等级输电线路保护的动作过程进行分析和处理。

（8）自动重合闸的作用，对自动重合闸的基本要求，自动重合闸的种类及动作分析。

（9）重合闸性能检验。

项目 三

电力系统的元件保护

【项目描述】

该项目包括六个工作任务：电力变压器保护装置、发电机保护装置、母线保护装置、断路器保护装置、并联电抗器保护装置、并联电容器组保护装置的原理及性能检验与运行维护。

【教学目标】

知识目标：通过该项目的学习，使学生能陈述电力变压器保护、发电机保护、母线保护、断路器保护、并联电抗器保护、并联电容器组保护装置的原理、作用及构成，具有电力系统主要元件保护装置动作原理的分析能力。

能力目标：能看懂保护装置的说明书、调试大纲、作业指导书、保护柜的接线图。能对电力系统元件保护装置进行性能检验与运行维护。

【教学环境】

1. 场地及设备的要求

具备电力系统继电保护教学实训一体化教室，配置变压器保护装置、发电机保护装置、母线保护装置、断路器保护装置、并联电抗器保护装置、并联电容器组保护装置各 10 套，继电保护测试仪 10 套，模拟断路器 10 套，平口小号螺钉旋具 20 个，计算机多媒体教学设备 1 套，有理论教学区和实训教学区。

2. 对教师的要求

（1）具备高校教师资格的讲师（或培训师）及以上职称。

（2）具有系统的继电保护理论知识。

（3）具有发电厂及变电站二次回路的理论知识和分析能力。

（4）具备微机保护装置的调试能力。

（5）具有良好的职业道德和责任心。

任务一　电力变压器保护装置的原理、性能检验与运行维护

【教学目标】

知识目标：通过学习和查阅资料，掌握电力变压器的故障、异常运行及保护配置原则，变压器的瓦斯保护、差动保护、过电流保护、接地保护、过负荷保护、过励磁保护的作用及

原理、接线、构成。

　　能力目标：能对变压器保护进行动作分析、性能检验与运行维护。

　　素质目标：树立正确的学习态度，学会查阅资料，养成自觉学习的好习惯，具备团队协作精神。

💬【任务描述】

　　该任务通过教师讲授、小组讨论、学生查阅资料弄清电力变压器的故障、异常运行及保护配置原则，电力变压器的瓦斯保护、差动保护、过电流保护、接地保护、过负荷保护、过励磁保护的作用、接线、构成；通过学生小组讨论、教师引导对变压器保护的原理进行分析；通过学生设计实验方案、小组讨论、教师指导、学生动手实验，完成变压器相关保护的性能检验及运行维护。

⚖【任务准备】

　　每小组 1 套变压器保护装置（含说明书），1 台继电保护测试仪，1 份变压器保护装置调试大纲，1 份变压器保护装置调试作业指导书。

📖【相关知识】

一、电力变压器的故障、异常运行及保护配置原则

　　电力变压器是电力系统不可缺少的重要电气设备。变压器发生故障将对供电可靠性和系统安全运行带来严重的影响，因此应根据变压器容量等级和重要程度装设性能良好、动作可靠的继电保护装置。

　　1. 变压器的故障

　　变压器的故障可以分为油箱内部故障和油箱外部的故障。油箱内部故障主要是绕组的相间短路、接地短路（中性点直接接地或经小电阻接地侧）、匝间短路以及铁芯的烧损等。油箱外部故障主要是套管和引出线上发生相间短路和接地短路（中性点直接接地或经小电阻接地侧）。

　　2. 变压器的异常运行

　　变压器的异常运行状态主要有：由于变压器外部相间短路引起的过电流和外部接地短路引起的过电流和中性点过电压；由于负荷超过额定容量引起的过负荷；由于漏油等原因而引起的油面降低；大容量变压器在过电压或低频率等异常运行方式下的过励磁故障。

　　变压器处于异常运行状态时，继电保护应根据其严重程度，发出告警信号，使运行人员及时发现并采取相应措施，确保变压器安全。

　　3. 变压器的保护配置

　　针对上述各种故障与异常工作状态，按照 GB/T 14285—2006《继电保护和安全自动装置技术规程》的要求，变压器应装设下列继电保护：

　　（1）反应变压器油箱内部各种故障和油面降低的瓦斯保护。

　　1）0.8MVA 及以上油浸式变压器和 0.4MVA 及以上车间内油浸式变压器，均应装设瓦斯保护。当油箱内故障产生轻微瓦斯气体或油面下降时，应瞬时动作于信号；当产生大量瓦斯气体时，应动作于断开变压器各侧断路器。

　　2）带负荷调压的油浸式变压器的调压装置，也应装设瓦斯保护，称为调压瓦斯保护。

　　（2）反应变压器引出线、套管及内部短路故障的纵联差动保护或电流速断保护。保护瞬时动作于断开变压器的各侧断路器。

　　1）对 6.3MVA 以下厂用变压器和并列运行的变压器，以及 10MVA 以下厂用备用变压

器和单独运行的变压器，当后备保护时间大于 0.5s 时，应装设电流速断保护。

2）对 6.3MVA 及以上厂用工作变压器和并列运行的变压器，10MVA 及以上厂用备用变压器和单独运行的变压器，以及 2MVA 及以上用电流速断保护灵敏性不符合要求的变压器，应装设纵联差动保护。

3）对高压侧电压为 330kV 及以上的变压器，可装设双重纵联差动保护。

4）对于发电机—变压器组，当发电机与变压器之间有断路器时，发电机装设单独的纵联差动保护。当发电机与变压器之间没有断路器时，100MVA 及以下发电机与变压器组共用纵联差动保护；100MVA 以上发电机，除发电机和变压器共用纵联差动保护外，发电机还应单独装设纵联差动保护。对 200～300MVA 的发电机—变压器组也可在变压器上增设单独的纵联差动保护，即采用双重快速保护。

（3）反应变压器外部相间短路并作瓦斯保护和纵联差动保护（或电流速断保护）后备的相间后备保护。

相间后备保护的种类有过电流保护、低电压启动的过电流保护、复合电压启动的过电流保护、复合电流保护和阻抗保护，保护动作后应带时限动作于跳闸。

1）过电流保护宜用于降压变压器。

2）复合电压启动的过电流保护，宜用于升压变压器、系统联络变压器和过电流保护不满足灵敏性要求的降压变压器。

3）复合电流保护（负序电流和单相式低电压启动过电流保护），可用于 6.3MVA 及以上升压变压器。

4）当采用复合电压启动的过电流保护或复合电流保护不能满足灵敏性和选择性要求时，可采用阻抗保护。

（4）反应大电流接地系统中变压器外部接地短路的零序电流保护。

110kV 及以上大电流接地系统中，如果变压器中性点可能接地运行，对于两侧或三侧电源的升压变压器或降压变压器应装设零序电流保护，作变压器主保护的后备保护，并作为相邻元件的后备保护。

（5）反应变压器对称过负荷的过负荷保护。

对于 400kVA 及以上的变压器，当台数并列运行或单独运行并作为其他负荷的备用电源时，应根据可能过负荷的情况装设过负荷保护。对自耦变压器和多绕组变压器，保护装置应能反应公共绕组及各侧过负荷的情况。过负荷保护应接于一相电流上，带时限动作于信号。在无经常值班人员的变电站，必要时过负荷保护可动作于跳闸或断开部分负荷。

（6）反应变压器过励磁的过励磁保护。

现代大型变压器的额定磁密接近于饱和磁密，频率降低或电压升高时容易引起变压器过励磁，导致铁芯饱和，励磁电流剧增，铁芯温度上升，严重过热会使变压器绝缘劣化，寿命降低，最终造成变压器损坏。因此，高压侧为 500kV 的变压器宜装设过励磁保护。

二、瓦斯保护

目前，电力系统中所使用的变压器大多数仍然是油浸式变压器，在变压器油箱内部发生故障时会产生大量的瓦斯气体，能使瓦斯保护可靠动作。瓦斯保护是变压器油箱内部短路故障及异常的重要保护装置。瓦斯保护分为轻瓦斯保护和重瓦斯保护两种。轻瓦斯保护动作于信号，重瓦斯保护作用于切除变压器。

1. 瓦斯保护基本原理

瓦斯保护是变压器的主保护，它可以反映变压器油箱内的一切故障，包括油箱内的多相短路、绕组匝间短路、绕组与铁芯或与外壳间的短路、铁芯故障、油面下降或漏油、分接开关接触不良或导线焊接不良等。但是它不能反映变压器油箱外部（如引出线上）的故障，所以不能作为保护变压器内部故障的唯一保护装置。另外，瓦斯保护也易在一些外界因素（如地震）的干扰下误动作，对此必须采取相应的措施。

当油浸式变压器的内部发生故障（包括轻微的匝间短路和绝缘破坏引起的经电弧电阻的接地短路）时，由于故障点电流和电弧的作用，将使变压器油及其他绝缘材料因局部受热而分解产生气体，因气体比较轻，它们将从油箱流向储油柜的上部。当严重故障时，油会迅速膨胀并产生大量的气体夹杂着油流冲向储油柜。利用油箱内部故障的上述特点，可以构成反应上述气体而动作的保护装置。

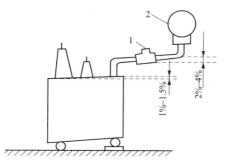

图 3-1　气体继电路器安装位置示意图
1—气体继电器；2—储油柜

2. 瓦斯保护的构成

瓦斯保护的主要构成元件是气体继电器（瓦斯继电器），安装在变压器油箱与储油柜之间的连接管道上，如图 3-1 所示。

瓦斯继电器有浮筒式、挡板式、开口杯式等不同型号。目前大多采用 QJ1-80 型气体继电器，构成如图 3-2 所示。在气体继电器内，上部是一个密封的上开口杯，下部是一块金属挡板，两者都装有干簧触点。上开口杯和挡板可以围绕各自的轴旋转。在正常运行时，继电器内充满油，上开口杯浸在油内，处于上浮位置，干簧触点不动作；挡板则由于本身重量而下垂，其干簧触点也不动作。当变压器内部发生轻微故障时，气体产生的速度较缓慢，气体上升至储油柜途中首先积存于气体继电器的上部空间，使油面下降，上开口杯随之下降而使干簧触点动作接通，启动信号，这就是所谓的"轻瓦斯"；当变压器内部发生严重故障时，则产生强烈的瓦斯气体，油箱内压力瞬时突增，产生很大的油流向储油柜方向冲击，因油流冲击挡板，挡板克服弹簧的阻力，带动磁铁向干簧触点方向移动，使干簧触点动作，接通跳闸回路，使断路器跳闸，这就是所谓的"重瓦斯"。重瓦斯动作，立即切断与变压器连接的所有电源，从而避免事故扩大，起到保护变压器的作用。

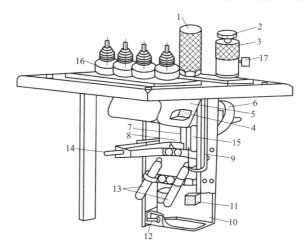

图 3-2　QJ1-80 型气体继电器的结构
1—罩；2—顶针；3—气塞；4、11—磁铁；5—开口杯；6—重锤；
7—探针；8—开口销；9—弹簧；10—挡板；12—螺杆；
13—双干簧触点（重瓦斯保护用）；14—调节螺杆；
15—干簧触点（轻瓦斯保护用）；16—套管；17—排气口

3. 瓦斯保护的原理接线

瓦斯保护的原理接线如图 3-3 所示。

（1）接线原理：气体继电器 KG 有两对触点，上面的触点表示"轻瓦斯保护"，动作后发出报警信号。下面的触点表示"重瓦斯保护"，动作后启动变压器保护的总出口中间继电器 KOM，使断路器跳闸。

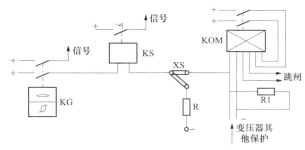

（2）KOM 作用：当油箱内部发生严重故障时，由于油流的不稳定可能造成干簧触点的抖动，此时为使断路器能可靠跳闸，应选用具有电流自保持线圈的出口中间继电器 KOM，动作后由断路器的辅助触点来解除出口回路的自保持。

图 3-3　瓦斯保护的原理接线

（3）切换片 XS 作用：为防止变压器换油或进行试验时引起重瓦斯保护误动作跳闸，可利用切换片 XS 将跳闸回路切换到信号回路。

三、变压器纵差动保护

变压器纵差动保护作为变压器绕组故障时变压器的主保护，其保护区是构成差动保护的各侧电流互感器之间所包围的部分，包括变压器本身、电流互感器与变压器之间的引出线。

1. 变压器差动保护的工作原理

变压器纵差动保护与线路纵差保护的基本原理相同，都是比较被保护设备各侧电流的大小和相位的原理构成的。以一个双绕组变压器为例进行分析，如图 3-4 所示。为了分析方便，忽略变压器接线形式。设变压器变比为 n_{T}，变压器高压侧绕组所接的电流互感器的变比为 n_{TA1}，低压侧绕组所接的电流互感器变比为 n_{TA2}。

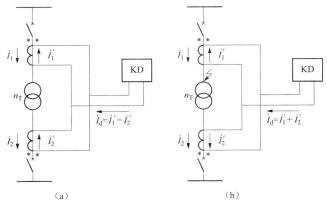

图 3-4　变压器纵差动保护原理接线图

（a）正常运行或外部故障；（b）内部故障

当正常运行或外部故障时，电流方向如图 3-4（a）所示，流入差动继电器中电流 $\dot{I}_{\mathrm{d}} = \dot{I}_1' - \dot{I}_2'$，而此时继电器应不动作。在不考虑误差的情况下，流入差动继电器中的电流为零，即 $\dot{I}_{\mathrm{d}} = 0$。

$$\dot{I}_{\mathrm{d}} = \dot{I}_1' - \dot{I}_2' = \frac{\dot{I}_1}{n_{\mathrm{TA1}}} - \frac{\dot{I}_2}{n_{\mathrm{TA2}}} = 0 \tag{3-1}$$

式中　$\dfrac{\dot{I}_1}{n_{\mathrm{TA1}}} = \dfrac{\dot{I}_2}{n_{\mathrm{TA2}}}$，即 $\dfrac{n_{\mathrm{TA2}}}{n_{\mathrm{TA1}}} = \dfrac{\dot{I}_2}{\dot{I}_1} = n_{\mathrm{T}}$。

所以，当满足 $n_{\mathrm{T}} = \dfrac{n_{\mathrm{TA2}}}{n_{\mathrm{TA1}}}$ 时，在正常运行或外部故障时，流入差动继电器的电流为零。

当区内发生故障时，电流方向如图 3-4（b）所示，流入差动继电器的电流 $\dot{I}_{\mathrm{d}} = \dot{I}_1' + \dot{I}_2'$，

保护装置可以动作。

通过以上分析，可以得出：当满足 $n_T = \dfrac{n_{TA2}}{n_{TA1}}$ 时，在区外故障或正常运行时，流入差动继电器中的电流 $\dot I_d$ 是两侧电流互感器二次侧电流之差 $\dot I_d = \dot I_1' - \dot I_2'$；在区内故障时，流入差动继电器中的电流时两个电流互感器二次侧电流之和 $\dot I_d = \dot I_1' + \dot I_2'$。在上面分析中，忽略了变压器接线形式，目前，大中型变电站的变压器一般采用 Yd11 的接线，d 侧超前 Y 侧 30°，即使满足 $n_T = \dfrac{n_{TA2}}{n_{TA1}}$ 条件，流入差动继电器的电流值也不为 0，如图 3-5 所示。

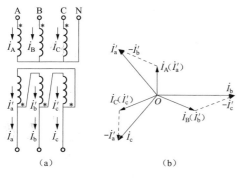

图 3-5　变压器 Yd11 联结相量图

(a) 绕组接线图；(b) 相量图

从图 3-5 中可以看出，在正常运行情况下 Y、d 侧同名相电流的相位相差 30°。如果直接用这两个电流构成变压器纵差动保护，即使它们的幅值相同也会产生很大的不平衡电流，所以需要进行相位校正和幅值校正。

2. 纵差动保护的相位、幅值校正

(1) 模拟型变压器保护相位校正和幅值校正。如变压器为 Yd11 接线，在模拟型变压器保护中，其相位校正的方法是将变压器星形侧的电流互感器接成三角形，将变压器三角形侧的电流互感器接成星形，如图 3-6 (a) 所示，以补偿 30° 的相位差。图中 $\dot I_{A1}^Y$、$\dot I_{B1}^Y$、$\dot I_{C1}^Y$ 为星形侧的一次电流，$\dot I_{A1}^\triangle$、$\dot I_{B1}^\triangle$、$\dot I_{C1}^\triangle$ 为三角形侧的一次电流，其相位关系如图 3-6 (b) 所示。采用相位补偿接线后，变压器星形侧电流互感器二次回路侧差动臂中的电流分别为 $\dot I_{A2}^Y - \dot I_{B2}^Y$、$\dot I_{B2}^Y - \dot I_{C2}^Y$、$\dot I_{C2}^Y - \dot I_{A2}^Y$、它们刚好与三角形侧电流互感器二次回路中的电流 $\dot I_{B2}^\triangle$、$\dot I_{C2}^\triangle$、$\dot I_{A2}^\triangle$ 同相位，如图 3-6 (c) 所示。这样，差回路中两侧的电流的相位相同，但在数值上应该

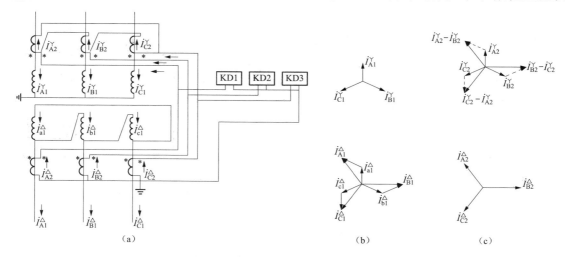

图 3-6　Yd11 接线变压器差动保护接线图和相量图

(a) 原理接线图；(b) 一次侧电流相量；(c) 差动回路电流相量

进行校正。

变压器星形侧电流互感器变比为

$$K_{\mathrm{TA(Y)}} = \frac{\sqrt{3} I_{\mathrm{TA(Y)}}}{5} \tag{3-2}$$

变压器三角形侧电流互感器变比为

$$K_{\mathrm{TA(\triangle)}} = \frac{I_{\mathrm{TA(\triangle)}}}{5} \tag{3-3}$$

由于变压器的变比、各侧实际使用的 TA 变比之间不能完全满足一定的关系，在正常运行和外部故障时变压器两侧差动 TA 的二次电流幅值不完全相同，即使经过相位校正，从两侧流入各相差动继电器的电流幅值也不相同，在正常运行或外部故障的情况时无法满足 $\Sigma \dot{I} = 0$ 的关系。

在电磁型变压器纵差动保护装置（BCH 型继电器）中，采用"安匝数"相同原理；而在晶体管保护及集成电路保护中，将差动两侧大小不同的两个电流通过变换器（例如电抗变换器）变换成两个完全相等的电压。

（2）微机型变压器保护相位补偿和幅值校正。在微机型变压器保护中考虑到微机保护软件计算的灵活性，由软件来进行相位校正和电流平衡的调整是很方便的，无论变压器是什么接线，两侧的电流互感器均可接成星形，如图 3-7 所示。这样电流平衡的调整更加简单，电流互感器的二次负载又可得到下降。

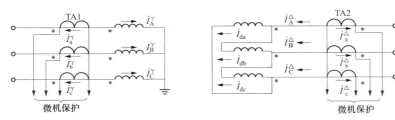

图 3-7　变压器差动保护交流接入回路示意图

图 3-7 中 $\dot{I}_A^Y$、$\dot{I}_B^Y$、$\dot{I}_C^Y$ 为星形侧一次电流，$\dot{I}_A^\triangle$、$\dot{I}_B^\triangle$、$\dot{I}_C^\triangle$ 为三角形侧一次电流。

微机保护相位校正方法有两种，方法一是高压侧移相，即将 Y 侧线电流向 d 侧线电流逆时针转 30°，例如 SGT756 微机型变压器保护装置；方法二是低压侧移相，即将 d 侧线电流向 Y 侧线电流顺时针转 30°，例如 RCS978 微机型变压器保护装置。下面以方法一为例进行详细讲述。

根据一次电流方向可知图 3-7 中为变压器发生内部故障，当采用高压侧移相进行相位补偿时，相量图如图 3-8 所示。图 3-8（a）中 $\dot{I}_a^Y - \dot{I}_b^Y$、$\dot{I}_b^Y - \dot{I}_c^Y$、$\dot{I}_c^Y -$

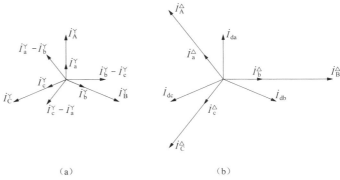

图 3-8　高压侧移相差流相量图
（a）Y形侧；（b）△形侧

$\dot{I}_a^Y$ 为高压侧差流计算值，$\dot{I}_a^\triangle$、$\dot{I}_b^\triangle$、$\dot{I}_c^\triangle$ 为低压侧差流计算值。

差流计算公式为

$$\begin{cases} \dot{I}_{A.r} = \dfrac{1}{\sqrt{3}}(\dot{I}_a^Y - \dot{I}_b^Y) + \dot{I}_a^\triangle \\[2mm] \dot{I}_{B.r} = \dfrac{1}{\sqrt{3}}(\dot{I}_b^Y - \dot{I}_c^Y) + \dot{I}_d^\triangle \\[2mm] \dot{I}_{C.r} = \dfrac{1}{\sqrt{3}}(\dot{I}_c^Y - \dot{I}_a^Y) + \dot{I}_c^\triangle \end{cases} \tag{3-4}$$

3. 变压器纵差动保护不平衡电流产生的原因及减小不平衡电流的措施

（1）电流互感器计算变比与实际变比不同。由于变比的标准化使得其实际变比与计算变比不一致，从而产生不平衡电流。

（2）变压器各侧电流互感器型号不同。由于变压器各侧电压等级和额定电流不同，所以变压器各侧的电流互感器型号不同，它们的饱和特性、励磁电流（归算至同一侧）也就不同，从而在差动回路中产生较大的不平衡电流。由于变压器各侧电流互感器型号不同，产生的不平衡电流在差动保护的整定计算中加以考虑。

（3）变压器带负荷调节分接头。变压器带负荷调整分接头是电力系统中电压调整的一种方法，改变分接头就是改变变压器的变比。整定计算中，差动保护只能按照某一变比整定，选择恰当的平衡线圈减小或消除不平衡电流的影响。当差动保护投入运行后，在调压抽头改变时，一般不可能对差动保护的电流回路重新操作，因此又会出现新的不平衡电流，不平衡电流的大小与调压范围有关。

变压器带负荷调节分接头产生的不平衡电流在变压器差动保护的整定计算中考虑。

在稳态情况下，变压器的差动保护的不平衡电流可由下式决定：

$$I_{unb.max} = (K_{ss}K_{aper} \times 10\% + \Delta U + \Delta f_{za})I_{k.m.max}/n_{TA} \tag{3-5}$$

式中　K_{aper}——非周期分量影响系数，取1；

K_{ss}——电流互感器同型系数，取1；

10%——电流互感器允许的最大相对误差；

ΔU——变压器调压分接头改变引起的相对误差，取调压范围的一半；

Δf_{za}——由于采用的辅助互感器变比或平衡线圈的匝数与计算值不同时所引起的相对误差，由于在计算动作电流时，Δf_{za}还不能确定，所以可采用中间值0.05；

$I_{k.m.max}$——保护范围外部最大短路电流归算到基本侧的一次电流。

（4）暂态情况下的不平衡电流。

暂态过程中不平衡电流的特点：

1）暂态不平衡电流含有大量的非周期分量，偏离时间轴的一侧。

2）暂态不平衡电流最大值出现的时间滞后一次侧最大电流的时间（根据此特点靠保护的延时来躲过其暂态不平衡电流必然影响保护的快速性，甚至使变压器差动保护不能接受）。

在微机型变压器纵差动保护中采用带制动特性或间断角原理的差动保护继电器等方法来解决暂态过程中非周期分量电流的影响问题。

（5）励磁涌流的特点及克服励磁涌流的方法。在空载投入变压器或外部故障切除后恢复供电等情况下，变压器励磁电流的数值可达变压器额定电流的6～8倍，此时变压器的励磁电流通常称为励磁涌流。励磁涌流的波形如图 3-9 所示。

励磁涌流有以下特点：

1）励磁电流数值很大，并含有明显的非周期分量，使励磁电流波形明显偏于时间轴的一侧。

2）励磁涌流中含有明显的高次谐波，其中励磁涌流以 2 次谐波为主。

3）励磁涌流的波形出现间断角。

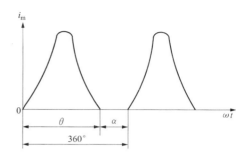

图 3-9　励磁涌流的波形

克服励磁涌流对变压器纵差保护影响的措施：微机型变压器纵差动保护中利用二次谐波制动原理构成的差动保护；利用间断角原理构成的变压器差动保护；采用波形对称性原理构成的变压器差动保护。

（6）和应涌流。和应涌流是当电网中空投一台变压器时，在相邻的并联或级联运行变压器中产生的。和应涌流在合闸变压器涌流持续一段时间后产生，该涌流波形特征不明显且持续时间很长，容易导致变压器的涌流闭锁环节失效，造成运行变压器保护误动作。由于运行变压器本身没有故障，并且误动是发生在相邻变压器空投完成较长的一段时间之后，所以很难查明误动原因，误动原因更具有隐蔽性。

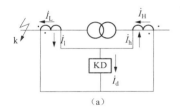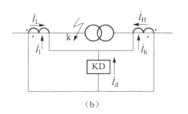

图 3-10　比率制动的微机差动保护原理

（a）变压器区外短路；（b）变压器区内短路

4. 比率制动式差动保护

经过相位校正和幅值校正处理后差动保护的动作原理可以按相比较，可以用无转角、变比等于 1 的变压器来理解。以图 3-10 说明比率制动式微机变压器差动保护的原理。

比率制动的差动保护是分相设置的，所以双绕组变压器可取单相来说明其原理。如果以流入变压器的电流方向为正方向，则差动电流为 $I_d = |\dot{I}_1 + \dot{I}_h|$。

为了使区外故障时制动作用最大，区内故障时制动作用最小或等于零，用最简单的方法构成制动电流，就可采用 $I_{res} = |\dot{I}_1 - \dot{I}_h|/2$。

假设 $\dot{I}_1$、$\dot{I}_h$ 已经过软件的相位变换和电流补偿，则区外故障时，$\dot{I}_h = -\dot{I}_1$，这时 I_{res} 达到最大，I_d 为最小。

但是，由于电流互感器特性不同（或电流互感器饱和），以及有载调压使变压器的变比发生变化等会产生不平衡电流 I_{unb}，另外内部的电流算法补偿也存在一定误差，在正常运行时仍然有少量的不平衡电流，所以正常运行时 I_d 的值等于这两者之和。区内故障时，I_d 达到最大，I_{res} 为最小，I_{res} 一般不为零，也就是说区内故障时仍然带有制动量，即使这样，保护的灵敏度仍然很高。不过实际的微机差动保护装置制动量的选取上有不同的做法，关键是应在灵敏度和可靠性之间做一个最合适的选择。

比率制动的微机差动保护的特性曲线如图 3-11 所示，图中的纵轴表示差动电流 I_d，横轴表示制动电流 I_{res}，a、b 线段表示差动保护的动作整定值，这就是说 a、b 线段的上方为动作区，a、b 线段的下方为非动作区。另外 a、b 线段的交点通常称为拐点。c 线段表示区内短路时的差动电流 I_d。d 线段表示区外短路时的差动电流 I_d。比率制动的微机差动保护的

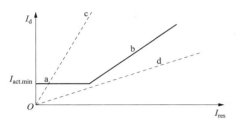

图 3-11 比率制动差动保护的特性曲线

动作原理为：由于正常运行时 I_d 仍然有少量的不平衡电流 $I_{unb.n}$，所以差动保护的动作电流必须大于这个不平衡电流，即 $I_{act.min} > I_{unb.n}$。

$I_{act.min}$ 这个值用特性曲线的 a 段表示；当外部发生短路故障时，I_d 和 I_{res} 随着短路电流的增大而增大，如特性曲线的 d 线段所示，为了防止差动保护误动作，差动保护的动作电流必须随着短路电流的增大而增大，并且必须大于外部短路时的 I_d，特性曲线的斜线 b 线段表示的就是这个作用的动作电流变化值。当内部发生短路故障时，差动电流 I_d 的变化如 c 线段所示。一般来说，微机差动保护的比率制动特性曲线都是可整定的，$I_{act.min}$ 按正常运行时的最大不平衡电流确定，b 线段的斜率和与横轴的交点根据所需的灵敏度进行设定。

（1）两折线式差动元件。

1）差动元件的动作方程。微机型变压器差动保护中，差动元件的动作特性最基本的是采用具有两段折线形的动作特性曲线，如图 3-12 所示。

在图 3-12 中，$I_{act.min}$ 为差动元件起始动作电流幅值，也称为最小动作电流；$I_{res.min}$ 为最小制动电流，又称为拐点电流（一般取 0.5～

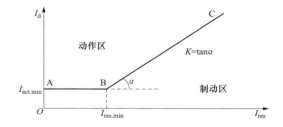

图 3-12 两折线比率制动差动保护特性曲线

$1.0I_{2N}$，I_{2N} 为变压器计算侧电流互感器二次额定计算电流）；$K = \tan\alpha$ 为制动段的斜率。微机变压器差动保护的差动元件采用分相差动，其比率制动特性可表示为

$$\begin{cases} I_d \geqslant I_{act.min} & (I_{res} \leqslant I_{res.min}) \\ I_d > I_{act.min} + K(I_{res} - I_{res.min}) & (I_{res} > I_{res.min}) \end{cases} \tag{3-6}$$

式中　I_d——差动电流的幅值；

　　　I_{res}——制动电流幅值。

也可用制动系数 K_{res} 来表示制动特性。令 $K_{res} = I_d / I_{res}$，则可得到 K_{res} 与斜率 K 的关系式为

$$K_{res} = \frac{I_{act.min}}{I_{res}} + K\left(1 - \frac{I_{res.min}}{I_{res}}\right) \tag{3-7}$$

可以看出，K_{res} 随 I_{res} 的大小不同有所变化，而斜率 K 是不变的。通常用最大制动电流 $I_{res.max}$ 对应的最大制动系数 $K_{res.max}$。

2）差动电流的取得。变压器差动保护的差动电流，取各侧差动电流互感器（TA）二次电流相量和的绝对值。

对于双绕组变压器是：$I_d = |\dot{I}_h + \dot{I}_l|$

对于三绕组变压器或引入三侧电流的变压器是：$I_d = |\dot{I}_h + \dot{I}_m + \dot{I}_l|$

式中　$\dot{I}_h$、$\dot{I}_m$、$\dot{I}_l$——变压器高、中、低压侧 TA 的二次电流。

3) 制动电流的取得。在微机保护中，变压器制动电流的取得方法比较灵活。对于双绕组变压器，国内微机保护有以下几种取得方式：

（a）制动电流为高、低压侧 TA 二次电流相量差的一半，即：$I_{res} = |\dot{I}_1 - \dot{I}_h|/2$

（b）制动电流为高、低压侧 TA 二次电流幅值和的一半，即：$I_{res} = (|\dot{I}_1| + |\dot{I}_h|)/2$

（c）制动电流为高、低压侧 TA 二次电流幅值的最大值，即：$I_{res} = \max(|\dot{I}_1|, |\dot{I}_h|)$

（d）制动电流为动作电流幅值与高、低压侧 TA 二次电流幅值之差的一半，即：$I_{res} = (|\dot{I}_{act}| - |\dot{I}_1| - |\dot{I}_h|)/2$

（e）制动电流为低压侧 TA 二次电流的幅值，即：$I_{res} = |\dot{I}_1|$

对于三绕组变压器，国内微机保护有以下取得方式：

（a）制动电流为高、中、低压侧 TA 二次电流幅值和的一半，即：$I_{res} = (|\dot{I}_1| + |\dot{I}_m| + |\dot{I}_h|)/2$

（b）制动电流为高、中、低压侧 TA 二次电流幅值的最大值，即：$I_{res} = \max(|\dot{I}_1|, |\dot{I}_m|, |\dot{I}_h|)$

（c）制动电流为动作电流幅值与高、中、低压侧 TA 二次电流幅值之差的一半，即：$I_{res} = (|\dot{I}_{act}| - |\dot{I}_1| - |\dot{I}_m| - |\dot{I}_h|)/2$

（d）制动电流为中、低压侧 TA 二次电流的幅值的最大值，即：$I_{res} = \max(|\dot{I}_1|, |\dot{I}_m|)$

注意，无论是双绕组变压器还是三绕组变压器，电流都要折算到同一侧进行计算和比较。

（2）三折线式差动元件。三折线比率制动差动保护特性曲线如图 3-13 所示，该特性有两个拐点电流 $I_{res.1}$ 和 $I_{res.2}$。比率制动特性为三个直线段组成，制动特性可表示为

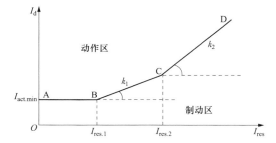

图 3-13　三折线比率制动差动保护特性曲线

$$\begin{cases} I_d > I_{act.min} & (I_{res} \leqslant I_{res.1}) \\ I_d > I_{act.min} + k_1(I_{res} - I_{res.1}) & (I_{res.1} < I_{res} \leqslant I_{res.2}) \\ I_d > I_{act.min} + k_1(I_{res} - I_{res.1}) + k_2(I_{res} - I_{res.2}) & (I_{res} > I_{res.2}) \end{cases} \quad (3\text{-}8)$$

式中　k_1、k_2——两个制动段的斜率。

此种制动特性通常应用于降压变压器纵差动保护中，此时，$I_{res.1}$ 固定为 $0.5I_{2N}$ 或 $(0.3 \sim 0.75)I_{2N}$ 可调，$I_{res.2}$ 固定为 $3I_{2N}$ 或 $(0.5 \sim 3)I_{2N}$ 可调，k_2 固定为 1。这种比率制动特性容易满足灵敏度的要求，也适用于升压变压器纵差动保护中。

两折线、三折线比率制动特性的斜率一经设定就不再发生变化。因此，有些变压器比率制动特性采用变斜率制动特性。变斜率制动特性的斜率是不固定的，随 I_{res} 发生变化。由于变斜率制动特性能较好地与不平衡电流特性配合，因此躲外部故障的不平衡电流能力较强，同时使内部短路故障时有高的灵敏度。变斜率制动特性可应用在发电机、发电机—变压器组、变压器的纵差动保护中。

5. 差动速断保护

一般情况下，比率制动的微机差动保护作为变压器的主保护已足够了，但是在严重内部

短路故障时，短路电流很大的情况下，电流互感器将会严重饱和而使交流暂态转变严重恶化，电流互感器的二次侧在电流互感器严重饱和时基波为零，高次谐波分量增大，比率制动的微机差动保护将无法反映区内短路故障，从而影响了比率制动的微机差动保护正确动作。

因此，微机差动保护都配有差动速断保护。差动速断保护是差动电流过电流瞬时速断保护，也就是说，差动速断保护没有制动量，它的动作一般在半个周期内实现，而决定动作的测量过程在1/4周期内完成，这时电流互感器还未严重饱和，能实现快速正确地切除故障。差动速断的整定值以躲过最大不平衡电流和励磁涌流来整定，这样在正常操作和稳态运行时差动速断保护可靠不动作。根据有关文献的计算和工程经验，差动速断的整定值一般不小于变压器额定电流的6倍，如果灵敏度够的话，整定值取不小于变压器额定电流的7~9倍较好。

6. 涌流判别元件

变压器在空投或区外故障切除电压恢复过程中，变压器内部会产生励磁涌流，而变压器在空投前后各通道状态量变化非常明显，变压器保护装置采用了状态识别方式来提高判别的可靠性。为使在空投变压器时差动保护不误动，在所有的微机型变压器纵差保护中，均设置有涌流判别元件。

目前，在微机型保护装置中，采用较多的涌流判别元件有二次谐波制动元件、波形对称判别元件及间断角一波宽鉴别元件。

（1）二次谐波制动。二次谐波制动是利用变压器励磁涌流中含有丰富的二次谐波这一波形特征来鉴别励磁涌流的。在变压器差动保护中，为衡量二次谐波制动的能力，采用一个专用的物理量，叫做二次谐波制动比。所谓二次谐波制动比，是指在流过差动回路的差流中，含有基波电流及二次谐波电流，基波电流大于动作电流，而差动保护处于临界制动状态，此时差流中的二次谐波电流与基波电流的百分比，即：

$$K_{2\omega} = \frac{I_{2\omega}}{I_{1\omega}} \times 100\% \qquad (3\text{-}9)$$

式中　$K_{2\omega}$——二次谐波制动比；

　　　$I_{2\omega}$——二次谐波电流；

　　　$I_{1\omega}$——基波电流。

差动保护被制动的条件是：二次谐波电流与基波电流之比大于整定的二次谐波制动比。

由定义可知：整定的二次谐波制动比越大，单位二次谐波电流所起到的制动作用越差，保护躲涌流的能力越差。反之，整定的二次谐波制动比越小，单位二次谐波电流所起到的制动作用越强，保护躲涌流的能力越强。

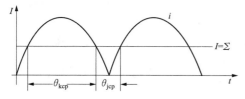

图3-14　差动电流与制动电流比较

（2）波宽及间断角原理。理论分析及试验表明，变压器涌流波形往往偏于时间轴的一侧，且具有波形间断的特点。因此，可以由波形间断部分（间断角）的大小来区分励磁涌流及故障电流。

图3-14是在差动保护中比较差动量与制动量大小的示意图。

图3-14中，i表示一个周期差动电流的采样波形，且将负半周反向变成正半周；Q_{jcp}为在半个周期内差动电流小于制动电流的角度，也叫间断角；Q_{kcp}为在半个周期内差动电流大

于制动电流的角度，也叫波宽；$I=\Sigma$ 表示总的制动电流，它由固定制动门槛及制动电流产生的浮动门槛构成。

所谓间断角是指在半个工频周期内差电流的瞬时值连续小于制动门槛的角度。而波宽的概念与间断角相反，是指在半个工频周期内，差电流的瞬时值连续大于制动门槛的角度。

设间断角为 θ_{jcp}，波宽角为 θ_{kcp}。则差动保护被开放（即允许动作于出口）的条件是

$$\left.\begin{array}{c}\theta_{jcp}\leqslant\theta_{jcpH}\\\theta_{kcp}\geqslant\theta_{kcpH}\end{array}\right\}\tag{3-10}$$

式中　θ_{jcpH}——间断角整定值；

　　　θ_{kcpH}——波宽整定值。

相反，只有当实测的间断角大于间断角的整定值，而测量的波宽小于整定值时，保护才被闭锁。

（3）波形对称原理。为将变压器空投时的励磁涌流同变压器内部故障区分开来，在 PST-1200 系列微机变压器保护装置中，采用波形对称原理。

实质是将差动回路的差流进行微分（及除去直流分量）后，来比较一个工频周期内差流的两个半波的对称性。

设微分后差流前半波上某一点的采样值为 I'_i，后半波上与前半波上某点相对称点的采样值为 I'_{i+180}，若

$$\left|\frac{I'_i+I'_{i+180}}{I'_i-I'_{i+180}}\right|\leqslant K\qquad（K\text{ 为不对称系数，一般取 }K=2）\tag{3-11}$$

则认为差流的波形是对称的，产生差流的原因是故障而不是励磁涌流。

四、变压器相间短路的后备保护

为了反应变压器外部相间短路故障引起的过电流，并作为变压器纵差动保护和瓦斯保护的后备，变压器应装设后备保护。根据变压器容量和对保护灵敏度的要求，变压器相间短路的后备保护可采用过电流保护、低电压启动的过电流保护、复合电压启动的过电流保护、复合电流保护和阻抗保护等。

1. 复合电压启动的过电流保护。

复合电压启动的过电流保护原理接线图如图 3-15 所示。保护由电流元件、电压元件（含负序电压继电器 KV2 和低电压继电器 KV1）、时间元件三部分组成。在三相短路时该保护的灵敏度与低电压启动过电流保护相同。

保护装置动作情况如下：

（1）当发生不对称短路时，故障相电流继电器动作，同时负序电

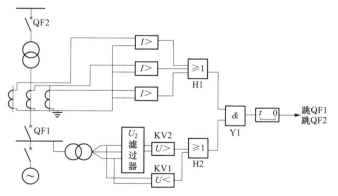

图 3-15　复合电压启动的过电流保护原理接线图

压继电器 KV2 动作，启动时间继电器 KT，经整定延时启动信号和出口继电器，将变压器两侧断路器断开。

（2）当发生对称短路时，此时加于 KV1 线圈上的电压已是对称短路时的低电压，只要

该电压小于低电压继电器的返回电压，KV1 不至于返回，而且 KV1 的返回电压是其启动电压的 K_{re}（大于 1）倍，因此，电压元件的灵敏度可提高 K_{re} 倍。复合电压启动的过电流保护在对称短路和不对称短路时都有较高的灵敏度。

复合电压启动的过电流保护的优点：

（1）由于负序电压继电器的整定值较小，因此对于不对称短路，其灵敏系数较高。

（2）对于对称短路，电压元件的灵敏性可提高 1.15～1.2 倍。

（3）由于保护反应负序电压，因此对于变压器后的不对称短路，与变压器的接线方式无关。

负序电压继电器的启动电压按躲开正常运行情况下负序电压滤过器输出的最大不平衡电压整定。根据运行经验，取：

$$U_{2.act} = (0.06 \sim 0.12)U_{N.T} \tag{3-12}$$

由此可见，复合电压启动过电流保护在不对称故障时电压继电器的灵敏度高，并且接线比较简单，因此应用比较广泛。

2. 复合电流保护

对于大容量的变压器和发电机组，由于额定电流很大，而相邻元件末端两相短路故障时

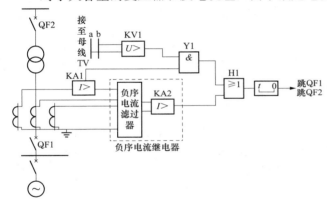

图 3-16 复合电流保护原理接线图

的故障电流可能较小，因此复合电压启动的过电流保护往往不能满足作为相邻元件后备保护时对灵敏度的要求。在这种情况下，可采用复合电流保护，原理接线图如图 3-16 所示。

复合电流保护由负序电流保护和单相式低电压启动的过电流保护组成。

负序电流保护的动作电流按以下条件选择：

（1）躲开在变压器正常运行时负序电流滤过器出口的最大不平衡电流，其值一般为 $(0.1～0.2)I_{N.T}$。

（2）躲开线路一相断线时引起的负序电流。

（3）与相邻元件上的负序电流保护在灵敏度上配合。

综合考虑以上三点，为简化计算，可取 $I_{2.act} = (0.5～0.6)I_{N.T}$。

五、变压器接地保护

对于中性点直接接地电网中的变压器，一般应装设接地（零序）保护，作为相邻元件接地短路故障的远后备及变压器纵差动保护、瓦斯保护的近后备。

中性点直接接地电网中发生接地短路故障时，零序电流的分布和大小与变压器中性点接地的数目和位置有很大的关系。通常，只有一台升压变压器，则该台变压器的中性点必须接地；对数台并列运行的升压变压器或降压变压器，则采用部分变压器中性点接地的方式。

110kV 及以上变压器中性点是否接地运行还与变压器中性点绝缘水平有关。如 220kV 及以上的大型变压器，高压绕组均为分级绝缘，其中性点有两种绝缘水平：一种

绝缘水平很低，如 500kV 变压器的中性点绝缘水平为 38kV，这种变压器的中性点只能直接接地运行；另一种绝缘水平较高，如 220kV 变压器中性点绝缘水平为 110kV，这种变压器的中性点除可以直接接地运行外，还可以在不失去电网中接地中性点的情况下不接地运行。我国 220kV 电网中，广泛采用中性点有较高绝缘水平的分级绝缘变压器，从而可合理安排接地中性点。

1. 中性点直接接地运行变压器的零序保护

中性点直接接地运行的变压器，可应用零序电流构成接地保护。零序电流可从接地中性点回路上的电流互感器二次侧取得，如图 3-17 中的 TA。

为提高动作的可靠性，并充分发挥后备保护的作用，保护设有 I、II 两段，每段设有两个时限，如图 3-17 所示。

零序电流保护 I 段作为变压器及母线的接地故障后备保护，其启动电流和延时 t_1 应与相邻元件零序电流保护 I 段相配合，通常以较短延时 t_1 动作于母线解列；以较长的延时 t_2 有选择地动作于断开变压器高压侧断路器。

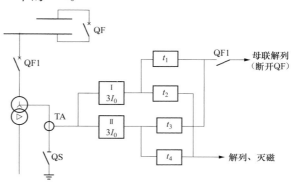

图 3-17　中性点直接接地运行变压器
零序电流保护原理接线图

零序电流保护 II 段作为引出线接地故障的后备保护，其动作电流和延时 t_3 应与相邻元件零序后备段相配合。通常 t_3 应比相邻元件零序保护后备段最大延时大一个 Δt，以断开母联断路器或分段断路器，以较长的延时 t_4 动作于断开变压器高压侧断路器。

零序电流 I 段动作电流按与相邻元件零序电流 I 段配合整定，即

$$I_{0.\,\mathrm{act}}^{\mathrm{I}} = K_{\mathrm{met}} K_{\mathrm{bra}} I_{0.\,\mathrm{act.\,L}}^{\mathrm{I}}$$
$$(3-13)$$

式中　K_{met}——配合系数，取 1.1～1.2；

　　　K_{bra}——零序电流分支系数，其值等于最大运行方式下在相邻元件 I 段保护范围末端发生单相接地短路时，流过本保护的零序电流与流过相邻元件的零序电流之比；

　　　$I_{0.\,\mathrm{act.\,L}}^{\mathrm{I}}$——相邻元件零序电流 I 段动作电流。

零序电流 I 段的动作时限为：$t_1 = 0.5 \sim 1.0\mathrm{s}$，$t_2 = t_1 + \Delta t$。

零序电流 II 段的动作电流按与相邻元件零序后备保护动作电流配合整定，即

$$I_{0.\,\mathrm{act}}^{\mathrm{II}} = K_{\mathrm{met}} K_{\mathrm{bra}} I_{0.\,\mathrm{act.\,L}}^{\mathrm{II}}$$
$$(3-14)$$

式中　K_{met}——配合系数，取 1.1；

　　　K_{bra}——零序电流分支系数，其值等于最大运行方式下在相邻元件零序电流后备保护的保护范围末端发生单相接地短路时，流过本保护的零序电流与流过相邻元件的零序电流之比；

　　　$I_{0.\,\mathrm{act.\,L}}^{\mathrm{II}}$——相邻元件零序后备保护动作电流。

零序电流 II 段的动作时限为：$t_3 = t_{\max} + \Delta t$，$t_4 = t_3 + \Delta t$。

变压器高压侧断路器辅助触点 QF1 的作用是：防止变压器与系统并列之前，在变压器高压侧发生单相接地而误将母线联络断路器断开。

2. 中性点可能接地或不接地运行时变压器的零序保护

对于中性点可接地或不接地运行的变压器，当接地运行时，应装设零序电流保护；当不接地运行时，为防止电网单相接地故障点出现间隙电弧引起过电压损坏变压器，应装设零序电压保护。因此，这种变压器的零序保护由零序电流保护和零序电压保护组成。

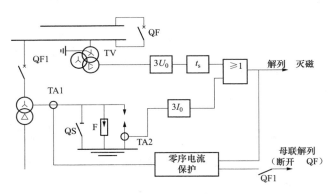

图 3-18　分级绝缘变压器零序保护原理接线图

（1）分级绝缘变压器。中性点有放电间隙的分级绝缘变压器零序保护原理接线图如图 3-18 所示。

分级绝缘变压器零序保护组成是由零序电压保护、零序电流保护、间隙零序电流保护共同构成。

当系统发生单相接地，中性点接地运行的变压器由其零序电流保护动作于切除。若高压母线上已没有中性点接地运行的变压器，而故障仍然存在时，中性点电位将升高，

发生过电压而导致放电间隙击穿，此时中性点不接地运行的变压器将由反应间隙放电电流的零序电流保护瞬时动作于切除。如果中性点过电压值不足以使放电间隙击穿，则可由零序电压保护带 0.3～0.5s 的延时将中性点不接地运行的变压器切除。

零序电压元件的动作电压的整定：

1）应低于变压器中性点工频耐受电压，即

$$U_{0.\,\mathrm{act}} = \frac{3K_{\mathrm{rel}}U_{\mathrm{W}}}{1.8n_{\mathrm{TV}}} \qquad (3\text{-}15)$$

式中　K_{rel}——可靠系数，取 0.9；

　　　　U_{W}——中性点的工频耐受电压；

　　　　n_{TV}——电压互感器一次侧相电压与开口三角侧电压的比值。

2）躲过电网存在中性情况下单相接地短路时的最大零序电压，即

$$U_{0.\,\mathrm{act}} = \frac{3\beta U_{\mathrm{K}(0)}}{(2+\beta)n_{\mathrm{TV}}} \qquad (3\text{-}16)$$

式中　β——系数，$\beta = Z_{\Sigma 0}/Z_{\Sigma 1}$，其中 $Z_{\Sigma 0}$、$Z_{\Sigma 1}$ 分别为母线上系统的零序综合阻抗和正序综合阻抗；

　　　　$U_{\mathrm{K}(0)}$——短路故障前母线上最大运行相电压。

一般 $U_{\mathrm{K}0.\,\mathrm{act}} = 180\mathrm{V}$。

放电间隙零序电流保护的动作电流根据间隙击穿电流经验数据整定，一般一次值为 100A。

时间元件 t_s 的延时，一般取 0.3～0.5s。

（2）全绝缘变压器。全绝缘变压器因中性点绝缘水平较高，故除按规定装设零序电流保护外，还增设零序电压保护。当发生接地故障时，同样先由零序电流保护动作切除中性点接地的变压器，若故障依然存在，再由零序电压保护切除中性点不接地的变压器。

全绝缘变压器零序保护原理接线图如图 3-19 所示。其中零序电压元件 $3U_0$ 和时间元件 t_s 构成零序电压保护，作为变压器中性点不接地运行时的保护。零序电压元件的动作电压按躲过电网有接地中性点情况下发生接地短路时保护安装处可能出现的最大零序电压整定。一般取 180V。由于零序电压保护仅在发生单相接地切除全部中性点接地变压器之后

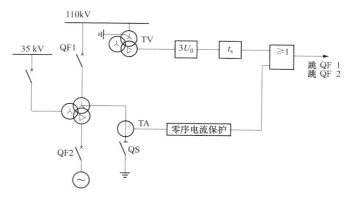

图 3-19 全绝缘变压器零序保护原理接线图

才动作，所以不需要与电网其他接地保护配合，其动作时限 t_s 仅用于躲过接地故障时暂态过程的影响，一般取 $t_s = 0.3 \sim 0.5\text{s}$。

六、变压器过负荷保护

变压器的过负荷电流在大多数情况下是三相对称的，过负荷保护作用于信号，同时闭锁有载调压。所以只用一个电流继电器，接于任一相电流中，经延时动作于信号。

过负荷保护安装地点，要能反映变压器所有绕组的过负荷情况。因此，双绕组升压变压器过负荷保护应装设在低压侧（主电源侧），双绕组降压变压器应装设在高压侧。一侧无电源的三绕组升压变压器，应装设在发电机电压侧和无电源一侧。三侧均有电源的三绕组升压变压器，各侧均应装设过负荷保护。单侧电源的三绕组降压变压器，当三侧绕组容量相同时，过负荷保护仅装设在电源侧；当三侧容量不同时，则在电源侧和容量较小的绕组侧装设过负荷保护。两侧电源的三绕组降压变压器或联络变压器，各侧均装设过负荷保护。

自耦变压器过负荷保护与自耦变压器各侧的容量比值以及负荷的分布有关，而负荷分布又与运行方式等有关，故自耦变压器的过负荷保护装设地点视具体情况而定。对于仅有高压侧电源的降压自耦变压器，过负荷保护一般装设在高压侧和低压侧。对于高压侧、中压侧均有电源的降压自耦变压器，当高压侧向中压侧及低压侧送电时，高压侧及低压侧可能过负荷；中压侧向高压侧及低压侧送电时，公共绕组先过负荷，而高压侧和低压侧尚未过负荷，因此这种变压器一般在高压侧、低压侧、公共绕组上装设过负荷保护。对于升压自耦变压器，当低压侧和中压侧向高压侧送电时，低压侧和高压侧过负荷，公共绕组可能不过负荷；当低压侧和高压侧向中压侧送电时，公共绕组先过负荷，而高压侧和低压侧尚未过负荷，因此这种变压器一般也在高压侧、低压侧、公共绕组上装设过负荷保护。对于大容量升压自耦变压器，低压绕组处在高压绕组及公共绕组之间，且当低压侧断开时，可能产生很大的附加损耗而产生过热现象，因此应限制各侧输送容量不超过 70% 的通过容量（即额定容量），为了在这种情况下能发出过负荷信号，应增设低压绕组无电流投入特殊的过负荷保护，其整定值按允许的通过容量选择。

动作电流应按躲开变压器的额定电流整定，即

$$I_{\text{act}} = \frac{K_{\text{rel}}}{K_{\text{re}}} I_{\text{N.T}} \tag{3-17}$$

式中 K_{rel}——可靠系数取 1.05；

K_{re}——返回系数取 0.85。

过负荷保护动作时限应比变压器的后备保护动作时限大一个 Δt，一般取 5～10s。

此外，有些过负荷保护采用反时限特性以及测量过负荷倍数有效值来构成。需要指出，变压器过负荷表现为绕组的温升发热，它与环境温度、过负荷前所带负荷、冷却介质温度、变压器负荷曲线以及变压器设备状况等因素有关，因此定时限过负荷保护或反时限过负荷保护不能与变压器的实际过负荷能力有较好的配合。显而易见，前述的过负荷保护不能充分发挥变压器的过负荷能力；当过负荷电流在整定值上、下波动时，保护可能不反应；过负荷状态变化时不能反映变化前的温升情况。较好的变压器过负荷保护应是直接测量计算出绕组上升的温度，与最高温度比较，从而可确定出变压器的真实过负荷情况。

七、变压器过励磁保护

变压器在运行中由于电压升高或者频率降低，将会使变压器处于过励磁运行状态，此时变压器铁芯饱和，励磁电流急剧增加，励磁电流波形发生畸变，产生高次谐波，从而使内部损耗增大、铁芯温度升高。另外，铁芯饱和之后，漏磁通增大，使在导线、油箱壁及其他构件中产生涡流，引起局部过热。严重时造成铁芯变形、损伤介质绝缘。

为确保大型、高压变压器的安全运行，设置变压器过励磁保护是非常必要的。标准化设计规定，在 330kV 及以上变压器的高压侧，220kV 变压器的高压侧与中压侧应配置过励磁保护。

1. 过励磁保护的作用原理

变压器运行时，其输入端的电压为

$$U = 4.44fWSB \tag{3-18}$$

式中　U——电源电压；

　　　W——一次绕组的匝数；

　　　S——变压器铁芯的有效截面；

　　　f——电源频率；

　　　B——铁芯中的磁密。

由于绕组匝数 W、铁芯截面 S 均为定数，故 $B = \dfrac{U}{4.44WSf}$

令 $K = \dfrac{1}{4.44WS}$，则 $B = K\dfrac{U}{f}$。

可以看出，变压器铁芯中的磁密，与电源电压成正比，与电源的频率成反比。在电源电压升高或频率降低时，均会造成铁芯中的磁密增大，从而产生过励磁。

在变压器过励磁保护中，采用一个重要的物理量，称之为过励磁倍数。过励磁倍数 n 等于铁芯中的实际磁密 B 与额定工作磁密 B_N 之比，即

$$n = \frac{B}{B_N} = \frac{U/f}{U_N/f_N} = \frac{U_*}{f_*} \tag{3-19}$$

式中　n——过励磁倍数；

　　　U_N——变压器的额定电压；

　　　f_N——电源的额定频率，$f_N = 50\text{Hz}$。

变压器过励磁时，$n > 1$。n 值越大，过励磁倍数越高，对变压器的危害越严重。

2. 测量过励磁倍数的原理

在微机型变压器保护中，保护装置计算出加于变压器上的电压 U 及其频率 f 以后，直接用式（3-19）算出过励磁倍数。由于通常计算电压 U 时都认为系统是额定频率，而在过励磁时，系统频率可能已经比额定频率低了，所以在软件计算电压 U 时所用的算法应该注意在频率变化时带来的计算误差要小。

考虑到过励磁对变压器的危害主要体现在因变压器发热引起温度升高上。而变压器发热温升是一个累积的过程，它不但与当前的过励磁倍数有关也与历史上的过励磁倍数有关。所以有的制造厂家用均方根方式求过励磁倍数 n，这种计算方法包含"有效值"的概念在内，可以更贴切地反应过励磁时的发热状况。它的计算方法为

$$n = \sqrt{\frac{1}{T}\int_0^t N^2(t)\mathrm{d}t} \tag{3-20}$$

式中 T——从过励磁开始到当前计算时刻为止的时间；

$N(t)$——在某一时刻按式（3-19）计算得到的过励磁测量倍数，它为时间的函数。

按式（3-20）求得的过励磁倍数 n，包含了从过励磁开始一直到当前为止所有的过励磁信息在内，反映了发热的累积过程。

模拟型变压器保护中的过励磁保护，测量过励磁倍数的原理接线如图 3-32 所示。

在图 3-20 中，U 为变压器电源侧 TV 二次相间电压；T 为保护装置中的小型辅助电压变换器；R 是电阻；C 是电容。

由图 3-20 可以看出：电压 U 通过辅助 T 变换隔离，经电阻 R、电容 C 分压后再整流、滤波变成直流电压，供过励磁测量元件进行测

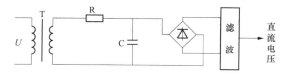

图 3-20　测量过励磁倍数原理接线图

量。根据直流电压的大小来判断过励磁倍数。过励磁倍数与该直流电压成正比。

在图 3-20 中是利用电容器 C 的容抗与频率有关来反映电源的频率的。当电源的频率降低时，电容器的容抗增大，在电源电压一定时容抗上分得的压降就大，输出的直流电压就比较高；反之，当电源的频率升高时，在电源电压一定时，输出的直流电压就较低。

另外，当电源的频率一定时，电源电压 U 越高，输出的直流电压就越高。

设在额定频率及额定电压下，图 3-20 中的直流电压 $U=e$，当电源电压升高或频率降低时的直流电压为 U_1，则测得的过励磁倍数：

$$n = \frac{U_1}{U} = \frac{U_1}{e} \tag{3-21}$$

3. 动作方程及逻辑框图

过励磁保护由定时限和反时限两部分构成。定时限保护动作后作用于告警信号及减励磁（发电机）；反时限保护动作后去切除变压器。

（1）动作方程

$$\begin{cases} n \geqslant n_{\mathrm{opL}} \\ n \geqslant n_{\mathrm{oph}} \end{cases} \tag{3-22}$$

式中 n——测量过励磁倍数；

n_{opL}——过励磁倍数低定值，定时限部分启动值；

n_{oph}——过励磁倍数高定值，反时限部分启动值。

（2）反时限部分的动作特性。实际变压器过励磁越严重时，发热越多，为防止变压器的损坏允许变压器运行的时间越短；反之变压器过励磁较轻时，允许变压器运行的时间较长，这是一个反时限特性。所以保护也采用反时限特性与之相适应，即过励磁倍数越大时，保护动作跳闸的时间越短；反之过励磁倍数越小时，保护动作跳闸的时间越长。目前，国内不同厂家生产的过励磁保护其反时限部分的动作特性相差很大。

某些公司生产的反时限过励磁保护动作曲线的方程为

$$t = 0.8 + \frac{0.18K_t}{(M-1)^2} \tag{3-23}$$

式中　t——动作延时；

　　　K_t——整定时间倍率，$K_t = 1 \sim 63$；

　　　M——启动倍数，$M = \dfrac{n}{n_{oph}}$，即等于过励磁倍数与反时限部分启动过励磁倍数之比。

也有公司采用的反时限过励磁保护动作特性曲线方程为

$$t = 10^{-K_1 n + K_2} \tag{3-24}$$

式中　t——动作延时；

　　　n——过励磁倍数；

K_1、K_2——待定常数。

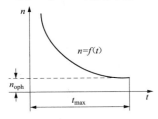

图 3-21　反时限过励磁保护动作特性曲线

反时限过励磁保护动作特性曲线上的各点，可以根据要求整定。其标准特性曲线如图 3-21 所示，n_{oph} 为反时限过励磁保护的启动值，t_{max} 为反时限过励磁保护动作长延时。

4. 过励磁保护逻辑框图

国内生产的微机型过励磁保护的动作逻辑框图如图 3-22 所示。

由图可以看出，当变压器或发电机电压升高或频率降低时，若测量出的过励磁倍数大：过励磁保护的低定值时，定时限部分动作，经延时 t_1 发信号或作用于减励磁（保护发电机时）；严重过励磁时，则保护反时限部分动作，经与过励磁倍数相对应的延时，切除变压器或发电机。

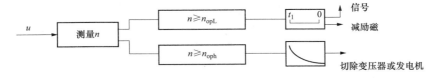

图 3-22　过励磁保护逻辑框图

♨ 【任务实施】

（1）教师布置任务，讲解该任务的要点及注意事项。对变压器可能发生的故障、异常运行状态，依据 GB/T 14285—2006《继电保护和安全自动装置技术规程》配置相应的保护，分析每一种保护的原理、保护范围，并对保护装置进行检验及维护。

（2）学生以小组为单位收集资料，讨论工作方案。

（3）按照制定的工作方案，小组成员进行分工，并在教师的指导下完成工作任务。

（4）随机抽取某一个或几个小组某一成员进行汇报成果。

（5）教师点评，总结性地讲解本任务的知识点及技能点。

（6）评价，教师评价和学生评价相结合。

一、变压器保护装置性能检验

1. 开入量、开出量检验

（1）开入量检查。

试验条件：将装置调整到开入量显示界面，显示开入量的状态。分别给底板端子施加电压值。交流底板施加直流电压 $U_e=24V$，直流底板施加直流电压 $U_e=220V$。

试验要求：当直流底板施加的 U_e 电压值在（80％～110％）U_e 变化，显示均应正常，逐步减小直流电压，低于 55％U_e 时，开入绝对不能被接通；交流底板施加的 U_e 直流电压在（90％～110％）U_e 变化，显示均应正常，逐步减小直流电压，低于 65％U_e 时，开入绝对不能被接通。

（2）开出量检查。

试验条件：装置上电，并使电源在 80％～110％额定值范围内变化。

试验要求：通过传动菜单或者让保护动作出口使装置的出口继电器逐个传动，开出动作后装置相应的出口端子应可靠吸合或断开。

2. 整定值输入、固化、切换功能检验

（1）定值输入和固化功能检验。由运行状态进入调试状态，利用"↓""↑"键将光标移动，按确认，将会显示定值。

（2）定值输出检验。运行状态下，装置掉电 5min 后，重新上电进入主菜单，打印定值，并检查时钟失电保持功能。

（3）定值切换检验。运行状态下，将定值置于已整定的各定值区，分别进行打印，检查定值区应正确。

3. 交流电流通道线性度测量及接线正确性检查

试验时，在保护装置柜后竖端子排 TA 二次电流的接入端子上加电流，观察并记录界面上显示的输入电流值。

（1）试验接线。试验接线如图 3-23 所示。

图 3-23　电流通道线性度试验接线

在图 3-23 中，I_{a1}、I_{b1}、I_{c1}、I_{n1} 为保护用第一组 TA 二次三相电流接入端子，I_{an}、I_{bn}、I_{cn}、I_{nn} 为保护用第 n 组 TA 二次三相电流接入端子。

（2）试验方法。操作界面键盘（或触摸屏），调出通道有效值测试菜单。

操作试验仪，使 a 相电流分别为 0.5、5、25A（TA 二次标称额定电流为 5A；若 TA 二次标称额定电流为 1A 时，应分别加 0.1、1、10A 的电流），观察并记录 I_{a1} 电流通道显示的各电流值。

再分别加 b 相、c 相电流，重复上述试验、观察及记录。然后，再将试验仪的三相输出线分别改接到 I_{a1}、I_{b1}、I_{c1}、I_{n1}、…、I_{an}、I_{bn}、I_{cn} 及 I_{nn} 及电流端子上，重复上述试验、观察及记录。

（3）三相电流采样值的打印。如图 3-23 所示，操作试验仪，使三相输出电流为三相标称额定正序对称电流（即各相电流的大小相等，均等于 5A 或 1A；相位关系：I_A 超前 $I_B 120°$，而超前 $I_C 240°$）。

操作界面键盘（或操作触摸屏）或后台机键盘，发出打印采样值命令，打印出各组 TA 二次三相电流的采样值。

根据三相电流的采样值，可以判断从柜后竖端子排电流端子直到 A/D 输出这部分的回路是否正确，三相通道的调整是否精确，各硬件是否良好，通信软件及打印系统等是否正确。

4. 交流电压通道线性度的测量及接线正确性的检查

（1）试验接线。试验接线如图 3-24 所示。

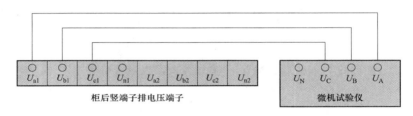

图 3-24　交流电压通道测量接线

在图 3-24 中，U_{a1}、U_{b1}、U_{c1}、U_{a2}、U_{b2}、U_{c2} 分别为第一组 TV 和第二组 TV 二次三相电压的接入端子。

说明：在大电流系统中，TV 二次三相中性点 n 接地，其端子为 U_n；而在小电流系统中，通常采用 b 相接地，故 U_n 不引入屏体内。

（2）试验方法。以检查用于小电流系统中的电压通道为例，介绍测量试验方法。

操作界面键盘，调出"有效值"显示菜单中的电压通道显示值。

操作试验仪，使输出电压为三相对称电压，U_A 超前 $U_B 120°$，而超前 $U_C 240°$，三相电压（相电压）值均相等。使三相电压输出分别为 5、57.7、70、80V 时，观察并记录屏幕显示的电压值。

然后，将试验仪的三相输出分别改接在端子 U_{a1}、U_{b2}、U_{c3} 上，重复上述试验、观察及记录。

当对用大电流系统中的电压通道进行测量时，在图 3-23 中试验仪的 U_N 应与端子排上 U_{n1} 端子连接起来。此时，测量的电压通道应为各相电压的通道。

要求：通道显示值清晰、稳定，各显示值应等于参考电压值，最大误差应小于 5%。

（3）各组电压通道三相电压采样的打印。试验接线同图 3-23，操作测试仪器，使其输出电压（相电压）为 57.7V。操作界面键盘，输入"打印采样值"命令，打印出三相电压的采样报告。

5. 保护功能检验

（1）差动保护检验。

1）各侧差动电流整定值校验：要求 0.95 倍整定值可靠不动作；1.05 倍整定值可靠动作。

2）差动速断保护检验：与各侧差动电流定值校验相同，不同的是差动速断保护不受二次谐波制动。要求 0.95 倍整定值可靠不动作，1.05 倍整定值可靠动作。需要注意的是此时差动保护会动作，要查看保护动作信息进行确认。如要使差动保护不动作，应加二次谐波电流大于定值，将差动保护闭锁。另外，由于差动速断保护电流定值较大，试验结束应及时退出测试仪所加试验电流，然后记录动作电流。

3）比率制动特性曲线的录制：目前，录制国内生产及应用的微机型变压器差动保护动作特性的方法大致有三种，即拼凑法、"试验态"法及消差法。试验者应根据被校装置的特点，差动保护的"侧数"及现有的试验仪性能，选择适宜的试验方法。具体试验方法请参考保护装置测试的书籍。

4）二次谐波制动比的检验：投入"差动投入"压板和定值中"投比率差动"控制字。在某侧（例如第一侧）通入单相（例如 A 相）大小为 3 倍本侧二次额定值的电流，若其中二次谐波含量大于整定值，比率差动应不动作；若其中二次谐波含量小于整定值，比率差动应动作。

（2）后备保护检验。

1）复合电压过电流定值检验：分别进行各侧动作电流检验、动作电压检验（低电压、负序电压）、方向元件的检验、动作时间及跳闸逻辑的检验、TV 断线时保护性能的检验。

投入复合电压闭锁（方向）过电流保护压板，在后备保护定值单中整定复合电压闭锁过电流保护的控制字为"1"，加入三相对称电压和一相电流。

在满足复合电压的条件下，检测保护的过电流定值，误差应在 5% 范围以内。在满足过电流定值的条件下，检测保护的复合电压定值（负序电压和低电压定值），误差应在 5% 范围以内。

在满足复合电压定值和过电流定值的条件下，模拟复合电压闭锁（方向）过电流保护灵敏角动作方向上的故障，保护应可靠动作。模拟复合电压闭锁（方向）过电流保护灵敏角反方向上的故障，保护应可靠不动作。

检测复合电压闭锁（方向）过电流保护的各段动作时间。

2）阻抗保护检验：分别进行各侧最大灵敏角下动作值和偏移角的检验、动作时间及跳闸逻辑的检验、TV 断线时保护性能的检验。要求 0.95 倍整定值可靠动作，1.05 倍整定值可靠不动作。

3）过负荷保护的检验：分别进行各侧过负荷定值检验及动作时间检验、过负荷启动通风及闭锁调压功能的检验。要求电流定值及时间与整定值相符。

6. 断路器传动试验及带负荷测试

（1）断路器传动试验。试验前，查看端子排电缆连接可靠，确保无松动。投入保护压板及出口压板，加入相应的电流及电压，模拟各种故障，观察断路器动作情况。

1）差动保护传动三侧断路器，防止误跳旁路断路器。

2）高压侧保护、中压侧保护、低压侧保护传动三侧断路器，延时跳母联的可用万用表电压挡监视保护触点的通断，防止误跳旁路及母联断路器。

（2）变压器带负荷测试。

1）各侧 TA、TV 极性核对。变压器带负荷后，可在保护装置主接线画面上显示各侧的功率及方向，结合变压器实际运行情况初步判断各侧 TA、TV 极性是否正确。通过管理板相位角菜单中的"各侧电流相位角"、"各侧电压相位角"、"各侧电压与电流夹角"来进一步判断各侧电流、电压的极性和相序是否正确。

2）差动保护带负荷测试。变压器带负荷后，可在保护装置主接线画面上显示变压器各相差流的大小。正常情况下各相差流应小于 $0.02I_N$。通过"各侧调整后电流相位夹角"显示差动各侧调整后的电流相位，正常情况下潮流送入端与送出端电流相位夹角应为 180°。若变压器所带负荷较小，无法通过相角来判断，则可通过保护板正常波形打印菜单，打印出差动各侧调整后电流波形，应用波形图并结合变压器实际运行情况来判断变压器差动保护电流平衡调整是否正确。若不正确则应检查装置中差动保护的各项整定值输入是否正确，各侧 TA 极性是否正确。

二、变压器保护装置运行维护

1. 主变压器保护装置运行（RCS-978）

（1）装置液晶屏显示说明。

1）正常运行时装置液晶显示。装置正常运行状态，液晶屏幕显示实时时钟、变压器主接线、各相差流、装置编号、零序差流、各侧功率方向、各侧电流和电压采样平均值、过励磁测量倍数、频率。

2）保护动作时将自动更新最新一次动作报告，液晶屏显示保护动作报告的记录号、保护报告名称、保护动作报告的时间、动作元件。

3）保护异常时液晶显示保护自检报告的记录号、保护动作报告的时间、异常动作元件。

4）保护投退压板时，液晶显示将自动显示最新一次变位报告。

（2）信号灯说明。

1）"运行"灯：装置正常运行时点亮，熄灭表明装置处于不正常工作状态。

2）"报警"灯：装置有报警信息时点亮。报警信号灯只有在装置异常消除后自动熄灭，但对于电流互感器断线告警，必须在外部异常恢复正常且手动复位装置后，报警信号灯才会熄灭。

3）"跳闸"灯：当保护动作并出口时点亮。跳闸信号只有在按下"信号复归"或远方复归后才熄灭。

2. 主变压器保护装置自检异常处理

（1）需要及时汇报调度，申请退出该套保护装置，并记录异常信息通知调试组检查处理的异常有：存储器出错、跳闸出口异常、RAM 异常、直流电源异常、定值无效、DSP 出错、EEPROM 出错、光耦失电。

（2）出现除以上异常告警外的异常时不必退出保护装置，但运行人员应及时记录异常信息并通知保护人员检查处理。若有检修需要，可向调度汇报，申请退出保护装置。

❖【复习思考】

3-1-1　变压器可能出现的故障和不正常工作状态有哪些？应分别装设哪些保护？

3-1-2　瓦斯保护和差动保护均是变压器内部故障的主保护，二者为何不可相互替代？

3-1-3　试述变压器差动保护产生不平衡电流的原因及克服措施。

3-1-4　绘制二折线式比率制动变压器差动保护的动作特性，并写出动作方程。

3-1-5　变压器相间短路的后备保护有哪几种方式？它们各自的特点如何？

3-1-6　变压器复合电压启动的过电流保护，在变压器发生三相对称故障时是如何工作的？

3-1-7　变压器过励磁保护的原理是什么？

任务二　发电机保护装置的原理、性能检验与运行维护

【教学目标】

知识目标：通过学习和查阅资料，学生能描述发电机的故障、异常运行及保护配置原则，能陈述发电机的差动保护、过电流保护、接地保护、失励磁保护、过电压保护、逆功率保护、失步保护等的作用、接线、保护装置的构成。

能力目标：能对发电机的保护进行动作分析、性能检验及运行维护。

素质目标：树立正确的学习态度，学会查阅资料，养成严谨的工作作风，具备团队协作精神。

【任务描述】

该任务通过教师讲授、小组讨论、学生查阅资料弄清发电机的故障、异常运行及保护配置原则，发电机的差动保护、过电流保护、接地保护、失励磁保护、过电压保护、逆功率保护、失步保护的作用、接线、构成；通过学生小组讨论、教师引导对发电机保护的原理进行分析；通过学生设计实验方案、小组讨论、教师指导、学生动手实验，完成发电机的相关保护的性能检验及运行维护。

【任务准备】

每小组一套发电机保护装置（含说明书），一台继电保护测试仪，一份发电机保护装置调试大纲，一份发电机保护装置调试作业指导书。

【相关知识】

一、发电机的故障、异常运行及保护配置

电力系统中，同步发电机是十分重要和贵重的电气设备，它的安全运行对电力系统的正常工作、用户的不间断供电、保证电能的质量等方面，都起着极其重要的作用。

发电机作为长期连续运转的设备，既有静止不动的定子部分又有旋转的转子部分，既有机械运动又要承受电流、电压的冲击，这就造成同步发电机在运行中，定子绕组和转子励磁回路都有可能产生危险的、类型复杂的故障和不正常的运行情况。此外，一般大容量机组广泛采用直接冷却技术，使得其体积和质量并不随着容量成比例增大，这就造成大型机组的故障和不正常运行状态与中小型机组有较大差异，给保护带来了复杂性。

1. 发电机的故障

一般说来，发电机的内部故障主要是由定子绕组及转子绕组绝缘损坏而引起的，常见的故障有：

（1）定子绕组相间短路。定子绕组相间短路是对发电机危害最大的一种故障形式。由于相间短路电流大，故障点产生的电弧将会破坏绝缘，烧损铁芯和绕组，甚至损坏机组。

（2）定子绕组的匝间短路。定子绕组匝间短路时，将产生很大的环流，引起故障处温度

升高，破坏绝缘，并可能转变成单相接地短路或相间短路。

（3）定子绕组单相接地。定子绕组单相接地时，发电机电压网络的电流或经消弧线圈补偿后的电流将流过定子铁芯，当电流较大或持续时间较长时，会使铁芯局部融化，给维修工作带来很大困难。

（4）失磁。由于励磁回路的故障出现的励磁电流异常下降或消失，此时对系统及发电机的安全运行有较大影响。

（5）励磁回路一点接地或两点接地。励磁回路一点接地短路时，由于没有电流通路，所以发电机并无危害。但若不及时处理，就有可能导致两点接地故障，可能使转子绕组和铁芯烧坏，并因转子磁通的对称性遭到破坏，将引起发电机产生强烈的机械振动。

2. 发电机异常运行

发电机的主要异常运行状态有以下 9 点：

（1）220kV 及以上高压电网非全相运行或非全相重合闸时网络中出现负序电流，从而引起发电机转子表层过热及振动等。

（2）发电机逆功率运行：在汽轮发电机组上，由于各种原因误将主汽门关闭，则在发电机断路器跳闸之前，发电机将迅速转为电动机运行，即逆功率运行。

（3）频率异常：汽轮机的叶片都有一个自然振荡频率，如果发电机运行频率升高或者降低，以致接近或等于叶片自振频率时，将导致共振，使材料疲劳。

（4）定子绕组过电压：大型汽轮发电机出现危及绝缘安全的过电压是比较常见的现象。

（5）发电机与系统之间失步：对大型发电机（特别是汽轮发电机），发电机与系统之间失步时，机端电压大幅度波动，厂用机械难以稳定运行。

（6）定子电流超过额定值的定子绕组过负荷。

（7）外部短路或系统振荡引起的发电机定子绕组对称过电流。

（8）励磁回路过负荷。

（9）过励磁：当电压升高或频率降低时，铁芯的工作磁密过高，铁芯饱和，铁损增加，使铁芯温度上升。

3. 发电机的保护配置

根据国家标准 GB/T 14285—2006《继电保护和安全自动装置技术规程》的规定，电压在 3kV 以上、容量在 600MW 及以下的发电机（600MW 级以上的发电机可参照执行）对应装设下列保护：

（1）定子绕组相间短路保护。

（2）定子绕组接地保护。

（3）定子绕组匝间短路保护。

（4）发电机外部相间短路保护。

（5）定子绕组过电压保护。

（6）定子绕组对称过负荷保护。

（7）转子表层（负序）过负荷保护（又称不对称过负荷保护）。

（8）励磁绕组过负荷保护。

（9）励磁回路一点及两点接地保护。

（10）失磁保护。

（11）定子铁芯过励磁保护。

（12）发电机逆功率保护。

（13）频率异常保护（一般装设低频率保护）。

（14）失步保护。

（15）其他故障及异常运行保护，如误上电保护、断路器断口闪络保护、启停机保护等。

4. 发电机出口方式

根据故障及异常运行方式的性质，上述各项保护可动作于：

（1）停机（也叫全停），即断开发电机断路器，灭磁，切换厂用电，关闭汽轮机主汽门，关闭水轮发电机导水翼。

（2）解列灭磁，即断开发电机断路器，灭磁，原动机甩负荷。

（3）解列，断开发电机断路器，原动机甩负荷。

（4）减出力，即将原动机负荷减到给定值。

（5）缩小故障影响范围，例如双母线系统断开母线断路器等。

（6）发出声光信号。

（7）程序跳闸，对汽轮发电机首先关闭汽轮机主汽门，待逆功率继电器动作后，再断开断路器并灭磁。对水轮发电机，首先将导水翼管道空载位置，再跳开发电机断路器并灭磁。

二、发电机定子绕组相间短路的纵差动保护

对发电机定子绕组及其引出线的相间短路故障，应按下列规定配置相应的保护作为发电机的主保护：

1MW 及以下单独运行的发电机，如中性点侧有引出线，则在中性点侧装设过电流保护，如中性点侧无引出线，则在发电机端装设低电压保护；1MW 及以下其他发电机或与电力系统并列运行的发电机，应在发电机端装设电流速断保护。如电流速断灵敏系数不符合要求，可装设纵联差动保护；对中性点侧没有引出线的发电机，可装设低压过电流保护。

1MW 以上的发电机，应装设纵联差动保护。对 100MW 以下的发电机—变压器组，当发电机与变压器之间有断路器时，发电机与变压器宜分别装设单独的纵联差动保护功能。对 100MW 及以上发电机—变压器组，应装设双重主保护，每一套主保护宜具有发电机纵联差动保护和变压器纵联差动保护功能。

1. 纵联差动保护的基本原理

图 3-25 发电机纵联差动保护电流示意图

纵联差动保护是发电机相间短路的主保护，因而要求能正确区别发电机内、外故障，并且能无延时地切除内部故障。如图 3-25 所示，发电机每相首末两端电流各为 $\dot{i}_1$ 和 $\dot{i}_2$，当被保护设备没有短路时，恒有电流向量和近似为零，保护可靠不误动；当被保护设备本身发生短路时，则电流向量和正比于短路电流，保护灵敏动作。可见，其保护范围是两侧电流互感器之间的部分。

在理想情况下，外部故障时电流和值为零，但实际上，在发生外部故障时，受到电流互感器、保护装置本身等因素的影响，电流和值总有一定数值，称这个电流为不平衡电流。对于发电机而言，在中性点侧装设一组电流互感器；在机端引出线靠近断路器 QF 处装设另一组电流互感器，所以它的保护范围是定子绕组及其引出线。由于发电机差动保护两侧可选用同一电压级、同型号、同变比及特性尽可能一致的电流互感器，因此其不平衡电流比变压器差动保护的小。

但正是由于不平衡电流的影响，只采用简单的电流和值的原理来区分内外部故障往往灵敏度不够，为此，实际使用中常在纵差保护的基本原理基础上加以改进。目前发电机纵差保护常见的原理有比率制动式纵差保护、标积制动式纵差保护等。

2. 发电机比率制动式纵差动保护

所谓发电机比率制动式纵差保护与变压器比率制动式纵差动保护原理一致，即利用制动电流躲过发电机外部短路时的不平衡电流，以提高保护的灵敏度。

发电机每相中性点和机端电流各为 $\dot{I}_1$ 和 $\dot{I}_2$，定义流入发电机为电流正方向。如图 3-25 所示。差动电流 $\dot{I}_d = \dot{I}_1 + \dot{I}_2$，制动电流：$\dot{I}_{res} = 0.5(\dot{I}_1 - \dot{I}_2)$。

其动作方程为

$$\begin{cases} I_d \geqslant I_{act.min} & (I_{res} \leqslant I_{res.min}) \\ I_d > I_{act.min} + K(I_{res} - I_{res.min}) & (I_{res} > I_{res.min}) \end{cases} \quad (3\text{-}25)$$

式中　$\dot{I}_{act.min}$——最小动作电流；

　　　　K——比率制动特性的斜率；

　　　$\dot{I}_{res.min}$——最小制动电流。

当发电机本身无故障，机外（纵联差动保护区外）发生短路时，$\dot{I}_1 = -\dot{I}_2 = \dot{I}_k$（$\dot{I}_k$ 为短路电流），$\dot{I}_d = \dot{I}_{unb} \approx 0$，$\dot{I}_{res} = \dot{I}_1 = \dot{I}_k$ 制动作用很大，动作作用理论上为零，保护可靠制动。实际上外部短路电流 $\dot{I}_k$ 越大，制动电流 $\dot{I}_{res}$ 越大，而差动电流仅为不平衡电流 $\dot{I}_{unb}$。既然继电器制动电流 $\dot{I}_{res}$ 随外部短路电流线性增大，纵差保护的动作电流 $\dot{I}_{act}$ 也就随外部短路电流相应增大。但发电机本身故障时，$I_d \propto I_k$，$\dot{I}_{res}$ 明显减小，制动作用也随之减小，保护可靠动作。

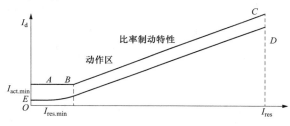

图 3-26　发电机纵差保护的比率制动特性

如图 3-26 所示为比率制动式纵差保护动作特性，纵差保护的动作电流 $\dot{I}_{act}$ 随外部短路电流 $\dot{I}_k$ 增大而增大的性能，通常称为"比率制动特性"（折线 BC）。折线 ABC 以上的部分为动作区，曲线 DE 表示外部故障时实际测得的差流（不平衡电流）$I_d = f(I_{res})$ 与 I_{res} 的关系曲线，可见，实际的动作曲线总是在曲线 DE 之上的。

通过对比率制动式纵差动保护原理的分析，可知该保护只要确定了最小动作电流 $I_{act.min}$、最小制动电流 $I_{res.min}$、最大制动系数或折线 BC 的斜率 K，也就确定了保护的动作特性。因此对于比率制动式差动保护也就主要整定上述参数。

（1）最小动作电流 $I_{act.min}$。按躲过正常运行情况下差动电流的最大不平衡电流来整定，即

$$I_{act.min} = K_{rel}(I_{unb1} + I_{unb2}) = (0.24 \sim 0.32)I_{N.G}/K_{TA} \quad (3\text{-}26)$$

式中　K_{rel}——可靠系数，一般取 1.5~2；

　　　I_{unb1}——差动保护两侧电流互感器的变比误差，取 $0.06I_{N.G}$；

I_{unb2}——差动保护装置中通道回路的误差，取 $0.1I_{N.G}$。

一般取 $I_{act.min}=(0.2\sim0.3)I_{N.G}$。

（2）最小制动电流 $I_{res.min}$。最小制动电流 $I_{res.min}$ 反映了保护开始产生制动作用的电流的大小。最小制动电流 $I_{res.min}$ 的大小直接影响了保护的动作区的大小，即反映了保护的灵敏度。

一般取 $I_{res.min}=(0.5\sim1.0)I_{N.G}/K_{TA}$。

（3）最大制动系数 $K_{res.max}$ 及折线 BC 的斜率 K。传统保护中常以过原点的 OC 连线的斜率表示比率制动差动保护的制动系数。特性曲线上的 C 点可近似由发电机外部故障时最大短路电流 $I_{k.max}$ 和差动保护的最大不平衡电流 $I_{unb.max}$ 确定。

$$K_{res.max}=\frac{I_{unb.max}}{I_{k.max}} \tag{3-27}$$

差动保护的最大不平衡电流 $I_{unb.max}$ 与两侧电流互感器的 10% 误差、二次回路参数误差、差动保护测量误差及两侧电流互感器暂态特性有关。

由制动曲线可得折线 BC 的斜率 K：

$$K=\frac{I_{unb.max}-I_{act.min}}{I_{k.max}-I_{res.min}} \tag{3-28}$$

3. 发电机纵差动保护动作逻辑

纵差保护并不是满足动作方程式就动作的，为了防止 TA 断线引起保护的误动，还需要加一些其他的逻辑判据。比较常见的判别 TA 断线的逻辑出口方式有循环闭锁方式、单相差动方式。

（1）循环闭锁方式。由于大型机组发电机中性点一般为经高阻接地的方式，因此不存在单相差动动作的问题。循环闭锁式的工作原理正是根据这一特点构成的，当两相或三相差动同时动作时，即可判断为发电机内部发生相间短路；同时为了防止一点在区内、另外一点在区外的两点接地故障的发生，当有一相差动动作且同时有负序电压时也出口跳闸。保护的逻辑如图 3-27 所示。

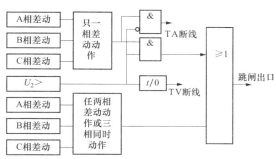

图 3-27 差动循环闭锁方式出口逻辑

此时若仅一相差动动作，而无负序电压时，即认为 TA 断线。而若负序电压长时间存在，同时无差电流时，则为 TV 断线。

（2）单相差动方式。单相差动方式的工作原理是：任一相差动保护动作即出口跳闸。这种方式另外配有 TA 断线检测功能。在 TA 断线时，瞬时闭锁差动保护，且延时发 TA 断线信号。保护的逻辑图如图 3-28 所示。TA 断线的判别是利用当任一相差动电流大于 $0.1I_n$ 时启动 TA 断线判别程序，满足下列条件时就认为是 TA 断线：

1）本侧三相电流中一相无电流；

2）其他两相与启动前电流相等。

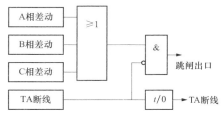

图 3-28 差动单相差动方式出口逻辑

三、发电机定子绕组匝间短路保护

现代的同步发电机，定子绕组有的每相只有一个绕组，大型发电机的定子绕组通常采用双层绕组，并且每相可能包括两个或两个以上的并联分支。匝间短路故障主要是指属于同一分支的位于同槽的上下层导体间发生短路，或者属于同一相但不同分支的位于同槽上下层导体间发生短路，当然还有绕组端部匝间短路以及因两点接地引起的匝间短路。由于匝间短路发生在同一相绕组，从该相绕组中性点侧与机端侧的 TA 上测得的电流相同，故上述纵差保护不反应匝间短路。计算和运行经验表明，匝间短路处电流可能超过机端三相短路电流，会严重损伤铁芯和绕组，因此匝间短路是发电机的一种严重故障。规程规定，大型发电机组必须装设高灵敏专用匝间短路保护，瞬时动作于全停。

发电机定子绕组发生匝间短路故障时，三相绕组的对称性遭到破坏，在定子、转子绕组中将出现如下特征电量：

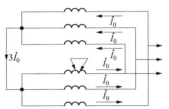

图 3-29　并联分支间的零序电流

（1）目前国内大型汽轮发电机大多为每相两并联分支，匝间短路时，属于第一分支的三相绕组中性点与属于第二分支的三相绕组中性点之间的连线上会产生以基波为主的不平衡电流，如图 3-29 所示。它可以用来构成横差保护。

（2）定子绕组中性点侧与机端侧相线上出现的负序电流、机端出现的负序电压，它们在定子绕组中产生与同步旋转磁场反向旋转的负序磁场，它相对于转子以两倍同步转速运动，在转子绕组中感应出二次谐波电流。这些电量可以用来构成反映转子二次谐波电流和机端负序功率方向的匝间短路保护。

（3）机端三相对发电机中性点出现的基波零序电压 $3\dot{U}_0$，它可以用来构成纵向零序电压匝间短路保护。

下面介绍发电机的匝间短路保护：横差保护、反应纵向零序电压的匝间短路保护和反应转子回路二次谐波电流的匝间短路保护。

1. 发电机横差保护

发电机横差保护是电流横差（横联差动）保护的简称，主要用来防御定子绕组匝间短路、定子绕组开焊故障，也可兼顾定子绕组相间短路故障。

（1）单元件横差保护。大型汽轮发电机大多为每相两并联分支绕组，当三相第一分支的中性点和第二分支的中性点分别引出机外时，可采用单元件横差保护，原理接线如图 3-30 所示。在图 3-30 中，发电机定子绕组每相有两个并联分支，故在三相绕组中性点侧可接成两个中性点 O1 和 O2，在 O1 和 O2 连线上接入横差电流互感器 TA0。横差保护反应具有零序性质的中性点连线上的基频电流，因此也常称为零序横差保护。当发电机正常运行时，流过 TA0 的电流很小（仅为不平衡电流）；而当定子绕组发生相间短路或匝间短路时，TA0 上会流过较大的基频零序短路电流，当电流越过动作门槛，横差保护出口。

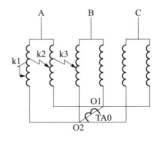

图 3-30　单元件零序横差
保护原理接线

这种零序横差保护采用简单的横差电流基频分量越限动作判据为

$$I_\mathrm{d} > I_\mathrm{d.set} \tag{3-29}$$

式中 I_d——横差电流的基频分量；

$I_\mathrm{d.set}$——横差保护电流定值。

当发电机正常运行时，TA0 也会流过不平衡电流，其中三次谐波电流占很大比例。为减小不平衡电流，提高匝间短路的灵敏性，要求采用优良的过滤三次谐波分量的滤波器。

微机型发电机横差保护采用数字滤波（如全周傅氏算法），可获得很强的过滤三次谐波分量的能力，其滤过比可达到 $80\sim100$。

发电机横差保护的动作逻辑框图如图 3-31 所示。

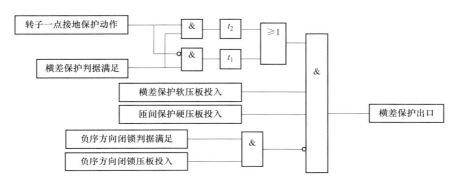

图 3-31 单元件横差保护的动作逻辑框图

在图 3-31 中，一般情况下，当发生定子绕组匝间短路时，横差保护判据满足，经短延时 t_1 出口。防御匝间短路的横差保护作为主保护之一，原则上应瞬时出口。但运行经验表明，当外部严重故障或系统振荡等情况下，可能在 TA0 上出现暂态不平衡电流，易引起横差保护判据短时越限而误动。若提高动作门槛，又会导致内部故障灵敏度降低。因此我国电力行业的有关规定中允许横差保护经不大于 0.2s 的短延时出口，以提高抗暂态不平衡电流的能力。

考虑到发电机转子绕组发生两点接地短路故障时，会造成发电机气隙磁场畸变，在 TA0 上产生周期性不平衡电流，从而可能导致横差保护误动，因此在发生转子一点接地故障后，使横差保护经较长延时 t_2（$t_2 > t_1$）动作。

为提高灵敏度、动作速度以及防外部故障误动能力，横差保护可考虑增加负序方向闭锁元件（可通过控制字投入/退出），机端负序方向闭锁元件的原理可参见纵向零序电压保护部分。

（2）裂相横差保护。如图 3-32 所示，图中为一相具有两个并联分支的发电机，安装在两分支线上的电流互感器具有相同的变比和型号，它们的二次绕组按环流法接线，电流继电器并联接在 TA 连接导线之间。

裂相横差保护实质是将每相定子绕组的分支回路分成两组，并通过将两组 TA 采集两分支电流，反极性引入到保护装置中计算差流，利用此差流来实现

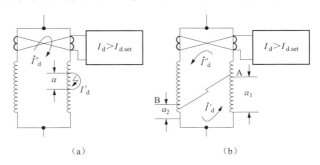

图 3-32 发电机裂相横差保护原理接线
（a）同相同分支横差保护；（b）同相不同分支横差保护

判断。这种接线是以并联分支作为保护整体的。

在正常情况下，每个并联分支的电动势是相等的，阻抗也相等，故两分支的电流相等，因而流入继电器的电流为 0。

当一个分支匝间短路时，两分支绕组的电动势不再相等，因而两分支的电流也不相等，并且由于两分支之间存在电动势差而产生一个环流 i''_{d} 在两绕组中流通。流入继电器的电流为 $i_{d}=2i''_{d}$。当 I_{d} 大于继电器的整定电流时，保护就动作。这就是发电机裂相横差保护的原理。

当采用横差保护时，在下列故障情况下，具有死区。

1）图 3-32（a）所示，在某一分支内发生匝间短路时，流入继电器的电流 $i_{d}=2i''_{d}$，由于 I''_{d} 随 α 的减小而减小，当 α 较小时，保护可能不动作，即保护有死区。

2）图 3-32（b）所示，在同相的两个分支上发生短路，若这种短路发生在等电位点上（$\alpha_1=\alpha_2$）时，将不会有环流。因此，$\alpha_1=\alpha_2$ 或 $\alpha_1\approx\alpha_2$ 时，保护也出现死区。

2. 纵向零序电压匝间短路保护

（1）纵向零序电压保护的构成及原理。发电机定子绕组匝间短路保护的另一种方案是利

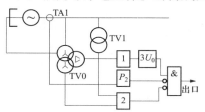

图 3-33　发电机纵向零序电压
匝间短路保护原理图
1—三次谐滤波过器；2—TV 断线闭锁保护

用纵向零序电压 $3\dot{U}_0$。如图 3-33 所示，$3\dot{U}_0$ 取自机端专用电压互感器 TV0 的第三绕组（开口三角接线）。TV0 一次侧的中性点必须与发电机中性点直接连接，而不能直接接地，正因为 TV0 的一次侧中性点不接地，因此 TV0 的一次绕组必须是全绝缘的，而且它不能被利用来测量相对地的电压。

当发电机正常运行和外部相间短路时，理论上说，TV0 的第三绕组没有输出电压，$3\dot{U}_0=0$。当发电机内部或外部发生单相接地故障时，虽然一次系统出现了零序电压，中性点电位升高，使得 TV0 一次侧中性点电位随之升高，三相对中性点的电压仍然完全对称，这样第三绕组输出电压 $3\dot{U}_0$ 当然等于零。

只有当发电机内部发生匝间短路或者发生对中性点不对称的各种相间短路时，即 TV0 一次侧的三相对中性点的电压不再平衡，第三绕组才有输出电压，即 $3\dot{U}_0\neq0$，使零序电压匝间短路保护正确动作。由此可知，利用零序电压原理的构成保护不仅可以反映匝间短路，还可以在一定程度上反映发电机的相间短路故障。

实际应用中，在正常运行和外部故障条件下，TV0 的开口三角形存在不平衡电压，纵向零序电压保护必须按躲开此不平衡电压进行整定，使保护的灵敏度降低。根据对许多正常运行发电机的实测和分析，这个不平衡电压主要是三次谐波电压，其二次值可达零点几伏到十伏左右，而基波零序电压一般较小，为百分之几伏到十分之几伏。因此，需要在保护装置中装设三次谐波滤过器，便可显著地提高匝间保护的灵敏度。

提高了保护灵敏度之后，需要放置外部不对称短路时暂态不平衡引起纵向零序电压匝间保护装置误动作，故应当同时装设负序功率方向元件，当发电机外部故障时由负序功率方向元件闭锁纵向零序电压匝间短路保护。

根据安全要求，专用 TV0 的一次侧应装设熔断器。为了防止在一次侧熔断器熔断时零序电压继电器误动作，还需要装设电压断线闭锁元件。

（2）负序功率方向元件。不管是发电机内部发生不对称短路，还是发电机外部发生不对称短路时，必然会产生负序电压和负序电流，但发电机内部不对称短路时短路功率的方向和外部不对称短路时短路功率的方向不同。因此，可利用负序功率方向元件来区分是发电机内部短路还是外部短路，当发电机外部短路时，负序功率方向元件动作，闭锁纵向零序电压匝间短路保护；当发电机内部短路时，负序功率方向元件不动作，解除闭锁。

如图 3-34 所示，负序功率方向元件 P_2 的负序电压和负序电流都取自机端，负序电流的正方向规定为由发电机流入。由图 3-34（b）可以看出，当发电机外部不对称短路时，$P_2 > 0$，表示负序功率方向是由外部系统流向发电机，功率方向元件可靠动作；由图 3-34（c）、（d）可以看出，当发电机内部不对称相间短路或匝间短路时，$P_2 < 0$，表示负序功率方向是由发电机流向外部系统，功率方向元件可靠不动作。

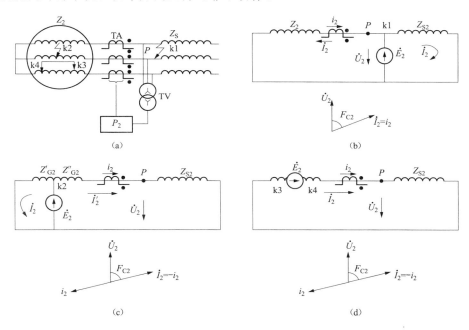

图 3-34 电流互感器在机端时的负序功率方向分析
（a）接线示意图；（b）、（d）k1 点故障等值电路及相量图；（c）k2 点故障分析

可见，当负序功率由发电机流向系统时表示发电机内部发生了故障（包括相间和匝间短路，因为发电机内部的相间短路绝不可能是三相对称短路）。反之，若负序功率由系统流向发电机，则表示发电机本身完好，系统存在不对称故障。

（3）纵向零序电压元件的整定。发电机发生匝间短路时，其纵向零序电压受发电机定子绕组结构及线棒在各定子槽内的分布的不同的影响，可能产生的最大及最小纵向零序电压的差异很大。在对纵向零序电压进行整定计算时，首先要对发电机定子结构进行研究，并估算发生最少匝数匝间短路时的最小零序电压，以此整定其零序电压和进行灵敏度校验。

实用中，纵向零序电压按下式整定：

$$U_{0.\text{set}} = K_{\text{rel}} U_{0.\text{max}} \tag{3-30}$$

式中　　$U_{0.\,set}$——纵向零序电压的整定值；

　　　　K_{rel}——可靠系数，一般取 $1.2\sim1.5$；

　　　　$U_{0.\,max}$——区外不对称短路时最大不平衡电压。

运行经验表明，纵向零序电压的整定值一般可取为 $2.5\sim3V$。

（4）评价。纵向零序电压匝间短路保护必须装设专用的全绝缘电压互感器。保护的原理简单，具有较高的灵敏度。除能反应匝间短路故障外还能反应分支绕组的开焊故障。但发电机在启动的过程中将失去保护的作用，同时保护存在动作死区，零序电压元件的定值越大死区越大。

3. 反应转子回路二次谐波电流的匝间短路保护

发电机定子绕组匝间短路时，将在转子回路感应二次谐波电流。发电机正常对称运行

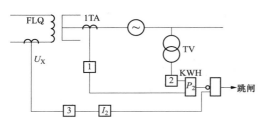

图 3-35　反应转子回路二次谐波电流
的匝间短路保护原理图
1—负序电流滤过器；2—负序电压滤过器；
3—二次谐波滤过器；P_2—负序功率方向元件；
I_2—二次谐波电流继电器

时，转子电流无二次谐波成分。因此，可以利用转子二次谐波电流构成匝间短路保护。图 3-35 为反应转子回路二次谐波电流的匝间短路保护原理图。

为了得到二次谐波电流，在转子回路中接入专用的电流变换器 U_X。匝间短路保护继电器接到到 U_X 的二次侧，它由二次侧谐波过滤器和电流继电器组成。为了防止发电机外部不对称短路引起保护的误动，采用了负序功率方向闭锁元件 KWH，其原理同图 3-34 所示。

定子绕组匝间短路后，当转子二次谐波电流大于保护装置的启动电流时，匝间短路保护继电器动作。此时，负序功率由发电机流向系统，故负序功率方向元件不动作，不发出闭锁信号，从而保护无延时送出跳闸脉冲。由于负序电流取自机端电流互感器，因此在内部两相短路时，匝间短路保护继电器也动作，负序功率方向元件不发出闭锁信号。此时，匝间短路保护兼作内部两相短路保护。负序电流也可取自中性点侧的电流互感器。

当发电机外部不对称短路时，转子回路也会出现二次谐波电流，匝间短路保护继电器可能误动作，此时负序功率由外部系统流向发电机，负序功率方向元件动作，发出闭锁信号，使保护闭锁。

负序功率方向闭锁转子二次谐波电流匝间短路保护，在结构上比较简单。灵敏系数较高，一般用于大型机组的定子绕组匝间短路保护。

四、发电机定子绕组单相接地保护

定子绕组的单相接地是发电机最常见的故障之一，主要是由于定子绕组与铁芯间的绝缘被破坏所致。由于发电机的中性点一般为不接地或经高阻抗接地的，所以定子绕组发生单相接地短路时没有大的故障电流，但往往会进一步引发相间短路或匝间短路。

对于大型发电机，由于其在系统中的地位重要，造价昂贵，而且结构复杂、检修困难，所以对其定子单相接地电流的大小和保护性能提出了严格的要求。要求如下：

（1）单机容量为 100MW 以下发电机应装设保护区不小于 90% 的定子接地保护，100MW 及以上的发电机要求装设保护区为 100% 的定子接地保护。

（2）保护区内发生带过渡电阻接地故障时保护应有足够高的灵敏系数。

（3）暂态过电压数值小，不威胁发电机的安全运行。

根据故障接地电流的大小，发生接地故障后可能有不同的处理方式：

（1）当接地电流小于安全电流时，保护可只发信号，经转移负荷后平稳停机，以避免突然停机对发电机组与系统的冲击。

（2）当接地电流较大时，为保障发电机的安全，应立即跳闸停机。

我国一般规定当接地电流小于 5A 时，保护可只发信号；当接地电流大于 5A 时，为保障发电机的安全，应立即跳闸停机。现代大型发电机采用经高阻接地方式（即中性点经配电变压器接地，配电变压器的二次侧接小电阻），以限制发电机单相接地时的暂态过电压破坏定子绕组绝缘；但另一方面却认为其增大了故障电流。因此对于大型发电机单相接地保护设计时规定接地保护应能动作于跳闸，并可根据运行要求打开跳闸压板，使接地保护仅动作于信号。

1. 发电机定子绕组单相接地的特点

发电机内部单相接地时具有一般不接地系统单相接地短路的特点，流经接地点的电流仍为发电机所在电压网络（即与发电机直接电联系的各元件）对地电容电流的总和。

假设发电机每相对地电容为 C_{0G}，并集中于发电机端；发电机以外同电压级网络每相对地等效电容为 C_{0S}，假设发电机 A 相在距离定子绕组中性点 α 处（α 表示由中性点到故障点的绕组匝数占全部绕组匝数的百分数）发生金属性定子绕组单相接地故障，如图 3-36 所示，发电机中性点将发生位移，并同时产生零序电压。

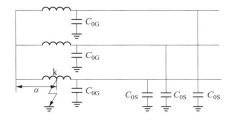

图 3-36　发电机定子绕组单相接地时的电路图

故障点处各相对地电压为

$$\left.\begin{aligned}\dot{U}_{Ak} &= 0\\\dot{U}_{Bk} &= \alpha\dot{E}_B - \alpha\dot{E}_A\\\dot{U}_{Ck} &= \alpha\dot{E}_C - \alpha\dot{E}_A\end{aligned}\right\} \tag{3-31}$$

因此，故障点处的零序电压为

$$\dot{U}_{k0} = \frac{1}{3}(\dot{U}_{Ak} + \dot{U}_{Bk} + \dot{U}_{Ck}) = -\alpha\dot{E}_A \tag{3-32}$$

可见，故障点的零序电压将随着故障点的位置不同而不同。

实际上当发电机内部发生单相接地时，是无法直接获得故障点的零序电压 $\dot{U}_{k0}$ 的，而只能借助于机端的电压互感器来进行测量，若忽略各相电流在发电机内阻抗上的压降，则发电机机端各相对地电压分别为

$$\left.\begin{aligned}\dot{U}_A &= \dot{E}_A - \alpha\dot{E}_A\\\dot{U}_B &= \dot{E}_B - \alpha\dot{E}_A\\\dot{U}_C &= \dot{E}_C - \alpha\dot{E}_A\end{aligned}\right\} \tag{3-33}$$

由此可得机端的零序电压为

$$\dot{U}_0 = \frac{1}{3}(\dot{U}_A + \dot{U}_B + \dot{U}_C) = -\alpha\dot{E}_A \tag{3-34}$$

式（3-33）和式（3-34）表明发电机发生单相接地时，发电机端三相电压是不对称的，接地相电压最低，非接地相电压升高；在中性点附近发生单相接地时，即 $\alpha=0$ 处，零序电压最小，$\dot{U}_0=0$；而在机端发生单相接地时，即 $\alpha=1$ 处，零序电压最大，$U_0=E_{pn}$，达到发电机相电压。图3-37示出了发电机定子绕组发生单相接地时，机端零序电压与故障点位置的关系。

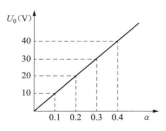

图 3-37 发电机 $U_0=f(\alpha)$ 关系

2. 零序电压定子绕组接地保护

在发电机与升压变压器单元连接（即发电机—变压器组）的发电机上，通常在机端装设反应基波零序电压的定子接地保护，零序电压保护的整定值，要躲开正常运行时的不平衡电压及三次谐波电压。而故障点离中性点越近零序电压越低。当零序电压小于电压继电器的动作电压时，保护不动作，因此该保护存在死区。一般保护动作电压为 $5\sim10\text{V}$，即动作区为 $90\%\sim95\%$。若进一步考虑过渡电阻的影响，则实际动作区将大大缩小，其出口逻辑如图3-38所示。

图 3-38 发电机零序电压定子接地保护出口逻辑

同时也可利用中性点的零序电压 $3U_{0n}$ 与机端零序电压 $3U_{0s}$ 共同构成综合式 $3U_0$ 定子接地保护。此时中性点的零序电压可用于判别 TV 断线，如图3-39所示。

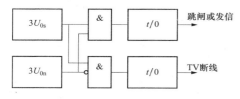

图 3-39 综合式零序电压定子接地保护出口逻辑

3. 由基波零序电压和三次谐波电压构成的双频式 100% 定子绕组接地保护

上述反应基波零序电压的定子接地保护在中性点附近有死区。为了实现 100% 保护区，就要采取措施消除基波零序电压保护的死区。对发电机端三次谐波电压 $\dot{U}_{S3}$ 和中性点三次谐波电压 $\dot{U}_{N3}$ 组合而成的三次谐波电压进行比较而构成的接地保护，可较灵敏的反映中性点附近的单相接地故障。它与基波零序电压定子接地保护共同组成 100% 保护区的定子接地保护，常称为双频式定子接地保护。

（1）三次谐波电动势的特点。由于发电机气隙磁通密度分布不可能完全是正弦形，加之定子铁芯槽口产生一定量的齿谐波以及磁饱和的影响，使发电机定子绕组感生的电动势中，除基波电动势之外，还有百分之几的高次谐波，其中主要是三次谐波电动势，为 $2\%\sim10\%$。

1）正常运行时发电机机端及中性点的三次谐波电压。假定将发电机定子绕组每相对地电容等效地集中在发电机的机端 S 和中性点 N，分别为 $\frac{1}{2}C_{0G}$，并将机端引出线、升压变压器、厂用变压器和电压互感器等外接元件对地电容 C_{0S} 也等效地置于机端，在发电机中性点不接地时，其等值电路如图3-40所示，由此便可得出机端和中性点的三次谐波电压分别为

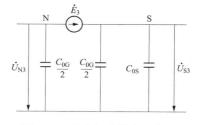

图 3-40 发电机中性点不接地时三次谐波等值电路

$$\dot{U}_{S3} = \frac{C_{0G}}{2(C_{0G} + C_{0S})}\dot{E}_3 \tag{3-35}$$

$$\dot{U}_{N3} = \frac{C_{0G} + 2C_{0S}}{2(C_{0G} + C_{0S})}\dot{E}_3 \tag{3-36}$$

这时，机端三次谐波电压与中性点三次谐波电压之比为 $\frac{|\dot{U}_{S3}|}{|\dot{U}_{N3}|} = \frac{C_{0G}}{C_{0G} + 2C_{0S}} < 1$

可见，对于中性点不接地的发电机，在正常运行情况时，发电机中性点的三次谐波电压 $|\dot{U}_{N3}|$ 总是大于发电机机端的三次谐波电压 $|\dot{U}_{S3}|$。

而对于发电机中性点经配电变压器高阻接地时，其三次谐波电压的分布将受高阻的影响，$\dot{U}_{S3}$ 与 $\dot{U}_{N3}$ 之间存在下述关系：

（a）幅值上呈现 $|\dot{U}_{S3}| > |\dot{U}_{N3}|$ 的"反常"现象，影响保护灵敏度；

（b）相位不再相同。

2）单相接地故障时发电机机端及中性点的三次谐波电压。发生发电机定子接地故障时，相应的 $\dot{U}_{S3}$ 和 $\dot{U}_{N3}$ 发生变化，设接地发生在距中性点 α 处，其等值电路如图 3-41 所示。此时不管发电机中性点是否接有消弧线圈，总有 $\dot{U}_{S3} = (1-\alpha)\dot{E}_3$ 和 $\dot{U}_{N3} = \alpha\dot{E}_3$，两者相比有

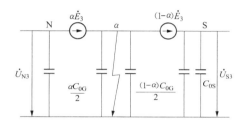

图 3-41 发电机内部单相接地时
三次谐波电势分布等值电路图

$$\frac{U_{S3}}{U_{N3}} = \frac{1-\alpha}{\alpha} \tag{3-37}$$

可见，当靠近中性点附近发生接地故障时，$\dot{U}_{N3}$ 减小，$\dot{U}_{S3}$ 增大。故障点越靠近中性点，$\dot{U}_{N3}$ 减小得越多，而 $\dot{U}_{S3}$ 增大得越多，使得当金属性接地点位于靠近中性点的半个绕组（$\alpha < 0.5$）区域内时 $U_{S3} > U_{N3}$；而若计及过渡电阻的影响时，接地故障点只要更靠近中性点依然会有 $U_{S3} > U_{N3}$，因此，利用三次谐波电压 $\dot{U}_{N3}$ 与 $\dot{U}_{S3}$ 相对变化的特征可以有效地消除中性点附近的保护死区。

3）三次谐波电动势随发电机运行工况的改变而不断变化，使 $\dot{U}_{N3}$ 和 $\dot{U}_{S3}$ 也发生变化。实际上当发电机输出的有功功率和无功功率改变时，均会引起三次谐波电压的变化，并且与有功和无功功率为非线性关系。因此单独根据 $\dot{U}_{N3}$ 或 $\dot{U}_{S3}$ 一个量的改变并不能作为发生接地故障的特征，需要利用 $\dot{U}_{N3}$ 和 $\dot{U}_{S3}$ 的相对变化来实现定子绕组三次谐波电压原理的单相接地保护。

（2）三次谐波电压型定子绕组单相接地保护方案。

1）$|\dot{U}_{S3}|/|\dot{U}_{N3}| > (|\dot{U}_{S3}|/|\dot{U}_{N3}|)_{\max} = c$ 或 d

实际上是以 $|\dot{U}_{S3}|$ 为动作量，以 $|\dot{U}_{N3}|$ 为制动量的电压差动保护，$(|\dot{U}_{S3}|/|\dot{U}_{N3}|)_{\max}$ 表示发电机正常运行时实测的三次谐波电压比值的最大值，对发电机中性点不接地时，取 $|\dot{U}_{S}|/|\dot{U}_{N}| > (|\dot{U}_{S3}|/|\dot{U}_{N3}|)_{\max} = c \leqslant 1.0$，而当发电机经高阻接地时，这时保护的动作判据改为 $|\dot{U}_{S3}|/|\dot{U}_{N3}| > (|\dot{U}_{S3}|/|\dot{U}_{N3}|)_{\max} = d > 1.0$，此方案对于发电机中性点经配电变压

器高阻接地时，灵敏度较低，因而不适于发电机中性点经高阻接地的情况。

2）$|\dot{U}_{S3}-\dot{K}_P\dot{U}_{N3}|/\beta|\dot{U}_{N3}|>1.0$

仅利用$|\dot{U}_{S3}|$与$|\dot{U}_{N3}|$的比值，其灵敏度较低，主要是因为制动量$|\dot{U}_{N3}|$大，但是这是受正常运行时动作量$|\dot{U}_{S3}|$所制约的。因此要想减小制动量，首先应减小发电机正常运行时保护的动作量，将动作量改为$|\dot{U}_{S3}-\dot{K}_P\dot{U}_{N3}|$，在机组正常运行时，调整系数$\dot{K}_P$，使$|\dot{U}_{S3}-\dot{K}_P\dot{U}_{N3}|\approx0$，动作量非常小，此时便可减小制动量，即以$\beta|\dot{U}_{N3}|$为新的制动量，$\beta$理论上可以取得很小，实际可取$\beta=0.2\sim0.3$，以确保安全。

当发电机发生单相接地时，故障点在中性点附近时$|\dot{U}_{S3}|$增大而$|\dot{U}_{N3}|$减小，其结果总是使动作量$|\dot{U}_{S3}-\dot{K}_P\dot{U}_{N3}|$显著增加，而此时制动量$\beta|\dot{U}_{N3}|$却比较小，灵敏度大为提高。

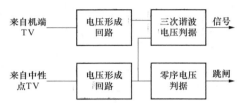

图 3-42　双频式电子绕组接地保护逻辑

（3）双频式定子绕组单相接地保护逻辑框图。双频式发电机定子绕组接地保护由基波零序电压和三次谐波电压两部分来共同构成，保护范围是定子绕组的 100%，如图 3-42 所示。利用三次谐波构成的接地保护可以反映发电机定子绕组中 $\alpha<50\%$ 范围内的单相接地故障，并且当故障点越靠近中性点时，保护的灵敏度就越高；利用基波零序电压构成的接地保护则可以反映 $\alpha>15\%$ 范围内的单相接地故障，且当故障点越靠近发电机机端时，保护的灵敏度就越高。

一般零序电压判据和三次谐波电压判据有各自独立的出口回路，以满足不同场合保护动作的要求。常采用零序电压判据动作于全停或程序跳闸，而三次谐波电压出口于发信号。

4．叠加电源式定子绕组接地保护

叠加电源式的发电机 100% 定子绕组单相接地保护采用叠加 12.5Hz 或 20Hz 低频电源，由发电机中性点变压器注入一次发电机绕组，通过注入低频信号，使发电机中性点的电位发生偏移。所以也称为注入式发电机定子绕组接地保护。

如图 3-43 所示，通过将流过电阻 R_N 的电流与注入电压通过乘法器相乘，然后在一个注入波期间内积分来进行判断，积分值与注入电源消耗在电阻 R_N 和定子绕组漏电阻 R_S 上的能量之和成正比，从而反映了发电机定子绕组的绝缘状况。注入式发电

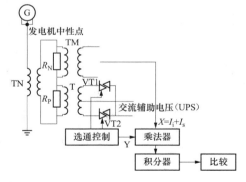

图 3-43　外加 12.5Hz 交流电源的定子接地保护原理图

机定子绕组接地保护能够独立的检测发电机定子绕组对地绝缘状况，与发电机的运行状况无关；可在发电机正常运行状态下、停机时以及发电机启停机期间检测故障；同时这种方式的灵敏度基本不受发电机定子绕组故障点位置的影响。

五、发电机定子励磁回路接地保护

发电机转子一点接地故障是发电机比较常见的故障。由于正常运行时，励磁回路与地之

间有一定的绝缘电阻，转子发生一点接地故障时，不会形成故障电流的通路，对发电机不会产生直接危害。但是，当一点接地之后，若再发生第二点接地时，即形成了短路电流的通路，这时，不仅可能把励磁绕组和转子烧坏，还可能引起机组强烈振动，将严重威胁发电机的安全。主要危害表现在以下几个方面：

（1）部分绕组中将由于过电流而过热，烧坏转子本体及励磁绕组。

（2）由于部分励磁绕组被短接，高速旋转的转子励磁电流分布不均，从而和定子三相电流形成不对称电磁力，破坏了气隙磁通的对称性，引起发电机剧烈振动，可能使转子发生机械损坏。

（3）使转子、汽轮机的汽缸等部件磁化。

1. 励磁回路保护的装设原则

（1）水轮发电机装设励磁回路一点接地保护。1MW 及以上的水轮发电机一点接地后，保护动作于信号，值班员接到信号后，立即安排转移负荷和停机检修；1MW 以下的一点接地故障采用定期检测装置，发现一点接地后，立即停机。由于结构上的原因，水轮发电机的励磁回路一点接地是不允许的，因此一点接地后应安排停机；因一点接地后不允许运行，所以水轮机一般不装设两点接地保护。

（2）汽轮发电机应装设励磁回路一点接地保护，动作于信号，但允许发电机继续运行一段时间。当一点接地后，又出现了新的接地点，即形成两点接地时，保护应动作于停机，故应装设两点接地保护；对 100MW 及以下容量的发电机装设一点接地定期检测装置，发现一点接地后，投入两点接地保护；对于 100MW 以上的大容量发电机，应装设一点接地保护（带时限动作于信号）和两点接地保护（带时限动作于跳闸）。

实际上励磁回路发生一点接地故障后，继而发生第二点接地的可能性较大，因为在一点接地后，转子绕组已确立地电位基准点，当系统发生各种扰动时，定子绕组的暂态过程必在转子绕组中感应暂态电压，使转子绕组对地电压可能出现较大值，从而引发第二点接地故障，所以大型汽轮发电机没有必要在发生一点接地后继续维持运行。因此大型机组也可不装设两点接地保护，一点接地故障后即动作于跳闸。进口大型发电机组，一般不装设励磁回路两点接地保护。

2. 发电机励磁回路一点接地保护

励磁回路的一点接地保护，要求简单、可靠，除此还要求能够反映在励磁回路中任一点发生的接地故障，并有足够高的灵敏度。大型汽轮发电机的励磁回路一点接地故障无直接危害，可不要求动作于跳闸，以避免毫无必要的大机组突然跳闸。一点接地保护动作于信号，不是为了长期带一点接地故障运行，在发出一点接地信号后，应转移负荷，尽快安排机组停机。因为若继而引发励磁回路两点接地故障，则会造成严重后果。

在评价励磁回路一点接地保护的灵敏度时，是用故障点对地之间的过渡电阻大小来定义的，若过渡电阻为 R_f，保护装置处于动作边界上，则称保护装置在该点的灵敏度为 R_f（Ω）。励磁回路一点接地保护原理有很多种，这里主要介绍三种原理的励磁回路一点接地保护。

（1）励磁回路一点接地检查装置。对于容量在 1MW 以下的水轮发电机和容量在 100MW 以下的汽轮发电机，均要装设定期检测装置，用以监视绕组对地的绝缘状况。最简单的检测方法是定期检测励磁回路正、负极对地电压的大小，其原理接线图如图 3-44 所示。

它由两块电压表 PV1、PV2 组成。

若 U_e 为励磁电压，U_1 为正极对地电压，U_2 为负极对地电压，R_1、R_2 为正、负极对地绝缘电阻，则

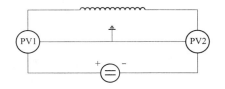

$$U_1 = \frac{R_1}{R_1 + R_2} U_e \qquad (3\text{-}38)$$

$$U_2 = \frac{R_2}{R_1 + R_2} U_e \qquad (3\text{-}39)$$

图 3-44　转子回路一点接地定期检测装置

若 $R_1 = R_2$，则 $U_1 = U_2 = 0.5U_e$，表示励磁回路正常；

若 $R_1 \neq R_2$，则 $U_1 \neq U_2$，设电压偏移为 ΔU，则

$$U_1 = 0.5U_e + \Delta U \qquad (3\text{-}40)$$

$$U_2 = 0.5U_e - \Delta U \qquad (3\text{-}41)$$

$$\Delta U = \frac{U_1 - U_2}{2} = \frac{R_1 - R_2}{2(R_1 + R_2)} U_e \qquad (3\text{-}42)$$

可见励磁回路发生了一点接地或绝缘水平降低时，励磁绕组中点将移动，移动的多少与绝缘水平下降的程度有关，其电压偏移从数值上看与绝缘电阻差成正比。

显然，当接地发生在绕组中部时，虽然发生了一点接地，但两极绝缘电阻仍然相等，则检测装置不能发现故障，即存在"死区"。所以对大型机组必须装设其他原理的一点接地保护装置。

（2）叠加直流方法。采用新型的叠加直流方法，叠加源电压为 50V，内阻大于 $50k\Omega$。利用微机智能化测量，克服了传统保护中绕组正负极灵敏度不均匀的缺点，能准确地计算出转子对地的绝缘电阻值，范围可达 $200k\Omega$，如 DGT801 数字发电机变压器保护便采用此种原理。转子分布电容对测量无影响。发电机起动过程中，转子无电压时，保护并不失去作用。保护引入转子负极与大轴接地线，如图 3-45 所示。

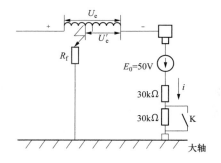

图 3-45　发电机转子一点接地保护原理图

K 接通时，电流 $i = i_1 = \dfrac{U'_e + 50}{R_f + 30}$；K 断开时，电流 $i = i_2 = \dfrac{U'_e + 50}{R_f + 60}$。

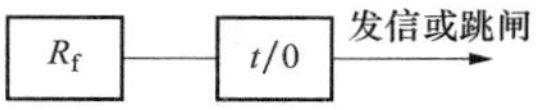

图 3-46　发电机转子一点接地保护动作逻辑

通过测量获得的 i_1、i_2，便可计算的转子接地电阻 R_f，得 $R_f = \dfrac{60i_2 - 30i_1}{i_1 - i_2}$，保护动作逻辑图如图 3-46 所示。

（3）切换采样式一点接地保护。切换采样式一点接地保护原理图如图 3-47 所示，其中 RC 网络的接线由图 3-48 所示。图 3-48 中 R_f 表示励磁绕组 LE 一点接地的过渡电阻，电容 C_1、C_2、C_3 用来滤去谐波电流和干扰信号对保护装置的影响，$R_1 \sim R_4$ 以及 R_C 组成采样网络，用切换开关 S1~S3 来改变该网络的接线。由于存在 LE 的对地电容以及 $C_1 \sim C_3$ 分别接通 S1、S2 和 S3 时，必有较大的暂态电流，因此在分别接通 S1、S2 或 S3 时，不能立即测定电流 I_1、I_2 或 I_3，这些电流的测定应在 S1、S2 或 S3 断开前瞬间（暂态已近衰减完毕）进行。当 $R_1 = R_3 = R_a$ 及 $R_2 = R_4 = R_b$ 时，有

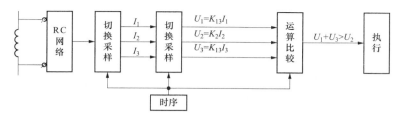

图 3-47　切换采样式一点接地保护的原理图

$$I_1 = \frac{U'_e}{R_a + R_b + R_f} \quad (3\text{-}43)$$

$$I_2 = \frac{U_e}{2R_a + R_C} \quad (3\text{-}44)$$

$$I_3 = \frac{U''_e}{R_a + R_b + R_f} \quad (3\text{-}45)$$

由于 $U_1 = K_{13} I_1$、$U_2 = K_2 I_2$、$U_3 = K_{13} I_3$，当未发生接地故障时，$R_f = \infty$ 或很大，所以有 $U_1 + U_3 < U_2$；当发生接地故障时，$R_f = 0$ 或很小，设定继电器动作条件为 $U_1 + U_3 \geq U_2$。

由以上整理可得，其动作条件为

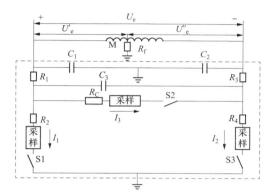

图 3-48　RC 网络的接线图

$$R_f \leqslant \frac{K_{13}}{K_2}(2R_a + R_C) - (R_a + R_b) \quad (3\text{-}46)$$

在以上的两种原理的讨论中，都不考虑电子开关切换过程中 R_f 的变化，即 R_f 为常数。

3. 发电机励磁回路两点接地保护

转子两点接地后短路电流大，励磁电流增加，可能烧坏绕组；气隙磁通失去平衡使机组剧烈振动，同时还会产生使轴系磁化等严重后果。

（1）电桥平衡原理转子两点接地保护。中小型汽轮发电机两点接地保护是按直流电桥原理构成的，如图 3-49 所示。这种原理的励磁回路两点接地保护装置在励磁绕组发生一点接地后才投入，这时，接地点把励磁绕组分成两部分构成电桥的两臂，继电器内部的电阻和电位构成电桥的另外两臂。

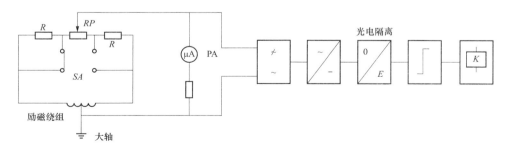

图 3-49　电桥原理转子两点接地保护原理接线及方框图

励磁回路发生一点接地，两点接地保护投入后即通过电位器调整电桥至平衡状态，电桥输出为零。当励磁回路再发生第二点接地时，电桥平衡遭到破坏，产生不平衡差压使保护动作。

必须注意：由电桥平衡原理构成的励磁回路两点接地保护有两个缺点：

1）由于两点接地保护只能在励磁绕组一点接地后投入，所以，对于发生两点同时接地，或者第一点接地后紧接着发生第二点接地的故障，保护装置均不能反映。

2）若第一个接地点发生在励磁绕组的正极端或负极端，则因电桥失去作用，不论第二点接地发生在何处，保护装置均拒动。

二极汽轮发电机还可以利用定子侧二次谐波电压来构成转子绕组两点接地保护。

（2）反应定子二次谐波电压的转子两点接地保护。发电机转子绕组两点接地时，其气隙磁场将发生畸变，定子绕组中将产生 2 次谐波负序分量。转子两点接地保护即反应定子电压中 2 次谐波"负序"分量。

动作方程为

$$\begin{cases} U_{2\omega2} > U_{2\omega g} \\ U_{2\omega2} > U_{2\omega1} \end{cases} \tag{3-47}$$

式中　$U_{2\omega1}$、$U_{2\omega2}$——发电机定子电压 2 次谐波正序和负序分量；

　　　　$U_{2\omega g}$——发电机定子电压 2 次谐波电压动作值。

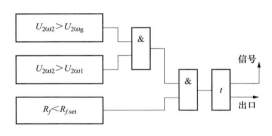

图 3-50　反应定子 2 次谐波电压的
转子两点接地保护逻辑框图

和失磁的概率增加。

在转子一点接地后，自动投入转子两点接地保护，转子两点接地保护的逻辑框图如图 3-50 所示。

六、发电机失磁保护

1. 发电机失磁原因及危害

失磁保护也称为低励失磁保护。所谓低励失磁是指发电机部分或全部失去励磁。低励失磁是发电机常见的故障形式之一。特别对于大型机组，励磁系统的环节比较多，使发生低励

造成同步发电机低励失磁的原因很多，归纳起来有如下几种：

（1）励磁回路开路，励磁绕组断线，灭磁开关误动作，励磁调节装置的自动开关误动，晶闸管励磁装置中部分元件损坏。

（2）励磁绕组由于长期发热，绝缘老化或损坏引起短路。

（3）运行人员误调整等。

发电机失磁后，它的各种电气量和机械量都会发生变化，转子出现转差，定子电流增大，定子电压下降，有功功率下降，发电机从电网中吸收无功功率，失磁后的基本物理过程如图 3-51 所示。

1）$\delta < 90°$ 发电机未失步——同步振荡阶段。

2）$\delta = 90°$（静稳定极限角）——临界失步状态。

3）$\delta > 90°$ 转子加速愈趋剧烈——异步运

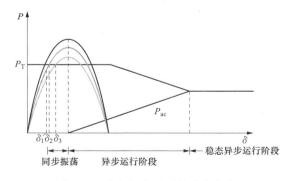

图 3-51　发电机失磁后的功率变化

行阶段。

此时发电机超过同步转速，转子回路中将感应出频率为 f_G-f_S 的差频电流（f_G 为发电机转速的频率，f_S 为系统频率），该电流将产生异步功率，进而使发电机进入稳态的异步运行阶段。

发电机失磁将危及发电机和系统的安全，其危害主要表现在以下几个方面：

（1）对电力系统来说，低励或失磁的发电机，从电力系统中吸取无功，若电力系统中无功功率储备不足，将使电力系统中邻近的某些点的电压低于允许值，进而可能导致电力系统因电压崩溃而瓦解。发电机的额定容量越大，在低励或失磁时，引起的无功功率缺额越大。电力系统的容量越小，则补偿这一无功功率缺额的能力越小。因此，发电机的单机容量与电力系统总容量之比越大时，对电力系统的不利影响就越严重。

（2）对电力系统中的其他发电机而言，在自动调整励磁装置的作用下，当一台发电机发生低励或失磁后，由于电压下降，将增加其无功输出，从而使某些发电机、变压器或线路过电流，其后备保护可能因过电流而动作，使故障的波及范围扩大。

（3）对发电机本身来说，低励和失磁产生的不利影响，主要表现在以下几个方面：

1）由于出现转差，转子回路中产生差频电流，将使转子过热。特别是对于 600MW 的大型机组，其热容量裕度相对较低，转子更容易过热。

2）低励或失磁的发电机进入异步运行之后，发电机的等效电抗降低，从电力系统中吸收的无功功率增加。在重负荷下失磁后，由于过电流，将使发电机定子过热。

3）对于大型汽轮发电机，其平均异步转矩的最大值较小，惯性常数也相对降低，转子在纵轴和横轴方面，也呈现较明显的不对称。因此在重负荷下失磁后，这种发电机的转矩、有功功率要发生剧烈的周期性摆动，转差也作周期性变化，发电机周期性地严重超速，进而威胁着机组的安全。

4）低励或失磁运行时，定子端部漏磁增强，将使端部的部件和边段铁芯过热。

由于发电机低励或失磁对电力系统和发电机本身的上述危害，根据 GB/T 14285—2006《继电保护和安全自动装置技术规程》规定"100MW 以下但失磁对电力系统有重大影响的发电机和 100MW 以上的发电机，应装设专用的失磁保护。对 600MW 的发电机可装设双重化的失磁保护。"

由于失磁后对电力系统和发电机本身的危害，并不像发电机内部短路那么直接；同时对于大型汽轮发电机，突然跳闸可能会给机组本身及其辅机以及电力系统造成很大的冲击。因此失磁后可根据监视母线电压的情况确定动作时间，当电压低于允许值时，为防止电压崩溃，应迅速将发电机切除；当电压高于允许值时，允许机组短时运行，此时首先切换励磁电源、迅速降低原动机出力，然后检查造成失磁的原因，并能予以消除，使机组恢复正常运行，以减少不必要的事故停机。如果在发电机允许的时间内，不能消除造成失磁的原因，则再由保护装置或人为操作停机。运行实践证明，这是一种合理的方法，在当前我国的电力系统中，100～300MW 的大型机组，有多次在失磁之后采用上述方法而避免了切机的成功事例。若是低励，则应在保护装置动作后，迅速将灭磁开关跳闸，这是因为低励产生的危害比失磁更为严重。

2. 发电机失磁保护的判据

失磁保护的判据一般由发电机机端测量阻抗判据、变压器高压侧三相同时低电压判据、定子过电流判据等构成。

（1）发电机机端测量阻抗判据。阻抗整定边界常为静稳边界阻抗圆或异步边界阻抗圆，但也可以为其他形状。

（2）变压器高压侧三相同时低电压判据。为防止因电压严重下降而使系统失去稳定，还需监视高压侧母线电压，以防止母线电压降到不能维持系统稳定运行的水平。

（3）定子过电流判据。用以判断失磁后机组运行是否安全。

3. 辅助判据和闭锁措施

为了进一步防止系统振荡及外部故障可能引起的保护误动，还可以引入辅助判据和闭锁措施：

（1）转子低电压。该判据可以较早的发现发电机是否失磁，从而在发电机尚未失去稳定之前及早地采取措施以防止事故的扩大。同时利用励磁电压的下降，可以区分外部短路、系统振荡以及发电机失磁，当发电机失磁时，励磁电压及励磁电流均要下降。但是，在外部短路、系统振荡过程中，励磁电压及电流不但不会下降，反而会因强励作用而上升。

（2）不出现负序分量。发生失磁故障时，三相定子回路仍然是对称的，不会出现负序分量。但是，在短路或由短路引起的振荡过程中，总会短时地或在整个过程中出现负序分量。因此可用负序分量作为辅助判据，以鉴别失磁故障与短路或伴随短路的振荡过程。

（3）利用延时躲过振荡。在系统振荡过程中，由机端所测得的振荡阻抗的轨迹可能只是短时穿过失磁保护阻抗测量元件的动作区，而不会长期停留在动作区内。这是与失磁过程不同的特点，因此可用延时躲过振荡。

（4）电压回路断线闭锁。当供电给失磁保护的电压互感器一次侧或二次侧发生断线时，失磁保护的阻抗测量元件、低电压元件均会误动作。因此，应设置电压回路断线闭锁元件。当电压回路发生断线时将保护装置解除工作。

此外，自同期过程是失磁的逆过程。当合上出口断路器时，机端测量阻抗的端点位于异步边界阻抗圆边界以内，不论用哪种整定条件，都会使失磁保护误动作。随着转差的下降及同步转矩的增长，机端测量阻抗的端点将逐步滑出动作区，最终稳定运行在第一象限内，此时继电器可以返回。自同期属于正常操作过程，因此应采取措施在自同期过程中将失磁保护闭锁的方法来防止保护误动作。

4. 失磁保护构成方案

以静稳边界圆判据为例，来说明失磁保护原理构成，如图 3-52 所示。该保护方案体现了这样一个原则：发电机失磁后，电力系统或发电机本身的安全运行受到威胁时，将故障的发电机切除，以防止故障的扩大。在发电机失磁而对电力系统或发电机的安全不构成威胁时（短期内），则尽可能推迟切机，运行人员可及时排除故障，避免切机。

对于无功储备不足的系统，当发电机失磁后，有可能在发电机失去静稳之前，高压侧电压就达到了系统崩溃值。所以，转子低电压判据和高压侧低电压判据满足时，说明发电机的失磁已造成了对电力系统安全运行的威胁，经"与 2"电路延时 $t_3 = 0.25\text{s}$ 发出跳闸命令，迅速切除发电机。设置 t_3 有如下目的：部分失磁且失步之后，由于仍有同步功率，故有功功率周期性波动较大，电压也可能周期性波动，而低于高压侧低电压整定值，此时电压并未真正降到崩溃电压，不应跳闸。

转子低电压判据和静稳边界判据满足，经"&3"电路发出失稳信号。此信号表明发电机由于失磁导致失去了静态稳定。当转子低电压判据在失磁中拒动（如转子电压检测点到励磁绕组之间发生开路）时，失稳信号由静稳边界判据产生。在系统振荡时，阻抗轨迹可能进入保护动作区，但为断续性的，持续时间一般在 1s 以内，故设置 t_7 延时，通常整定为 $1\sim1.5s$，目的是躲开振荡的影响，同时也可避开外部短路可能引起的误动作。

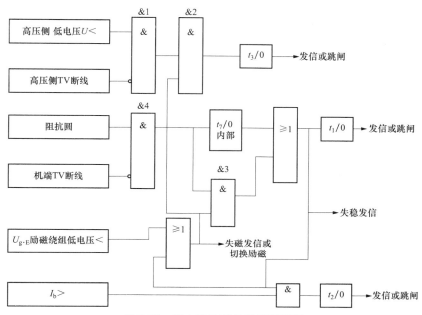

图 3-52　发电机失磁保护逻辑框图

汽轮机在失磁时允许异步运行一段时间，此间通过过电流判据监测汽轮机的有功功率。试验证明，发电机失磁后异步运行时若定子电流为额定电流，表明平均异步功率超过 0.5 倍的额定功率。此时发出减出力命令，降低发电机的出力，使汽轮机继续作稳定异步运行。稳定异步运行一般允许 t_1（2～15min），所以经过 t_1 之后再发跳闸命令。在 t_1 期间运行人员可有足够的时间去排除故障，重新恢复励磁，这样就避免了跳闸，这对经济运行具有很大意义。如果出力在 t_2 内不能压下来，而过电流判据又一直满足，则发跳闸命令以保证发电机本身的安全。

七、发电机相间后备保护

对于发电机—变压器组的接线方式而言，相间后备保护一般按发电机—变压器组统一考虑。尽管发电机—变压器组装有双重化主保护，但由于大型发电机—变压器组价格昂贵、地位重要，仍需装设可靠的后备保护作为发电机、变压器及其有关引线短路故障的后备。常见的相间后备保护有过电流保护、低电压启动过电流保护、复合电压启动过电流保护、负序电流和单相式低电压启动的过电流保护构成的复合过电流保护、低阻抗保护等。不管是发电机或变压器，其后备保护的选型总是首先采用电流、电压型保护。1MW 以下其他发电机或与电力系统并列运行的发电机应装设过电流保护，大型机组的后备保护常采用后三种保护方式，其动作时限宜带有两段时限，以较短的时间动作于缩小故障影响的范围或动作于解列，以较长延时动作于停机。

1. 复合电压启动的过电流保护

复合电压启动的过电流保护适用于 1MW 以上的发电机和升压变压器、系统联络变压器和过电流保护不能满足灵敏度要求的降压变压器。保护反映被保护设备的电压、负序电压和电流大小，由电压元件和电流元件两部分构成，两者构成与门关系。电流和电压一般取自变压器的同一侧 TA 和 TV。发电机—变压器组 TA 取自发电机中性点侧。

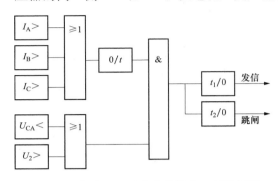

图 3-53　复合电压过电流保护出口逻辑框图

其中电压元件由两部分构成，即负序电压元件和反映相间电压的低电压元件。负序电压元件主要针对于不对称故障，提高了反应不对称故障的保护的灵敏度；而低电压元件主要反映对称故障，灵敏度较高，两者构成或门关系。其逻辑框图如图 3-53 所示，可发信或跳闸。

对于自并励发电机而言，当发电机外部发生相间短路时，机端电压下降，励磁电流随之减小，短路电流也随之衰减，在达到整定时间之前，电流元件可能已返回，使保护无法动作。为了解决后备保护延时与衰减电流之间的矛盾，可采用加电流记忆保持，以防止保护装置中途返回。图 3-53 所示为加装了记忆元件。

2. 复合电流保护

复合电流保护即负序电流和单相式低电压启动的过电流保护，通常用于 50MW 以上发电机和 63MVA 及以上升压变压器。此保护由负序电流元件和单相式低电压启动的过电流保护构成。其中负序电流元件用来反应不对称故障，而单相式低电压启动的过电流保护主要反应对称故障。这样有效地提高了保护的灵敏度，其逻辑框图如图 3-54 所示，可发信或跳闸。

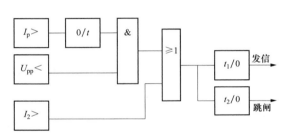

图 3-54　负序电流和单相式低电压启动的过电流保护逻辑框图

3. 低阻抗保护

为保证后备保护有足够的灵敏度，大型发电机—变压器组的相间故障后备保护可采用低阻抗保护。低阻抗保护通常用于 330～500kV 大型升压及降压变压器，作为变压器引线、母线、相邻线路相间故障后备保护。

低阻抗保护一般不能胜任变压器或发电机绕组内部短路的后备保护作用，只能作为发电机或变压器引线、母线和相邻线路的相间短路后备保护。

低阻抗保护不设振荡闭锁装置，以其固有延时避越振荡误动。但必须有电压断线闭锁装置，以免多次发生的电压断线阻抗保护误动作。此外还必须设电流启动元件。其出口逻辑框图如图 3-55 所示，三只低阻抗元件 Z_{AB}、Z_{BC}、Z_{CA} 组成或门，再和过电流元件、TV 断线闭锁元件组成与门后，启动时间 t_1、t_2 而动作于发信或跳闸。

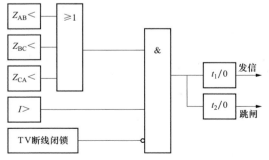

图 3-55　低阻抗保护出口逻辑框图

八、发电机过负荷保护

1. 转子表层过负荷保护

发电机在不对称负荷状态下运行，外部不对称短路或内部故障时，定子绕组将流过负序电流，它所产生的旋转磁场的方向与转子运动方向相反，以两倍同步转速切割转子，在转子本体、槽楔及励磁绕组中感生倍频电流，引起额外的损耗和发热；另一方面，由负序磁场产生的两倍频交变电磁转矩，使机组产生 100Hz 振动，引起金属疲劳和机械损伤。

汽轮发电机组承受负序电流的能力主要由转子表层发热情况来确定，特别是大型发电机，设计的热容量裕度较低，承受负序电流的能力有限，必须装设与其承受负序电流能力相匹配的转子表层过负荷保护，又称为转子表层过热保护。

（1）转子发热特点。大型发电机要求转子表层过负荷保护与发电机承受负序电流的能力相适应，因此通常以负序电流作为保护的判断依据。在选择负序过负荷保护判据时，需要首先了解由转子表层发热状况所规定的发电机承受负序电流的能力，这个能力通常按时间长短进行划分，即短时和长期承受负序电流的能力。

1）发电机长期承受负序电流的能力。发电机正常运行时，发电机所带负荷总有一些不对称，此时转子虽有发热，但负序电流不大，由于转子的散热效应，其温升未超过允许值，即发电机长期运行时可以承受负序电流的能力。发电机长期承受负序电流的能力与发电机结构有关，应根据具体发电机确定。我国有关规定为：在额定负荷下，汽轮发电机持续负序电流 $I_2 \leqslant$（6%～8%）I_N，对于大型直接冷却式发电机相应值更低一些。

2）发电机短时承受负序电流的能力。在异常运行或系统发生不对称故障时，I_2 将大大超过长期运行所允许的负序电流值。发电机短时间内允许负序电流值 I_2 的大小与电流持续时间有关。转子中发热量的大小通常与流经发电机的负序电流 I_2 的平方及所持续的时间成正比。如图 3-56 所示，若机组运行在曲线 abc 以下部分，则此时的发热量对机组没有危害，反之则可能因为过热而威胁到机组的安全。若假定发电机转子为绝热体（即短时内不考虑向周围散热的情况），则发电机允许负序电流与允许持续时间的关系可用下式来表示

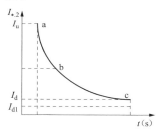

图 3-56　负序电流反时限特性

$$I_{*.2}^2 t = A \tag{3-48}$$

式中　　$I_{*.2}$——以发电机额定电流 I_N 为基准的负序电流标幺值；

　　　　A——转子表层承受负序电流能力的常数，一般与发电机型式及冷却方式有关；

　　　　t——允许时间。

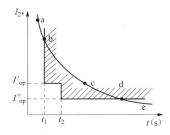

图 3-57　发电机定时限负序过负荷保护动作特性

A 值反映发电机承受负序电流的能力，A 越大说明发电机承受负序电流的能力越强。一般地说，发电机容量越大，相对裕度越小，A 值也越小。对发电机 A 值的规定并不统一，对于直接冷却式大型汽轮发电机 A 值大致范围是 A 在 6～8 之间。

（2）定时限负序过负荷保护方案。如图 3-57 所示为两段定时限负序过负荷保护动作特性与发电机允许负序电流曲线的配合情况。保护由两段式构成：Ⅰ 段 $I'_{2op} = 0.5I_{N.G}$，经 t_1（3～5s）延时动作于跳闸；Ⅱ 段 $I''_{2op} = 0.1I_{N.G}$，经 t_2（5～10s）延

时动作于信号。从图中可以看出：

1）在 ab 段内：保护装置的动作时限 t_1 大于发电机的允许时间，可能出现发电机已被损坏而保护尚未动作的情况，对发电机是不安全的。

2）在 bc 段内：保护装置的动作时限 t_1 小于允许时间，可能出现在发电机不该被切除的时候就将其切除的情况，未充分利用发电机承受负序电流的能力。

3）在 cd 段内：靠保护装置动作发信号，然后由运行人员来处理。但当负序电流靠近 c 点附近时，由于运行人员处理的时间可能已大于发电机允许时间，对发电机有潜在的威胁。

4）在 de 段内：保护根本不反应。

由上分析可知，两段式定时限负序过电流保护的动作特性与发电机允许的负序电流曲线不能很好地配合。此外，它也不能反应负序电流变化时发电机转子的热积累过程。例如当出现负序电流连续升降或在较大的负序电流下持续一段时间后，又降低到比较小的数值等情况时，可能使转子被损坏，而保护中的时间继电器却来不及动作。

因此，为防止发电机转子遭受负序电流的损坏，在 100MW 及以上，$A<10$ 的发电机上应装设有定时限和反时限两部分组成的能够模拟发电机允许负序电流曲线的反时限负序过电流保护。

（3）反时限负序过负荷保护方案。反时限负序过负荷保护逻辑框图如图 3-58 所示。在图中，由两个定时限部分和一个反时限部分构成，其动作特性如图 3-59 所示。上限定时限特性应与发电机—变压器组高压侧两相短路相配合，其动作时间 t_u 与高压出线快速保护相配合，可在 $0.5\sim3s$ 范围内整定。保护作用于跳闸解列。

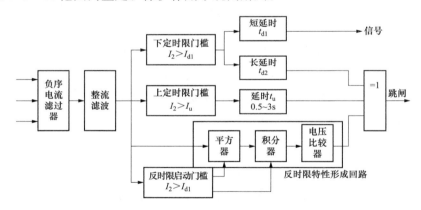

图 3-58　反时限负序过负荷保护逻辑框图

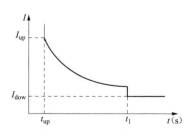

图 3-59　发电机对称过负荷反
时限保护动作特性

下限定时限特性则依据发电机长期允许承受的负序电流值来确定启动门槛值，并应在外部不对称短路切除后返回，故动作电流门槛值整定为

$$I_{*.dl} = \frac{K_{rel}}{K_{re}} I_{*.2\cdot\infty} \qquad (3-49)$$

式中　　K_{rel}——可靠系数；

K_{re}——返回系数；

$I_{*.2\cdot\infty}$——发电机长期允许的负序电流标幺值。

一般定时限部分保护带时限动作于信号。但现在许多发电厂常采用将动作时间分为两段的方式，一个是短延时 t_{d1} 作用于告警信号，以便运行人员采取措施，t_{d1} 一般整定为 5～10s；另一个是长延时 t_{d2} 作用于跳闸解列，其动作时间在 250～1000s 范围内整定。

反时限特性动作于停机，反时限元件的启动门槛 I_d 需要与长延时综合考虑。为了保证长延时精度，往往对最大延时有一定限制，一般取为 1000s，也可按下限动作特性的延时 t_{d2} 选取（但不超过 1000s）。

2. 定子绕组对称过负荷保护

发电机对称过负荷通常是由系统中切除电源、生产过程出现短时冲击性负荷、大型电动机自启动、发电机强行励磁、失磁运行、同期操作及振荡等原因引起的。对于大型机组，由于其材料利用率高，绕组热容量与铜损比值减小，因而发热时间常数较低，相对过负荷能力较低。为了避免绕组温升过高，影响机组正常寿命，必须装设较完善的定子绕组对称过负荷保护，限制发电机的过负荷量。

定子过负荷保护的设计取决于发电机在一定负荷倍数下允许过负荷时间，而这一点是与具体发电机的结构及冷却方式有关的。典型的汽轮发电机

表3-1　发电机过电流倍数与允许时间

过电流倍数 I_*	1.5	1.3	1.15
允许时间（s）	30	60	120

的允许过负荷倍数与允许时间关系见表 3-1，其中过负荷倍数用过电流倍数表示。

由表 3-1 可见，发电机允许的过负荷能力与短时允许承受负序电流能力相类似。允许时间随过电流倍数呈反时限特性。同理，大型发电机定子绕组的过负荷保护，一般也是由定时限和反时限两部分组成。保护装置的构成形式，与负序过电流保护相似。

发电机对称反时限过负荷保护动作特性如图 3-59 所示。

定时限部分的动作电流，按在发电机长期允许的负荷电流下能可靠返回的条件整定，经延时动作于减出力。反时限部分在启动时即报警，然后按反时限特性动作于跳闸。另外在反时限元件中，通常还包括一个报警信号门槛，在过负荷 5％时经短延时（＜10s）动作于报警信号，以便运行人员采取措施。当发电机电流大于上限整定值时，则按上限定时限动作；如果电流超过下限整定值，且不足以使反时限部分动作时，则按下限定时限动作；电流在此之间则按反时限规律动作，其逻辑框图如图 3-60 所示。

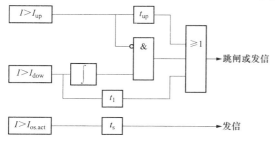

图 3-60　发电机对称反时限过负荷保护出口逻辑框图

3. 励磁回路过负荷保护

励磁回路过负荷主要是指发电机励磁绕组过负荷（过流）。当励磁机或者整流装置发生故障时，或者励磁绕组内部发生部分绕组短路故障时以及在强励过程中，都会发生励磁绕组过负荷（过电流）。励磁绕组过负荷同样会引起过热，损伤励磁绕组。另外，励磁主回路的其他部分也可能发生异常或故障。因此大型机组规定装设完善的励磁绕组过负荷保护，并希望能对整个励磁主回路提供后备保护。

发电机励磁绕组过负荷保护可以配置在直流侧，也可配置在交流侧，但前者往往需要比较复杂的直流变换设备（直流电流互感器或分流器）。为了简化保护输入设备，并使励磁绕组过负荷保护能兼作交流励磁机、整流装置及其引出线的短路保护，常把励磁回路过负荷保

护配置在交流励磁发电机的中性点侧，不过这时装置的动作电流要计及整流系数，并换算到交流侧。

九、定子绕组过电压保护

对于 200MW 以上大型汽轮发电机定子电压等级较高，相对绝缘裕度较低，并且在运行实践中表明，大型汽轮发电机出现危及绝缘安全的过电压是比较常见的故障，因此要求装设过电压保护。

1. 发电机定子绕组产生过电压的原因及保护的原理

若发电机在满负荷下突然甩去全部负荷，由于调速系统和自动励磁调节装置有一定惯性，转速将上升，励磁电流不能突变，发电机电压在较短时间内升高，其值可能达到 1.3～1.5 倍额定电压，持续时间可能达到几秒。若调速系统或自动励磁调节装置故障或退出运行，过电压持续时间会更长。发电机主绝缘耐压水平，按通常试验标准为 1.3 倍额定电压持续 60s。实际过电压数值和持续时间有可能超过试验标准，对发电机主绝缘构成直接威胁。

因此规程规定，200MW 及以上汽轮发电机宜装设过电压保护，其定值一般取为 $U_{op}=1.3U_N$，$t=0.5s$，动作于解列灭磁。

2. 保护方案构成

我国通常采用简单的一段式或两段式定时限过电压保护，其原因之一是大型发电机—变压器组已装有较完善的反时限过励磁保护，该保护在工频下能够反映过电压，其保护出口逻辑如图 3-61 所示，可分两段发信或跳闸，但一般第 I 段时间 t_1 发信，第 II 段时间 t_2 跳闸。

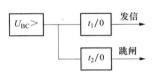

图 3-61 发电机过电压保护出口逻辑

十、发电机逆功率保护

正常运行时，发电机向系统输送有功功率，若由于各种原因误将主汽门关闭，则在发电机断路器跳闸之前，发电机将迅速转为电动机运行，出现系统向发电机倒送有功功率，即发电机逆功率运行。逆功率运行对发电机并无直接危害，但残留在汽轮机尾部的蒸汽与长叶片摩擦，会使叶片过热，因此一般规定逆功率运行不得超过 3min，对于大型汽轮发电机规定装设逆功率保护，发电机逆功率保护主要用于保护汽轮机。

逆功率的大小决定于发电机和汽轮机的有功功率损耗，一般最大不超过额定有功功率的 10％，最小仅为 1％。在发生逆功率时，往往无功功率很大，故要求在视在功率（主要是无功功率）很大的情况下，检测出很小的有功功率方向，并且要求在无功功率很大的变化范围内保持继电器的有功功率动作值基本稳定不变，因此需要专门设计逆功率继电器来满足上述要求。

为了检测有功功率方向，采用以电压量作为参考量，计算机端电流半周平均值的方法。

设机端电压瞬时值 $u=U\sin\omega t$，当以 $\dot{U}$ 为参考相量时，同名相电流瞬时值则可表示为

$$i = I\sin(\omega t - \varphi) \tag{3-50}$$

式中 φ 是功率因数角，即设定 $-90°\leqslant\varphi\leqslant90°$ 时，有功功率由发电机送至系统，当 $0°\leqslant\varphi\leqslant90°$ 时为滞相运行，$-90°\leqslant\varphi\leqslant0°$ 为进相运行；而当 $90°\leqslant\varphi\leqslant270°$ 时，发电机呈逆功率运行状态。注意这里是以电压 u 为参考量，求取 i 的半周平均值，即按 u 的相邻过 0 点作为区间，求取 i 的半周平均值。当 $0\leqslant\omega t\leqslant\pi$ 时，u 为正，而当 $\pi\leqslant\omega t\leqslant2\pi$ 时，u 为负，在半周期内 i 的平均值 $\bar{I}$ 可表示为

$$\overline{I} = \frac{1}{\pi}\int_0^\pi I\sin(\omega t - \varphi)\mathrm{d}(\omega t) = \frac{1}{\pi}\int_\pi^{2\pi} -I\sin(\omega t - \varphi)\mathrm{d}(\omega t)$$

$$= \frac{2}{\pi}I\cos\varphi \tag{3-51}$$

因 $P = 3U_{\mathrm{pn}}I\cos\varphi = \frac{\pi}{2}3U_{\mathrm{pn}}\overline{I}$，所以 $\overline{I} \infty P$，且 $\overline{I}$ 能反映 P 的方向，实际上 $\overline{I}$ 所反映的正是有功电流。显然，当 $90° \leqslant \varphi \leqslant 270°$ 时，$\overline{I}$ 与 P 为负，表示逆功率运行状态，于是建立判据

$$\left.\begin{array}{l} \overline{I} \geqslant 0, 正常运行 \\ \overline{I} < 0, 逆功率运行 \end{array}\right\} \tag{3-52}$$

逆功率继电器有两种用途：一种是用于程序跳闸，另一种是用来构成逆功率保护。

1. 程序逆功率

程序逆功率主要用于程序跳闸方式，即当过负荷保护、过励磁保护、低励失磁保护等出口于程序跳闸的保护动作后，应首先关闭主汽门，等到出现逆功率状态，同时有主汽门关闭信号时，这时程序逆功率保护动作，跳开主断路器。这种程序跳闸就可避免因主汽门未关而断路器先断开引起灾难性"飞车"事故。在过负荷、过励磁、失磁等异常运行方式下，用于程序跳闸的逆功率继电器作为闭锁元件，其定值一般整定为 P_{act} （1~3）% P_{N}，延时 1.0~1.5s 动作于解列。其出口逻辑如图 3-62 所示。

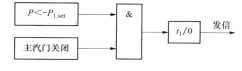

图 3-62　发电机程序跳闸逆功率出口逻辑

2. 逆功率保护

当发电机处于逆功率运行时，该保护动作。我国目前要求在 200MW 及以上汽轮发电机组上装设逆功率保护。对于其他发电机组，有关继电保护技术规程尚未做出装设逆功率保护的规定。其出口逻辑如图 3-63 所示。

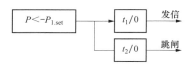

图 3-63　发电机逆功率
保护出口逻辑

汽轮发电机组在主汽门关闭后，发电机变成电动机运行，有功功率损耗为 （1~1.5）% P_{N}；汽轮机有功功率损耗为 （3~4）% P_{N}。所以总的逆功率值为 （4~5.5）% P_{N}。考虑到主汽门虽已关闭但尚有一些泄漏时，由系统倒送的逆功率值就可能小于 1% P_{N}。汽轮发电机逆功率保护的动作功率一般可取为 $P_{1.\mathrm{act}} =$ （0.5~1.0）% P_{N}（$\cos\varphi = 1.0$ 时），其延时分两段，延时 15s 动作于信号，延时 2~3min 动作于解列。

十一、发电机低频保护

频率异常包括频率的降低和升高。汽轮机的叶片有一个自然振荡频率，如果发电机运行频率升高或者降低，以致接近叶片自振频率时，将导致共振，使材料疲劳，材料的疲劳是一个不可逆的积累过程，若达到材料所不允许的限度时，叶片就有可能断裂，造成严重事故。

严格地说，频率升高与降低均会对汽轮机的安全带来危险，但通常频率升高时，控制措施相对完善；而低频率异常运行多发生在重负荷下，对汽轮机的威胁更为严重；另外，对于极端低频工况，还将威胁厂用电的安全。因此，目前发电机一般只装设低频异常运行保护（简称低频保护）。发电机低频保护主要用于保护汽轮机。

低频保护分段数及每段的整定值（包括两个，即该段频率启动值和相应累计允许时间

表 3-2　　　运行频率比值及相应的允许时间

运行频率比值 f/f_N	1～0.99	0.99～0.975	0.975～0.935	<0.935
允许时间（min）	长期	60	10	0

值）是根据机组要求来确定的。一般发电机运行频率比值及相应的允许时间见表 3-2。

低频保护不仅能监视当前频率状况，还能在发生低频工况时，根据预先划分的频率段自动累计各段异常运行的时间，无论达到哪一频率段相应的规定累计运行时间，保护均动作于声光信号告警。发电机低频保护通常由以下几部分组成：

（1）高精度频率测量回路。多采用测量机端电压的频率实现。

（2）频率分段启动回路。可根据发电机的要求整定各段启动频率门槛。

（3）低频运行时间累计回路。分段累计低频运行时间，并能显示各段累计时间。

（4）分段允许时间整定及出口回路。在每段累计低频运行时间超过该段允许运行时间时，经出口回路发出信号。

发电机低频保护出口逻辑如图 3-64 所示，可发信或跳闸。

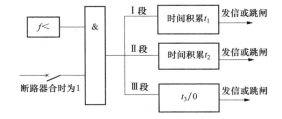

图 3-64　发电机低频保护出口逻辑

【任务实施】

（1）教师布置任务，讲解该任务的要点及注意事项。对发电机可能发生的故障、异常运行状态，依据 GB/T 14285—2006《继电保护和安全自动装置技术规程》配置相应的保护，分析每一种保护的原理、保护范围，并对保护装置进行检验及维护。

（2）学生以小组为单位收集资料，讨论工作方案。

（3）按照制定的工作方案，小组成员进行分工，并在教师的指导下完成工作任务。

（4）随机抽取某一个或几个小组某一成员进行汇报成果。

（5）教师点评，总结讲解本任务的知识点及技能点。

（6）评价，教师评价和学生评价相结合。

一、发电机保护装置性能检验

1. 发电机差动保护检验

（1）最小动作电流。由于发电机差动保护采用"三取二"出口方式，即三相中有两相满足差动动作条件，保护才出口，因此进行该项检验时需同时加入两相电流，以中性点侧 a、b 相差动为例，接线如图 3-65 所示。

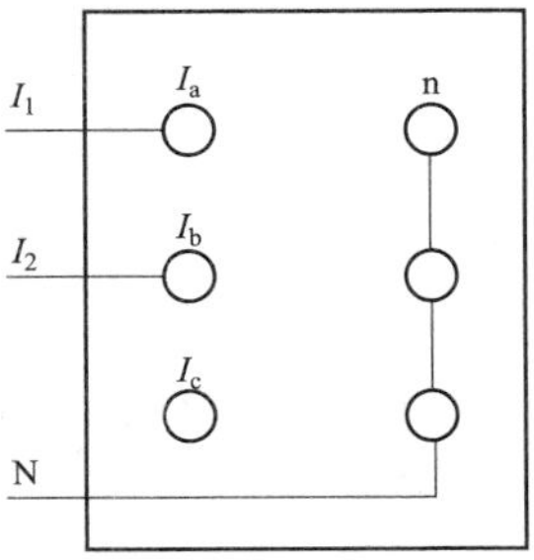

固定 $I_2 = 1.2 I_{act.min}$，逐渐增加 I_1 至出口指示灯亮，此时，I_1 值应等于 $I_{act.min}$ 值，固定 $I_1 = 1.2 I_{act.min}$，逐渐增加 I_2 至出口指示灯亮，此时 I_2 值应等于 $I_{act.min}$ 值，其中 $I_{act.min}$ 为最小动作电流整定值。

该项检验应按中性点侧 a、b 相，b、c 相，c、a 相，机端侧 A、B 相，B、C 相，C、A 相分别进行，保护均应可靠动

图 3-65　差动保护试验接线

作。动作值与整定值允许误差为±5%。

（2）差动保护动作时间检验。施加 2 倍最小动作电流，测量差动保护动作时间不大于

30ms，此项应按中性点侧 a、b 相，b、c 相，c、a 相，机端侧 A、B 相，B、C 相，C、A 相分别进行。

（3）比率制动系数。对于发电机差动，比率制动系数为

$$K = \frac{\mid I_S - I_N \mid - I_{act.\,min}}{\left| \dfrac{I_S + I_N}{2} \right| - I_{res.\,min}} \tag{3-53}$$

式中　I_S、I_N——机端、中性点电流，相位相差 180°。

由于一般情况下，所用检验装置不能同时输出四路电流，因此检验方法可用两组电流，接线如图 3-66 所示。

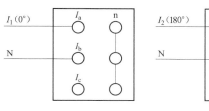

图 3-66　比率制动系数试验接线图

中性点侧施加电流 I_1，机端侧施加电流 I_2，I_1、I_2 反相位输入，在比例制动区，施加电流 I_1、I_2 均大于 I_N，固定 I_1（或 I_2），增加 I_2（或 I_1），至保护动作，记录下 I_1、I_2 计算出 K 值，与整定值允许误差为 ±5%。

施加不同电流，多次重复上述试验，绘出比率制动曲线。

该项检验应按 A、B 相，B、C 相，C、A 相分别进行，保护均应可靠动作，动作值与整定值允许误差为 ±5%。

2. 纵向零序过电压保护检验

（1）零序动作电压检验。将延时时间整定为最小，零序动作电压为整定值 U_{set}，增加基波电压至出口指示灯亮，动作值与整定值 U_{set} 值允许误差为 ±2.5%。

（2）动作时间检验。将延时时间恢复为整定值，电压回路施加 1.2 整定值 U_{set}，测保护动作时间与整定值允许误差为 ±2.5%。

（3）三次谐波抑制比检验。电压回路施加 150±0.75Hz，100 倍基波电压整定值，保护应可靠不动作。

3. 单元件高灵敏横差保护检验

（1）动作电流检验。将延时时间整定为最小，增加电流至保护出口指示灯亮，施加值与整定值 I_{set} 允许误差为 ±5%。

（2）动作时间检验。将延时时间恢复为整定值，施加电流为 $2I_{set}$，测保护动作时间与整定值允许误差为 ±2.5%。

（3）三次谐波抑制比检验。电流回路施加 150±0.75Hz，100 倍基波整定电流，保护应可靠不动作。

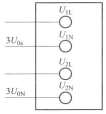

图 3-67　定子接地试验接线图

4. 定子接地保护检验

（1）基波电压动作值检验。试验接线如图 3-67 所示。

$3U_{0s}$ 为发电机机端零序电压，$3U_{0N}$ 为发电机中性点零序电压。

将基波判据延时时间整定为最小。施加基波电压至保护出口指示灯亮（保护所用电压如取自机端，电压加至 $3U_{0s}$ 端子；所用电压如取自中性点，电压加至 $3U_{0N}$ 端子），所加电压与基波电压整定值允许误差为 ±2.5%。

（2）基波判据延时时间检验。将延时时间恢复为整定值。施加 1.2 倍动作电压，测延时时间与整定值允许误差为 ±5%。

（3）三次谐波比例系数检验。使 $3U_{0N}=0V$，加 $3U_{0s}$（$150\pm0.75Hz$）至 0.2V，保护应可靠动作；然后加 $3U_{0N}$（$150\pm0.75Hz$）约至 1V，保护返回；继续加 $3U_{0s}$（$150\pm0.75Hz$）至保护出口指示灯亮，此时三次谐波比值 $3U_{0s}/3U_{0N}$ 与三次谐波比例系数整定值允许误差为 ±5%。

（4）三次谐波判据延时时间检验。调节 $3U_0$ 及 $3W_0$ 频率均为 $150\pm0.75Hz$，加 $3W_0=1V$，在 $3U_0$ 为 1.2 倍动作电压下测延时时间与整定值允许误差为 ±5%。

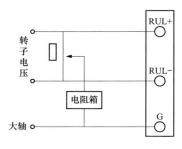

图 3-68　转子接地保护试验接线

5. 转子一点接地保护检验

转子接地保护试验接线如图 3-68 所示。

（1）接地电阻值检验。先将两段出口延时时间整定为最小，电阻箱阻值调为最大；加转子直流电压为 110V 或 220V，将滑线电阻箱滑动端调到中间位置，降低电阻箱阻值至高定值保护出口指示灯亮，保持电阻箱阻值不变，移动滑线电阻箱滑动端分别至两端，保护应一直保持动作，则此时电阻箱电阻值应为接地电阻高定值的动作值。

继续降低电阻箱阻值至低定值保护出口指示灯亮，则此时电阻值即为接地电阻低定值的动作值，当整定值为 $K\sim5K$ 时允许误差为 ±0.5K，当整定值大于 5K 时允许误差为 ±10%。

（2）出口延时时间检验。恢复两段出口延时时间，将滑线电阻箱滑动端固定在某一点，调电阻箱至 0.8 倍高定值动作值，测Ⅰ段延时时间，延时时间与整定值允许误差为 ±5%；调电阻箱至 0.8 倍低定值动作值，测Ⅱ段延时时间，延时时间与整定值允许误差为 ±5%。

6. 转子两点接地保护检验

接线图同一点接地，将滑线电阻箱滑动端调到中间位置，记下所在滑线电阻箱滑动标尺位置为 L_0，降低电阻箱阻值至一点，接地保护出口指示灯亮，分别向滑线电阻箱左右两端滑动至两点接地保护动作，记下该点滑线电阻箱滑动标尺位置为 L_1，则

$$\alpha = (L_1 - L_0)/L \times 100\% \tag{3-54}$$

式中　L——标尺总数。

注意：电阻箱阻值应大于 100Ω，功率大于 U^2/R，以免被烧坏（U 为试验电压，R 为电阻箱阻值）。

7. 失磁保护检验

（1）静稳阻抗保护试验。

1）最大灵敏角检验、启动电流检验：将延时时间整定为最小，动作阻抗 Z_1、Z_2 为整定值。施加试验电压 U_{ab}、试验电流 I_{ab}，I_{ab} 为 1.2 倍启动电流值。使测量阻抗 $Z<Z_2$，改变 $\dot{U}_{ab}$ 与 $\dot{I}_{ab}$ 之间的相位角度，使保护刚好动作，记录此时的动作角度 φ_1，如 φ_1 在第三象限，则在第四象限测出使保护刚好动作的另一角度 φ_2，那么 $\varphi=(\varphi_1+\varphi_2)/2$（其中 φ 为最大灵敏角），允许误差为 ±2.5%。

将延时时间整定为最小，动作阻抗 Z_1、Z_2 为整定值。施加试验电压 U_{ab}、试验电流 I_{ab}，

I_{ab} 为 0.95 倍启动电流值。使测量阻抗 $Z<Z_2$，使 $\dot{U}_{ab}$ 与 $\dot{I}_{ab}$ 之间的相位角为最大灵敏角，保护不动作，当 I_{ab} 为 1.05 倍启动电流值，保护动作。此动作电流值与整定值允许误差为 $\pm 5\%$。

2）动作阻抗值检验：将延时时间整定为最小，动作阻抗 Z_1、Z_2 为整定值。在最大灵敏角下，施加试验电压 U_{ab}、试验电流 I_{ab}，增加电流使保护动作。计算阻抗值与整定值 Z_2 允许误差为 $\pm 5\%$（注：实际上为了防止误动，动作特性曲线上的第一象限和第二象限的动作区都被屏蔽了，所以 Z_1 的值不用检验）。

3）延时时间检验：将延时时间恢复为整定值，在最大灵敏角下，施加试验电压 U_{ab}、试验电流 I_{ab}，并为 1.2 倍启动电流值，测量阻抗为 0.8 倍阻抗整定值，测延时时间，其值与整定值允许误差为 $\pm 5\%$。

（2）异步阻抗保护试验。

1）最大灵敏角检验、启动电流检验：将延时时间整定为最小，动作阻抗 Z_1、Z_2 为整定值。施加试验电压 U_{ab}、试验电流 I_{ab}，I_{ab} 为 1.05 倍启动电流值。使测量阻抗 $Z_1<Z<Z_2$，改变 $\dot{U}_{ab}$ 与 $\dot{I}_{ab}$ 之间的相位角度，使保护刚好动作，记录此时的动作角度 φ_1，如 φ_1 在第三象限，则在第四象限测出使保护刚好动作的另一角度 φ_2，那么 $\varphi=(\varphi_1+\varphi_2)/2$（其中 φ 为最大灵敏角），允许误差为 $\pm 2.5\%$。

将延时时间整定为最小，动作阻抗 Z_1、Z_2 为整定值。施加试验电压 U_{ab}、试验电流 I_{ab}，I_{ab} 为 0.95 倍启动电流值。使测量阻抗 $Z_1<Z<Z_2$，使 $\dot{U}_{ab}$ 与 $\dot{I}_{ab}$ 之间的相位角为最大灵敏角，保护不动作，当 I_{ab} 为 1.05 倍启动电流值，保护动作。此动作电流值与整定值允许误差为 $\pm 5\%$。

2）动作阻抗值检验：将延时时间整定为最小，动作阻抗 Z_1、Z_2 为整定值。在最大灵敏角下，施加试验电压 U_{ab}、试验电流 I_{ab}，I_{ab} 为 2 倍启动电流，使 $Z<Z_1$，降低电流使保护刚好动作。计算阻抗值与整定值 Z_1 整定值允许误差为 $\pm 5\%$〔Z_2 整定值已经在 1）中检验过〕。

3）延时时间检验：将延时时间恢复为整定值，在最大灵敏角下，施加试验电压 U_{ab}、试验电流 I_{ab}，I_{ab} 为 1.2 倍启动电流值，测量阻抗为 0.8 倍阻抗整定值，测延时时间，其值与整定值允许误差为 $\pm 5\%$。

（3）系统电压检验。

1）系统电压动作值检验：将延时时间整定为最小，动作阻抗 Z_1、Z_2 为整定值。在最大灵敏角下，施加试验电压 U_{ab}、试验电流 I_{ab}，使测量阻抗 $Z_1<Z<Z_2$；同时施加三相系统电压，使三相系统电压值大于系统电压整定值，此时异步阻抗长延时时间不出口动作。再降低三相电压值使异步阻抗延时时间出口动作，其动作值应与整定值允许误差为 $\pm 2.5\%$。

2）延时时间检验：将延时时间恢复为整定值，动作阻抗 Z_1、Z_2 为整定值。在最大灵敏角下，施加试验电压 U_{ab}、试验电流 I_{ab}，使得测量阻抗 $Z_1<Z<Z_2$；同时施加三相系统电压，使三相系统电压值大于系统电压整定值，降低三相电压值使异步阻抗延时时间出口动作，测延时时间，其值与整定值允许误差为 $\pm 5\%$。

（4）出口延时时间检验。将延时时间恢复为整定值，在最大灵敏角下，施加试验电压 U_{ab}、试验电流 I_{ab}，I_{ab} 为 1.2 倍启动电流值，测量阻抗为 0.8 倍阻抗整定值，测延时时间，其值与整定值允许误差为±5%。

8. 失步保护检验

（1）滑极次数检验。将延时时间 t_1、t_2 整定为最小，滑极次数为整定值。施加试验电压 U_a、试验电流 I_a，使测量阻抗位于失步阻抗动作特性 I 区，且位于电抗线下。改变 $\dot{U}_a$、$\dot{I}_a$ 幅值和相位，使测量阻抗依次穿越失步阻抗动作特性区、III 区和 IV 区，再次回到 I 区，则为一次滑极；当经过几次滑极后，保护动作，相应的出口指示灯亮，记录此时的滑极次数，应与整定值相符合。按此方法可测出测量阻抗位于电抗线上时的滑极次数，应与整定值相符合。

（2）启动电流值检验。施加试验电压 U_a、试验电流 I_a，使 I_a 为 0.95 倍启动电流整定值。改变 $\dot{U}_a$、$\dot{I}_a$ 幅值和相位，当经过整定的滑极次数后，保护可靠不动作。施加试验电压 U_a、试验电流 I_a，使 I_a 为 1.05 倍启动电流整定值。改变 $\dot{U}_a$、$\dot{I}_a$ 幅值和相位，当经过整定的滑极次数后，保护可靠动作。U_b、I_b 检验方法同上。

（3）闭锁电流值检验。施加试验电压 U_a、试验电流 I_a，使 I_a 大于 1.05 倍闭锁电流整定值，改变 $\dot{U}_a$、$\dot{I}_a$ 幅值和相位，当经过整定的滑极次数后，保护可靠不动作。施加试验电压 U_a、试验电流 I_a，使 I_a 小于 0.95 倍闭锁电流整定值。改变 $\dot{U}_a$、$\dot{I}_a$ 幅值和相位，当经过整定的滑极次数后，保护可靠动作。U_b、I_b 检验方法同上。

（4）出口延时时间检验。将延时时间恢复为整定值。施加激励量，使保护动作，根据故障录波装置所记录的波形进行分析，测出动作时间与整定值允许误差为±5%。

二、发电机保护装置运行维护

1. 发电机保护装置运行中的检查（DGT-801A）

（1）发电机保护装置面板上"运行闪光"指示绿灯应闪亮。

（2）发电机保护装置面板上"呼唤打印"指示绿灯应不亮。

（3）发电机保护装置面板上"装置故障"指示红灯应不亮。

（4）发电机保护装置面板上"电源"指示绿灯应亮。

（5）发电机保护装置面板上，与保护投入插头对应的保护投运指示绿灯应亮。应投入的保护符合《保护定值单》的规定。

（6）发电机保护装置打印机应无异常信息输出，若有报告输出应认真分析，必要时通知保护人员。

（7）发电机保护装置保护投退压板和跳闸出口压板的投退应符合《保护定值单》的规定。

2. 发电机保护装置运行中的检修维护

（1）发电机保护装置运行中，继电保护人员应定期校对时钟。

（2）发电机保护装置运行中，继电保护人员应定期打印保护采样值，检查打印机记录功能正常。检查打印纸储备充足，走纸正常。

（3）发电机保护装置运行中，继电保护人员应定期清洁维护打印机，检查调整打印走纸和更换打印色带，定期清扫打印头。

3. 发电机保护装置的异常处理原则

（1）发电机保护装置运行中，如果自检发现有故障，或出现"运行闪光"灯不闪烁、

"电源"指示灯不亮、显示器显示数据不正常，中央信号屏发出"装置故障"信号时，应进行如下处理：

1）立即汇报单元长或值长，退出有关保护跳闸出口压板；

2）记录有关保护异常信号，检查打印记录信息，判断故障性质；

3）如果"运行闪光"灯不闪，则可能是 CPU 故障，应立即通知保护人员检查处理；

4）如果需要更换 CPU 插件时，经单元长或值长同意打开本层 CPU 有关保护的跳闸出口压板，拉开本层 CPU 电源开关后，方可进行检修工作；

5）如果保护人员需要在"调试"状态下检查硬件测试保护装置，应申请有关保护装置停运，打开保护跳闸出口压板后方可进行工作；

6）保护人员经过硬件检查，若无明显异常时，可以手动按故障层 CPU 系统的复位按钮一次，检查保护装置应复位正常，查无异常信号后，方可投入有关保护跳闸出口压板。

（2）微机保护装置运行中，如果中央信号屏发出"CPU 电源故障"信号时，应进行如下检查处理：

1）立即汇报单元长或值长，并通知保护人员进行检查；

2）立即至发电机保护柜检查各"电源"指示灯，分析故障；

3）如果某一层电源指示灯不亮，应检查本层 CPU 系统电源自动空气开关（S）是否跳闸，若电源及开关正常，应通知保护人员检查保护装置内部；

4）必要时经单元长、值长同意打开与本层 CPU 系统有关保护的跳闸出口压板。

（3）发电机、发电机—变压器组差动 TA 断线灯亮时，通知保护人员进行检查处理。

（4）当 TV 断线时，就地检查 TV 二次熔断器，若熔断应立即更换。若是 TV 一次熔断器熔断，应将 TV 停电后更换。

（5）当发电机 TV 断线或 330kV 母线 TV 二次母线失压期间，退出相关主变压器的复压过电流保护。

【复习思考】

3-2-1 发电机的故障类型有哪些？并简要说明发电机保护的配置。

3-2-2 写出发电机比率制动和标积制动差动原理的表达式，并画出比率制动差动保护的动作特性曲线。

3-2-3 简述发电机比率制动式纵联差动保护的整定计算原则。

3-2-4 发电机匝间短路保护的原理有哪些？

3-2-5 画出发电机单元件横差保护的原理接线图，并简单说明其工作原理。

3-2-6 负序功率方向闭锁的纵向零序电压匝间短路保护能否反应定子绕组单相接地？为什么？

3-2-7 根据负序功率闭锁纵向零序电压匝间保护的原理图说明其保护工作原理。

3-2-8 常见发电机 100％定子绕组单相接地保护有哪些？并说明双频式定子绕组单相接地保护的构成及各自的保护范围。

3-2-9 发电机长期及短期承受负序电流的能力各以什么来衡量？

3-2-10 画出发电机负序电流的时限特性曲线，并以此说明发电机反时限负序过负荷保护的构成及工作原理

3-2-11 发电机常见的相间后备保护有哪些？对于大型机组一般采用哪种方式？

3-2-12　画出发电机复合电压过电流保护出口逻辑框图，并简单说明其工作原理。

3-2-13　发电机失磁后的基本物理过程可分为哪几个阶段？对应的机端测量阻抗的变化轨迹是什么？

3-2-14　失磁保护的主判据及辅助判据各有哪些？

3-2-15　目前发电机励磁回路一点及两点接地保护原理有哪些？

3-2-16　发电机逆功率保护主要用于保护什么？一般规定发电机逆功率保护运行时间不超过多少？

3-2-17　画出对于用于程序跳闸方式的逆功率保护的逻辑框图，并说明两套逆功率保护定值一般各为多少？

3-2-18　发电机低频保护主要用于保护什么？对低频保护有何特殊要求？

3-2-19　什么是发电机误上电保护？画图说明发电机在开机到合励磁开关前是如何判断误上电的？

3-2-20　画图说明反映发电机定子绕组接地的启停机保护。

3-2-21　发电机在并网后哪些保护自动退出运行，解列后自动投入运行？

任务三　母线保护装置的原理、性能检验与运行维护

【教学目标】

知识目标：能够正确表述母线故障的危害；能够说出母线保护的装设原则；能够说出母线保护的基本类型及其基本构成；能够表述母线保护的性能检验方法及运行注意事项。

能力目标：能够分析母线完全电流差动保护的工作原理；能够分析元件固定连接的双母线电流差动保护工作原理；能够分析母联电流相位比较式母线保护和比率制动式母线保护的基本工作原理；具有对微机母线保护进行性能检验的能力；具有完成母线保护运行维护的能力。

素质目标：敬业精神、严谨的工作作风、安全意识、团队协作精神。

【任务描述】

该任务通过教师讲授、小组讨论、学生查阅资料弄清母线故障及保护配置原则，母线差动保护的作用、接线、构成；通过学生小组讨论、教师引导对母线保护的原理进行分析；通过学生设计实验方案、小组讨论、教师指导、学生动手实验，完成母线的相关保护的性能检验及运行维护。

【任务准备】

每小组一套母线保护装置（含说明书），一台继电保护测试仪，一份母线保护装置调试大纲，一份母线保护装置调试作业指导书。

【相关知识】

一、母线故障及其危害

发电厂和变电站的母线是电力系统重要的组成元件之一，是系统中汇集电能、分配电能的枢纽。母线发生故障的概率比线路低，但故障的影响面很大。这是因为母线上通常连有较多的电气设备，母线故障将使这些设备停电，从而造成大面积停电事故，并可能破坏系统的稳定运行，使故障进一步扩大，母线保护清除和缩小故障造成的后果，是十分必要的。

引起母线故障的主要因素有断路器套管及母线绝缘子的闪络，母线电压互感器的故障，运行人员的误操作，如带负荷拉隔离开关、带接地线合断路器等。

二、母线保护的装设原则及专用母线保护需注意的问题

在 GB/T 14285—2006《继电保护和安全自动装置技术规程》中，母线保护的装设原则规定：

1. 非专门母线保护

对于发电厂和主要变电站的 3～10kV 分段母线及并列运行的双母线，一般可由发电机和变压器的后备保护实现对母线的保护。

2. 专用的母线保护

（1）对 220～500kV 电压母线，应装设快速有选择切除故障的母线保护。

（2）对 110kV 双母线、110kV 单母线、重要发电厂或 110kV 以上重要变电站的 35～66kV 母线，需要快速切除母线上的故障时。

（3）35～66kV 电网中，主要变电站的 35～66kV 双母线或分段单母线需快速而有选择的切除一段或一组母线上故障，以保证系统安全稳定运行和可靠供电。

（4）对于发电厂和主要变电站的 3～10kV 分段母线及并列运行的双母线，需快速而有选择的切除一段或一组母线上的故障，以保证发电厂及电网安全运行和重要负荷的可靠供电；当线路断路器不允许切除线路电抗器前的短路时，要装设专门的母线保护。

（5）对 3～10kV 分段母线，宜采用不完全电流差动式母线保护，保护仅接入有电源支路的电流。保护由两段组成：第一段采用无时限或带时限的电流速断保护，当灵敏系数不符合要求时，可采用电流闭锁电压速断保护；第二段采用过电流保护，当灵敏系数不符合要求时，可将一部分负荷较大的配电线路接入差动回路，以降低保护的启动电流。

3. 专用母线保护应考虑的问题

（1）保护应能正确反应保护区内各种类型故障，并动作于跳闸。

（2）在各种类型区外短路时，母线保护不应由于电流互感器饱和以及短路电流中的暂态分量而引起误动作。

（3）对构成环路的各类母线方式（如一个半断路器方式和双母双分段方式等），当母线短路时，该母线上所接设备的电流可能自母线上流出，母线保护不应因此而拒动。

（4）母线保护宜适应一次的各种运行方式。

（5）双母线接线的母线保护，应设有电压闭锁元件。

（6）双母线的母线保护应保证母联与分段断路器的跳闸出口时间不应大于线路及变压器断路器的跳闸出口时间；能可靠地切除母线或分段断路器与电流互感器之间的故障。

（7）母线保护仅实现三相跳闸出口，且应接于本母线的断路器失灵保护公用的跳闸出口回路。

（8）母线保护动作后，除一个半断路器接线外，对不带分支且有纵联保护的线路应采取措施，使对侧断路器能速动跳闸。

（9）母线保护应允许使用不同变比的电流互感器。

（10）交流回路不正常或断线时应闭锁母线差动保护，并发出告警信号。对一个半断路器接线可以只发告警信号不闭锁母线差动保护。

（11）闭锁元件启动、直流消失、装置异常、保护动作跳闸应发出信号。此外，应具有

启动遥信及事件记录触点。

三、单母线完全电流差动保护

电流差动保护是发电机、变压器及输电线路广泛采用的一种保护，其特点是能明确区分被保护元件的内、外部故障，由于具有绝对选择性，电流差动保护也是母线保护的主保护。

（1）保护的构成。在母线的所有连接设备上装设变比相等的电流互感器，电流互感器的一次极性端放在同一侧（母线侧）所有电流互感器的二次同极性端相连，接入差动电流继电器。保护动作后，将故障母线的所有连接设备断开，切除母线故障，如图 3-69 所示。

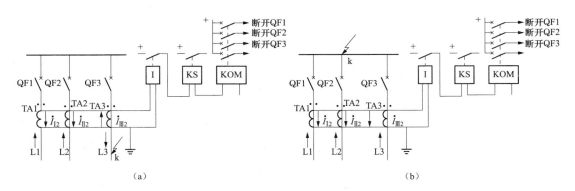

图 3-69　单母线完全电流差动保护
(a) 区外故障；(b) 母线故障

（2）动作原理。正常运行及外部故障：流入母线的电流和流出母线的电流相等，理想情况下，差动电流继电器中的电流 $\dot{I}$ 为零；实际为不平衡电流 $\dot{I}_{\text{unb}}$，保护不动作。

$$\dot{I} = \dot{I}_{\text{I}2} + \dot{I}_{\text{II}2} + \dot{I}_{\text{III}2} = \dot{I}_{\text{unb}} \tag{3-55}$$

母线故障：所有与电源连接的设备都向短路点提供短路电流，且方向相同，而与负荷相连的设备电流等于零，所以流入差动电流继电器中的电流为所有的短路电流，使电流继电器动作，起动出口中间继电器，瞬时跳开与母线相连的各断路器。

$$\dot{I} = \dot{I}_{\text{I}2} + \dot{I}_{\text{II}2} + \dot{I}_{\text{III}2} = \dot{I}_{\text{k}2} \tag{3-56}$$

通过以上原理分析，单母线完全差动保护在区外故障时流入差动继电器的电流为不平衡电流，数值较小；母线故障时流入差动继电器的电流是短路电流的二次值，数值较大。只要选择合适的整定值，可以实现保护区外故障不动作，区内故障可靠动作。

（3）差动保护中差动电流继电器动作电流按下述原则整定：

1）躲开外部短路时的最大不平衡电流（所有电流互感器均按 10% 选择，且均采用速饱和变流器）

$$I_{\text{kact}} = K_{\text{rel}} I_{\text{unb.max}} = K_{\text{rel}} \times 0.1 I_{\text{kmax}}/n_{\text{TA}} \tag{3-57}$$

式中　K_{rel}——可靠系数，取 1.3；

　　$I_{\text{unb.max}}$——母线外部故障时产生的最大不平衡电流；

　　I_{kmax}——母线外部任一连接元件短路时，流过该元件的最大短路电流；

　　n_{TA}——母线保护用电流互感器的变比。

2）躲开电流互感器二次回路断线时母线所有分支中的最大负荷电流。

$$I_{kact} = K_{rel} \times I_{Lmax}/n_{TA} \tag{3-58}$$

式中　$I_{L.max}$——母线所有分支中的最大负荷电流。

整定电流取两者中较大者。

灵敏系数按下式校验

$$K_{sen} = \frac{I_{k.min}}{I_{k.act} n_{TA}} \geqslant 2 \tag{3-59}$$

式中　$I_{k.min}$——运行中可能出现的连接设备最少时，母线短路时最小短路电流。

（4）适用范围：此保护适用于单母线或双母线只有一组母线运行的情况。

四、比率制动式的电流差动母线保护

比率制动式母线差动保护又称中阻保护（差电流回路的阻抗值为几欧时称为低阻抗，千欧以上称为高阻抗，200Ω 左右称为中阻抗），其单相原理接线如图 3-70 所示。

1. 保护接线

母线上各连接元件电流互感器的二次电流经过辅助变流器 TAA1～TAAn，变换为 $\dot{I}'_1$、…、$\dot{I}'_n$，引至全波整流电路，在 MO 之间的 R_{brk} 上形成制动电压。差动电流经调整电阻 R_d、差动变流器 TAM 后回到辅助变流器的公共点 N。该差动电流在 TAM 的二次侧形成电流 I_{d2}，经整流后在电阻 R_{op} 上构成动作电压 U_{op}。当 $U_{op} > U_{brk}$ 时，V1 二极管为正向电压导通，V2 为反向电压截止，执行元件 KP（快速干簧继电器）动作，而当 $U_{act} < U_{brk}$ 时，V2 导通，V1 截止，执行元件 KP 可靠不动作。

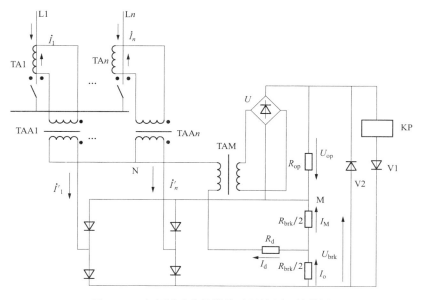

图 3-70　比率制动式母线差动保护原理接线图

2. 保护的动作行为

（1）正常运行时，差动电流 $\dot{I}_d = \dot{I}_1 + \dot{I}_2 + \cdots + \dot{I}_n = 0$。而制动电流 $|\dot{I}_1| + |\dot{I}_2| + \cdots + |\dot{I}_n|$ 分别经 $R_{brk}/2$ 形成制动电压 U_{brk} 加在 O、M 两端，V2 导通，KP 被闭锁同时工作电阻 R_{op} 与

制动电阻 R_{brk} 通过 V2 成并联回路，从而降低了电流互感器的二次负载。

（2）母线外部故障时，如线路 L1 发生短路时。

1）当电流互感器尚未饱和时（在外部短路的几毫秒内），与前面正常运行时一样，KP 不动作。

2）由于故障线路 L1 的电流很大，TA1 可能严重饱和，虽然一次电流很大，互感器二次侧输出电流小，差动回路不平衡电流显著增大。为了使这种情况下保护不误动作，在差动回路中串入电阻 R_d，强制使由于电流互感器保护引起的不平衡电流流入饱和的电流互感器，即增大互感器二次侧输出电流。改变 R_d 的值，可改变这种强制的程度。R_d 越大，强制程度越高，从而躲过外部短路由于电流互感器饱和引起的不平衡电流的能力越强。

（3）母线内部故障时，所有连接元件的短路电流流入母线，形成的动作电压 U_{op} 很大，而在半个制动电阻 $R_{brk}/2$ 上形成的制动压降 $U_{brk} < U_{op}$，保护灵敏动作。

注意：保护中采用辅助变流器 TAA1～TAAn，可将电流互感器不等的变比调整为相等，同时在电流互感器的二次侧还可以接入其他保护。

比率制动式母线差动保护接线简单、性能优良、动作迅速，在外部故障时能很好的避免电流互感器饱和引起的保护误动，由于差回路电阻较大，有效的减小了不平衡电流，同时不会引起很大的过电压。它的缺点是必须应用辅助电流互感器，整定计算较为复杂。比率制动式母线差动保护在我国得到广泛应用。

五、元件固定连接的双母线完全电流差动保护

在发电厂以及重要变电站的高压母线上，一般都采用双母线同时运行（母线联络断路器经常投入），而每组母线上连接一部分（大约 1/2）供电和受电元件，这样当任一组母线故障只影响约一半的负荷供电，而另一组母线上的连接元件仍可以继续运行，这就大大提高了供电可靠性。此时，就必须要求母线保护具有选择故障母线的能力。

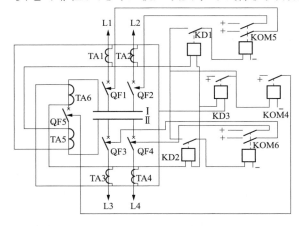

图 3-71 元件固定连接的双母线完全电流
差动保护原理接线图

1. 保护接线

元件固定连接的双母线电流差动保护单相原理接线图如图 3-71 所示。由图可见，保护装置的主要部分由三组差动继电器组成。第一组由电流互感器 TA1、TA2、TA5 和 KD1、KOM5 组成，用以选择第一组母线故障，动作于 QF1、QF2；第二组由电流互感器 TA3、TA4、TA6 和 KD2、KOM6 组成，用以选择第二组母线故障，动作于 QF3、QF4；第三组由电流互感器 TA1、TA2、TA3、TA4 和 KD3、KOM4 组成，作为整套保护的启动元件，两组母线上任一组母线短路时，KD3 都启动，KOM4 动作后，作用于母联断路器 QF5，并启动两组选择元件。

2. 保护的动作行为

正常运行及母线外部故障：（图 3-72 为出线 L4 短路）KD3 为整个保护的启动元件，流过它的电流为零，不动作；KD1、KD2 中电流均为零，保护不动作。

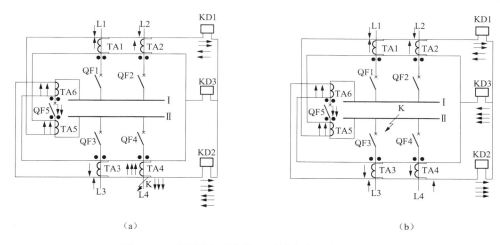

图 3-72　元件固定连接的双母线完全电流差动保护

（a）出线故障时电流分布图；（b）Ⅱ母故障时电流分布图

第二组母线故障：启动元件 KD3 和第二组选择元件 KD2 中流过全部电流，而第一组选择元件中电流为零，KD3 动作后，首先跳开母联断路器，将故障母线和非故障母线分开，KD2 动作后，作用于跳开 QF1、QF2，切除第二组母线。

元件固定连接方式破坏后 L1 故障（见图 3-73）：KD1、KD2 将流过短路电流误动作，KD3 仅流过不平衡电流，不会动作。由于整套保护装置由 KD3 做启动元件，所以整套保护装置不会误动作。

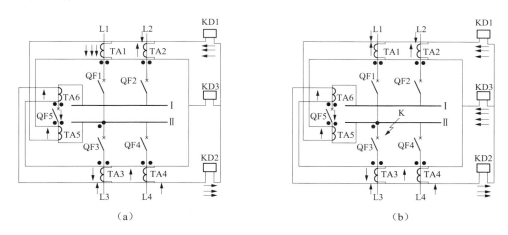

图 3-73　元件固定连接破坏后电流分布图

（a）出线故障时电流分布图；（b）Ⅱ母故障时电流分布图

元件固定连接方式破坏后：第二组母线故障，差动继电器中流过大小不等的短路电流，都将作用于断路器跳闸。两条母线同时无选择性的被切除。可见 KD1、KD2 已失去选择元件的能力。

通过以上分析，元件固定连接的双母线完全差动保护具有如下特点：元件固定连接的双母线完全差动保护在固定连接方式下，能够反映保护范围内故障，对于不同母线故障能够正确选择故障母线。元件固定连接方式破坏后，区外故障能够保证不误动，但是母线故障情况下，不能够正确选择故障母线，限制了电力系统运行调度的灵活性。因此，在母线连接元件运行方式变化较大的系统，该保护不适用。

六、母联电流相位比较式母线保护

设备固定连接的双母线完全差动保护在固定连接方式破坏后，不能够正确选出故障母线，导致母线无选择性地被切除。母联电流相位比较式母线保护克服这一缺点，适用于母线连接设备经常变化运行方式的情况。

母联电流相位比较式母线保护是比较母线中电流与总差电流的相位关系的一种差动保护。当母线Ⅰ故障时，流过母联的电流是由母线Ⅱ流向母线Ⅰ，而当母线Ⅱ故障时，流过母联的电流是由母线Ⅰ流向母线Ⅱ。在这两种故障情况下，母联电流的相位变化了$180°$，而总差电流反应母线故障的总电流，其相位是不变的。因此，利用这两个电流相位的比较，就可以正确地选择出故障母线。当母线上故障时，不管母线上的元件如何连接，只要是母联中有电流流过，保护都能有选择性地切除故障母线。

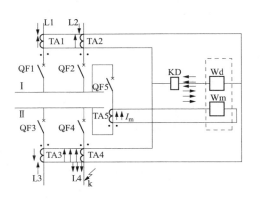

图 3-74　母联电流相位比较式
母线保护原理接线图

该保护的单相原理接线如图 3-74 所示。保护主要由启动元件 KD 和选择元件（即比相元件）BX 构成。KD 接于总差动回路，通常采用 BCH-2 型差动继电器，用以躲过外部短路时暂态不平衡电流。选择元件 BX 有两个线圈，极化线圈 Wd 与 KD 串接在差动回路中，以反应总差电流 I_d；工作线圈 Wm 接入母联断路器二次回路，以反应母联电流 I_m。正常运行或区外短路时流入启动元件 KD 的电流仅为不平衡电流，KD 不启动，保护不会误动作。

母线短路时如图 3-75 所示，流过 KD 和 Wd 的总差电流 I_d 总是由 Wd 的极性端流入，KD 启动。若母线Ⅱ短路，如图 3-75（a）所示，母联电流 I_m 由 BX 中的工作线圈 Wm 非极性端流入，与流入 Wd 的 I_d 相反；若母线Ⅰ短路，且固定连接方式遭破坏（如图中连接元件 L2 由母线Ⅰ切换至母线Ⅱ），I_m 则由 Wm 极性端流入，恰好与流入 Wd 的 I_d 相同。因此，比相元件 BX 可用于选择故障。

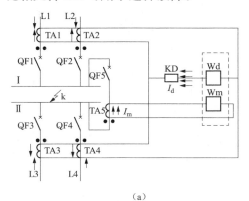
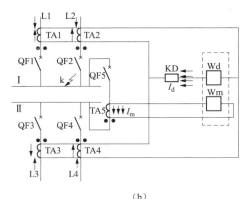

（a）　　　　　　　　　　　　　　（b）

图 3-75　母联电流相位比较式母线保护原理接线图
（a）母线短路时；（b）固定连接方式破坏后母线短路时

通过上述分析，母联电流相位比较式母线保护优点是运行方式灵活、接线简单；主要缺点是正常运行时母联断路器必须投入运行；保护的动作电流受外部短路时最大不平衡电流的影响，在母联断路器和母联电流互感器之间发生短路时，将出现死区，要靠线路对侧后备保护切除故障。其在 35～220kV 的双母线上得到广泛应用。

七、微机母线保护

本任务中，以电力系统中应用较多的 RCS-915AB 型微机母线保护装置为例学习微机母线保护。RCS-915AB 型微机母线保护装置适用于各种电压等级的单母线、单母分段、双母线等两段母线及以下的各种主接线方式，母线上允许所接的线路与设备数最多为 21 个（包括母联断路器），并可满足有母联兼旁路运行方式主接线系统的要求。

1. 保护配置

RCS-915AB 型微机母线保护装置设有母线差动保护、母联充电保护、母联死区保护、母联失灵保护、母联过电流保护、母联非全相保护以及断路器失灵保护等功能。

2. 工作原理

（1）母线差动保护。母线差动保护由分相式比率差动元件构成，TA 极性要求：若支路 TA 同名端在母线侧，则母联 TA 同名端在母线Ⅰ侧（装置内部只认母线的物理位置，与编号无关，母联 TA 同名端的朝向以物理位置为准，单母分段主接线分段 TA 的极性也以此为原则）。差动回路包括母线大差回路和各段母线小差回路。母线大差是指除母联断路器和分段断路器外所有支路电流所构成的差动回路，某段母线的小差是指该段母线上所连接的所有支路（包括母联和分段断路器）电流所构成的差动回路。母线大差比率差动用于判别母线区内和区外故障，小差比率差动用于故障母线的选择。

1）启动元件。

（a）电压工频变化量元件，当两段母线任一相电压工频变化量大于门槛（由浮动门槛和固定门槛构成）时电压工频变化量元件动作，其判据为

$$\Delta u > \Delta U_{\mathrm{T}} + 0.05 U_{\mathrm{N}} \tag{3-60}$$

式中　Δu——相电压工频变化量瞬时值；

　$0.05 U_{\mathrm{N}}$——固定门槛电压；

　ΔU_{T}——浮动门槛电压，随着变化量输出变化而逐步自动调整。

（b）差流元件。当任一相差动电流大于差流启动值时差流元件动作，其判据为

$$I_{\mathrm{d}} > I_{\mathrm{dact}} \tag{3-61}$$

式中　I_{d}——大差动相电流；

　I_{dact}——差动电流启动定值。

母线差动保护电压工频变化量元件或差流元件启动后展宽 500ms。

2）比率差动元件。

（a）常规比率差动元件。动作判据为

$$\left| \sum_{j=1}^{m} I_j \right| > I_{\mathrm{dact}} \tag{3-62}$$

$$\left| \sum_{j=1}^{m} I_j \right| > K \sum_{j=1}^{m} \left| I_j \right| \tag{3-63}$$

式中　K——比率制动系数；

I_j——第 j 个连接元件的电流；

I_{dact}——差动电流启动定值。

其动作特性曲线如图 3-76 所示。

为防止在母联断路器断开的情况下，弱电源侧母线发生故障时大差比率差动元件的灵敏度不够，大差比例差动元件的比率制动系数有高低两个定值。母联断路器处于合闸位置以及

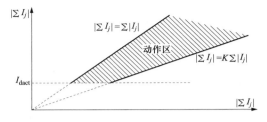

图 3-76　比例差动元件动作特性曲线

投单母线或隔离开关双跨时大差比率差动元件采用比率制动系数高值，而当母线分列运行时自动转用比率制动系数低值。

小差比例差动元件则固定取比率制动系数高值。

（b）工频变化量比例差动元件。为提高保护抗过渡电阻能力，减少保护性能受故障前系统功角关系的影响，本保护除采用由差流构成的常规比率差动元件外，还采用工频变化量电流构成了工频变化量比率差动元件，与制动系数固定为 0.2 的常规比率差动元件配合构成快速差动保护。其动作判据为

$$\left| \Delta \sum_{j=1}^{m} \dot{I}_j \right| > \Delta D\dot{I}_{\mathrm{T}} + D\dot{I}_{\mathrm{cdzd}} \tag{3-64}$$

$$\left| \Delta \sum_{j=1}^{m} \dot{I}_j \right| > K' \sum_{j=1}^{m} \left| \Delta \dot{I}_j \right| \tag{3-65}$$

式中　K'——工频变化量比例制动系数，母联断路器处于合闸位置以及投单母线或隔离开关双跨时 K' 取 0.75，而当母线分列运行时则自动转用比率制动系数低值，小差则固定取 0.75；

ΔI_j——第 j 个连接元件的工频变化量电流；

$\Delta D\dot{I}_{\mathrm{T}}$——差动电流启动浮动门槛；

$D I_{\mathrm{cdzd}}$——差流启动的固定门槛，由 I_{cdzd} 得出。

3）故障母线选择元件。差动保护根据母线上所有连接元件电流采样值计算出大差电流，构成大差比例差动元件，作为差动保护的区内故障判别元件。

对于分段母线或双母线接线方式，根据各连接元件的隔离开关位置开入计算出两条母线的小差电流，构成小差比率差动元件，作为故障母线选择元件。

当大差抗饱和母差动作（下述 TA 饱和检测元件二检测为母线区内故障），且任一小差比率差动元件动作，母差动作跳母联断路器；当小差比率差动元件和小差谐波制动元件同时开放时，母差动作跳开相应母线。

当双母线按单母方式运行不需进行故障母线的选择时可投入单母方式压板。当元件在倒闸过程中两条母线经隔离开关双跨，则装置自动识别为单母运行方式。这两种情况都不进行故障母线的选择，当母线发生故障时将所有母线同时切除。

母差保护另设一后备段，当抗饱和母差动作，且无母线跳闸，则经过 250ms 切除母线上所有的元件。

另外，装置在比率差动连续动作 500ms 后将退出所有的抗饱和措施，仅保留比率差动元件 $\left(\left| \sum_{j=1}^{m} I_j \right| > I_{\mathrm{cdzd}}, \left| \sum_{j=1}^{m} I_j \right| > K \sum_{j=1}^{m} \left| I_j \right| \right)$，若其动作仍不返回则跳相应母线。这是为

了防止在某些复杂故障情况下保护误闭锁导致拒动，在这种情况下母线保护动作跳开相应母线对于保护系统稳定和防止事故扩大都是有好处的（而事实上真正发生区外故障时，TA 的暂态饱和过程也不可能持续超过 500ms）。

4）TA 饱和检测元件。为防止母线保护在母线近端发生区外故障时 TA 严重饱和的情况下发生误动，装置根据 TA 饱和波形特点设置了两个 TA 饱和检测元件，用以判别差动电流是否由区外故障 TA 饱和引起，如果是则闭锁差动保护出口，否则开放保护出口。

5）电压闭锁元件。其判据为

$$U_{pn} \leqslant U_{bs} \tag{3-66}$$

$$3U_0 \geqslant U_{0bs} \tag{3-67}$$

$$U_2 \geqslant U_{2bs} \tag{3-68}$$

式中　U_{pn}——相电压；

$\quad 3U_0$——三倍零序电压（自产）；

$\quad\ U_2$——负序相电压；

$\quad U_{bs}$——相电压闭锁值；

U_{0bs}、U_{2bs}——零序、负序电压闭锁值。

以上三个判据任一个动作时，电压闭锁元件开放。在动作于故障母线跳闸时必须经相应的母线电压闭锁元件闭锁。

当用于中性点不接地系统时，将"投中性点不接地系统"控制字投入，此时电压闭锁元件为 $U_1 \leqslant U_{bs}$；$U_2 \geqslant U_{2bs}$（其中 U_1 为线电压，U_2 为负序相电压，U_{bs} 为线电压闭锁值，U_{2bs} 为负序电压闭锁定值）。

母差保护的工作框图（以Ⅰ母为例）如图 3-77 所示。

（2）母联充电保护。图 3-78 为母联充电保护的逻辑框图。

当任一组母线检修后再投入之前，利用母联断路器对该母线进行充电试验时可投入母联充电保护，当被试验母线存在故障时，利用充电保护切除故障。

母联充电保护有专门的启动元件。在母联充电保护投入时，当母联电流任一相大于母联充电保护整定值时，母联充电保护启动元件动作去控制母联充电保护部分。

当母联断路器跳位继电器 TWJ 由"1"变为"0"或母联断路器跳位继电器 TWJ＝1 且由无电流变为有电流（大于 $0.04I_N$），或两母线变为均有电压状态，则开放充电保护 300ms，同时根据控制字决定在此期间是否闭锁母差保护。在充电保护开放期间，若母联电流大于充电保护整定电流，则将母联断路器切除。母联充电保护不经复合电压闭锁。

另外，如果希望通过外部触点闭锁本装置母差保护，将"投外部闭锁母差保护"控制字置 1。装置检测到"闭锁母差保护"开入后，闭锁母差保护。该开入若保持 1s 不返回，装置报"闭锁母差开入异常"，同时解除对母差保护的闭锁。

（3）母联失灵保护。当保护向母联发跳令后，经整定延时母联电流仍然大于母联失灵电流定值时，母联失灵保护经两母线电压闭锁后切除两母线上所有连接元件。通常情况下，只有母差保护和母联充电保护才启动母联失灵保护。当投入"投母联过电流启动母联失灵"控制字时，母联过电流保护也可以启动母联失灵保护。图 3-79 为母联失灵保护逻辑框图。

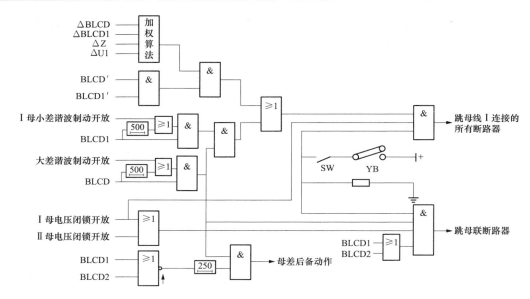

图 3-77　母差保护的工作框图（以Ⅰ母为例）

ΔU1—Ⅰ母电压工频变化量元件；BLCD′—Ⅰ母比率差动元件（$K=0.2$）；ΔZ—工频变化量阻抗元件；BLCD—大差比率差动元件；ΔBLCD1—Ⅰ母工频变化量比率差动元件；BLCD1—Ⅰ母比率差动元件；ΔBLCD—大差工频变化量比率差动元件；SW—母差保护投退控制字；BLCD′—大差比率差动元件（$K=0.2$）；YB—母差保护投入压板

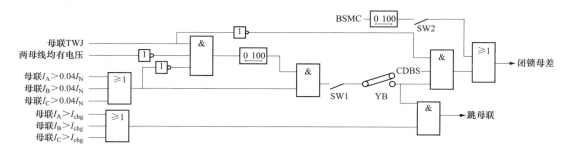

图 3-78　母联充电保护的逻辑框图

I_{chg}—母联充电保护定值；SW1—母联充电保护投退控制字；YB—母联充电保护投入压板；DBS—母联充电保护闭锁母差保护控制字投入；SW2—投外部闭锁母差保护控制字；BSMC—外部闭锁母差保护开入

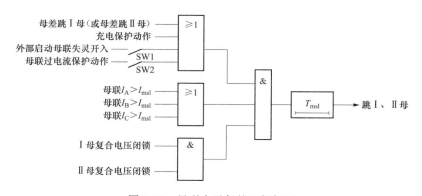

图 3-79　母联失灵保护逻辑框图

SW1—投外部启动母联失灵控制字；SW2—投母联过电流启动母联失灵控制字

如果希望通过外部保护启动本装置的母联失灵保护，应将系统参数中的"投外部启动母联失灵"控制字置 1。装置检测到"外部启动母联失灵"开入后，经整定延时母联电流仍然大于母联失灵电流定值时，母联失灵保护经两母线电压闭锁后切除两母线上所有连接元件。

3. 母线保护的整组实验

投入母差保护压板，不加电压，使母线保护电压闭锁条件开放。恢复信号告警回路接线，传动过程中检查中央信号告警应正确，用万用表检查跳闸出口输出触点及事件记录输出触点闭合应正确。

注意事项：用万用表测量出口跳闸触点时，注意防止误跳运行断路器。

（1）区外故障检验。短接元件 1 的 I 母隔离开关位置及元件 2 的 II 母隔离开关位置触点。将元件 2TA 与母联 TA 同极性串联，再与元件 1TA 反极性串联，通入大于差流启动高定值的电流，保护不应动作。

（2）模拟 I 母区内故障，有选择性地切除 I 母故障。短接元件 1～元件 10 的 I 母隔离开关位置；短接元件 11～元件 20 的 II 母隔离开关位置。

将元件 1TA、母联 TA 和元件 11TA 同极性串联，通入大于差流启动高定值的电流，模拟 I 母故障，I 母差动保护动作，"跳 I 母"灯点亮。检查元件 1～元件 10 及母联断路器的跳闸压板有正电；元件 11～元件 20 的跳闸压板无电。

（3）模拟 II 母区内故障，有选择性地切除 II 母故障。短接的各元件隔离开关辅助触点位置不变。将元件 1TA 和元件 11TA 同极性串联，再与母联 TA 反极性串联，通入大于差流启动高定值的电流，模拟 II 母故障，II 母差动保护动作。装置面板上"跳 II 母"灯点亮。检查元件 1～元件 10 的跳闸压板无电；元件 11～元件 20 及母联断路器的跳闸压板有正电。

（4）保护互联状态检验（模拟 I 母或 II 母区内故障，非选择性切除两条母线）。投入"互联投入"压板。短接元件 1 的 I 母隔离开关位置及元件 2 的 II 母隔离开关位置触点。

1）将元件 1TA、母联 TA 和元件 2TA 同极性串联，通入大于差流启动高定值的电流，保护动作切除两母线上所有的连接元件。"跳 I 母"灯及"跳 II 母"灯均应点亮。

2）将元件 1TA 和元件 2TA 同极性串联，再与母联 TA 反极性串联，通入大于差流启动高定值的电流，保护动作切除两母线上所有的连接元件。"跳 I 母"灯及"跳 II 母"灯均应点亮。

（5）母联死区保护。规定：母联 TA 装载母联断路器的 II 母侧。

1）母联开关处于合位时的死区故障。短接元件 1 的 I 母隔离开关位置及元件 2 的 II 母隔离开关位置触点。

将元件 1TA、母联 TA 和元件 2TA 同极性串联，用母联跳闸触点模拟母联跳位开入触点，通入大于差流启动高定值的电流，保护发 I 母线跳令后，继续通入故障电流，经整定延时 T_{sq} 母联死区保护动作将另一条母线切除。

2）母联开关处于跳位时的死区故障。短接的各元件隔离开关辅助触点位置不变。

将元件 2TA 与母联 TA 同极性串联，短接母联 TWJ 开入（TWJ=1），通入大于差流启动高定值的电流，模拟母联断路器与母联 TA 之间的死区故障，I 母差动保护不动作，II 母差动保护动作切除故障。

注意：故障前两母线电压必须均满足电压闭锁条件。

（6）投母联带路方式。投入母联带路压板，短接元件 1 的 I 母隔离开关位置和 I 母带路开入。

将元件 1TA 和母联 TA 反极性串联通入电流，装置差流采样值均为零，将元件 1TA 和母联 TA 同极性串联通入电流，装置大差及 I 母小差电流均为两倍试验电流；投入带路 TA 极性负压板，将元件 1TA 和母联 TA 同极性串联通入电流，装置差流采样值均为零，将元件 1TA 和母联 TA 反极性串联通入电流，装置大差及 I 母小差电流均为两倍试验电流。

（7）电压闭锁回路的检查。

1）保护屏端子排处通入 I 母、II 母三相正序额定电压，使电压闭锁条件闭锁，按（2）方法模拟 I 母故障，用电压表检查元件 1～元件 10 及母联断路器的跳闸压板应无正电。

2）保护屏端子排处通入 I 母、II 母三相正序额定电压，使电压闭锁条件闭锁，按（3）方法模拟 II 母故障，用电压表检查元件 11～元件 20 及母联断路器的跳闸压板应无正电。

4. 装置异常检查

（1）交流电压断线报警。

1）电压反相序的 TV 断线。测试方法：在 I 段母线电压回路中加入负序的对称三相电压 57.7V，在装置面板上"TV 断线"指示灯亮。用同样方法可模拟 II 母线电压反相序情况。

2）电压回路单相断线的 TV 断线。测试方法：在 I 段母线电压回路中先加入正序的对称三相电压 57.7V，然后使 A 相电压降到 0V 并持续 1.25s 后，在装置面板上"TV 断线"指示灯亮。用同样方法可模拟 II 段母线 TV 单相断线情况。

3）电压回路三相断线的 TV 断线。测试方法：在 I 母任意连接元件 TA 通入大于 $0.04I_N$ 电流，在 I 段母线电压回路中先加入正序的对称三相电压 57.7V，然后使三相电压降到 0V 并持续 1.25s 后，在装置面板上"TV 断线"指示灯亮。用同样方法可模拟 II 段母线 TV 三相断线情况。

（2）交流电流断线报警。

1）在电压回路施加三相平衡电压，向任一支路通入单相电流大于 $0.06I_N$，延时 5s 发 TA 异常信号。

2）在电压回路施加三相平衡电压，在任一支路通入三相平衡电流大于 I_{DX}，延时 5s 发 TA 断线报警信号。

3）在任一支路通入电流大于 I_{DXBJ}，延时 5s 发 TA 异常报警信号。

（3）开入异常报警。

1）失灵触点误启动的开入异常。测试方法：模拟任意失灵启动触点动作 10s，在装置面板上"其他报警"灯亮，液晶显示"DSP2 长期启动"。

检查输出告警触点及各中央、监控信号。

2）外部闭锁母差开入异常。测试方法：将"投外部闭锁母差"控制字置 1，模拟外部闭锁母差开入动作 1s，在装置面板上"其他报警"灯亮，液晶显示"外部闭锁母差开入异常"。

检查输出告警触点及各中央、监控信号。

3）外部启动母联失灵开入异常。测试方法：将"投外部启动母联失灵"控制字置 1，模拟外部启动母联失灵开入动作 10s，在装置面板上"其他报警"灯亮，液晶显示"外部启动母联失灵开入异常"。

检查输出告警触点及各中央、监控信号。

4）母联位置开入异常。测试方法：模拟联络开关回路中有负荷电流，同时短接母联跳位开入 TWJ。在装置面板上"其他报警"灯亮，液晶显示"母联 TWJ 异常"。

检查输出告警触点及各中央、监控信号。

5）隔离开关位置报警。测试方法：某支路有电流无隔离开关，检查输出告警接点（不可复归），装置面板点"位置报警"灯亮，液晶显示"支路＊＊＊隔离开关位置告警"。

5. 装置运行

"运行"灯为绿色，装置正常运行时点亮；

"断线报警"灯为黄色，当发生交流回路异常时点亮；

"位置报警"灯为黄色，当发生隔离开关位置变位、双跨或自检异常时点亮；

"报警"灯为黄色，当发生装置其他异常情况时点亮。

"跳Ⅰ母"、"跳Ⅱ母"灯为红色，母差保护动作跳母线时点亮；

"母联保护"灯为红色，母差跳母联、母联充电、母联非全相、母联过电流保护动作或失灵保护跳母联时点亮；

"Ⅰ母失灵"、"Ⅱ母失灵"灯为红色，断路器失灵保护动作时点亮；

"线路跟跳"灯为红色，断路器失灵保护动作时点亮。

八、母线保护运行维护

1. 母线保护装置投运操作步骤

1）检查屏后电缆，确认与安装图纸一致，确认所有临时接线和防护措施已恢复。

2）确认所有压板退出、交流电压空气断路器合上。

3）合上直流电源。

4）检验交流回路良好，电压正常无差流。

5）确认母线模拟图的显示与实际的运行方式相对应。

6）校对装置时钟。

7）按调度定值整定通知单整定定值，打印一份清单核实无误后存档。

8）装置经检查无误后，将出口触点的软件控制字设置为投入状态，投跳闸出口压板，装置正式投入运行。

9）按需要投入保护压板。

2. 母线保护装置日常巡视要求

1）正常情况下，母线差动保护应投入运行。

2）液晶显示器的运行方式接线模拟图指示位置应与实际相符。

3）保护屏上各交直流空气断路器都投入正常。

4）二次压板投、退位置正确，压接牢固，标识清晰准确，连接片上无明显积尘和蜘蛛网。

5）转换开关投、退位置正常，标识清晰准确。

6）液晶屏开入量显示正常，无异常告警信号。

7）装置的各个运行指示灯指示正常。

8）打印机应在开机状态，打印纸应安装良好。

9）屏内二次标识完整、正确。

10）二次接线无松脱、发热变色现象，电缆孔洞封堵严密。

11）屏内外整洁干净，屏内无杂物、蜘蛛网。

3. 运行注意事项

（1）母差保护全部退出而母线继续运行，要求按稳定性校核结果相应修改对侧系统后备保护时间和本站变压器相同电压等级的后备保护时间，一般是缩短相连设备后备保护动作时间，以便母线故障时能加快切除。这期间，禁止倒母线操作。

（2）进行倒闸操作时，应检查母差、失灵保护屏上主接线图上隔离开关辅助触点是否与实际位置一致，同时应注意按保护屏上"信号复归"按钮，进行"开关变位"信号复归。

（3）当巡视或操作中发现装置液晶显示主接线图与现场不一致时，应检查隔离开关位置是否正确，确认无误后，可强制隔离开关位置触点与一次系统对应，然后汇报专业人员处理，等待该辅助触点回路异常处理完毕后，才允许对该元件进行一次设备的操作。

（4）母差保护每月应进行一次差流检查；同时记录差流值和负荷电流值；倒闸操作后也应进行差流记录。

（5）对无人值班站的母差保护动作及线路永久故障，应到现场检查，在弄清保护动作情况前，不得随意复归信号和一次强送电。

（6）母线试送电时，若线路跳闸同时母线失灵保护动作，不得用本线路断路器对母线试送电。

【任务实施】

第一步：根据母线保护的装设原则，给出装设母线保护的原因。

第二步：画出单母线完全差动保护原理接线图，分析其工作原理，给出正确的整定方法。

第三步：分别分析几种母线保护的工作原理及其特点，得出各自的适用范围。

第四步：说明微机母线保护中几种主要保护的动作逻辑。

第五步：完成 RCS-915AB 型微机母线保护的性能检验和运行维护。

【复习思考】

3-3-1　采用专门母线保护的原则是什么？

3-3-2　试述母线完全差动保护的工作原理。

3-3-3　双母线完全差动保护是如何完成母线选线的？

3-3-4　画出双母线完全差动保护Ⅰ母故障时电流分布图，分析保护的动作行为。

3-3-5　母联电流相位比较式母线保护的基本工作原理是什么？

3-3-6　比率制动式母线差动保护中 TA 的作用是什么？

3-3-7　分析比率制动式母线差动保护的工作原理。

任务四　断路器保护装置的原理、性能检验与运行维护

【教学目标】

知识目标：掌握断路器可能发生的故障及保护的配置；掌握断路器保护装置的基本原

理、动作的逻辑关系、整定定值、接线方式。

能力目标：能进行断路器保护装置各项性能的检验；能进行断路器保护装置运行维护。

素质目标：敬业精神、严谨的工作作风、安全意识、团队协作精神。

【任务描述】

依据断路器保护标准化作业指导书，设置检验测试的安全措施。依据保护装置说明书进行装置界面操作，输入固化保护定值。连接好测试接线，操作测试仪器进行检验测试，对照定值单等对检验测试结果进行判断。

【任务准备】

（1）教师下发作业指导书，明确学习目标和任务。

（2）讲解断路器保护的基本原理及检验测试流程和注意事项。

（3）学生熟悉断路器保护技术说明书，熟悉断路器保护标准化作业指导书、定值单；进行继电保护测试仪的学习使用。

（4）学生进行人员分组及职责分工。

（5）制订工作计划及实施方案。教师审核工作计划及实施方案，引导学生确定最终实施方案。

【相关知识】

一、断路器保护装置的配置与应用范围

一般在双母线、单母线接线方式中，输电线路保护要发跳闸命令时只跳线路本端的一个断路器，重合闸自然也只重合这一个断路器，所以重合闸按保护配置是合理的。微机线路保护装置具有重合闸功能。可是在图 3-80 所示的 3/2 接线方式中，线路 L1 的保护发跳令时，要跳1、2 号两个断路器，重合闸自然也要合这两个断路器。而且这两个断路器的重合还有一个顺序问题，所以重合闸应该按断路器设置，每个断路器上设置一套重合闸装置，各自重合自己的断路器。在双母线、单母线接线方式中，如果断路器失灵，失灵保护应该跳开失灵断路器所在母线上的所有断路器，其跳闸对象与母线保护跳闸

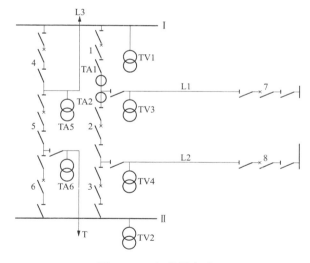

图 3-80　3/2 接线方式

对象完全一致，因此把断路器失灵保护做在微机母线保护装置内是合理的。可是在图 3-80所示的 3/2 接线方式中如果边断路器 1 失灵，失灵保护除需要跳开 I 母上的各个断路器外还需要跳开中断路器 2 并启动远方跳闸装置跳 7 号断路器。而中断路器 2 失灵的话，失灵保护需要跳开两个边断路器 1、3 并启动远方跳闸装置跳 7、8 号断路器。显然再把失灵保护做在母线保护内是不合理的，失灵保护也应该按断路器设置。因此在 3/2 接线方式中把失灵保护、自动重合闸，再加上三相不一致保护、死区保护、充电保护做在一

个装置内，这个装置称作断路器保护。

二、3/2 接线方式的断路器失灵保护

（一）失灵保护动作的跳闸对象

如果在图 3-80 中 L1 线路上发生短路，线路保护跳 1、2 两个断路器。假如 1 号断路器失灵，为了短路点的熄弧，1 号断路器的失灵保护应将 I 母上所有断路器（如图中 4 号断路器）都跳开。如果是在 I 母上发生短路，母线保护动作跳母线上所有断路器。假如 1 号断路器失灵，1 号断路器的失灵保护应将 2 号断路器跳开，并发远方跳闸命令跳 7 号断路器（如果连接设备是变压器的话，应跳变压器各侧断路器），这样短路点才能熄弧。所以边断路器的失灵保护动作后应该跳开边断路器所在母线上的所有断路器和中断路器，并启动远方跳闸功能跳与边断路器相连的线路对侧断路器（或跳变压器各侧断路器）。再来看 2 号断路器的失灵保护，如果在 L1 线路上发生短路，线路保护跳 1、2 两个断路器。假如 2 号断路器失灵，2 号断路器的失灵保护应将 3 号断路器跳开，并发远方跳闸命令跳 8 号断路器（如果连接设备是变压器，应跳变压器各侧断路器），这样短路点才能熄弧。所以中断路器的失灵保护动作后应该跳它两侧的两个边断路器，并启动远方跳闸功能跳与中断路器相连的线路的对侧断路器（或跳变压器各侧断路器）。

如果上述失灵保护不启动远方跳闸功能，利用对侧的线路后备保护虽然也可切除对侧断路器，但这将加长故障切除时间。例如在图 3-80 中线路 L1 的末端发生短路，线路保护动作跳 1、2 号断路器。假如中断路器 2 失灵，如果中断路器 2 的失灵保护动作后只跳开 3 号断路器不通过远方跳闸装置跳开 8 号断路器。依靠 8 号的后备保护跳闸，一方面跳闸时间很长，另一方面 8 号的后备保护很可能在相邻线路末端短路灵敏度不够。所以中断路器的失灵保护动作后应启动远方跳闸功能跳与中断路器相连的线路的对侧断路器。

此外下述分析也说明失灵保护动作后经远方跳闸装置跳对侧断路器的必要性。如果在边断路器 1 和电流互感器 TA1 之间发生短路，I 母的母线保护动作跳开 1 号断路器后故障并未切除。由于在 3/2 接线中母线保护动作后已不再对 L1 线路的纵联保护停信或发信，7 号断路器的快速跳闸只能由边断路器 1 的失灵保护动作后启动远方跳闸功能完成。此时 1 号断路器的失灵保护由 I 母的母线保护启动，TA1 电流互感器又一直有电流，经延时后失灵保护动作除跳 2 号断路器外还经远方跳闸跳 7 号断路器。同理在中断路器 2 和电流互感器 TA2 之间发生短路，L2 线路保护动作跳 2 号断路器后短路并未被切除。此时 2 号断路器的失灵保护由 L2 线路保护启动，电流互感器 TA2 又一直有电流，经延时后失灵保护动作跳 1 号断路器，并经远方跳闸跳 7 号断路器。由此也可见，边断路器和中断路器的失灵保护动作后都有必要启动远方跳闸功能。

（二）断路器失灵保护的构成

边断路器的失灵保护由母线保护或线路保护或变压器保护启动，失灵保护动作后先以较短延时（例如 10ms）再跳一次本断路器，随后跳中断路器并经母线保护装置跳该母线上的所有断路器。如果连接设备是线路，还应启动该线路的远跳功能发远跳命令；如果连接设备是变压器，则启动变压器保护的跳闸继电器跳各侧断路器。

中断路器的失灵保护由线路或变压器保护启动，失灵保护动作后以较短延时再跳一次本断路器，随后跳两个边断路器。如果连接设备是线路，还要启动该线路的远跳功能发远跳命令；如果连接设备是变压器，则启动变压器保护的跳闸继电器跳各侧断路器。

线路保护或变压器保护动作后本装置相应的开关量输入触点闭合启动失灵保护。母线保护动作以后，用边断路器操作箱中的 TJ$_R$ 触点作为本装置相应的开关量输入触点，启动边断路器的失灵保护。

保护装置的断路器失灵保护有如下几种：故障相失灵，非故障相失灵和发电机、变压器三跳启动失灵；另外，充电保护动作时也启动失灵保护。

1. 故障相失灵

线路保护的分相跳闸触点一直动作启动失灵保护，加之同名相的失灵保护过电流高定值设备动作，且失灵保护的零序过电流元件也动作，说明是故障相断路器失灵。先经"失灵跳本断路器时间"的延时发三相跳闸命令跳本断路器，再经"失灵动作时间"延时发三相跳闸命令跳开其他各断路器。

2. 非故障相失灵

外部三相跳闸输入触点"发变三跳"、"线路三跳"一直动作启动失灵保护，并且失灵保护过电流低定值元件也一直动作（非故障相上过电流元件），与此同时失灵过电流高定值元件曾动作过 20ms（故障相上过电流元件），说明是非故障相断路器失灵。先经"失灵跳本断路器时间"延时发三相跳闸命令跳本断路器，再经"失灵动作时间"延时跳开相邻断路器。

3. 发电机、变压器三跳启动失灵

外部三相跳闸输入触点"发变三跳"一直动作启动失灵保护，而且：①低功率因数元件动作；②负序过电流元件动作；③零序过电流元件动作。上述三个辅助元件有一个动作后先经"失灵跳本断路器时间"延时发三相跳闸命令跳本断路器，再经"失灵动作时间"延时跳开相邻断路器。三个辅助判据均可由整定控制字投退。

在变压器内部故障时如果断路器失灵，流过失灵断路器的主要是无功功率，功率因数很低，低功率因数元件能够动作。低功率因数元件的动作条件为

$$|\cos\varphi| < \cos\varphi_{ZD} \tag{3-69}$$

式中 φ——同名相电压与电流的相角差的测量值；

φ_{ZD}——装置低功率因数角的整定值，整定值范围为 $45°\sim90°$。

实际计算中，当装置整定为 φ_{ZD} 时，低功率因数元件动作范围是：

$$\varphi_{ZD} < \varphi < 180°-\varphi_{ZD}, 180°+\varphi_{ZD} < \varphi < 360°-\varphi_{ZD} \tag{3-70}$$

当任一相电压低于 0.3 倍的额定相电压时，退出该相的低功率因数设备的判别。

4. 充电保护启动失灵

为了当充电保护动作跳断路器时，如果断路器失灵，希望失灵保护去跳开相邻断路器，所以充电保护要启动失灵。如果此时失灵保护投入，则经"失灵动作时间"延时跳开相邻断路器。

三、3/2 接线方式的自动重合闸

1. 3/2 接线方式对自动重合闸顺序的要求

在图 3-76 所示的 3/2 接线方式中，如果线路 L1 上发生短路，L1 的线路保护动作跳 1、2 号两个断路器，重合闸自然也要合两个断路器。考虑到有可能重合于永久性故障线路上，为减少冲击这两个断路器不应同时重合，而且先重合哪一个还有一个顺序问题。那么究竟是先合边断路器 1 还是先合中断路器 2 呢？如果先合中断路器 2，而又是重合于永久性故障

上，线路保护再去跳 2 号断路器。如果此时 2 号断路器失灵，2 号断路器的失灵保护再将 3 号断路器跳开并远跳 8 号断路器，这将影响 L2 连接设备的工作，所以不能先合中断路器 2。如果先合边断路器 1，也是重合于永久性故障上，保护再去跳 1 号断路器。如果此时 1 号断路器失灵，1 号断路器的失灵保护再将 4、7 号断路器都跳开，L2 连接设备与其他各连接设备的工作都不受影响。所以当线路保护跳开两个断路器后应先合边断路器，等边断路器重合成功后（例如中断路器的装置检查到在一定时间内线路上一直有电压）再合中断路器，此时中断路器肯定合于完好线路。如果边断路器重合不成功，合于故障线路，保护再次将边断路器跳开，此时中断路器就不必再重合了。

2. 重合闸的启动

重合闸由两种方式启动：位置不对应启动和外部跳闸启动。外部跳闸启动指的是线路保护动作发跳闸命令同时启动重合闸。这两个启动元件启动后起动重合闸。位置不对应启动和外部跳闸启动重合有启动单重和启动三重两种。装置还根据外部来的线路三跳和 A、B、C 相的单相跳闸信号以及分相的 TWJ 信号判别是单相跳闸还是三相跳闸分别启动单重或三重。

3. 重合闸方式整定

本装置的重合闸可根据需要选用单相重合闸、三相重合闸、综合重合闸和重合闸停用四种方式中的任意一种。既可用屏上的重合闸转换开关，也可用定值单中的控制字来选择重合闸方式。这几种重合闸原理与线路保护重合闸原理相同。

4. 重合闸的检查方式

当线路三相跳闸需要三相重合时可采用下述三种检查方式：

（1）检无压重合方式。检查线路或同期电压小于 30V，同时相应的 TV 没有断线。

（2）检同期重合方式。检查同期的条件是：首先线路、同期电压都大于 40V，再满足线路电压和同期电压中的同名相电压的相位差在定值整定的范围内。同期电压可以是任一相电压或任一相间电压，保护有自适应功能。

（3）不检重合方式。不做任何检查，时间到了就发合闸命令。

上述三种检查方式都可以用定值单中的控制字选择。需要指出，当本装置用于发电厂侧时，如果定值单中的"发电厂侧"控制字投入，则重合闸为单重方式时也要判该线路是否有压，有压条件为线路三相电压均大于 40V。采取该措施后保证对侧重合成功后本侧才重合，以减少发电机的扭振，保证大轴安全。

5. 先合重合闸和后合重合闸

在 3/2 接线方式中，线路保护动作跳开两个断路器后，重合闸要求先合边断路器，等边断路器重合成功后（例如中断路器的装置检查到在一定时间内一直有电压）再合中断路器。所以边断路器和中断路器用的两套断路器保护装置中的重合闸有一个重合闸顺序问题。为适应该要求，装置中设有"投先合"和"闭锁先合"两个开关量输入。"投先合"开关量接点由屏上的"投先合"的硬压板提供。此外在定值单中还有"投先合"的软压板以及"后合固定"控制字。利用它们确定本装置的重合闸是先合重合闸还是后合重合闸。先合重合闸可经较短延时（即重合闸整定时间，约 0.7s）发出一次合闸脉冲（合闸脉冲持续 120ms）。在先合重合闸启动时，输出的开关量接点作为后合重合闸的"闭锁先合"的开关量输入。当后合重合闸接收到"闭锁先合"输入接点闭合的信息后，它的重合闸将经较长延时（重合闸整定时间＋后合重合延时，约 1.4s）发合闸脉冲。后合重合闸只有在"闭锁先合"开入量有输入时才真正以较长延时发合闸脉冲。如果设定的后合重合闸没有收到"闭锁先合"开入量闭合的信息时其重合闸仍可以较短的重合闸整定时间发合闸脉冲。这样做的目的是假如先合重合闸的装置因检修退出或因故重合闸未启动，后合重合闸仍可以较短延时发合闸命令，有利于系统稳定。当先合重合闸启动发出"闭锁先合"信号后，在发出重合脉冲前如果重合闸启动元件返还，则"闭锁先合"接点瞬时返回，立即撤销对后合重合闸的"闭锁先合"。假如定值单中的"后合固定"控制字整定为"1"时，该重合闸固定为后合重合闸，不受"闭锁先合"开入量的控制。它固定以较长延时发合闸脉冲。此外定值单中还有"后合检线路有压"控制字，它整定为"1"时后合重合闸在有"闭锁先合"接点闭合时，也就是它肯定是后合重合闸时，要检查线路有电压才能重合，以保证重合在完好线路上，避免系统受多次短路冲击。

6. 重合闸的充电

为了避免多次重合，装置必须在"充电"完成后才能启动重合闸回路。同时满足下述条件装置才开始充电：①跳闸位置继电器 TWJ 不动作或线路有流；②保护未启动；③不满足重合闸放电条件。充电时间满 10s 后充电完成，允许重合。

7. 重合闸的放电（闭锁）

凡是需要闭锁重合闸的都需要对重合闸放电。满足下述任一条件即可对重合闸放电，闭锁重合闸。

（1）重合闸启动前断路器压力不足，经延时 400ms 后"放电"。

（2）重合闸方式在退出位置，即重合闸转换开关在停用位置或者重合闸投入控制字置"0"时。

（3）重合闸用单重方式，而三相 TWJ 均动作或收到外部三跳命令或本保护装置三跳。

（4）收到外部的闭锁重合闸信号。例如线路保护延时段保护动作；母线差动保护动作；短引线保护动作；远方跳闸动作，这些通过外部的闭锁重合闸信号闭锁重合闸。

（5）在合闸脉冲发出时，用来避免二次重合。

（6）失灵保护、死区保护、不一致保护、充电保护动作时。

（7）收到外部发变三跳信号时。

（8）对于后合重合闸，当单重或三重重合闸整定时间已到，但后合重合延时未到，这期间如再收到线路保护的跳闸信号，立即放电不重合。这可以确保先合断路器合于故障时，后合断路器不再重合。

（9）屏上的"投闭重"硬压板投入或定值单中的"投闭重"软压板置"1"。

8. 沟通三跳触点

本装置有沟通三跳触点输出提供给保护装置，当满足下述任一条件时，沟通三跳触点闭合。保护装置得到闭合的沟三接点的开入量后只要保护动作均发出三跳命令。

（1）重合闸在未充好电状态。断路器在合闸状态下但重合闸尚未充满电时，由本装置向保护提供开关量触点，此时线路上发生任何短路只要线路保护动作都跳三相。

（2）重合闸为三重方式。本条件是重合闸为三重方式时由本装置向保护提供的开关量触点，此时线路上发生任何短路只要线路保护动作都跳三相。

（3）重合闸装置故障或直流电源消失。这是在重合闸装置故障或直流电源消失情况下，由本装置向保护提供开关量触点，此时线路上发生任何短路只要线路保护动作都跳三相。

9. 沟通三跳

当装置收到任何保护的任一跳闸命令闭合触点时又发现线路有电流，同时满足下述任一条件时，保护发沟通三跳命令跳本断路器：

(1) 重合闸在未充好电状态。本条件在本断路器合闸状态下但重合闸尚未充满电时，线路上发生短路的情况下由本装置提供一条跳闸回路。

(2) 重合闸为三重方式。本条件是重合闸为三重方式时线路上发生短路的情况下，由本装置提供的一条跳闸回路。

10. 后合跳闸

如果本装置设定为后合重合闸，且定值单中"后合检线路有压"控制字投入。当本装置所在断路器单相跳闸后，如因某种原因另一套装置的先合重合闸未合，线路上跳闸相的电压一直不能恢复，使本装置的后合重合闸一直不能合闸。为避免长期两相运行，本装置再检查线路任一相有电流经"后合跳闸延时"定值三跳本断路器。

四、充电保护

当用本装置所在的断路器对母线等元件充电而合于故障设备上时，本装置有充电保护作为此种情况下的保护。该保护由两段式的电流保护构成，电流取自本断路器 TA。当充电保护投入时，相应段的相电流元件动作经相应整定延时后充电保护动作出口跳本断路器。充电保护动作后还起动失灵保护，再经失灵保护延时出口跳其他断路器。充电保护的两段式电流和时间的定值均可独立整定。

五、死区保护

在断路器和电流互感器之间发生短路时，在很多情况下往往保护动作跳开断路器后故障并未切除。例如图 3-80 中当三相短路发生在 2 号断路器和电流互感器 TA2 之间时，L2 线路保护动作跳开 2 号断路器后故障并未切除。当三相短路发生在 1 号断路器和电流互感器 TA1 之间时，母线保护动作跳开 1 号断路器后故障也并未切除。此时虽然可通过失灵保护动作跳开有关断路器，但考虑到这种站内的三相短路，故障电流大，对系统影响也较大，而失灵保护动作一般要经较长的延时，所以设置了动作时间比失灵保护快的死区保护。死区保护的动作判据为：当装置收到三跳信号，例如发变三跳、线路三跳或 A、B、C 三个分相跳闸同时动作，这时如果死区过电流元件动作，对应的断路器又已跳开，装置收到三相 TWJ=1 的动作触点，经整定的时间延时启动死区保护。死区保护的出口与失灵保护相同，动作后跳相邻断路器。死区保护是否投入可由相应的控制字整定。

六、断路器三相不一致保护

当本断路器不管任何原因只有一相或两相跳开，处于非全相状态时可由本保护跳开三相。其判据为：①本保护投入。②任一相 TWJ 动作且该相无电流，确认为该相断路器在跳闸位置。③按②的判别方法又判断并非三相开关都处于跳闸位置，确认为断路器三相不一致。④不一致零序过电流元件动作或不一致负序过电流元件动作，此判据可由控制字投退。满足上述判据经可整定的时间延时出口跳开本断路器。

上述失灵保护、死区保护、充电保护、不一致保护动作后均闭锁重合闸。

七、瞬时跟跳回路

该回路可由用户设定是否投入。瞬时跟跳分为单相跟跳、两相跳闸联跳三相以及三相跟跳三部分，这三个回路出口后再跳一次本断路器。只有在启动元件动作的情况下上述三个回路才能发跳闸命令。

1. 单相跟跳回路

当"跟跳投入"控制字投入又收到线路保护来的 A、B、C 相的单相跳闸信号，而且本装置相应相的高定值电流元件动作，瞬时启动装置的分相跳闸回路。本装置再发一次分相跳闸命令。

2. 两相跳闸联跳三相回路

当本装置收到且仅收到两相跳闸信号，且任一相的高定值电流元件动作时，经 15ms 延时联切三相。该回路可避免保护装置的跳闸继电器仅发了两相跳闸命令而造成断路器单相运行。

3. 三相跟跳回路

当"跟跳投入"控制字投入又收到三相跳闸信号，而且本装置任一相高定值电流元件动作时，瞬时起动三相跳闸回路。本装置再发一次三相跳闸命令。

八、交流电压断线判别

交流电压断线的判据为：保护不启动，且三相电压相量和大于 12V，延时 1.25s 发 TV 断线异常信号。TV 断线时，将低功率因数元件退出，将检同期和检无压重合功能退出，装置的其他功能正常。当三相线路电压恢复正常 10s 后自动恢复正常运行。

九、跳闸位置异常告警

当 TWJ 动作且该相线路有电流，或三相的 TWJ 位置不一致时经 10s 延时报 TWJ 异常。该判别在启动元件启动前后始终进行。

【任务实施】

一、断路器保护全部检验作业指导书

下达任务工单（标准化作业指导书），按标准化作业的步骤进行。在实施过程中，充分发挥学生的主体作用和教师的主导作用，引导学生在做中学，及时纠正学生作业中的不规范行为。

1. 工作前准备

（1）准备工作安排见表 3-3。

表 3-3　　　　　　　　　　准 备 工 作 安 排

√	序号	内　容	标　准	责任人	备　注
	1	检修工作前结合一次设备停电计划，提前 3~5 天做好检修摸底工作。各单位根据具体情况在检修工作前提交相关停役申请	摸底工作包括检查设备状况、反措计划的执行情况及设备的缺陷		
	2	开工前一周，向有关部门上报本次工作的材料计划			

√	序号	内　容	标　准	责任人	备　注
	3	根据本次校验的项目，全体工作人员应认真学习作业指导书，熟悉作业内容、进度要求、作业标准、安全注意事项	要求所有工作人员都明确本次校验工作的作业内容、进度要求、作业标准及安全注意事项		
	4	开工前一天，准备好所需仪器仪表、工器具、最新整定单、相关材料、备品备件、相关图纸、上一次试验报告、本次需要改进的项目及相关技术资料	仪器仪表、工器具、备品备件应试验合格，满足本次施工的要求，材料应齐全，图纸及资料应符合现场实际情况		
	5	根据现场工作时间和工作内容落实工作票	工作票应填写正确，并按《国家电网公司电力安全工作规程》相关部分执行		

（2）人员要求见表 3-4。

表 3-4　　　　　　　　　　　　　　人　员　要　求

√	序号	内　容	责任人	备　注
	1	现场工作人员应身体健康、精神状态良好		
	2	工作人员必须具备必要的电气知识，掌握本专业作业技能；工作负责人必须持有本专业相关职业资格证书并经批准上岗		
	3	全体人员必须熟悉《国家电网公司电力安全工作规程》的相关知识，并经考试合格		
	4	本套保护检验作业至少需要检验作业人员 2 人。其中工作负责人宜由从事专业工作 3 年以上的人员担任，作业参加人由从事专业工作半年以上的人员担任		

（3）备品备件见表 3-5。

表 3-5　　　　　　　　　　　　　　备　品　备　件

√	序　号	名　称	规　格	单　位	数　量	备　注
	1	电源插件		块	1	

（4）工器具见表 3-6。

表 3-6　　　　　　　　　　　　　　工　器　具

√	序　号	名　称	规格/编号	单　位	数　量	备　注
	1	专用转接插板		块	2	
	2	组合工具		套	1	
	3	电缆盘（带剩余电流动作保护器）	220V/380V/10A	盘	1	
	4	计算器	函数型	个	1	
	5	绝缘电阻表	1000V	块	各1	在有效期内
	6	微机型继电保护测试仪（含笔记本电脑）	微机型	台	1	在有效期内
	7	钳形相位表	100V/400V	块	1	在有效期内
	8	试验接线		套	1	
	9	数字万用表	四位半	块	1	
	10	模拟断路器操作箱		台	2	推荐使用

（5）材料见表 3-7。

表 3-7　材料

√	序号	名称	规格	单位	数量	备注
	1	绝缘胶布		卷	1	
	2	中性笔	—	支	1	
	3	口罩		只	3	
	4	手套	—	副	3	
	5	防静电环		只	1	
	6	电子仪器清洁剂		罐	1	
	7	独股塑铜线	1.5mm，2.5mm	盘	各1	
	8	微型吸尘器		台	1	

（6）危险点分析见表 3-8。

表 3-8　危险点分析

√	序号	内容
	1	现场安全技术措施及图纸如有错误，可能造成做安全技术措施时误跳运行设备
	2	拆动二次接线如拆端子外侧接线，有可能造成二次交、直流电压回路短路、接地，联跳回路误跳运行设备
	3	带电插拔插件，易造成集块损坏
	4	频繁插拔插件，易造成插件接插头松动
	5	拆动二次回路接线时，易发生遗漏及误恢复事故
	6	保护室内使用无线通信设备，易造成保护不正确动作
	7	断路器失灵可能启动母差、启动远跳及误跳运行断路器
	8	中间断路器可能存在沟通运行断路器三跳回路
	9	漏拆联跳接线或漏取压板，易造成误跳运行设备
	10	电流回路开路或失去接地点，易引起人员伤亡及设备损坏
	11	表计量程选择不当或用低内阻电压表测量联跳回路，易造成误跳运行设备

（7）安全措施见表 3-9。

表 3-9　安全措施

√	序号	内容
	1	按工作票检查一次设备运行情况和措施
	2	按工作票检查被试保护屏上的运行设备所做措施
	3	检查本屏所有保护屏上压板在退出位置
	4	按照措施票做相关回路措施

（8）人员分工见表 3-10。

表 3-10　人员分工

√	序号	作业项目	检修负责人	作业人员
	1	RCS-921 断路器保护全部检验		

2. 开工

（1）检查内容见表 3-11。

表 3-11 检查内容

√	序号	内　容	到位人员签字
	1	工作负责人会同工作许可人检查工作票上所列安全措施是否正确完备，经现场核查无误后，与工作许可人办理工作票许可手续	
	2	开工前工作负责人检查所有工作人员是否正确使用劳保用品，并由工作负责人带领进入作业现场，并在工作现场向所有工作人员详细交代作业任务、安全措施和安全注意事项、设备状态及人员分工，全体工作人员应明确作业范围、进度要求等内容，并在到位人员签字栏内分别签名	
	3	根据"现场工作安全技术措施"的要求，完成安全技术措施并逐项打上已执行的标记，把保护屏上各压板及小开关原始位置记录在"现场工作安全技术措施"上，在做好安全措施工作后，方可开工	

（2）检修电源的使用标准及注意事项见表 3-12。

表 3-12 检修电源的使用标准及注意事项

√	序　号	内　容	标准及注意事项	责任人签字
	1	检修电源接取位置	从专用检修电源箱接取；检修电源必须接至检修电源箱的相关电源接线端子，且在工作现场电源引入处配置有明显断开点的隔离开关和剩余电流动作保护器	
	2	接取电源时的注意事项	接取电源前应先验电，用万用表确认电源电压等级和电源类型无误后，先接隔离开关处，再接电源侧	

（3）检验内容及检验方法见表 3-13。

表 3-13 检验内容及检验方法

√	序号	检验项目	检验内容及检验方法	注意事项	检修结果	责任人签字
	1	外观检查	（1）检查装置内外部是否清洁无积尘，清扫电路板及盘内端子排上的灰尘。（2）检查装置小开关、按钮是否良好，显示屏是否清晰，文字是否清楚。（3）检查各插件印制电路板是否有损伤或变形，连线是否连接好。（4）检查各插件上元件是否焊接良好，芯片是否插紧。（5）检查各插件上变换器、继电器是否固定好，有无松动。（6）后板配线连接及压板连线是否良好	检查前应先断开交流电压回路，后关闭直流电源		
	2	绝缘检查				
	2.1	交流电流回路对地	用 1000V 绝缘电阻表摇测绝缘电阻，要求大于 1MΩ	摇测时应通知有关人员暂时停止在回路上的一切工作，断		
	2.2	测直流回路对地绝缘	用 1000V 绝缘电阻表摇测绝缘电阻，要求大于 1MΩ			

续表

✓	序号	检验项目	检验内容及检验方法	注意事项	检修结果	责任人签字
	2.3	测跳闸回路对地绝缘	用1000V绝缘电阻表摇测绝缘电阻，要求大于1MΩ	开直流电源，拆开回路接地点，拔出所有插件		
	3	定值核对、检查	能正确输入和修改整定值，在直流电源失电后，不丢失或改变原定值，定值核对正确			
	4	装置键盘操作检查及软件版本号检查	检查软件版本、CRC码、程序生成时间及键盘、液晶显示屏功能	版本应符合要求，键盘及液晶显示完好		
	5	模拟量输入检查				
	5.1	电流量零漂测试	通过显示菜单检查各通道显示值，要求零漂值均在±0.1A范围内	在试验过程中，如果交流量的测量值误差超过要求范围时，应首先检查试验接线、试验方法等是否正确完好，试验电源有无波形畸变，不可急于调整或更换保护装置中的元器件		
	5.2	电流量精度测试	从电流端子加入A、B、C相电流，通过显示菜单检查各通道的显示值，电流采样显示与实测的误差应不大于±5%			
	6	开关量输入回路检查	宜配合线路和变压器等保护检验所有开入量，通过显示菜单进行开入核对	尽量结合线路或变压器保护传动进行，并尽可能模拟实际触点动作进行		
	7	开关量输出回路检查	（1）保护出口、信号结合整组传动进行。（2）与其他保护联系的开出量，用万用表在端子排处测量	防止直流回路短路、接地		
	8	整组传动试验				
	8.1	检验装置重合闸功能	宜结合线路或变压器等保护检验，并结合开入量检查进行此功能			
	8.2	检验失灵保护	模拟每相断路器失灵，瞬跳和失灵联跳出口检查	在传动断路器时，必须先通知检修班，在得到一次工作负责人同意的情况下方可传动断路器，并做到尽量少传动断路器		
	8.3	信号回路检查	模拟TV断线及装置失电			
	8.4	实际开关传动	（1）配合线路或变压器保护传动重合闸。（2）模拟A相失灵保护动作瞬跳，失灵联跳出口，失灵发远跳。（3）模拟任一相跳闸，断路器三相不一致状态，传动三相不一致跳闸			

（4）竣工见表3-14。

表 3-14 竣 工

✓	序号	内 容	责任人签字
	1	测量交流电流回路盘内、外的直流电阻，并记录	
	2	全部工作完毕，拆除所有试验接线（应先拆开电源侧），按照安全措施票恢复正常接线；检查装置的各种把手、拨轮、压板的位置在试验前状态；盖好保护装置的面板或盖子	

续表

✓	序号	内　　容	责任人签字
	3	检查保护装置及所属二次回路端子排上接线的紧固情况	
	4	打印定值，并与定值单核对	
	5	全体工作班人员清扫、整理现场，清点工具及回收材料；检查户外设备的防雨设施	
	6	工作负责人周密检查施工现场，检查施工现场是否有遗留的工具、材料	
	7	状态检查，严防遗漏项目	
	8	工作负责人填写继电保护运行日志，详细记录本次工作检验的内容、发现的问题及处理情况、核对及修改定值情况并注明定值单号及日期、整组传动项目及情况、保护能否投入的结论等。经值班员验收合格，并经双方签字后，办理工作票终结手续	
	9	如果交流电流回路发生变化或一次设备发生变化，需要进行带电后的相量测试	

（5）验收记录见表 3-15。

表 3-15　　　　　　　　　　　　　验　收　记　录

自验收记录	记录改进和更换的零部件		责任人签字
	存在问题及处理意见		
验收单位意见	检修班组验收总结评价		
	检修部门验收意见及签字		
	运行单位验收意见及签字		

（6）作业指导书执行情况评估见表 3-16。

表 3-16　　　　　　　　　　　作业指导书执行情况评估

评估内容	符合性	优		可操作项	
		良		不可操作项	
	可操作性	优		修改项	
		良		遗漏项	
存在问题					
改进意见					

3. RCS-921 断路器保护全部检验试验报告

（1）所需仪器仪表见表 3-17。

表 3-17　　　　　　　　　　　所　需　仪　器　仪　表

序　号	试验仪器名称	设备型号	编　号	合格期限
1	绝缘电阻表			
2	微机型继电保护测试仪			
3	万用表			
4	模拟开关箱　（推荐使用）			

（2）保护屏后接线、插件外观检查及压板线检查见表 3-18。

表 3-18　　　　　　　　　保护屏后接线、插件外观检查及压板线检查

内　　容	结　　果
其面板中修改定值的密码：	合格、不合格
检查键盘操作是否灵活、显示屏显示是否完好	合格、不合格
装置按钮是否良好	合格、不合格

续表

内　　容	结　果
各插件印刷电路是否无损伤或变形，连线是否连接好	合格、不合格
各插件上元件是否焊接良好，芯片是否插紧	合格、不合格
各插件上变换器、继电器是否固定好	合格、不合格
装置内外部是否清洁无积尘	合格、不合格
后板配线连接是否良好	合格、不合格
压板端子接线压接是否良好	合格、不合格

（3）绝缘测试见表 3-19。

表 3-19　　　　　　　　　　　　　绝　缘　测　试

检查内容	标　　准	试验结果
交流电流回路对地	大于 1MΩ	
直流回路（控制、保护、信号回路）对地	大于 1MΩ	
跳闸回路对地	大于 1MΩ	

（4）定值核对及键盘、面板检查见表 3-20。

表 3-20　　　　　　　　　　　定值核对及键盘、面板检查

定值整定区号	定值单执行	断电后定值检查	面板及键盘检查

（5）软件版本见表 3-21。

表 3-21　　　　　　　　　　　　　软　件　版　本

软件名称	CRC 校验码	版本号	程序形成时间

（6）模拟量输入检查。

1）零漂检验见表 3-22。

表 3-22　　　　　　　　　　　　　零　漂　检　验

通道	I_a	I_b	I_c	$3I_0$
CPU				
DSP				

2）电流精度测试见表 3-23。

表 3-23　　　　　　　　　　　　　电　流　精　度　测　试

通　道	I_a	I_b	I_c	$3I_0$
CPU				
DSP				

（7）保护开入检查见表 3-24。

表 3-24　　　　　　　　　　　　　保　护　开　入　检　查

开入量	对应本屏端子排号	CPU	DSP	检查结果
投检修状态	压板			
信号复归	按钮			
投充电	压板			
投先合	压板			
重合方式 1	重合闸手把			

开入量	对应本屏端子排号	CPU	DSP	检查结果
重合方式2	重合闸手把			
投闭锁重合闸	压板			
闭锁先合				
发变三跳				
线路三跳				
TA				
TB				
TC				
TWJA				
TWJB				
TWJC				
压力闭重				

（8）开出量检查。结合保护传动进行检查。

（9）整组试验。直流电源额定电压下带断路器传动，交流电流必须从端子排上通入试验，整组试验应包括本保护的全部保护装置，以检验本保护所有保护装置的动作的正确性，同时按保护展开图的要求，对保护直流回路上的各分支回路（包括直流控制回路、保护回路、出口回路、信号回路及遥信回路）进行认真的传动，检查各直流回路接线的正确性（联跳回路压板必须全部取下）。

利用模拟开关箱或其他方法进行试验，重合闸置于正常运行位置，整组试验步骤见表 3-25（表中重合方式为单相重合）。

表 3-25   整组试验步骤

故障类别	模拟开关箱或其他方法	信号指示及触点输出	检查结果
重合闸充电良好后，模拟线路保护动作跳 A 相	跳 A，合 A	故录、监控、管理机	
重合闸充电良好后，模拟线路保护动作跳 B 相	跳 B，合 B	故录、监控、管理机	
重合闸充电良好后，模拟线路保护动作跳 C 相	跳 C，合 C	故录、监控、管理机	
重合闸充电良好后，TWJA 启动重合闸	跳 A，合 A	故录、监控、管理机	
重合闸充电良好后，TWJB 启动重合闸	跳 B，合 B	故录、监控、管理机	
重合闸充电良好后，TWJC 启动重合闸	跳 C，合 C	故录、监控、管理机	
重合闸充电良好后，模拟线路或变压器保护跳 A、B 相	三跳不重合	故录、监控、管理机	
模拟重合闸置停用位置	三跳不重合	故录、监控、管理机	
模拟保护跳 A 相，同时 A 相电流大于失灵启动值模拟保护跳 B 相，同时 B 相电流大于失灵启动值模拟保护跳 C 相，同时 C 相电流大于失灵启动值	失灵动作瞬跳　开关	故录、监控、管理机	
	失灵动作联跳　开关		
	失灵动作启动相邻开关失灵		
	闭锁开关重合闸		
	启动主变压器总出口1、2		
	启动母线出口1、2		
	失灵动作发远跳		
模拟 TV 断线		故录、监控、管理机	
模拟装置失电		故录、监控、管理机	

（10）实际断路器传动。重合闸置于正常运行位置，断路器传动试验步骤见表 3-26（表中重合方式为单重）。

表 3-26　　　　　　　　　　　　　断路器传动试验步骤

故障类别	实际断路器	信号指示及触点输出	检查结果
重合闸充电良好后，模拟线路保护跳 A 相	跳 A，合 A	保护动作、重合闸出口、起动故障录波、监控、保护管理机	
重合闸充电良好后，模拟线路保护跳 B 相	跳 B，合 B	保护动作、重合闸出口、起动故障录波、监控、保护管理机	
重合闸充电良好后，模拟线路保护跳 C 相	跳 C，合 C	保护动作、重合闸出口、起动故障录波、监控、保护管理机	
模拟保护跳 A 相，A 相电流达到失灵启动值	三跳	保护动作、失灵动作、起动故障录波、监控、保护管理机	
任一相偷跳，三相不一致保护动作	开关 A（B、C）相跳开后，经延时另外两相同时跳开	保护动作、三相不一致出口、启动故障录波、监控、保护管理机	

（11）终结见表 3-27。

表 3-27　　　　　　　　　　　　　　　终　　　结

发现问题及处理情况						
遗留问题						
结论						
试验日期		试验负责人		试验人员		审核人	

4. 现场工作安全技术措施

现场工作安全技术措施见表 3-28。

表 3-28　　　　　　　　　　　　　现场工作安全技术措施

被试设备及保护名称			_____变电站_____断路器 RCS-921 型断路器保护		
工作负责人		工作时间	年　月　日	签发人	
工作内容：					
工作条件	（1）一次设备运行情况_____。 （2）被试保护作用的断路器_____。 （3）被试保护屏上的运行设备_____。 （4）被试保护屏、端子箱与其他保护连接线_____。				

技术安全措施：包括应开及恢复压板、直流线、交流线、信号线、联锁线和联锁开关等，按下列顺序做安全措施。已执行，在执行栏打"√"按相反的顺序恢复安全措施，已恢复的，在恢复栏打"√"。

序号	执行	安全措施内容	恢复
1		检查本屏所有保护屏上压板在退出位置，并做好记录	
2		检查本屏所有把手及开关位置，并做好记录	
3		电流回路：　　　断开 A　；对应端子排端子号〔D　　〕	
4		电流回路：　　　断开 B　；对应端子排端子号〔D　　〕	
5		电流回路：　　　断开 C　；对应端子排端子号〔D　　〕	
6		电流回路：　　　断开 N　；对应端子排端子号〔D　　〕	
7		电压回路：　　　断开 A　；对应端子排端子号〔D　　〕	
8		电压回路：　　　断开 B　；对应端子排端子号〔D　　〕	
9		电压回路：　　　断开 C　；对应端子排端子号〔D　　〕	
10		电压回路：　　　断开 N　；对应端子排端子号〔D　　〕	

续表

序号	执行	安全措施内容		恢复
11		母线（或同串另一元件）电压回路： 并用绝缘胶布包好	断开 A　　；对应端子排端子号［D　　　］	
12		启动母差Ⅰ出口： 用绝缘胶布包好	断开　　；对应端子排端子号［D　　　］并	
13		启动母差Ⅱ出口： 用绝缘胶布包好	断开　　；对应端子排端子号［D　　　］并	
14		启动相邻运行主变压器总出口Ⅰ： 用绝缘胶布包好	断开　　；对应端子排端子号［D　　　］并	
15		启动相邻运行主变压器总出口Ⅱ： 用绝缘胶布包好	断开　　；对应端子排端子号［D　　　］并	
16		跳相邻运行断路器Ⅰ跳闸线圈： 用绝缘胶布包好	断开　　；对应端子排端子号［D　　　］并	
17		跳相邻运行断路器Ⅱ跳闸线圈： 用绝缘胶布包好	断开　　；对应端子排端子号［D　　　］并	
18		启动相邻断路器失灵： 用绝缘胶布包好	断开　　；对应端子排端子号［D　　　］并	
19		向线路对端发远跳： 用绝缘胶布包好	断开　　；对应端子排端子号［D　　　］并	
20		沟通相邻运行线路三跳： 用绝缘胶布包好	断开　　；对应端子排端子号［D　　　］并	
21		启动故障录波公共端： 用绝缘胶布包好	断开　　；对应端子排端子号［D　　　］并	
22		监控信号公共端： 用绝缘胶布包好	断开　　；对应端子排端子号［D　　　］并	
23		信号正电源： 缘胶布包好	断开　　；对应的端子号［D　　　］并用绝	
24		电流回路接地点：	断开本保护用 TA 接地点端子号［D　　　］	
25		通信接口： 修压板	断开至监控的通信口；如果有检修压板投检	
26		通信接口： 检修压板投检修压板	断开至保护信息管理系统的通信口；如果有	
27		补充措施：		

填票人		操作人		监护人		审核人	

二、断路器保护运行维护

1. 保护装置配置、性能及面板说明

（1）保护装置配置。RCS-921A 是由微机实现的数字式断路器保护与自动重合闸装置，装置功能包括断路器失灵保护、三相不一致保护、死区保护、充电保护和自动重合闸。

（2）保护性能特征。

1）装置具有失灵保护功能，分为故障相失灵，非故障相失灵，发电机—变压器三跳启动失灵三种情况。

2）装置具有三相不一致保护功能，当断路器某相断开，线路上出现非全相时，可经三相不一致保护回路延时跳开三相，三相不一致保护功能可由控制字选择是否经零序或者负序电流开放。

3）装置具有死区保护功能，某些接线方式下（如断路器在 TA 与线路之间）TA 与断路器之间发生故障时，虽然故障线路保护能快速动作，但在本断路器跳开后，故障并不能切除。此时死区保护将以较短时限动作。死区保护出口回路与失灵保护一致，动作后跳相邻断路器。

4）装置具有充电保护功能，当向故障母线（线路）充电时，可及时跳开本断路器。

5）装置具有一次自动重合闸功能。能实现综合重合闸方式、单相重合闸方式、三相重合闸方式及停用方式。重合闸启动方式有两种，一是由线路保护跳闸启动重合闸；二是由跳闸位置启动重合闸。接线线路同一侧的两台重合装置的重合顺序可切换，后合侧延迟时间可整定，先合重合闸于故障时，后合重合闸装置立即闭锁并发三跳命令。当先合重合闸因故检修或者退出运行时，后合重合闸将以重合闸整定时限动作，而不经过后合侧延迟时间。

（3）装置面板说明。

1）信号灯。

"运行"绿灯：在装置正常运行时点亮，当装置故障时熄灭。

"TV 断线"黄灯：当电压互感器断线时点亮，否则不亮。

"充电"为黄灯：当重合充电完成时点亮，当重合闸退出或未充电完成时不亮。

"跳 A"、"跳 B"、"跳 C"为红灯：正常时不亮，当有事故跳闸时点亮。

"重合闸"为红灯：正常时不亮，当重合闸动作重合时点亮。

"信号复归"按钮：用于复归保护动作信号。

2）装置液晶显示屏：用于显示信息报告。

2. 设备的运行方式

设备的运行方式种类：

（1）断路器正常运行时和断路器在热备用时，断路器保护均要投入运行。

（2）断路器在检修时，断路器保护要全部退出。

3. 断路器保护装置运行的有关规定

（1）断路器路保护装置运行的要求。

1）保护装置在运行时，值班员不允许随意按动插件面板上的键盘。

2）在装置管理插件上，值班员禁止修改整定值；随意改动运行定值区。

在断路器保护检验工作前，值班员应向调度汇报并申请退出相应断路器保护后，才办理工作票允许检修人员进行工作。

3）在投入断路器保护之前，值班员应确认断路器保护正常以后，按照调度命令，方可投入。

4）断路器正常运行时，断路器保护要投入运行。当需要更改某个断路器保护装置的定值时，必须将该断路器保护压板全部退出后，方可进行该保护装置定值按调度更改。保护装置定值更改后，检查该保护无跳闸信号后再申请将其恢复投入运行。如果是要将启动另一断路器的失灵压板退出，必须确认另一断路器已在断开或是检修状态。

（2）注意事项。

1）为保证保护压板在投入时接触良好，应稍微用力往里压一下压板。

2）退出压板时，将压板拔出旋 45°后锁定在固定孔内即可。

3）巡回时应注意检查压板是否有弹出。

4．设备定期巡回检查

（1）保护装置正面检查。

1）装置面板检查无异常；装置汉字显示器上实时时钟正确，显示实时电流、电压正确，无报警信号；操作继电器箱（CZX-22R）面板检查：两行"OP"灯正常时亮（断路器在合闸时），两行"TA、TB、TC"（跳闸）灯正常时不亮，"CH"（重合）灯正常时不亮。

2）查保护屏面上各个复归按钮、把手完好，把手在正确位置。

3）检查保护压板在投入位置，接触良好，无积灰或蜘蛛网，无接地短路现象，压板牢固无松脱。

4）打印机数据线、电源线完好，处于"热备用"状态，有足够的打印纸。

5）检查装置正面插件无异常声音，无发热现象，无冒烟、无烧焦味，插件牢固无松脱或掉出。

6）柜门完好，关闭严密无损坏，各设备标志清楚完整齐全。

（2）保护装置背面检查。

1）检查下列设备的各个接线端子无明显松脱，无灰尘或蜘蛛网，无烧焦变黑现象，无短路打火或潮湿现象。

2）断路器柜顶电源ZKK及电压互感器小空气开关在向上合闸位置，装置本体电源小开关DC在合上状态"1"位置。

3）检查装置箱无异常声音、无发热现象，无冒烟、无烧焦味或异味、插件牢固无松脱或掉出。

4）检查装置箱外壳接地线、端子排接地线完好，并与屏盘接触良好。

5）检查屏底无灰尘、无蜘蛛网或其他杂物。

6）柜门完好，关闭严密无损坏，检查屏背所有设备标志清楚完整齐全。

7）检查屏背箱门关闭严密，完好无损坏痕迹，无锈蚀。

5．RCS-921A 装置异常运行和事故处理

（1）保护装置异常运行和事故处理原则。值班员发现保护装置有下列情况之一者，应立即汇报调度，按照调度命令将保护退出：

1）保护装置引接的 TA 二次回路开路或 TV 二次回路短路。

2）保护装置插件内部短路冒烟。

3）保护装置直流电源消失。

4）保护装置进行检修、试验、更改定值工作。

5）在保护装置的电压、电流回路上进行工作。

6）保护装置告警，信号无法复归。

（2）值班员发现保护装置有下列情况之一者，应立即汇报有关部门并设法消除，不能消除的，做好缺陷记录：

1）保护装置告警。

2）保护装置直流电压消失或有接地现象。

3）保护装置交流电压消失。

4）保护装置插件、压板、切换把手损坏。

5）保护装置有灰尘、蜘蛛网或潮湿现象。

6. 断路器保护动作（包括 RCS-921A 装置的失灵保护、三相不一致、重合闸重合、充电保护）后的处理

1）启动 ON-CALL 系统。

2）检查并记录计算机监控系统信息情况，检查开关的位置，电流、有功功率、无功功率指示。

3）检查并记录线路或主变压器保护装置的信号。

4）利用管理插件显示及打印跳闸报告。

5）将以上情况汇报总调、中调值班员及厂有关部门。

6）经保护专业人员同意后，复归保护动作信号。

【复习思考】

3-4-1 该任务应掌握哪些知识？

3-4-2 该任务培养哪些能力？

3-4-3 断路器保护装置检验前应做哪些准备工作？

3-4-4 断路器保护装置检验的工作流程？

3-4-5 断路器保护装置检验的项目有哪些？

3-4-6 断路器保护装置的保护配置与应用范围是什么？

3-4-7 3/2 接线自动重合闸应考虑哪些问题？

3-4-8 何谓充电保护、死区保护、不一致保护？

3-4-9 断路器保护装置运行中有哪些规定？

任务五 并联电抗器保护装置的原理、性能检验与运行维护

【教学目标】

知识目标：掌握电抗器可能发生的故障及保护的配置；掌握电抗器保护装置的基本原理、动作的逻辑关系、整定定值、接线方式。

能力目标：能进行电抗器保护装置各项性能的检验；能进行电抗器保护装置运行维护。

素质目标：敬业精神、严谨的工作作风、安全意识、团队协作精神。

【任务描述】

依据电抗保护装置说明书进行装置界面操作，输入固化保护定值。连接好测试接线，操作测试仪器，进行检验测试，对照定值单等对检验测试结果进行判断。

【任务准备】

（1）教师下发检验调试任务，明确学习目标和任务。

（2）讲解电抗器保护的基本原理及检验测试流程和注意事项。

（3）学生熟悉电抗器保护技术说明书、调试说明书、定值单；进行继电保护测试仪的学习使用。

（4）学生进行人员分组及职责分工。

（5）制订工作计划及实施方案。教师审核工作计划及实施方案，引导学生确定最终实施方案。

【相关知识】

超高压远距离输电线的对地电容电流很大，为吸收这种容性无功功率、限制系统的操作过电压，对于使用单相重合闸的线路，为限制潜供电容电流、提高重合闸的成功率，都应在输电线两端或一端变电站内装设三相对地的并联电抗器。

我国 500kV 线路的并联电抗器均为单相油浸式，铁芯带间隙，单台容量为 40～60MVA。用在 500kV 变压器低压侧的可投切的并联电抗器，则为铁芯带间隙的三相油浸式，容量为 30～60MVA。

接在变压器低压侧的并联电抗器，经专用断路器与低压侧母线相连。

500kV 并联电抗器与输电线路相连的方式有三种：

（1）通过隔离开关与线路相连，节省设备，减少投资。这种方式的电抗器可与输电线路视为一体，运行欠灵活。目前我国主要采用这种连接方式。

（2）采用专用断路器，运行灵活，但投资大。我国部分超高压输电线路也有这种方式。

（3）通过放电间隙与线路相连，当电压较高时使放电间隙击穿，自动投入电抗器；电压较低时又自动退出，不仅投资省，还能减少正常运行时的有功功率和无功功率损失，但是这种连接方式技术要求高、可靠性低。

并联电抗器的故障断开，有可能造成线路或变压器过电压，在设计工作中应予校核。

并联电抗器可能发生的故障：①线圈的单相接地和匝间短路；②引线的相间短路和单相接地短路；③由过电压引起的过负荷；④油面降低；⑤温度升高和冷却系统故障。

此外，在低压系统和位于负荷中心区域的静止补偿装置中，一般采用空心干式并联电抗器，它们的保护比较简单。

如果并联电抗器有专用断路器的话，并联电抗器保护动作以后跳该断路器。如果并联电抗器没有专用断路器，通过隔离开关与线路相连的话，并联电抗器保护动作以后跳线路断路器，并发远跳信号跳线路对侧断路器。

一、并联电抗器的纵差保护和电流速断保护

三相并联电抗器和发电机三相定子绕组相似，可以装设纵差保护，它不但能保护相间短路，还能保护单相接地短路（220～500kV 系统中性点直接接地），但不能保护电抗器的匝间短路。利用电抗器两端的套管电流互感器即可构成纵差保护，无需装设外附电流互感器。并联电抗器的纵差保护有比率制动特性稳态量的纵差保护、差动电流速断保护。

电抗器的励磁涌流是纵差保护的穿越性电流，原则上不影响电抗器纵差保护的正常工作。电抗器外部短路时没有像发电机或变压器外部短路时那么大的穿越性电流，所以电抗器纵差保护比发电机纵差保护的动作电流更小，一般可取为电抗器额定电流的 5%～10%。

有些厂家除了配置稳态量的比率制动特性的纵差保护外，还配置了比率制动特性的工频变化量纵差保护。

除开分相式的纵差保护以外，还配置比率制动特性的零序差动保护。引出端仍用套管互感器，中性点侧加设绝缘水平较低的外附电流互感器。两侧零序电流用自产方式获得，避免了用零序 TA 时的极性校验问题。零序差动保护不反应三相对称短路，但是考虑到故障初期很少可能是三相对称的，相反大都由不对称的一相或两相接地短路开始，最终发展为三相短路，此时零差保护能动作。

差动保护应防止 TA 饱和造成的保护误动。在 TA 断线时应发告警信号，通过控制字选择是否闭锁差动保护。在主电抗器首端和中性点处的 TA 变比不一致时，应由软件进行补偿。

上述差动保护的构成原理可参阅变压器保护部分内容。

对于 63kV 及以下并联电抗器，一般只装设电流速断保护，其动作电流按下述原则整定：设电抗器引出端三相外部短路时的反馈电流 $I_{fb} = 0.8U_N/X_R$（U_N 为额定电压，电抗器每相电抗为 X_R），则电流速断保护动作电流（一次值）$I_{op} = K_{rel}I_{fb}$，可靠系数 $K_{rel} = 1.2 \sim 1.5$，灵敏度按电抗器引出端两相内部短路最小电流校验，要求灵敏系数大于或等于 2.0。

二、并联电抗器匝间短路和零序功率方向保护

（一）匝间短路保护

电抗器的匝间短路是比较多见的一种内部故障形式，但是当短路匝数很少时，一相匝间短路引起的三相电流不平衡，有可能很小，很难被继电保护装置检出；而且不管短路匝数多大，纵差保护总是不反应匝间短路故障的。因此，对于 330～500kV 的电抗器必须考虑其他高灵敏的匝间短路保护。

虽然油浸式电抗器装设的轻、重瓦斯保护对匝间短路有保护作用，但还应配置另一套匝间短路保护。

如果电抗器每相有两个并联分支，即双星形接线方式，这时和双星形接线方式的发电机一样，首先应该装设高灵敏的单元件横差保护，它反应的是双星形两个中性点间连线上的电流。这里再次明确：该保护不但是匝间短路的灵敏保护，而且还能有效地保护绕组内部的接地短路和相间短路。但对引出线的相间短路和接地短路无效，因为对引出端的各种短路故障，两组星形绕组电流完全一样，因此在两个中性点的连线上就没有电流流过。

（二）零序功率方向保护

任何利用零序或负序电流（电压）的保护方案，均不可能取得匝间短路的足够灵敏度，因为假设匝间短路使一相阻抗改变 3% 时，估算零序或负序电流均小于 1%，如此小的故障电流很难构成性能良好的匝间短路保护。

国内已研制成功具有补偿作用的零序功率方向原理的电抗器匝间短路保护，下面对该保护的动作行为进行分析。并联电抗器与输电线路之间可能有专用断路器，但一般情况下只有隔离开关。保护用的电压是输电线路 TV 的电压。

1. 零序功率方向保护在电抗器内匝间短路时的动作行为分析

匝间短路时在匝间短路处三相纵向电压不对称，按照对称分量法，可以分解成正序电压、负序电压和零序电压。在零序序网图中，在匝间短路处出现纵向的零序电压 $\Delta \dot{U}_0$。零序序网图如图 3-81 所示。图中 jX_{K10} 与 jX_{K20} 是匝间短路处两侧并联电抗器的零序电抗，jX_{K20} 中包括并联电抗器中性点处的小电抗在内。jX_{s0} 为除并联电抗器外的线路与系统的等值零序电抗。图中开关符号如果有专用断路器，它代表断路器；如果没有专用断路器，它代表隔离开关。

保护固定用输电线路的 TV，

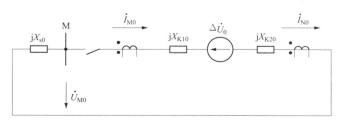

图 3-81　匝间短路时零序序网图

加入保护的零序电压就是图中的 $\dot{U}_{M0}$，电压的正方向是上正下负。保护如果用电抗器首端的 TA，加入保护的零序电流是 $\dot{I}_{M0}$；如果用中性点处的 TA，加入保护的零序电流是 $\dot{I}_{N0}$。由于图 3-81 是一个串联电路，所以用电抗器首端 TA 电流与用中性点处的 TA 电流是相同的，即 $\dot{I}_{M0}=\dot{U}_{N0}$，下面用首端 TA 的电流为例进行分析。电流的正方向是一次侧从极性端进、二次侧从极性端出，TA 的星标在左侧。匝间短路时在短路处有零序电压 $\Delta\dot{U}_0$，如果系统的额定相电压为 $\dot{U}_N$，则 $\Delta\dot{U}_0=\alpha\dot{U}_N$。式中 $\alpha=0\sim1$，α 为匝间短路时短路的匝数与电抗器总匝数的比值。

由图 3-81 可见，按照电压的正方向，有

$$\dot{U}_{M0}=-j\dot{I}_{M0}X_{s0} \tag{3-71}$$

式中　jX_{s0}——系统等值零序电抗。

因此有关系式

$$\arg\frac{U_{M0}}{\dot{I}_{M0}}=\arg(-jX_0)=-90° \tag{3-72}$$

如果动作方程是

$$-180°<\arg\frac{\dot{U}_{M0}}{\dot{I}_{M0}}<0° \tag{3-73}$$

则继电器将可以最灵敏动作。

但是如果匝间短路的短路匝数很小，例如只有 1 匝，则图 3-81 中 $jX_{K10}+jX_{K20}\approx jX_{K0}$。$jX_{K0}$ 为电抗器的零序电抗。该零序电抗比系统的等值零序电抗 jX_{s0} 要大得多。一般电抗器的电抗可以达到几千欧姆，而系统的等值电抗可能只有几十欧姆。因此加在保护上的零序电压 $\dot{U}_{M0}$ 的值可能会很小，以至于动作方程式（3-73）无法正确比相，继电器不能可靠动作。为此需要进行零序电压的补偿。

取加入保护装置的正方向的零序电流与零序补偿电抗 jX_{0BC} 的乘积的负值为零序补偿电压 $\dot{U}_{0BC}$，即

$$\dot{U}_{0BC}=-j\dot{I}_{M0}X_{0BC} \tag{3-74}$$

比较式（3-71）、式（3-74），可见 $\dot{U}_{M0}$ 与 $\dot{U}_{0BC}$ 是同相位的。此时动作方程改为

$$-180°<\arg\frac{\dot{U}_{M0}+\dot{U}_{0BC}}{\dot{I}_{M0}}<0° \tag{3-75}$$

发生匝间短路时即使 $\dot{U}_{M0}\approx0$，但是只要补偿电压 $\dot{U}_{0BC}\neq0$，则式（3-75）中的中间这一项为

$$\arg\frac{\dot{U}_{M0}+\dot{U}_{0BC}}{\dot{I}_{M0}}\approx\arg\frac{\dot{U}_{0BC}}{\dot{I}_{M0}}=\arg\frac{-j\dot{I}_{M0}X_{0BC}}{\dot{I}_{M0}}=\arg(-jX_{0BC})=-90° \tag{3-76}$$

满足动作方程式（3-75）的继电器可以灵敏动作。对于很少匝数的匝间短路，如果接入保护的电流 $\dot{I}_{M0}$ 小于电流的门槛值，保护将不能动作出现死区。

2. 非全相运行时零序功率方向保护动作行为的分析

当专用的断路器一相或两相断开时电抗器也处于非全相运行状态。这种情况发生在断路

器合闸或跳闸的过程中。此时零序序网图中在断线处有一个零序电压 $\Delta\dot{U}_0$，如图 3-82 所示。图中 jX_{K0} 是电抗器的零序电抗，包括中性点的小电抗在内。接入保护的零序电压是 $\dot{U}_{M0}$（使用线路 TV），接入保护的零序电流是 $\dot{I}_{M0}$（如果用中性点处的零序电流就是 $\dot{I}_{N0}$，由于 $\dot{I}_{N0}=\dot{I}_{M0}$，所以结论是一样的）。

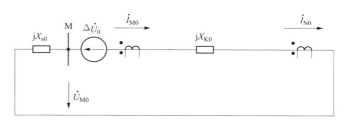

图 3-82　非全相运行状态时的零序序网图

将图 3-82 与图 3-81 相比较，仅仅是零序电压 $\Delta\dot{U}_0$ 的位置不同，但零序电压都在 TV 安装处靠电抗器的一侧，所以零序功率方向保护也能够动作。同样的证明如下。按照图 3-82 所示电压、电流的正方向，同样可得到与式（3-71）相同的表达式

$$\dot{U}_{M0}=-j\dot{I}_{M0}X_{s0}$$

而零序补偿电压 $\dot{U}_{0BC}$ 也仍然是式（3-74）

$$\dot{U}_{0BC}=-j\dot{I}_{M0}X_{0BC}$$

所以动作方程式（3-75）中的中间一项为

$$\arg\frac{\dot{U}_{M0}+\dot{U}_{0BC}}{\dot{I}_{M0}}=\arg\frac{-j\dot{I}_{M0}X_{s0}-j\dot{I}_{M0}X_{0BC}}{\dot{I}_{M0}}=\arg\frac{-j\dot{I}_{M0}(X_{s0}+X_{0BC})}{\dot{I}_{M0}}$$
$$=\arg[-j(X_{s0}+X_{0BC})]=-90° \tag{3-77}$$

该式满足动作方程式（3-75），继电器将灵敏动作，但该动作属于误动。

如果在系统中线路的断路器非全相运行时，零序序网图中的零序电压 $\Delta\dot{U}_0$ 将在 TV 安装处的系统侧，相似的分析可知零序功率方向保护不会误动。

3. 电抗器内部发生接地短路时零序功率方向保护动作行为的分析

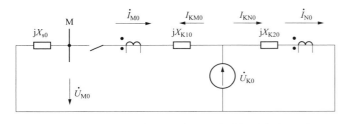

图 3-83　电抗器内部发生接地短路时的零序序网图

此时的零序序网图如图 3-83 所示。图中在短路点有一个零序电压 $\dot{U}_{K0}$，$\dot{U}_{K0}$ 的值与短路点的位置、系统参数、系统额定相电压值有关。接入保护的零序电压是 $\dot{U}_{M0}$（使用线路 TV）。如果用电抗器首端的 TA 电流，接入保护的零序电流是 $\dot{I}_{M0}$；如果用中性点处 TA 电流，接入保护的零序电流就是 $\dot{I}_{N0}$。下面分别讨论用电抗器首端 TA 的零序电流与用中性点处的零序电流两种情况下保护的动作行为。

（1）用电抗器首端 TA 零序电流 $\dot{I}_{M0}$ 时动作行为的分析。

图中 $\dot{I}_{M0}$、$\dot{I}_{N0}$ 分别是电抗器首端 TA 与中性点处 TA 的规定的正方向电流。按照电压、电流的正方向规定，由图 3-83 可得到：

$$\dot{U}_{M0}=-j\dot{I}_{M0}X_{s0} \tag{3-78}$$

而零序补偿电压 $\dot{U}_{0BC}$ 是：

$$\dot{U}_{0BC} = -j\dot{I}_{M0}X_{0BC} \tag{3-79}$$

所以动作方程式（3-75）中的中间一项为

$$\arg\frac{\dot{U}_{M0}+\dot{U}_{0BC}}{\dot{I}_{M0}} = \arg\frac{-j\dot{I}_{M0}X_{s0}-j\dot{I}_{M0}X_{0BC}}{\dot{I}_{M0}} = \arg\frac{-j\dot{I}_{M0}(X_{s0}+X_{0BC})}{\dot{I}_{M0}}$$

$$= \arg[-j(X_{s0}+X_{0BC})] = -90° \tag{3-80}$$

该式满足动作方程式（3-75）继电器将灵敏动作。当然如果接地短路的短路点越接近中性点，短路点的零序电压 $\dot{U}_{K0}$ 就越小，流过保护的零序电流 $\dot{I}_{M0}$ 也越小，当小于零序电流的门槛时该保护将不动作。所以保护存在一定的死区。

（2）用中性点处 TA 零序电流 $\dot{I}_{N0}$ 时动作行为的分析。

此时零序序网如图 3-83 所示，图中 $\dot{I}_{M0}$、$\dot{I}_{N0}$ 分别是电抗器首端 TA 与中性点处 TA 的规定的正方向电流，保护用中性点处 TA 的电流 $\dot{I}_{N0}$。流过短路点两侧的短路电流中的零序电流分量 $\dot{I}_{KM0}$、$\dot{I}_{KN0}$ 都是由短路点的零序电压 $\dot{U}_{K0}$ 产生的，如果忽略短路点两侧零序阻抗角的不同，$\dot{I}_{KM0}$ 与 $\dot{I}_{KN0}$ 相位相同。从图中显然可以看出 $\dot{I}_{M0}=-\dot{I}_{KM0}$，$\dot{I}_{N0}=\dot{I}_{KN0}$。所以 $\dot{I}_{M0}$ 与 $\dot{I}_{N0}$ 的电流幅值不同，相位相反。设 $\dot{I}_{M0}$ 与 $\dot{I}_{N0}$ 的关系为

$$\dot{I}_{M0} = -k\dot{I}_{N0} \tag{3-81}$$

式中　k——实数。

按照电压的正方向，由图 3-83 可得到：

$$\dot{U}_{M0} = -j\dot{I}_{M0}X_{s0} = jk\dot{I}_{N0}X_{s0} \tag{3-82}$$

考虑到现在加入到保护的电流是 $\dot{I}_{N0}$，而零序补偿电压 $\dot{U}_{0BC}$ 是加入保护装置的正方向的零序电流与补偿电抗 jX_{0BC} 的乘积的负值。所以零序补偿电压 $\dot{U}_{0BC}$ 是：

$$\dot{U}_{0BC} = -j\dot{I}_{N0}X_{0BC} \tag{3-83}$$

因此动作方程式（3-75）中的中间一项为

$$\arg\frac{\dot{U}_{M0}+\dot{U}_{0BC}}{\dot{I}_{N0}} = \arg\frac{jk\dot{I}_{N0}X_{s0}-j\dot{I}_{N0}X_{0BC}}{\dot{I}_{N0}} = \arg\frac{-j\dot{I}_{N0}(X_{0BC}-kX_{s0})}{\dot{I}_{N0}}$$

$$= \arg[-j(X_{0BC}-kX_{s0})] \tag{3-84}$$

只要零序补偿阻抗 X_{0BC} 满足 $X_{0BC}>kX_{s0}$ 的关系，式（3-84）的角度就为 $-90°$，就可以满足动作方程式（3-75），继电器就可以正确动作。在电抗器内部首端处发生接地短路时，$|\dot{I}_{M0}|$ 远大于 $|\dot{I}_{N0}|$，根据式（3-81），k 值很大，零序补偿阻抗 X_{0BC} 的值将取得很大。

4. 电抗器外部发生接地短路时零序功率方向保护动作行为的分析

此时的零序序网图如图 3-84 所示，jX_{K0} 是电抗器的零序电抗。图中在短路点有一个零序电压 $\dot{U}_{K0}$，接入保护的零序电压是 $\dot{U}_{M0}$（使用线路 TV）。$\dot{I}_{M0}$、$\dot{I}_{N0}$ 分别是电抗器首端 TA 与中性点处 TA 的规定的正方向电流。由于 $\dot{I}_{M0}=\dot{I}_{N0}$，所以接入保护的电流用 $\dot{I}_{M0}$ 与 $\dot{I}_{N0}$ 结果是相同的。现在设用电抗器首端 TA 的零序电流 $\dot{I}_{M0}$，按照电压、电流的正方向规定由

图 3-84可得到：
$$\dot{U}_{M0} = j\dot{I}_{M0}X_{K0} \qquad (3\text{-}85)$$

零序补偿电压 $\dot{U}_{0BC}$ 是加入保护装置
的正方向的零序电流与补偿电抗
jX_{0BC} 的乘积的负值。所以零序补偿
电压 $\dot{U}_{0BC}$ 是：

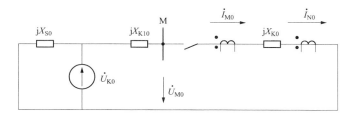

图 3-84　电抗器外部发生接地短路时的零序序网图

$$\dot{U}_{0BC} = -j\dot{I}_{M0}X_{0BC}$$

因此动作方程式（3-75）的中间一项为

$$\arg\frac{\dot{U}_{M0} + \dot{U}_{0BC}}{\dot{I}_{M0}} = \arg\frac{j\dot{I}_{M0}X_{K0} - j\dot{I}_{M0}X_{0BC}}{\dot{I}_{M0}} = \arg\frac{j\dot{I}_{M0}(X_{K0} - X_{0BC})}{\dot{I}_{M0}}$$
$$= \arg[j(X_{K0} - X_{0BC})] \qquad (3\text{-}86)$$

显然只要 $X_{0BC} < X_{K0}$，式（3-86）的角度就为 $90°$，就可以不满足动作方程式（3-75），继电器就可以不误动。

5. 结论

（1）带零序电压补偿的零序方向保护设置的初衷是为了保护电抗器的匝间短路。由于电抗器的零序电抗很大，为了保证系统零序电抗较小使引入保护的零序电压很小时零序方向保护仍然能保护匝间短路，所以该零序方向保护带零序电压补偿。但是如果匝间短路的短路匝数很小时，由于匝间短路处的零序电压很小，如果产生的零序电流小于零序电流门槛时保护不能动作，所以保护存在一定的死区。

（2）在电抗器处于非全相运行状态时该零序功率方向保护将误动。由于现在并联电抗器一般都不设专用断路器，并联电抗器不会处于非全相运行状态，所以这个问题并不严重。而在系统侧线路断路器处出现非全相时，零序功率方向保护不会误动。

（3）为了在并联电抗器外部发生接地短路时零序功率方向保护不误动，必须满足补偿零序电抗小于电抗器的零序电抗的条件，即满足式（3-87）零序功率方向保护才不误动。
$$X_{0BC} < X_{K0} \qquad (3\text{-}87)$$

（4）为了在电抗器内部发生接地短路时零序功率方向保护仍然能起到保护作用，保护应该使用电抗器首端 TA 的电流。因为如果保护使用中性点处 TA 的零序电流，内部发生接地短路时零序补偿阻抗 X_{0BC} 还必须满足 $X_{0BC} > kX_{S0}$ 的关系，零序功率方向保护才能动作。k 为电抗器首端与中性点处零序电流的幅值比。在电抗器内部首端处发生接地短路时，由于 k 值很大，零序补偿阻抗 X_{0BC} 的值将取得很大，这可能与式（3-87）的要求相冲突。此外，中性点处 TA 的极性也不易检验。所以零序方向保护不宜采用中性点处的 TA 的零序电流。中性点处 TA 的电流如果引入保护装置也是用作中性点小电抗的过电流保护或过负荷保护。

综上所述，零序补偿阻抗 X_{0BC} 的取值既要满足式（3-87），不能太大，还应考虑保护匝间短路的需要，不能太小，因此其值取为
$$X_{0BC} = KX_{K0} \qquad (3\text{-}88)$$

K 是一个可自适应调整的系数，微机保护装置根据加入装置的零序电压、零序电流的大小，其值在 $0 \sim 0.8$ 间调整。例如当加入到保护装置的零序电压比较大时，K 的取值可为零，不必引入零序补偿电压。当加入到保护装置的零序电压、零序电流都比较小时，K 的

取值可以大一些，以便得到比较大的零序补偿电压。

三、主电抗器的过负荷保护及过电流、零序电流后备保护

考虑到并联电抗器所接系统有可能电压异常升高，造成电抗器的过负荷，故应装设过负荷保护。

根据 330～500kV 并联电抗器的技术规范，允许过电压倍数和时间的关系为一个反时限特性，即过压倍数为 1.05、1.15、1.20、1.25、1.30、1.40 时，允许时间为连续、20min、3min、1min、20s、8s。

配置的过负荷保护有定时限和反时限保护，动作于信号。采用电抗器首端的电流。

主电抗器还采用定时限和反时限的过电流保护作为电抗器内部相间短路的后备保护，采用电抗器首端的电流。主电抗器还采用定时限的零序过电流保护作为电抗器内部接地短路的后备保护，采用电抗器首端的自产零序电流。

四、中性点电抗器的过电流保护、过负荷保护

500kV 三相并联电抗器的中性点经一小电抗器接地，目的是限制单相重合闸时的潜供电流，借以提高单相重合闸的成功率。对于这个中性点接地处的小电抗器，在正常运行时，既无高电压，也无大电流。但在系统单相接地故障或单相断开线路期间，该接地电抗器将流过较大电流，在电抗器设计制造时，应保证其有足够的热稳定性，而且线路的零序过电流保护和断路器的非全相保护，均对中性点接地电抗器有保护作用。因此中性点电抗器只配置反应由于三相电流不对称引起的中性点电抗器过电流的过电流保护以及反应三相电流不平衡的过负荷保护，过负荷保护延时动作于信号。中性点电抗器过电流保护及过负荷保护应优先采用主电抗器中性点处的三相电流用自产方式获得。

五、干式空心并联电抗器的保护

干式空心并联电抗器都是单相式结构。绕组的结构有单绕组和双绕组两种。单绕组一般按单星形接线，双绕组可接成双星形。干式空心并联电抗器通常安装在户外，只有在严重污染地区才安装在户内。三相采用品字形或直列式布置。电抗器各相绕组之间发生相间故障的概率很小，在设计保护时可不考虑电抗器的相间故障。电抗器的单相接地故障，可由母线上的公用接地保护来监视，不需装设单独的接地保护。因此，干式空心并联电抗器的继电保护比较简单，只需设置电抗器引线相间短路的过电流保护即可。

双绕组干式并联电抗器接成双星形之后，在两星形中性点之间装设电流互感器，可实现电抗器的单元件零序横差保护。正常情况下，两星形中性点间的不平衡电流不会超过 5A。当其任一相发生故障（主要指匝间短路时），中性点间不平衡电流增大，超过继电器整定值时，保护动作，切断电抗器电源。这种保护方式与双星形接线的电力电容器组单元件零序横差保护类似。但在实际应用上，不如电力电容器组单元件零序横差保护的效果好。这是因为：①在电力电容器组情况下，两个星形中的单台电容器是互相分离的，一台电容器的故障往往不会影响另一台，而在两个星形的同一部位的电容器同时故障的概率很少（此时中性点间无不平衡电流或很小）。而在电抗器的情况下，两个星形的同相绕组是并绕在一起的，实际上是一台电抗器。并绕的绕组间的绝缘很薄，当一个绕组发生匝间故障时，很可能同时引起同一部位的另一绕组的匝间故障。此时，单元件零序横差保护便不能动作。②电力电容器同容量采用双星形布置实现单元件零序横差保护增加的投资不高。而干式并联电抗器同容量采用双绕组结构，给电抗器的制造带来较大的困难，增加投资较多。故设计上一般不推荐采

用双绕组干式并联电抗器。

【任务实施】

按标准化作业的步骤进行电抗器保护保护装置的调试。在实施过程中，充分发挥学生的主体作用和教师的主导作用，引导学生在做中学，及时纠正学生作业中的不规范行为。

一、CSC-330 数字式电抗器保护装置检验与调试

（一）概述

以 CSC-330 数字式电抗器保护装置（以下简称装置或产品）为测试对象，目的在于提供保护测试的方法指导厂内调试和工程调试。

以下列出的项目仅供参考，应根据有关规程对试验的要求并结合具体工程的保护功能配置情况，选择相应的试验项目。本调试说明提供的是标准功能模块的调试方法，选配功能模块的保护功能调试方法参见具体工程定制的工程调试说明。

（二）实验准备

（1）实验前详细阅读《CSC-330 数字式电抗器保护装置说明书》、设计说明文件、随装置的调试方法和调试记录、电原理图等。

（2）通过上述文件了解要调试的装置型号、保护功能的配置；了解装置模拟量输入、开入、压板、跳闸、信号等的信息。不同型号的装置，其硬件设计不同，对应的软件功能配置也不同。

（3）根据资料中提供的方法进入保护菜单，熟悉装置的模拟量、测量量显示、采样值打印、报告显示、报告打印、整定值输入、时钟整定等方法。

（三）常用实验方法介绍

1.测试确定动作特性激励量（或特性量）施加的方法

（1）缓慢施加（缓加）：施加的激励量（或特性量）从零逐渐增大到动作值。

（2）突然施加（突加）：先将激励量或特性量调整至规定的动作值，再施加于装置。

2.模拟各种故障电流的试验方法

（1）单相接地：试验仪输出的故障相电流等于试验电流，非故障相电流为零。

（2）两相短路：试验仪输出的两故障相电流等于试验电流且相位相反，非故障相电流为零。

（3）三相短路：试验仪输出的三相故障电流为对称电流，大小等于试验电流。

（四）测试用保护定值整定

按照下面的步骤进行试验定值整定：

（1）在定值设置—装置参数菜单中，将自动整定定值选择为1。

（2）在定值设置—保护控制字—选择定值区号—公共定值菜单中，将表 3-29 中的公共定值输入保护装置，固化成功。

表 3-29　　　　　　　　　公 共 定 值 清 单

序　号	定值名称	定值范围	实际整定
1	电抗器额定容量	0～1000MVA	50
2	电抗器额定电压	10～2000kV	525
3	TV 一次额定值	10～2000kV	500
4	TV 二次额定值	10～200V	100

续表

序　号	定值名称	定值范围	实际整定
5	首端 TA 一次值	1～9999A	300
6	首端 TA 二次值	1、5A	1
7	末端 TA 一次值	1～9999A	300
8	末端 TA 二次值	1、5A	1
9	小电抗一次阻抗值	0～9999Ω	499.3
10	小电抗一次额定电流	1～9999A	30
11	小电抗 TA 一次值	0～9999A	100
12	小电抗 TA 二次值	1、5A	1

测试用系统计算参数清单见表 3-30。

表 3-30　　　　　测试用系统计算参数清单（由装置自动计算，供校核用）

序　号	定值名称	计算值	单　位
1	一次额定电流	164.9	A
2	首端二次额定电流	0.55	A
3	末端二次额定电流	0.55	A
4	二次额定相电压	60.6	V
5	电抗器一次阻抗	1838	Ω
6	一次零序阻抗	3336	Ω
7	电抗器二次阻抗	110.3	Ω
8	二次零序阻抗	200.0	Ω
9	纵差平衡系数	1	
10	零差平衡系数	1	

（3）在定值设置—装置参数菜单中，将自动整定定值选择为 0，即改为手动整定。

（4）保护控制字整定。保护定值已经自动整定，保护投/退控制字需根据试验条件手动整定。

（五）测试用装置的硬件配置

（1）测试用装置的硬件配置见表 3-31。

表 3-31　　　　　　测试用装置硬件配置

类别	排列次序（从左往右）	型号
交流插件	1	6SF.001.033.3
保护 CPU1 插件	2	6SF.004.071.3
保护 CPU2 插件	3	6SF.004.071.3
管理插件	4	6SF.004.087
开入插件	5	6SF.004.046.1
开出插件	6	6SF.004.044
信号插件	7	6SF.004.045
电源模块	8	6SF.009.030

（2）插件布置图（正面）。CSC-330 数字式电抗器保护装置插件布置图如图 3-85 所示。

（六）软件版本

装置运行正常，将版本号记入表 3-32 并与设计说明中所列软件版本号核对。

图 3-85　CSC-330 数字式电抗器保护装置插件布置

表 3-32　　　　　　　　　　　版　本　信　息

序　号	项　目	版本信息
1	高抗保护	
2	系统程序	
3	开入 1	
4	开出 1	
5	开出 2	
6	高抗保护	
7	系统程序	
8	管理 1 板	
9	CAN 芯片	
10	面板	

（七）保护功能测试

1. 纵差保护

（1）保护定值。主保护定值清单见表 3-33。

表 3-33　　　　　　　　　　主　保　护　定　值　清　单

序号	定值名称	整定范围	实际整定	内部整定
1	纵差速断电流定值	$0.1I_{2N} \sim 20I_{2N}$		$3I_{rl2n}$
2	纵差最小动作电流	$0.1I_{2N} \sim 20I_{2N}$		$0.3/0.4I_{rl2n}$

注　I_{2N} 表示 TA 二次额定电流，即 1A/5A。

（2）纵差保护主要测试项目。在做纵差保护试验时，注意每次保护动作后，需等待整组复归后（即 5s）再模拟下一次故障。

1）纵差速断保护定值精度及动作时间测试见表 3-34 和表 3-35。

表 3-34　　　　　　　　　　　　　纵差速断定值精度及动作时间测试

项　目	内　　　容
压板状态	投入电抗器差动保护压板
涉及定值项	保护定值： 差动速断电流定值 $I_{SD}=$　　； 保护控制字：纵差保护投入置 1； 为简便起见，其余控制字均整定为 0
试验方法	（1）从电抗器首端或末端分别施加电流，实测并记录保护动作电流，测试结果记录在表 3-35 中； （2）在电抗器首端或末端突加 1.5 倍速断定值的电流，实测差动速断动作时间
保护动作时间	

表 3-35　　　　　　　　　　　　　纵差速断定值精度测试记录

项目 相别	动作电流值
首端 A 相	
首端 B 相	
首端 C 相	
末端 A 相	
末端 B 相	
末端 C 相	

2）比率差动保护最小动作电流定值精度及时间测试见表 3-36 和表 3-37。

表 3-36　　　　　　　　比率差动保护最小动作电流定值精度及动作时间测试

项　目	内　　　容
压板状态	投入电抗器差动保护压板
涉及定值项	保护定值： 最小动作电流定值 $I_{CD}=$　　； 保护控制字：纵差保护投入置 1； 为简便起见，其余控制字均整定为 0
试验方法	（1）在电抗器首端分别施加电流，实测并记录保护动作电流，测试结果记录在表 3-37 中； （2）在电抗器首端突加 2 倍最小动作电流定值的电流，实测比率纵差动作时间
保护动作时间	

表 3-37　　　　　　　　比率差动保护最小动作电流定值精度测试记录

项目 相别	动作电流值
首端 A 相	
首端 B 相	
首端 C 相	
末端 A 相	
末端 B 相	
末端 C 相	

3）比率制动特性测试见表 3-38 和表 3-39。

表 3-38 比 率 制 动 特 性 测 试

项 目	内 容
压板状态	投入电抗器差动保护压板
涉及定值项	保护定值: 最小动作电流定值 $I_{CD}=$; 差动速断电流定值 $I_{SD}=$;(定值抬高,使得测试时退出速断功能) 保护控制字:纵差保护投入置 1; 为简便起见,其余控制字均整定为 0
试验方法	实验在两侧进行,称为电流 I_1(标幺值)、I_2(标幺值),且 $I_1 > I_2$,I_1、I_2 电流相角为 180°,首先给定 I_2,由此计算出 I_1,再将其转化为有名值之后,即可进行检验,按照表 3-39 给出的数据即可进行试验

表 3-39 比率制动特性测试记录(以 $I_{CD}=0.3I_{rl2n}$ 为例)

序号	首端电流 A 相电流 I_1		实测值	固定末端电流 A 相 I_2		制动电流		实测值	差动电流		实测值	制动斜率
	计算值			标幺值	有名值	计算值			计算值			
	标幺值	有名值				标幺值	有名值		标幺值	有名值		
1	0.42			0.1		0.1			0.32			
2	0.66			0.3		0.3			0.36			
3	0.9			0.5		0.5			0.4			
4	1.32			0.8		0.8			0.52			
5	1.6			1		1			0.6			
6	4.8			3		3			1.8			
7	8			5		5			3			

4)TA 断线检测试验(仅判一相断线),见表 3-40。

表 3-40 TA 断 线 检 测

项 目	内 容
压板状态	退出电抗器差动保护压板
涉及定值项	保护定值: 最小动作电流定值 $I_{CD}=$; 差动速断电流定值 $I_{SD}=$; 保护控制字:纵差保护投入置 1; 保护控制字:TA 异常判别功能投入置 1; 为简便起见,其余控制字均整定为 0
试验方法	当试验仪有 3 个电流输出时:从测试仪 A 相输出幅值为 I_{rl2n}、角度为 0°的电流至电抗器首端 A 相,从测试仪 B 相输出幅值为 I_{rl2n}、角度为 180°的电流至电抗器末端 A 相,然后将电抗器首末端 B、C 相串联(注意末端与首端要反极性串联)后,连接到测试仪 C 相端子,测试仪 C 相输出的幅值为 I_{rl2n} 的电流,状态均稳定后,突降首端 A 相电流或末端 A 相电流模拟 A 相 TA 断线,检查 TA 断线情况,B、C 相 TA 断线可参照上述方法模拟。 当试验仪有 6 个电流输出时:可直接模拟将某相电流由正常值突降为 0 来模拟突变情况下的 TA 断线。 以上所列方法中施加电流的大小主要针对首、末端 TA 变比一致的情况。当首、末端 TA 变比不一致时,请根据折合系数计算后分别确认首、末端施加电流的大小
TA 异常告警情况	

5)差流越限告警测试见表 3-41。

表 3-41　　　　　　　　　　　　　　**差 流 越 限 告 警 测 试**

项　目	内　　　容
压板状态	投入电抗器差动保护压板
涉及定值项	保护定值： 最小动作电流定值 $I_{CD}=$ ； 差流越限电流动作值＝$0.625 \times I_{CD}=$ ； 保护控制字：纵差保护投入置 1； 为简便起见，其余控制字均整定为 0
相关说明	正常情况下，监视各相差流异常，延时 5s 发告警信号，判据为：$I_{dz} > K_{yx} \times I_{CD}$，其中 I_{dz} 为各相差动电流，K_{yx} 为装置内部固定的系数（取 0.625），I_{CD} 为差动保护启动电流定值
试验方法	从电抗器首端或末端施加电流，从 0A 逐步增加电流至装置报"差流越限"，检查差流越限保护告警情况
差流越限告警情况	

2. 零差保护

（1）保护定值。主保护定值清单见表 3-42。

表 3-42　　　　　　　　　　　　　　**主 保 护 定 值 清 单**

序　号	定值名称	整定范围	实际整定	内部整定
1	零差速断电流定值	$0.1I_{2N} \sim 20I_{2N}$		$3I_{rl2n}$
2	零差最小动作电流	$0.1I_{2N} \sim 20I_{2N}$		$0.3/0.4I_{rl2n}$
3	零差拐点电流定值	$0.1I_{2N} \sim 20I_{2N}$		$0.8I_{rl2n}$
4	零差特性斜率	$0 \sim 2.0$		1.0

（2）零差保护主要测试项目。

1）零序差动速断保护定值精度及时间测试见表 3-43 和表 3-44。

表 3-43　　　　　　　　　　　　**零序差动速断定值精度及动作时间测试**

项　目	内　　　容
压板状态	投入电抗器零序差动保护压板
涉及定值项	保护定值： 零序差动速断电流定值 $I_{0S}=$ ； 保护控制字：零序差动保护投入置 1； 为简便起见，其余控制字均整定为 0
试验方法	（1）在电抗器首端或末端分别施加电流，实测并记录保护动作电流，记录在表 3-43 中； （2）在电抗器首端或末端突加 1.5 倍速断定值的电流，实测差动速断动作时间
保护动作时间	

表 3-44　　　　　　　　　　　　**零差速断电流定值精度测试记录**

项目 相别	动作电流值
自产零序电流取首端 A 相	
自产零序电流取首端 B 相	
自产零序电流取首端 C 相	
自产零序电流取末端 A 相	
自产零序电流取末端 B 相	
自产零序电流取末端 C 相	

2）零序比率差动保护最小动作电流定值精度及时间测试见表 3-45 和表 3-46。

表 3-45　　　　　　零序比率差动保护最小动作电流定值精度及保护动作时间测试

项　目	内　容
压板状态	投入电抗器零序差动保护压板
涉及定值项	保护定值： 零差最小动作电流 $I_{0C}=$　； 保护控制字：零序差动保护投入置 1； 为简便起见，其余控制字均整定为 0
试验方法	在电抗器首端或末端分别施加电流，实测并记录保护动作电流，记录在表 3-46 中； 在电抗器首端或末端突加 2 倍零差最小动作电流定值的电流，实测比率差动最小动作时间
保护动作时间	

表 3-46　　　　　　零序比率差动保护最小动作电流定值精度测试记录

相　别　　　　项　目	动作电流值
自产零序电流取首端 A 相	
自产零序电流取首端 B 相	
自产零序电流取首端 C 相	
自产零序电流取末端 A 相	
自产零序电流取末端 B 相	
自产零序电流取末端 C 相	

3）零序差动比率制动特性测试见表 3-47 和表 3-48。

表 3-47　　　　　　　　零差比率制动特性测试

项　目	内　容
压板状态	投入电抗器零序差动保护压板
涉及定值项	保护定值： 零差最小动作电流 $I_{0C}=$　　　； 零序差动速断电流定值 $I_{0S}=$　　　；（定值抬高，使得测试时退出速断功能） 零差拐点电流定值 $I_{0B}=$　　　； 零差特性斜率 $K_{0C}=$　　　； 保护控制字：零序差动保护投入置 1； 为简便起见，其余控制字均整定为 0
试验方法	实验在两侧进行，称为电流 I_{01}（标幺值）、I_{02}（标幺值），且 $I_{01}>I_{02}$，I_{01}、I_{02} 电流相角为 180°，首先给定 I_{02}，由此计算出 I_{01}，再将其转化为有名值之后，即可进行检验，按照表 3-48 给出的数据即可进行试验

表 3-48　　零序差动比率制动特性测试记录（以 $I_{0C}=0.3I_{rt2n}$，$I_{0B}=0.8I_{rt2n}$，$K_{0C}=1.0$ 为例）

序号	首端零序电流 I_{01}			固定末端零序电流 I_{02}		制动电流			差动电流			制动斜率
	计算值		实测	标幺值	有名值	计算值		实测	计算值		实测	
	标幺值	有名值				标幺值	有名值		标幺值	有名值		
1	0.4			0.1		0.25			0.3			
2	0.6			0.3		0.45			0.3			
3	0.7			0.4		0.55			0.3			
4	0.95			0.65		0.8			0.3			
5	2.6			1.2		1.9			1.4			
6	3.5			1.5		2.5			2			
7	4.4			1.8		3.1			2.6			
8	5			2		3.5			3			

4）零差差流越限告警测试见表 3-49。

表 3-49 差流越限告警测试

项 目	内 容
压板状态	投入零序差动保护压板
涉及定值项	保护定值： 零差最小动作电流 $I_{0C}=$ ； 零差差流越限动作电流 $=0.625 \times I_{0C}=$ ； 保护控制字：零序差动保护投入置 1； 为简便起见，其余控制字均整定为 0
相关说明	正常情况下，监视零差差流异常，延时 5s 发告警信号，判据为：$3I_0 > K_{yx} \times I_{0C}$，其中 $3I_0$ 为零序电流，K_{yx} 为装置内部固定的系数（取 0.625），I_{0C} 为零差保护最小动作电流定值
试验方法	从电抗器首端或末端施加电流，从 0A 逐步增加电流至装置报"差流越限"，检查差流越限保护告警情况
差流越限告警情况	

3. 容错复判自适应匝间保护测试方案

（1）保护定值。主保护定值清单见表 3-50。

表 3-50 主保护定值清单

序号	定值名称	整定范围	实际整定	内部整定
1	匝间保护零序启动电流	$0.1I_{2N} \sim 20I_{2N}$		$0.2I_{rl2n}$

（2）匝间保护主要测试项目见表 3-51。

表 3-51 容错复判自适应匝间保护测试

项目	内容
压板状态	投入匝间保护压板
涉及定值项	保护定值： 匝间保护零序启动电流 $=0.2I_{rl2n}$； 保护控制字：容错复判自适应匝间保护投入置 1； 为简便起见，其余控制字均整定为 0
试验方法	（1）从电抗器首端 A、B、C 相分别通入电流 $2I_{rl2n} \angle 0°$、$I_{rl2n} \angle -120°$、$I_{rl2n} \angle 120°$，电抗器末端 A、B、C 相分别通入电流 $2I_{rl2n} \angle 0°$、$I_{rl2n} \angle -120°$、$I_{rl2n} \angle 120°$（自产零流相位为 0°），同时在电压回路 A 相通入 5V 电压，固定末端电流相位不变，改变电压电流角度差，测定保护的动作区。 （2）做动作区试验的同时，同时记录保护的动作时间
保护动作区	
保护动作时间	

4. 电抗器后备保护

（1）保护定值。电抗器后备保护定值清单见表 3-52。

表 3-52 电抗器后备保护定值清单

序 号	定值名称	整定范围	实际整定	内部整定
1	电抗器过负荷保护电流	$0.1I_{2N} \sim 20I_{2N}$		$1.25I_{rh2n}$
2	电抗器过负荷保护延时	$0 \sim 30s$		5s
3	过负荷启动通风电流	$0.1I_{2N} \sim 20I_{2N}$		100A
4	过负荷启动通风延时	$0 \sim 30s$		30s

序　号	定值名称	整定范围	实际整定	内部整定
5	电抗器过电流保护电流	$0.1I_{2N} \sim 20I_{2N}$		$2I_{rh2n}$
6	电抗器过电流保护延时	$0 \sim 30s$		1.5s
7	电抗器零序保护电流	$0.1I_{2N} \sim 20I_{2N}$		$2I_{rh2n}$
8	电抗器零序保护延时	$0 \sim 30s$		1.5s

（2）电抗器后备保护主要测试项目。

1）电抗器过负荷保护。电抗器过负荷电流定值精度及时间测试见表 3-53。做此项实验时，将电抗器过电流保护电流整定为最大，相当于退出过电流保护。

表 3-53　　　　　　　　　　　**电抗器过负荷电流定值精度及时间测试**

项　目	内　　　容
涉及定值项	保护定值： 电抗器过负荷电流＝　； 电抗器过负荷保护延时＝　； 过负荷启动通风电流＝　； 过负荷启动通风延时＝　； 保护控制字：电抗器过负荷和过电流投入置 1； 为简便起见，其余控制字均整定为 0。 注：过负荷保护只发信号，过负荷启动通风动作于启动通风触点
试验方法	（1）从电抗器首端施加大于定值的试验电流，实测并记录保护动作电流值； （2）分别从电抗器首端任一相突加试验电流大于 1.2 倍定值电流，实测保护动作时间
过负荷保护动作值	
过负荷保护动作时间	
过负荷启动通风动作值	
过负荷启动通风动作时间	

2）电抗器过电流保护。电抗器过电流保护电流定值精度及时间测试见表 3-54。做此项实验时，将电抗器过负荷保护电流整定为最大，相当于退出过负荷保护。

表 3-54　　　　　　　　　**电抗器过电流保护电流定值精度及时间测试**

项　目	内　　　容
压板状态	投入电抗器过电流保护压板
涉及定值项	保护定值： 电抗器过电流保护电流＝　； 电抗器过电流保护延时＝　； 保护控制字：电抗器过负荷和过电流投入置 1； 为简便起见，其余控制字均整定为 0
试验方法	（1）从电抗器首端施加大于定值的试验电流，实测并记录保护动作电流值； （2）分别从电抗器首端任一相突加试验电流＞1.2 倍定值电流，实测保护动作时间
保护动作值	
保护动作时间	

3）电抗器零序过电流保护。电抗器零序过电流定值精度及时间测试见表 3-55。

表 3-55 电抗器零序过电流定值精度及时间测试

项 目	内 容
压板状态	投入电抗器零序过电流保护压板
涉及定值项	保护定值： 电抗器零序保护电流＝ ； 电抗器零序保护延时＝ ； 保护控制字：电抗器零序过流保护投入置1； 为简便起见，其余控制字均整定为0
试验方法	（1）从电抗器首端施加大于定值的试验零序电流，实测并记录保护动作电流值； （2）分别从电抗器首端突加试验零序电流大于 1.2 倍定值电流，实测保护动作时间
保护动作值	
保护动作时间	

5. 小电抗器（接地电抗器）保护

（1）保护定值。小电抗器保护定值清单见表 3-56。

表 3-56 小电抗器保护定值清单

序 号	定值名称	整定范围	实际整定	内部整定
1	小电抗过负荷零序电流	$0.1I_{2N} \sim 20I_{2N}$		$0.15I_{rl2n}$
2	小电抗过负荷延时	$0 \sim 30s$		8s
3	小电抗过电流零序电流	$0.1I_{2N} \sim 20I_{2N}$		$0.3I_{rl2n}$
4	小电抗过电流延时	$0 \sim 30s$		6s

（2）小电抗器保护主要测试项目。试验的时候根据是否有小电抗器 TA 来选择相应的试验方法，如果主电抗器、小电抗器 TA 不一致，还存在二次电流的折合问题，具体折合方法可参考说明书，实验时应注意。

1）小电抗器过负荷保护。小电抗器过负荷零流定值精度及时间测试见表 3-57。做此项实验时，将小电抗器过电流保护电流整定为最大，相当于退出小电抗器过电流保护。

表 3-57 小电抗器过负荷零流定值精度及时间测试

项 目	内 容
涉及定值项	保护定值： 小电抗过负荷零序电流＝ ； 小电抗过负荷延时＝ ； 保护控制字：小电抗过负荷和过电流投入置1； 为简便起见，其余控制字均整定为 0。 注：小电抗器过负荷保护只发信号
试验方法（有小电抗器 TA 时）	（1）从小电抗器首端电流回路缓加试验电流，实测并记录保护动作电流； （2）从小电抗器首端电流回路突加试验电流大于 1.2 倍定值电流，实测保护动作时间
试验方法（无小电抗器 TA 时）	（1）从主电抗器首、末端电流回路同时缓加试验零序电流，实测并记录保护动作电流； （2）从主电抗器首、末端电流回路同时突加试验零序电流大于 1.2 倍定值电流，实测保护动作时间
保护动作值	
保护动作时间	

2）小电抗器过电流保护。小电抗器过电流零流定值精度及时间测试见表 3-58。做此项实验时，将电抗器过负荷保护电流整定为最大，相当于退出小电抗器过负荷保护。

表 3-58　　　　　　　　小电抗器过电流零流定值精度及时间测试

项　目	内　　容
压板状态	投入小电抗器过电流保护压板
涉及定值项	保护定值： 小电抗过电流零序电流＝　； 小电抗过电流延时＝　； 保护控制字：小电抗过负荷和过电流投入置 1； 为简便起见，其余控制字均整定为 0
试验方法（有小电抗器 TA 的时候）	（1）从小电抗器首端电流回路加入试验电流，实测并记录保护动作电流； （2）从小电抗器首端电流回路突加试验电流大于 1.2 定值电流，实测保护动作时间
试验方法（无小电抗器 TA 的时候）	（1）从主电抗器首、末端电流回路同时施加试验零序电流，实测并记录保护动作电流； （2）从主电抗器首、末端电流回路同时突加试验零序电流大于 1.2 定值电流，实测保护动作时间
保护动作值	
保护动作时间	

6. TV 断线

由于 TV 断线是一种不正常运行状态，因此以下测试都是在无电流突变的稳态情况下进行。按照表 3-59、表 3-60 中所述方法分别对一相、两相、三相 TV 断线进行测试。

表 3-59　　　　　　　　TV 三相断线检测记录

保护判据	三相电压均小于 18V，且任一相电流大于 0.1A（TA 二次额定电流 1A）或 0.3A（TA 二次额定电流 5A）
实验方法	电抗器电压回路不加电压，在电抗器首端电流回路中的任一相加入电流大于 0.1A（TA 二次额定电流 1A）或 0.3A（TA 二次额定电流 5A），检查 TV 异常告警是否正常
实验结果	

表 3-60　　　　　　　　TV 一相或两相断线检测记录

保护判据	三个相电压的向量和（自产 $3U_0$）大于 18V，且无电流突变，用于检测一相或两相断线
实验方法	先在电抗器电压回路施加三相平衡的额定电压，状态稳定后使其中一相或两相电压为 0V，模拟一相或两相断线，检查 TV 异常告警是否正常
实验结果	

常用符号说明见表 3-61。

表 3-61　　　　　　　　常 用 符 号 说 明

序　号	符　号	说　明
1	I_{r1N}	主电抗器一次额定电流
2	I_{rh2N}	主电抗器首端二次额定电流
3	I_{rl2N}	主电抗器末端二次额定电流
4	I_{r10N}	小电抗器一次额定电流
5	I_{r20N}	小电抗器二次额定电流

序　号	符　号	说　明
6	$n_{a.1}$	主电抗器首端 TA 变比
7	$n_{a.2}$	主电抗器末端 TA 变比
8	$n_{a.0}$	小电抗器 TA 变比
9	I_{2N}	TA 二次额定电流，即 1A/5A
10	U_{1N}	电抗器一次额定电压
11	S_N	电抗器单相额定容量

二、CSC-330B 数字式电抗器保护装置维护运行

1. 装置投运前检查

（1）装置上电后，面板运行灯应亮，其他灯应不亮。

（2）装置面板液晶显示的电流和电压幅值及角度应与运行状态相符。

（3）检查面板显示交流量是否正确，差动电流是否在规定范围内。一般而言，三相差流平衡且均小于 20％ 最小动作电流。否则，应进一步检查接线或保护定值。

（4）检查保护装置显示的定值区号应正确。

（5）检查定值区和定值，保护装置固化的定值应与定值单保持一致。

（6）按调度命令投入保护压板（一次只能投一个压板）。

（7）检查面板显示的保护压板状态应与投入的一致。

（8）检查出口压板位置应正确。

（9）屏上各操作箱（若有操作箱）应运行正常。

（10）屏上本体保护（若有本体保护）应运行正常。

2. 运行情况下注意事项

（1）运行中，不允许不按指定操作程序随意按动面板上键盘。

（2）严禁随意操作如下命令：开出传动；修改定值，固化定值；设置运行 CPU 数目；改变定值区；改变本装置在通信网中的地址。

3. 常见异常情况及对策

装置可以检查到所有硬件的状态，包括开出回路的继电器线圈。值班人员可以通过告警灯和告警光字排检查装置是否出现异常状态，并可以通过液晶显示和打印报告（故障信息为汉字）判断装置异常的位置和性质。

消除故障的方法为：更换故障插件；消除外部故障，如 TA 断线、差流告警、TA 断线等。

4. 保护动作后处理

保护动作后应注意以下事项：

（1）请勿急于对装置断电或拔出插件检查，也不要急于对装置做模拟试验。

（2）完整、准确记录灯光信号、装置液晶循环显示的报告内容。

（3）检查后台机（或打印机）的保护动作事件记录。

（4）向调度及保护人员报告。如有打印机，应立即从保护装置上打印出相应的保护报告。如果无打印机或工程师站，应通知制造厂来人处理。在此之前不应断开装置的直流电源或做模拟试验。

（5）收集、整理动作报告。

（6）如有录波，请及时取出录波数据。

（7）集中所有报告，记录，分析动作原因。

（8）通知制造厂并将报告记录及时传真至制造厂。

（9）查明动作原因，必要时对装置做模拟试验。

5．部分定期检验项目

（1）测量交流回路的对地绝缘。

（2）测量逆变电源的各级输出电压值。

（3）检验打印机。

（4）校正零漂、刻度。

（5）检验告警回路。

（6）检验开关量输入回路。

（7）带开关开出传动。

（8）核对定值。

6．装置维护指南

在维修中，不应随意拨动各种接插件（包括连接器）、改动插件电路和背板小扎线及电路。

（1）电源损坏电源经长期运行后可能会发生以下问题：

1）芯片由于过热而提前老化。

2）电解电容老化引起电解液干涸，引发滤波效果差、纹波系数过大；或者电解液渗漏而发生短路。

3）个别电阻由于过热而烧毁。

4）电压超差。

电源故障最直接的处理方法就是更换电源插件。电源插件不宜长期储备，建议每 4～6 年购置一次电源备件。发现电源损坏时应立即更换，并重购备件或修理已损坏的电源。

（2）微机系统插件故障。装置的自检功能可及时检测主要芯片及其相关电路的功能故障，从而及时发出报警，其打印的信息一般将故障位置定位于插件。

可根据相关信息检查、排除故障或直接更换插件。各插件更换时的注意事项如下：

1）CPU 插件。①更换时应关闭电源；②更换后应重新书写定值；③更换后应重新检查模拟量；④更换后应重新进行开出测试。

2）MMI 面板，可整体更换。

3）微机部分其他插件。主要注意有无连线短路，若有，在更换插件时，应按被替换的插件的接线要求进行连接。

（3）交流插件更换。更换此插件时应注意插件中各小 TA、小 TV 数量、位置是否正确，小 TA 的额定电流规格是否正确。更换后应检查所有通道的零漂、刻度及极性。

（4）开入插件。更换后，应重新进行开入测试。

（5）跳闸插件。更换后，应重新进行跳闸测试。

（6）信号插件。更换后，应重新进行信号测试。

（7）打印机。打印机卡纸或字迹模糊时，应调整打印机装纸机构、重新装纸。字迹黯淡模糊时需要更换打印机色带。注意：带（盒）要压到位，色带要嵌到位。

【复习思考】

3-5-1　该任务掌握了哪些知识？

3-5-2　该任务培养了哪些能力？

3-5-3　并联电抗器的作用是什么？

3-5-4　CSC-330B 数字式电抗器保护装置的保护配置与应用范围是什么？

3-5-5　CSC-330B 数字式电抗器保护装置检验前应做哪些准备工作？

3-5-6　CSC-330B 数字式电抗器保护装置检验常用试验方法有哪些？

3-5-7　CSC-330B 数字式电抗器保护装置的定值有哪些？

3-5-8　CSC-330B 数字式电抗器保护装置检验的项目有哪些？

3-5-9　CSC-330B 数字式电抗器保护装置怎样进行运行维护？

任务六　并联电容器组保护装置的原理、性能检验与运行维护

【教学目标】

知识目标：掌握并联电容器组可能发生的故障及保护的配置；掌握电容器组保护装置的基本原理、动作的逻辑关系、整定定值、接线方式。

能力目标：能进行电容器组保护装置各项性能的检验；能进行电容器组保护装置运行维护。

态度目标：敬业精神、严谨的工作作风、安全意识、团队协作精神。

【任务描述】

依据电容器保护标准化作业指导书，设置检验测试的安全措施。依据保护装置说明书进行装置界面操作，输入固化保护定值。连接好测试接线，操作测试仪器，进行检验测试，对照定值单等对检验测试结果进行判断。

【任务准备】

（1）教师下发项目作业指导书，明确学习目标和任务。

（2）讲解电容器保护的基本原理及检验测试流程和注意事项。

（3）学生熟悉电容器保护技术说明书，熟悉电容器保护标准化作业指导书、定值单；进行继电保护测试仪的学习使用。

（4）学生进行人员分组及职责分工。

（5）制订工作计划及实施方案。教师审核工作计划及实施方案，引导学生确定最终实施方案。

【相关知识】

为了补充电力系统无功功率的不足、降低电能损耗、提高功率因数及改善供电质量等，在各变电站及工厂内，广泛采用无功补偿并联电容器组。

一、并联电容器组的故障及异常运行方式

电力电容器是一种储能元件，在电力系统中将受过渡过程的影响。电网的运行参数、运行状态及开关设备的性能等对其安全可靠运行也有一定的影响。并联电容器组的故障及异常

运行方式有以下几种：

（1）电容器组与断路器之间连线的短路故障。

（2）单台电容器内部极间及其引出线的短路。

（3）电容器组中多台电容器故障。

（4）电容器组过负荷。

（5）工作母线电压升高。

（6）工作母线失压。

（7）电容器组的单相接地故障等。

二、并联电容器组的保护配置

针对于上述运行过程中并联电容器组可能出现的故障及异常运行方式，并联电容器组的保护配置情况如下。

（一）电容器组与断路器之间连线的短路保护

图 3-86 为并联电容器组的一次接线图，当并联电容器组与断路器之间的连线、电流互感器、放电电压互感器、串联电抗器等设备发生相间短路，或并联电容器组内部故障但其保护拒动而发展成相间短路时，由短路电流所产生的热效应、力效应，将使故障回路的设备遭到严重破坏，为此，可装设带短延时的过电流保护，并兼作电容器组的过负荷保护。

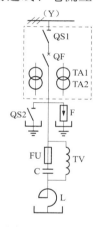

图 3-86　并联电容器组一次接线

保护的动作电流按如下原则整定：

（1）躲过电容器电容允许＋10％偏移而引起的电流增量。

（2）躲过电容器组长期运行允许的最大工作电流，即躲过 1.3 倍的电容器组额定电流。

保护的动作时限按躲过电容器组的合闸涌流整定。由于电容器组合闸涌流的持续时间很短，一般在几毫秒内就可降低到无害程度，故保护的动作时限通常取 0.3～0.5s。

在电容器组投入运行时，所产生的合闸涌流分两种情况：一种是单独一组电容器的合闸涌流；另一种是已有一组以上的电容器在运行，再投入一组电容器时的合闸涌流。

单独一组的电容器在第一次投运瞬间，由于电容器两端电压不能跃变，即相当于短路状态，因而将产生频率很高、幅值很大的冲击电流，称为合闸涌流。合闸涌流的最大值出在合闸瞬间系统电压为峰值时。单独一组的电容器再次投运时，如果电容器组退出运行后不曾放电，即再次合闸的瞬间仍处于带电状态，若此时系统的电压又与电容器电压大小相等方向相反，则所产生的合闸涌流将是初次合闸的 2 倍，并伴随很高的过电压。因此，电容器组应避免带电荷合闸，故电容器组每次退出运行后，必须做到充分放电。

已有一组以上的电容器在运行时，再投入一组电容器的合闸瞬间，除系统电源向追加电容器组提供一个很大的冲击电流外，运行中的电容器组也将向其大量充电，此时所产生的合闸涌流频率更高、幅值更大，特别是在系统电压达峰值时合闸，将达到很危险的程度。

由于合闸涌流的频率一般高达数千赫兹，其值又大，故在合闸过程中还将对断路器内部产生很大的机械破坏力，为此，必须尽量减少电容器组的投退次数，并采取措施限制合闸涌流，如采取断路器两端并联电阻、电容器组中串联小电抗器等，此时电容器组的合闸涌流一般为其额定电流的 5～6 倍。

电容器组一般不装设电流速断保护，因为保护需考虑躲过电容器组合闸涌流及对外放电电流的影响，以致保护效果不理想。

（二）单台电容器内部极间及其引出线的短路保护

每一台电力电容器内部都由许多电容元件串并联组成，电容元件极板之间的绝缘介质如有薄弱环节，则在高电压、过电流及周围温度的作用下，很容易发生过热、游离直至局部击穿与短路，此时，与之并联的电容元件均被短路，与之串联的剩余电容元件则电压升高，通过每个元件的电流和容量也随之增大，导致发热量增加，元件老化速度加快，因而发生新的击穿与短路，这样将产生恶性连锁反应，直至整台电容器贯穿性短路。此外，在电容器的箱壳内部充满了由矿物油、烷基苯或苯甲基硅油等液体介质组成的浸渍剂，在电容元件击穿时，其浸渍剂将释放出大量气体，致使电容器内部气体压力增高，轻者使箱壳漏油或膨胀，即出现"鼓肚"现象，重者则引起爆炸、酿成大患。因此，电力电容器保护应能反应电容器内部的局部击穿与短路，并及时切除故障。

单台电容器内部极间及引出线短路的最简单及最有效的保护方式是设置专用的熔断器。这种保护结构简单、安装方便、灵敏度高，能迅速切除故障电容器，既避免了断路器的频繁跳闸，保持了电容器组运行的连续性，同时还具有明显的动作标志，有助于及时发现故障电容器位置等优点。熔断器熔丝的额定电流取电容器额定电流的 1.5～2.0 倍。

熔断器保护的缺点是：躲过电容器充电涌流、放电涌流的能力较差，不适应自动化要求等。因此，对于多台串并联的电容器组，必须采用更加完善的保护方式。

（三）并联电容器组中多台电容器故障的保护

大容量并联电容器组一般由多台电容器串、并联组成，一台电容器故障时，由其专用的熔断器切除，对整个电容器组的影响不大，因为电容器具有一定的过载能力，在设计中进行设备选择时，也总留有适当的裕度。但是，当多台电容器因为故障被切除后，可能使继续运行的电容器过载或过电压，为此应采取必要的保护措施。

多台电容器故障的保护方式与电容器组的接线方式有关，常用的有以下几种。

1. 零序电压保护

这种保护方案一般用在采用单丫形接线的电容器组上。该保护的原理接线如图 3-87 所示，电压互感器的一次绕组兼作电容器放电线圈，以防止母线失压后再次送电时因剩余电荷而造成电容器过电压。

正常运行时，电容器组三相容抗相等，外加电压三相对称，互感器开口三角形绕组两端无输出电压；当电容器组中多台电容器发生故障时，电容器组的三相容抗发生较大变化，引起电容器组端电压改变，因而在开口三角形两端出现零序电压，此电压大于保护的动作电压（15V）时，保护装置动作，将整组电容器从母线上切除。

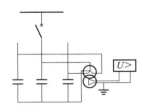

图 3-87　电容器组零序
电压保护

采用单丫形接线的电容器组零序电压保护一般带有 0.2～0.5s 的延时，其目的为躲过合闸时所产生的不平衡电压。

2. 中性点不平衡保护

双丫形接线的电容器组可采用中性点不平衡保护作为其多台电容器故障的保护，根据其构成方式的不同，分为中性点不平衡电流保护即横差保护及中性点不平衡电压保护两种方式。下面以中性点不平衡电流保护为例，该保护的原理接线如图 3-88 所示，图中的 TA 用于测量中性点连线的不平衡电流。

正常运行时，两组Y形接线的电容器容量相等，每组Y形接线的三相电容量对称，两个中性点之间的连线上没有电流通过；当同一相的两电容器组 C1 或 C2 中发生多台电容器因故障而被切除时，由于 $X_{C1} \neq X_{C2}$，流过 C1 和 C2 的电流不再相等，因而在中性线上有不平衡电流流过，当此电流大于保护动作电流时，保护动作。保护一般也带有 0.2s 的小延时。

中性点不平衡电流保护具有灵敏度高以及在外部短路、母线电压波动、高次谐波侵入时不会误动等优点。保护的缺点是：当同一相两支路中因故障而切除的电容器台数相等或接近相等时，故障相端电压可能超过允许的最高电压，但由于此时流过中性线的不平衡电流为零或很小，不平衡保护拒绝动作。

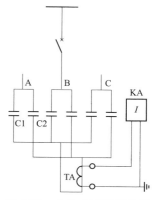

图 3-88　中性点不平衡保护

把串接在中性线回路的 TA 换成 TV，即构成双Y形接线电容器组的中性点不平衡电压保护。当电容器组中发生多台电容器故障时，故障电容器组所在星形的中性点电位将发生偏移，从而产生不平衡电压，由这种特点构成中性点不平衡电压保护。

3. 零序电流保护

这种保护方式一般用在采用单三角形接线的小容量电容器组中，保护的原理接线如图 3-89 所示。

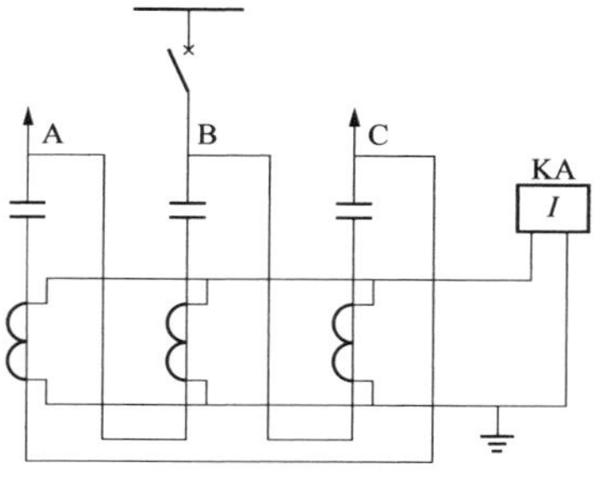

正常运行时，电容器组的三相容量相等，三相电流对称，故流过保护的零序电流为零；当电容器组中多台电容器发生故障时，故障相电流随之增大，三相电流不再对称，三相电流的相量和也不再为零，因而有零序电流流过保护，此电流大于保护的动作电流时，保护以不超过 0.5s 的延时动作将电容器组切除。带上小延时的目的是为了躲过合闸涌流

图 3-89　电容器组零序电流保护

的影响。

4. 电桥式差流保护

电容器组为单Y形接线，且每相接成四个平衡臂时，可以采用电桥式差流保护方式，其原理接线如图 3-90 所示。

以 A 相为例，正常运行时，四个桥臂的容抗平衡，电桥平衡，电桥中 M 和 N 之间无电流流过。当四个桥臂中有一个电容器组存在多台电容器损坏时，桥臂之间不再平衡，因而在桥差接线 MN 中流过不平衡电流，不平衡电流超过定值时，保护动作。

5. 电压差动保护

对于采用单Y形接线，且每相为两组电容器组串联组成的电容器组，可用电压差动的保护方式，保护的原理接线如图 3-91 所示，图中只表示出一相 TV 接线，其他两相相似。TV 的一次绕组同样可兼作电容器组的放电回路，二次绕组则接成压差式即反

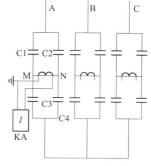

图 3-90　电容器组电桥式差动保护

极性相串联。

正常运行时，$C_1 = C_2$，压差为零；当电容器组 C1 或 C2 中有电容器损坏时，由于 C1 和 C2 容抗不等，两台 TV 一次绕组的分压不再相等，压差接线的二次绕组中出现差电压。当此压差超过定值时，保护动作。

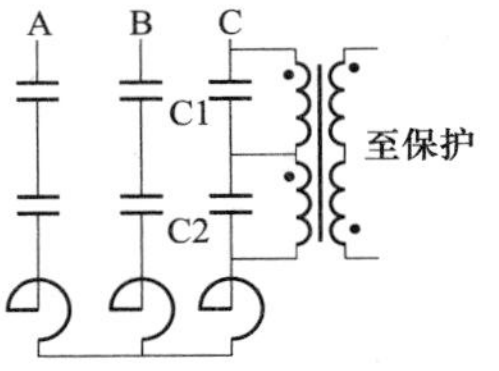

图 3-91　电容器组
电压差动保护

（四）电容器组的过负荷保护

电容器长期运行允许的电流为 1.3 倍电容器额定电流，对于电容量具有正最大偏差的电容器，甚至可达 1.43 倍电容器额定电流，因此，在电容器组工作时，本身并不存在过负荷的可能。引起电容器组过负荷的原因主要是系统过电压及存在高次谐波，电容器组中装设有反应母线电压升高的过电压保护及抑制高次谐波的串联电抗器，故在电容器组中一般可不再装设过负荷保护。当系统中高次谐波的含量较高，或通过实测电容器组回路的电流可能超过允许值时，才考虑装设动作于发信的过负荷保护，并且为了更好地与电容器的过载能力配合，保护宜采用反时限特性。

（五）电容器组的过电压保护

电容器组长期运行允许的最高电压为 1.1 倍的额定电压。当电容器组工作电压过高时，电容器内部的有功损耗及发热量随之增大，轻者影响到电容器的使用寿命，重者则引起电容器击穿。测试结果表明，电容器的使用寿命与其电压成 7～8 次方关系。因此，为保证电容器组在母线电压升高时不致于损坏，应装设有动作于发信或跳闸的过电压保护，且保护也宜采用反时限特性。

在电容器组装设有以电压为判据的自动投切装置时，由于自动控制装置所取的电压参数是以用电设备允许的最高电压为依据的，而过电压保护则是以电容器额定电压为基础，两者所取的电压参数不一定一致；此外，自动控制装置因故退出运行时电容器组一般并不停止使用，仍存在有过电压的危险，故一般仍要求装设过电压保护（动作值 $1.2U_N$）。

此外，在电容器组的断路器侧，还并联有一组避雷器用于吸收系统过电压时的冲击波，防止由于系统过电压而引起的电容器损坏。

（六）电容器组的欠电压保护

如果电容器组所接母线因故突然失压而电容器组仍连接在系统中，则在母线电压重新恢复时，例如对于单电源供电的变电站，当系统故障线路断开使电容器组母线突然失压，而线路重合闸又使母线电压重新恢复时，可能出现以下情况：

（1）由于电源变压器与补偿电容器组同时被投入，在由变压器与电容器组成的 LC 串联电路中，过渡过程所产生的过电压可能使电容器组损坏。

（2）若电容器组上积聚的电荷在尚未完全释放时母线电压就恢复，电容器组也可能因承受高于 1.1 倍额定电压的合闸过电压而损坏。

因此，为保证电容器组的安全运行，在电容器组母线失压时，应装设有低电压保护延时动作于将其从电网中切除。保护的动作电压按躲过正常运行时母线的最低电压整定，一般取 0.5～0.6 倍额定电压。保护的动作时限考虑下述两种情况：①为躲过因母线上出线故障造成电压降低而产生的误动作，保护的动作时间应大于母线上所连馈线短路保护的最大动作时限；②为保护电容器组安全，保护的动作时间又不应大于变电站电源侧线路保护与重合闸装置的动作时间之和。

（七）电容器组回路的单相接地保护

电容器组是否要装设单相接地保护与所在电网中性点运行方式及电容器组本身的安装方式等有关，一般情况下都不考虑装设。

在中性点非直接接地的系统中，当电容器组采用丫形接线时，由于中性点非直接接地系统发生一相金属性接地时，其余两相的对地电压将上升为原来的$\sqrt{3}$倍，并允许运行$1\sim2\text{h}$，因此，为防止电容器组过电压，应使电容器组的外壳与地绝缘，故电容器组一般都单独或分组地安装在与地绝缘的支架上。此时，由于电容器组回路不再是网络自然电容电流的组成部分，因而可不装设单相接地保护。

（八）串联电抗器保护

在大容量并联电容器组回路中，都接有串联电抗器。其目的如下：

（1）抑制电容器组对高次谐波特别是 5 次谐波的放大作用，并基本上消除谐振现象。通过电容器组的电流数值不仅与电容量、电源电压等有关，也与频率大小有关，当系统电压中存在高次谐波时，由于容抗减小，将使电容器组产生过负荷，引起系统电流、电压波形畸变，使电能质量变坏。此外，在某次谐波下，由电容器组与输电线路、变压器等感性设备所组成的 RLC 串联电路可能出现谐振；若电容器组出现成倍的过负荷，可能造成电容器严重损坏或者因保护频繁动作而无法投入运行。

（2）限制电容器合闸涌流的倍数和频率，减小其对电容器组、开关设备等造成的损害。

（3）在电容器内部短路时，减少系统提供的短路电流；在电容器组外部短路时，限制电容器组对故障点提供的助增电流。

（4）限制操作过电压。在开断电容器组时，可能引起 LC 组成的回路谐振，产生操作过电压。尤其是如果断路器在开断过程中出现电弧重燃，将产生特别强烈的电磁振荡，出现很高的过电压。此外，在电容器组经变压器投入时，也可能因变压器电感与电容器电容形成谐振回路而产生过电压。

目前，国内串联电抗器一般为油浸式结构，因其容量比较小，故一般仅装设非电量保护，其中轻气体保护动作于发信，重气体保护动作于跳闸。

当电容器组串接电抗器后，电容器上的电压将高于电源电压 U，且其高于电源电压的百分数等于电抗器感抗占电容器容抗的百分数，即

$$U_\text{C}=U+U_\text{L}=U+\frac{X_\text{L}}{X_\text{C}}U_\text{C}=\frac{X_\text{C}}{X_\text{C}-X_\text{L}}U$$

若电容器两端电压在电源电压最高时不超过其额定电压的 110%，则仍可使用；否则，需选用额定电压较高的电容器产品。此外，串入电抗器的电容器组保护动作电压，也应相应提高为不接入电抗器时的 $\dfrac{X_\text{C}}{X_\text{C}-X_\text{L}}$ 倍。

💮【任务实施】

一、微机电容器保护定检作业指导书

下达任务工单（标准化作业指导书），按标准化作业的步骤进行。在实施过程中，充分发挥学生的主体作用和教师的主导作用，引导学生在做中学，及时纠正学生作业中的不规范行为。

1. 准备工作

（1）准备工作安排见表 3-62。

表 3-62　　　　　　　　　　准 备 工 作 安 排

√	序号	内　　容	标　　准	责任人	备注
	1	检修工作前 15 天，作好检修摸底工作，并在检修工作前 7 天提交相关停电申请	摸底工作包括检查设备状况、反措计划的执行情况及设备的缺陷		
	2	开工前 10 天，向有关部门上报本次工作的材料计划			
	3	检修前 3 天，班组技术员根据作业任务，分析设备现状，明确检修项目，编制检修作业施工安全措施，熟悉图纸资料及上次传动报告等资料	确定重点检修项目		
	4	检修前 2 天，班长和材料员检查并落实检修所需材料、工器具、劳动防护用品等是否齐全合格	工器具齐全完备		
	5	检修前 2 天，班长根据作业需要和人员精神状态确定作业负责人和作业班成员，组织学习《电业安全工作规程》	分工明确、安全措施齐全		
	6	开工前 1 天，工作票签发人参照工作票内容签发工作票并送至作业许可部门（MIS 网传递）	工作票内容正确、措施完善		

（2）作业人员要求见表 3-63。

表 3-63　　　　　　　　　　作 业 人 员 要 求

√	序号	内　　容	责任人	备注
	1	身体健康、精神状态良好		
	2	工作人员应为专业从事继电保护检修及检验人员，并且通过安规考试及技能资格审查且具备必要的电气知识，并经《电业安全工作规程》考试合格		
	3	全体工作人员必须穿绝缘鞋，进入设备区必须戴安全帽。工作时不得穿短袖，带电工作时必须戴手套		
	4	作业中互相关心施工安全及时纠正违反安全的行为，知道作业地点、作业任务，知道临近带电部位		
	5	每组必须至少两人一起工作，其中有一人应为有经验的人员且担任监护人		

（3）工器具见表 3-64。

表 3-64　　　　　　　　　　工 器 具

√	序号	名　　称	规格/编号	单位	数量	备注
	1	多功能继电保护微机校验台	ONLLY	台	1	
	2	钳形相位表	ML100	台	1	
	3	升流器、调压器、升流线	DLS—21	套	1	
	4	电源盘（带剩余电流动作保护器）		盘	1	

√	序号	名　称	规格/编号	单位	数量	备注
	5	个人工具		套	1	
	6	对讲机		对	1	
	7	电烙铁		把	1	
	8	指针万用表		块	1	
	9	记录本		份	1	
	10	钢笔		支	1	
	11	图纸资料		套	1	
	12	绝缘电阻表	1000V	块	1	
	13	转接插件		块	1	

（4）危险点分析见表 3-65。

表 3-65　　　　　　　　危 险 点 分 析

√	序号	内　容
	1	现场安全技术措施及图纸如有错误，可能造成做安全技术措施时误跳运行设备
	2	拆动二次接线如拆端子外侧接线，有可能造成二次交、直流电压回路短路、接地，联跳回路误跳运行设备
	3	带电插拔插件，易造成集成块损坏
	4	频繁插拔插件，易造成插件接插头松动
	5	保护传动配合不当，易造成人员受伤及设备事故
	6	拆动二次回路接线时，易发生遗漏及误恢复事故
	7	保护室内使用无线通信设备，易造成保护不正确动作
	8	漏拆联跳接线或漏取压板，易造成误跳运行设备
	9	电流回路开路或失去接地点，易引起人员伤亡及设备损坏
	10	表计量程选择不当或用低内阻电压表测量联跳回路，易造成误跳运行设备
	11	人员、物体越过围栏，易发生人员触电事故，看清标示牌，防止走错间隔、误碰其他设备
	12	上构架不扎安全带，易发生高空坠落事故
	13	作业人员精神状态不良，易造成人员受伤及设备损坏
	14	现场使用工具不当，易造成低压触电事故
	15	检查回路不仔细，容易产生寄生回路；粗心大意，易造成误整定

（5）安全措施见表 3-66。

表 3-66　　　　　　　　安 全 措 施

√	序号	内　容
	1	现场设专人监护
	2	作业人员攀爬构架，必须戴安全帽，系安全带
	3	互相关心、加强监护，戴好安全帽
	4	使用绝缘工具，并戴绝缘手套
	5	检查检修电源剩余电流动作保护器动作是否正确，是否熔断器齐全，容量是否适当
	6	检查母线隔离开关，线路隔离开关在断开位置
	7	检查断路器母线、线路侧接地隔离开关处于合闸位置
	8	检查开关柜上应挂有"在此工作"标示牌
	9	检查开关柜相邻设备应挂有明显的运行标志

√	序号	内　　　　　容
	10	做安全技术措施前应先检查《现场安全技术措施》和实际接线及图纸是否一致，如发现不一致，应及时修改，经检查无误后严格执行《现场安全技术措施》
	11	必须正确使用工器具及仪器仪表，所有带电仪器仪表零线必须可靠接地，以防外壳漏电引起低压触电事故
	12	调试过程中发现问题先查明原因，不要频繁插拔插件，更不要轻易更换芯片，当证实确需更换芯片时，则必须更换经筛选合格的芯片，芯片插入的方向应正确，并保证接触可靠
	13	断开直流电源后才允许插拔插件，插拔交流插件时应防止交流电流回路开路，在插入插件时严禁插错插件的位置
	14	试验人员接触、更换集成芯片时，应采用人体防静电接地措施，以确保不会因人体静电而损坏芯片
	15	原则上现场不能使用电烙铁，试验过程中如需使用电烙铁进行焊接时，应采用带接地线的电烙铁或电烙铁断电后再焊接
	16	严禁交、直流电压回路短路或接地，交流电流回路开路
	17	严禁电流回路开路或失去接地点，防止引起人员伤亡及设备损坏
	18	在保护室内严禁使用无线通信设备
	19	在传动断路器时，必须先通知检修班及试验班，在得到一次工作负责人同意，并在断路器机构箱明显的地方挂"断路器正在传动"标示牌后，方可传动断路器
	20	对每个回路进行认真传动，杜绝寄生回路，认真核对定值，不发生误整定

2. 作业程序及作业标准

（1）开工内容见表 3-67。

表 3-67　　　　　　　　　　　　　　　开　工　内　容

√	序号	内　　　　　容	到位人员签字
	1	工作票负责人会同工作票许可人检查工作票上所列安全措施是否正确完备，经现场核查无误后，与工作票许可人办理工作票许可手续	
	2	开工前工作负责人检查所有工作人员必须戴安全帽，穿作业服和绝缘鞋，并由工作负责人带领进入作业现场，并在工作现场向所有工作人员详细交代作业任务、安全措施和安全注意事项、设备状态及人员分工，全体工作人员应明确作业范围、进度要求等内容，并在到位人员签字栏内分别签名	
	3	根据《现场安全技术措施》的要求，完成安全技术措施并逐项打上已执行的标记，把保护屏上各压板及小开关原始位置记录在《现场安全技术措施》上，作好安全措施工作后，方可开工	

（2）检修电源的标准及注意事项见表 3-68。

表 3-68　　　　　　　　　　　　检修电源的标准及注意事项

√	序号	内　　　容	标准及注意事项	负责人签字
	1	检修电源接取位置	从就近检修电源箱接取；在保护室内工作，保护室内有继电保护专用试验电源屏，故检修电源必须接至继电保护专用试验	

续表

√	序号	内　　容	标准及注意事项	负责人签字
	1	检修电源接取位置	电源屏的相关电源接线端子，且在工作现场电源引入处配置有明显断开点的隔离开关和剩余电流动作保护器	
	2	接取电源时的注意事项	接取电源前应先验电，用万用表确认电源电压等级和电源类型无误后，先接隔离开关处，再接电源侧；在接取电源时由继电保护人员接取	

（3）检修内容和工艺标准见表 3-69。

表 3-69　　　　　　　　　　　　检修内容和工艺标准

√	序号	检修内容	工艺标准	安全措施及注意事项	检修结果	负责人
	1	保护屏检查及清扫	保护屏后应清洁无尘，接线应无机械损伤，端子压接应紧固	检查前应关闭直流电源，断开交流电压回路		
	2	压板检查	（1）跳闸压板的开口端应装在上方，接至断路器的跳闸线圈回路。 （2）跳闸压板在落下过程中必须和相邻跳闸压板有足够的距离，以保证在操作跳闸压板时不会碰到相邻的跳闸压板。 （3）检查并确证跳闸压板在拧紧螺栓后能可靠地接通回路，且不会接地。 （4）穿过保护屏的跳闸压板导电杆必须有绝缘套，并距屏孔有明显距离	防止直流回路短路、接地		
	3	屏蔽接地检查	（1）保护引入、引出电缆必须用屏蔽电缆。 （2）屏蔽电缆的屏蔽层必须两端接地。 （3）保护屏底部的下面应构造一个专用的接地铜网格，各保护屏的专用接地端子经一定截面铜线连接到此铜网格上	工作中应防止跑错间隔		
	4	插件外观检查	插件外观应完整，插件内应无灰尘，插件内焊点应无漏焊、虚焊现象	发现问题应查找原因，不要频繁插拔插件		
	5	绝缘检查				
	5.1	摇测交流电流回路对地的绝缘电阻	用 1000V 绝缘电阻表摇测，要求大于 1MΩ	摇测时应通知有关人员暂时停止在回路上的一切工作，断开直流电源，拆开回路接地点，拔出所有逻辑插件。注意：绝缘摇测结束后应立即放电、恢复接线		
	5.2	摇测交流电压回路对地的绝缘电阻	用 1000V 绝缘电阻表摇测，要求大于 1MΩ			
	5.3	摇测直流回路对地的绝缘电阻	用 1000V 绝缘电阻表摇测，要求大于 1MΩ			
	5.4	摇测交直流回路之间的绝缘电阻	用 1000V 绝缘电阻表摇测，要求大于 1MΩ			

√	序号	检修内容	工艺标准	安全措施及注意事项	检修结果	负责人
	6	保护装置校验				
	6.1	电源启动检验	进行电源自启动、输入电压值和稳定性检验	尽量少拔插装置模件，不触摸插件电路，不带电插拔插件		
	6.2	通电检查	（1）装置运行灯亮，液晶显示器显示主画面，指示装置正常。 （2）分别投入各保护压板，显示器显示保护投入状态			
	6.3	保护定值核对	（1）检查保护定值与定值通知单核对，发现问题及时修改。 （2）记录版本号及CRC校验码。 （3）校验时钟，检查装置时钟是否准确，若不准确将其校准	定值单必须是最新定值单		
	6.4	交流回路检查	（1）本装置采样无需调节，采样误差应不大于2%。 （2）将电流端子串联、电压端子并联，分别通入5A电流、50V电压，装置应显示准确值，并且各项一致	试验接线应经第二人检查，严防误接线，所打开的位置都要记录在继电保护安全措施票上		
	6.5	触点输出校验	触点输出包括信号触点输出检验，可配合定值检验进行，每路触点输出只检测一次即可，其他试验只观察信号及液晶显示。 触点输出检测也可通过保护的开关量输出传动菜单进行。该菜单功能可单独对每一路输出驱动			
	7	整组试验及开关传动				
	7.1	模拟各种故障，检查所有保护装置的动作情况	保护装置动作应完全正确			
	7.2	模拟各种故障，对断路器进行传动试验，检查断路器动作情况	断路器动作应完全正确	在传动断路器时，必须先通知检修班，在得到一次工作负责人同意并在断路器机构箱明显的地方挂"断路器正在传动"标示牌后，方可传动断路器，并做到尽量少传动断路器		
	7.3	检查保护动作信号及中央信号是否和模拟的故障一致	保护动作信号及中央信号应完全正确			
	7.4	保护装置动作后，检查后台机及远方监控系统的动作情况	后台机及远方监控系统的动作信息应完全正确			

续表

✓	序号	检修内容	工艺标准	安全措施及注意事项	检修结果	负责人
	8	电流互感器极性及一次大电流检查	（1）应通知值班人员和有关人员，并由工作负责人或由他派人到现场监护，方可进行。 （2）逐项检查各 TA 二次回路完整性，严禁 TA 二次回路开路。 （3）TA 的变比应与定值通知单一致	注意与带电设备应保持足够的安全距离		
	9	现场工作结束、清理工作现场	（1）工作负责人应会同工作人员检查试验记录有无漏试项目，整定值是否与整定单相符合，试验结论数据是否完整正确，经检查无误后方可拆试验接线。 （2）按照继电保护安全措施票恢复 TV 电压回路。 （3）检查临时接线是否全部拆除，拆下的线头是否全部接好，图纸是否与实际接线相符，标志是否正确完备。 （4）工作结束，完全设备及回路应恢复到工作开始前状态，清理完现场后，工作负责人应向运行人详细进行现场交代，并将其记入继电保护工作记录本。主要内容有整定值变更情况，二次接线更改情况，已经解决和未解决的缺陷，运行注意事项和设备是否能投入运行等	恢复带电线头应两人一起工作，一人操作，另一人作监护，监护人由技术经验水平较高者担任		
	10	结束工作票	（1）全体工作人员撤离工作地点，无遗留物件，经运行人员检查无误后，在工作票上填明工作终结时间，经双方签字后工作票方可结束。 （2）工作票、危险点分析票加盖"已执行"章后带回保存。 （3）所有试验设备、工具、消耗材料、仪器仪表及图纸资料、记录清点带回	注意不要遗忘所携带的物件		
	11	系统工作电压及负荷电流检查	待所检验保护装置带负荷运行后，观察采样值是否满足要求，观察负荷功率，记下有功功率和无功功率的数值	工作时防止走错间隔		

3. 竣工

竣工要求见表 3-70。

表 3-70　　　　　　　　　　　　　竣 工 要 求

√	序号	内　　容	责任人员签字
	1	验收传动	
	2	全部工作完毕，拆除所有试验接线（应先拆开电源侧）	
	3	恢复安全措施，严格按现场安全技术措施中所做的安全技术措施恢复，恢复后经双方（工作人员及验收人员）核对无误	
	4	全体工作班人员清扫、整理现场，清点工具及回收材料；工作过程中产生的固体废弃物的收集、运输、存放地点的管理，应根据固体废弃物分类划分不同储存区域；设防雨、防泄漏、防飞扬等设施，并有消防等应急安全防范设施，且有醒目的标识；固体废弃物储存的设施、设备和场所，要设有专人管理；一般废弃物应放在就近城市环卫系统设定的垃圾箱内，不得随便乱扔	
	5	工作负责人周密检查施工现场，检查施工现场是否有遗留的工具、材料	
	6	状态检查，严防遗漏项目	
	7	工作负责人在检修记录上详细记录本次工作所修项目、发现的问题、试验结果和存在的问题等	
	8	经值班员验收合格，并在验收记录卡上各方签字后，办理工作票终结手续	

4. 验收

验收见表 3-71。

表 3-71　　　　　　　　　　　　　验　　收

自验记录	记录改进和更换的零部件	
	存在问题及处理意见	
验收单位意见	检修班组验收总结评价	
	运行单位验收意见及签字	

5. 作业指导书执行情况评估

作业指导书执行情况评估见表 3-72。

表 3-72　　　　　　　　　　作业指导书执行情况评估

评价内容	符合性	优		可操作项	
		良		不可操作项	
	可操作性	优		修改项	
		良		遗漏项	
存在问题					
改进意见					

6. PSC-641 电容器保护定检试验报告

（1）保护屏接线及插件外观检修见表 3-73。

表 3-73　　　　　　　　　　保护屏接线及插件外观检修

内　　容	结　　果
控制屏、保护屏端子排、装置背板接线检查清扫及螺栓压接检查情况	
电流互感器端子箱、断路器端子箱、线路电压互感器端子箱、机构箱清扫及螺栓压接检查情况	
各插件外观及接线检查、清扫情况	

（2）保护屏上压板检查见表 3-74。

表 3-74   保护屏上压板的检查

内　　　容	结　　　果
压板端子接线是否符合反措要求	
压板端子接线压接是否良好	
压板外观检查情况	

（3）屏蔽接地检查见表 3-75。

表 3-75   屏　蔽　接　地　检　查

内　　　容	结　　　果
检查保护引入、引出电缆是否为屏蔽电缆	
检查全部屏蔽电缆的屏蔽层是否两端接地	
检查保护屏底部的下面是否构造一个专用的接地铜网格，保护屏的专用接地端子是否经一定截面铜线连接到此铜网格上	
并检查各接地端子的连接处连接是否可靠	

（4）绝缘测试记录见表 3-76。

表 3-76   绝　缘　测　试　记　录

检查内容	标　准	试验结果
交流电流回路对地	要求大于 1MΩ	
交流电压回路对地	要求大于 1MΩ	
直流电压回路对地	要求大于 1MΩ	
交直流回路之间	要求大于 1MΩ	

（5）逆变电源检查见表 3-77。

表 3-77   逆　变　电　源　检　查

标准电压					
稳定性测试	$80\%U_N$				
	$110\%U_N$				
拉合直流测试					

（6）软件版本及 CRC 码检验见表 3-78。

表 3-78   软件版本及 CRC 码检验

软件版本号	
CRC 检验码	
时钟检验	
定值核对	

（7）零漂值检查见表 3-79。

表 3-79   零　漂　值　检　查

测试项目	U_A	U_B	U_C	I_A	I_B	I_C
零漂值						

（8）交流回路检查。

交流电流回路见表 3-80。

表 3-80　　　　　　　　　　交 流 电 流 回 路 检 查

显示值　　外加值	0.2A	0.5A	1A	误差
I_a				
I_b				不大于 5%
I_c				

交流电压回路见表 3-81。

表 3-81　　　　　　　　　　交 流 电 压 回 路

显示值　　外加值	10V	30V	50V	误差
U_a				
U_b				不大于 5%
U_c				

（9）开出触点校验见表 3-82。

表 3-82　　　　　　　　　　开 出 触 点 校 验

内　　　　容	结　　　果
触点输出包括信号触点输出检验，可配合定值检验进行，每路触点输出只检测一次即可，其他试验可只观察信号及液晶显示	

（10）保护定值检验。速断、过电流、过电压、欠电压保护定值检验见表 3-83。

表 3-83　　　　　　　　　　保 护 定 值 检 验

测试项目	A 相	B 相	C 相
整定值（A）			
动作值（A）			
动作时间（s）			

（11）整组试验见表 3-84。

表 3-84　　　　　　　　　　整 组 试 验

试验内容　　故障相别		A	B	C
速断	动作情况			
	装置信号			
过电流	动作情况			
	装置信号			
过电压	动作情况			
	装置信号			
欠电压	动作情况			
	装置信号			

（12）TA 极性及变比检查见表 3-85。

表 3-85 TA 极 性 及 变 比 检 查

电压等级	电流互感器编号	回路编号	用途	变比	极性
	TA1				
10kV 电流互感器	TA2				
	TA3				

（13）室外检查。清扫及检查断路器端子箱、螺栓压接检查情况。

（14）整定单核对见表 3-86。

表 3-86 整 定 单 核 对

整 定 单 核 对			
整定单编号	整定单定值和实际定值是否一致	整定单上的设备型号和实际设备型号是否一致	实际电流互感器变比是否符合整定单要求

（15）状态检查见表 3-87。

表 3-87 状 态 检 查

状态检查内容	结果
自验收情况检查	
结束工作票前，按一下所有保护装置面板复位按钮，使装置复位	
《工作现场安全技术措施》上所做的安全技术措施是否已全部恢复	
工作中临时所做的安全技术措施是否已全部恢复（如临时短接线等）	
保护定值是否和最新整定单一致	
状态检查人员签名	
工作班成员	工作负责人

（16）终结单见表 3-88。

表 3-88 终 结 单

发现问题处理情况				
遗留问题				
结 论				
试验日期	试验负责人	试验人员	审核人	

二、电容器保护装置的运行维护

1. 装置的投运

（1）投入直流电源，运行指示灯亮，其余指示灯灭。

（2）核定定值清单，无误后存档。

（3）电流、电压显示应正确。

2. 装置的运行。

（1）运行指示灯亮，其余指示灯灭。

（2）LCD 显示工作正常。

（3）装置面板 LCD 显示的信息应与定值区号或状态量等相一致。当改变定值区号并确认后，或状态量改变后，注意观察 LCD 显示与改变的内容是否一致。

3. 装置故障及处理方法信息表

装置运行中常见故障及处理方法见表 3-89。

表 3-89　　　　　　　　　　　　装置运行中常见故障及处理方法

故障现象	原因分析	处理方法
插件通信中断	插件与背板端子接触不可靠	将插件推紧使其接触到位
	插件地址设置错误	检查地址跳线
装置通信中断	以太网通道出问题	查光纤（电）以太网接口是否可靠
	MASTER 插件出问题	更换 MASTER 插件
所有开入状态忽然全变为开	可能开入直流电源丢失	查供开入的直流电源与开入端子之间的连线有无松动
屏幕显示看不清	环境温度变化引起	按键进入帮助菜单，调节对比度
指示灯不亮	可能指示灯损坏	更换备用板并通知制造厂
开入板通信中断	外部有开入频繁变位	检查是否有光隔亮度不正常，测量不正常光隔一次侧的开入电压是否正常
所有的开出都校验出错	电源 24V 工作不正常	更换电源插件

4. 注意事项

（1）运行中不允许不按操作程序随意按动面板上的键盘。

（2）特别不允许随意操作如下命令：

1）开出传动。

2）修改定值、固化定值。

3）设置运行 CPU。

4）改变本装置在通信网中的地址。

5）调整零漂和刻度。

【复习思考】

3-6-1　并联电容器组可能发生什么故障？并联电容器组的作用是什么？

3-6-2　并联电容器组配置什么保护及工作原理？

3-6-3　PSC641U 电容器保护测控装置的功能是什么？

3-6-4　PSC641U 电容器保护测控装置检验的工作流程是什么？

3-6-5　PSC641U 电容器保护测控装置检验的项目是什么？

3-6-6　PSC641U 电容器保护测控装置检验的步骤是什么？

3-6-7　电容器保护的运行维护有哪些内容？

【项目总结】

变压器、发电机、母线、断路器、电容器、电抗器是电力系统中很重要的设备，本项目分析了这些元件可能发生的故障、异常运行及应装设的保护，并介绍了各元件保护的工作原理、性能检验及运行维修方法。

项目四

电力系统安全自动装置

【项目描述】

该学习项目包括五个工作任务：备用电源自动投入装置、自动按频率减负荷装置、故障录波装置、发电机自动调节励磁装置、准同期自动并列装置的原理及性能检验与运行维护。

【教学目标】

知识目标：通过该项目的学习，使学生理解掌握备用电源自动投入装置、自动按频率减负荷装置、故障录波装置、发电机自动调节励磁装置、准同期自动并列装置的原理、作用及构成，具有电力系统安全自动装置动作原理的分析能力。

能力目标：能看懂电力系统安全自动装置的说明书、调试大纲、作业指导书、屏柜的接线图，能对电力系统安全自动装置进行性能检验与运行维护。

【教学环境】

1. 场地及设备的要求

具备电力系统安全自动装置教学实训一体化教室，配置微机备用电源自动投入装置、自动按频率减负荷装置、故障录波装置、发电机自动调节励磁装置、准同期自动并列装置各10套，继电保护测试仪10套，计算机多媒体教学设备一套，有理论教学区和实训教学区。

2. 对师资的要求

（1）具备高校教师资格的讲师（或培训师）及以上职称。

（2）具有电力系统安全自动装置专业知识。

（3）具有发电厂及变电站二次回路的理论知识和分析能力。

（4）具备微机电力系统安全自动装置的调试能力。

（5）具有良好的职业道德和责任心。

任务一　备用电源自动投入装置的原理、性能分析与运行维护

 【教学目标】

知识目标：能够正确表述备用电源自动投入装置的基本概念；能够说出备用电源自动投入装置的作用及对备用电源自动投入装置的基本要求；能够正确表述备用电源自动投入装置的两种备用方式及其特点；能够表述备用电源自动投入装置的几种接线方式。

能力目标：能够对备用电源自动投入装置进行分类和识别；能够读懂备用电源自动投入

装置的接线图；分析不同接线方式备用电源自动投入装置的动作性能；具有分析微机备用电源自动投入装置装置的动作行为的能力；具有完成备用电源自动投入装置动作性能检验和运行维护的能力。

素质目标：敬业精神、严谨的工作作风、安全意识、团队协作精神。

☺【任务描述】

某发电厂厂用电一次接线如图 4-1 所示，T0 为厂用备用变压器，T1、T2 为工作变压器，正常运行情况下由 T1 给 I 母供电，T2 给 II 母供电。如果 I 母工作电源因故不能继续供电，则由备用变压器 T0 给 I 母供电；如果 II 母工作电源不能供电，则由备用变压器 T0 给 II 母供电。①请阐述此厂用电接线的备用方式并说明理由。②画出厂用电模拟式备用电源自动投入装置的原理接线图，并说明其工作原理。③对照对备用电源自动投入装置的基本要求，阐明其是如何满足这些要求的。④说出微机型备用电源自动投入装置的基本工作情况。⑤完成对备用电源自动投入装置的运行与典型的异常处理。

某变电站 10kV 侧采用单母线分段接线方式，接线图如图 4-2 所示，为了限制短路电流，正常运行时两段母线分裂运行，为提高供电可靠性，想要变压器 T1 在做 I 母的工作电源同时，还可以作为 II 母的备用电源，T2 在作 II 母的工作电源同时，还可以作为 I 母的备用电源。①请阐述此变电站 10kV 接线的备用方式并阐明理由。②画出模拟式备用电源自动投入装置的原理接线图，并说明其工作原理。③说出数字式备用电源自动投入装置的基本工作情况。④完成对备用电源自动投入装置的运行与典型的异常处理。

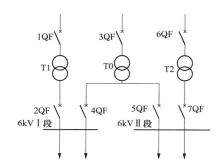

图 4-1　某发电厂厂用电一次接线图

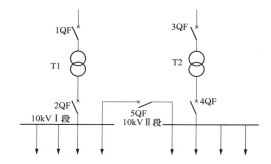

图 4-2　某变电站 10kV 一次接线图

⚒【任务准备】

每小组一套备用电源自动投入装置（含说明书），一台继电保护测试仪，一份备用电源自动投入装置调试大纲，一份备用电源自动投入装置调试作业指导书。

📖【相关知识】

一、备用电源自动投入装置的作用

备用电源自动投入装置（简称 AAT 装置）是指当工作电源（或工作设备）因故障被断开后，能自动而迅速的将备用电源（或备用设备）投入工作，保证用户连续供电的一种装置。备用电源自动投入装置动作时，通过合备用线路断路器或备用变压器断路器实现备用电源的投入。

在变电站，备用电源自动投入装置保证在工作电源故障退出后能够继续获得电源，使变电站的站用电正常供电，有效地提高了供电的可能性。

1. 备用电源自动投入装置的作用

（1）提高供电的可靠性，节省投资。采用备用电源自动投入装置自动投入，中断供电时间只是自动装置的动作时间，时间很短，对生产无明显影响，可以提高供电可靠性，同时结构简单，造价便宜。

（2）简化继电保护。因为采用了备用电源自动投入装置后，环形网络可以开环运行，变压器可以分列运行等，因此，可以采用方案相对简单的继电保护装置。

（3）限制短路电流，提高母线残余电压。在受端变电站，如果采用开环运行和变压器分裂运行，将使短路电流受到一定限制，不需要再装出线电抗器，这样，既节省了投资，又使运行维护方便。

2. 一般在下列情况下应装设备用电源自动投入装置

（1）具有备用电源的发电厂的厂用电和变电站的站用电。

（2）由双电源供电的变电站，其中一个电源经常断开作为备用电源。

（3）降压变电站内有备用变压器或有互为备用的母线段。

（4）生产过程中某些重要机组有备用设备（属备用设备自动投入），如给水泵、循环水泵等。

二、备用电源自动投入装置分类

备用电源自动投入装置按其备用方式可分为明备用方式和暗备用方式两种。

（1）明备用方式。是指备用电源在正常情况下不运行，只有在工作电源不能正常工作，备用电源才投入运行的备用方式。如图 4-3（a）图所示，正常运行情况下，变压器 T0 处于备用状态，断路器 QF3、QF4、QF5 断开运行，断路器 QF1、QF2、QF6、QF7 闭合运行，变压器 T1 给母线Ⅰ供电，变压器 T2 给母线Ⅱ供电。当 T1（或 T2）故障时，QF1、QF2（或 QF6、QF7）由变压器继电保护动作跳开，备用电源自动投入动作将 QF3、QF4（或 QF3、QF5）合上，母线Ⅰ（或Ⅱ）由变压器 T0 供电。

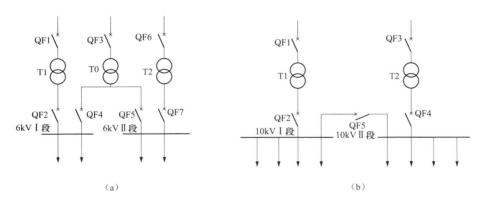

（a）　　　　　　　　　　　　　　（b）

图 4-3　备用电源自动投入一次接线方式

（a）明备用；（b）暗备用

（2）暗备用方式。是指两个电源平时都作为工作电源各带一部分自用负荷且均保留有一定的备用容量，当一个电源发生故障时，另一个电源承担全部负荷的运行方式。如图 4-3（b）图所示，正常运行情况下，断路器 QF5 断开运行，断路器 QF1、QF2、QF3、QF4 闭合运行，变压器 T1 给母线Ⅰ供电，变压器 T2 给母线Ⅱ供电。当 T1 故障时，QF1、QF2 由变压器 T1 继电保护动作跳开，备用电源自动投入动作将 QF5 合上，母线Ⅰ由变压器 T2 供电。T2 故障时，QF3、QF4 由变压器 T2 继电保护动作跳开，备用电源自动投入动作将 QF5 合上，母线Ⅱ由变压器 T1 供电。

三、备用电源自动投入装置的基本要求

针对一次系统的接线，备用电源自动投入的一次接线方案不同，但都必须满足一些基本要求。参照有关规程，对备用电源自动投入装置的基本要求如下：

1. 工作电源断开后备用电源才能投入

这是为了防止：①将备用电源投入到故障元件上（如内部故障的工作变压器），而造成事故扩大；②工作电源发生故障，工作断路器尚未断开时，就投入备用电源，也就是将备用电源投入到故障元件上，造成事故扩大；③母线虽非永久性故障，但电弧尚未熄灭而造成备用电源自动投入失败；④防止某些情况下可能出现的非同期合闸。备用电源与工作电源往往存在电压差或相位差，工作电源未断开就投入备用电源，可能导致非同期并列。

为了实现这一要求，使备用电源断路的合闸部分由供电元件受电侧断路器的动断辅助触点来启动。

2. 工作母线突然失压时装置应能动作

工作母线突然失去电压，主要有：①工作变压器发生故障，继电保护动作；②工作母线本身故障，继电保护使断路器跳闸；③工作母线上的出线发生故障，而该出线断路器或继电保护拒绝动作，引起变压器断路器跳闸；④变压器断路器误跳闸（人为误操作或保护误动作）；⑤系统故障，高压工作电源电压消失。这时，备用电源自动投入装置都应启动，使备用电源自动投入，以确保不停电地对负荷供电。

为了实现这一要求，AAT 装置在工作母线上应设置独立的低压启动部分，以保证在工作母线失压时，AAT 装置可靠启动。

3. 备用电源自动投入装置只应动作一次

当工作母线发生永久性故障，备用电源第一次投入后，由于故障仍然存在，继电保护装置动作，将备用电源跳开，此时工作母线又失压，若再次将备用电源投入，就会扩大事故，对系统造成不必要的冲击。

为了实现这一要求，控制备用电源断路器的合闸脉冲，使之只能合闸一次。

4. 备用电源自动投入装置动作过程应使负荷中断供电的时间尽可能短

从工作电源失去电压到备用电源投入恢复供电，中间有一段停电时间，为保证电动机自启动成功，这段时间越短越好，一般不应超过 $0.5 \sim 1.5s$；另外还须考虑故障点的去游离时间，以确保备用电源自动投入装置动作成功，因此，备用电源自动投入装置的动作速度应保证在躲过电弧去游离时间的前提下，尽可能快地投入备用电源。另外，当工作母线上装有高压大容量电动机时，工作母线停电后因电动机反送电，若备用电源自动投入动作时间太短，工作母线上残压较高，此时，若备用电源电压和电动机残压之间的相位差较大，会产生较大的冲击电流和冲击力矩，损坏电气设备。运行经验证明，装置的动作时间以 $1 \sim 1.5s$ 为宜。

5. 工作母线电压互感器二次侧熔断器熔断时备用电源自动投入装置不应误动作

运行中电压互感器二次侧断线是常见的，但此时一次侧工作母线仍然正常工作，并未失去电压，所以此时不应使备用电源自动投入装置动作。

6. 备用电源无电压时装置不应动作

备用母线无电压时，备用电源自动投入装置应退出工作，以避免不必要的动作，因为在这种情况下，即使动作也没有意义。当供电电源消失或系统发生故障造成工作母线与备用母线同时失去电压时，备用电源自动投入装置也不应动作，以便当电源恢复时仍由工作电源供电。为此，备用电源必须具有鉴定有电压功能。

7. 正常停电操作时备用电源自动投入装置不应启动。

因为此时工作电源不是因故障而退出运行，备用电源自动投入装置应予闭锁。

8. 备用电源投于故障时应使其保护加速动作

因为此时仍有继电保护的固有动作时间动作去跳闸，则不能达到快速切除故障的目的。

9. 备用电源自动投入装置运行方式应灵活

在一个备用电源同时作为几个工作电源的备用电源情况下，备用电源已代替某一工作电源后，若其他工作电源又被断开，必要时装置仍应动作；当备用电源自动投入装置不应动作时，如备用电源检修、手动断开工作电源或备用电源已带满负荷，备用电源自动投入装置也应该能相应地做退出切换。

四、备用电源自动投入装置的一次接线方案

根据我国变电站的一次主接线情况，备用电源自动投入装置主要接线方案有以下几种：

1. 低压母线分段备用电源自动投入装置接线

低压母线分段备用电源自动投入装置接线如图 4-4，正常运行时，母联断路器 QF3 断开，断路器 QF1、QF2 闭合，母线分段运行，1 号电源和 2 号电源互为备用，是暗备用方式。可以称 1 号电源为 I 段母线的主供电源、II 段母线的备用电源；2 号电源为 II 段母线的主供电源、I 段母线的备用电源。因此，备用电源自动投入装置的动作过程可以描述为：主

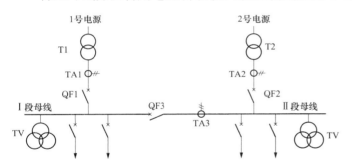

图 4-4　低压母线备用电源自动投入装置一次接线

供电源失电或供电变压器故障跳闸时，跳开主供电源断路器。在确认断路器跳开后，判断备用电源正常运行，闭合分段断路器，具体可分为以下两种情况：

I 段母线任何原因失电（如 1 号电源失电或变压器 T1 故障）时，跳开 QF1，确认进线无电流，再判断 II 段母线正常运行时闭合 QF3。

II 段母线任何原因失电（如 2 号电源失电或变压器 T2 故障）时，跳开 QF2，确认进线无电流，再判断 I 段母线正常运行时闭合 QF3。

2. 变压器备用电源自动投入装置接线

变压器备用电源自动投入装置一次接线如图 4-5 所示。

（a）图中，T1 和 T2 为工作变压器、T0 为备用变压器，是明备用方式。正常运行时，I 段母线和 II 段母线分别通过变压器 T1 和 T2 获得电源，即 QF1 和 QF2 合闸，QF3 和 QF4 合闸，QF5、QF6 和 QF7 断开；当 I 段（或 II 段）母线任何原因失电时，断路器 QF2 和 QF1（或 QF4 和 QF3）跳闸，若母线进线无电流、备用母线有电压，QF5、QF6（或

QF5、QF7）合闸，投入备用变压器 T0，恢复对 I 段母线（或 II 段母线）负荷的供电。

（b）图中 T1 为工作变压器、T2 为备用变压器，是明备用方式。正常运行时，通过工作变压器 T1 给负荷母线供电；当 T1 故障退出后，投入备用变压器 T2。

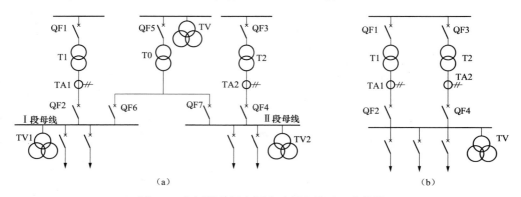

图 4-5　变压器备用电源自动投入装置一次接线
（a）T0 为 T1 和 T2 的备用时；（b）T2 为 T1 的备用时

3. 进线备用电源自动投入装置

图（a）为单母线不分段接线，断路器 QF1 和 QF2 一个合闸（作为工作线路），另一个断开（作为备用线路），显然是明备用方式。

图（b）为单母线分段接线，有三种运行方式。①线路 1 工作带 I 段和 II 段母线负荷，QF1 和 QF3 合闸状态，线路 2 备用，QF2 断开状态，是明备用方式；②线路 2 工作带 I 段和 II 段母线负荷，QF2 和 QF3 合闸状态，线路 1 备用，QF1 断开状态，是明备用方式；③线路 1 和线路 2 都工作，分别带 I 段和 II 段母线负荷，QF1 和 QF2 合闸状态，QF3 断开状态，即母线工作在分段状态，是暗备用方式，当任一母线失去电源时通过分段断路器合闸从另一供电线路取得电源。

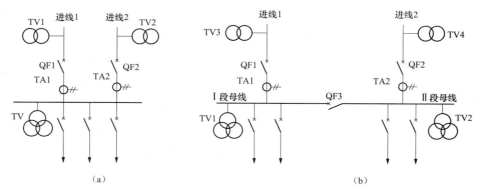

图 4-6　进线备用电源自动投入装置一次接线
（a）单母线不分段；（b）单母线分段

五、典型明备用方式接线分析

1. 接线

图 4-7 所示为发电厂或变电站的变压器备用电源自动投入装置的原理接线图。

（1）AAT 装置由两部分组成：①低电压启动部分，当工作电源失压时，断开工作电源。

图中由 KV1、KV2、KT、KM1、KM3 等组成；②自动合闸部分：工作电源断开后，将备用电源断路器合闸，图中由 KL、KM 等组成。

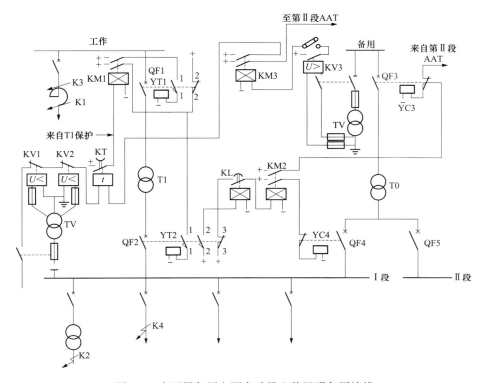

图 4-7 变压器备用电源自动投入装置明备用接线

T1—工作变压器；T0—备用变压器，对工作母线起备用作用；

KV1、KV2—反应Ⅰ段母线电压降低的低电压继电器；KT—低电压启动 AAT 装置的时间继电器；

KL—控制 AAT 装置发出合闸脉冲时间的闭锁继电器；KM1—低压启动出口继电器；

KM2—AAT 装置的出口继电器；KV3—对备用电源进行电压监视的过电压继电器；

KM3—备用电源电压监视中间继电器

（2）AAT 装置动作分析。

1）正常工作情况下，因Ⅰ段母线和备用电源均有电压，故 KV1、KV2 动断触点打开，KV3 动合触点闭合，同时，因 KV3 触点闭合，故 KM3 带电，其动合触点闭合，为 AAT 启动做好准备。与此同时，因断路器 QF2 处于合闸状态，其动合触点使 KL 带电，KL 触点闭合，也为 AAT 装置的出口动作做好了准备。

2）当 T1 的保护动作使 KM1 得电动作，其动合触点闭合使 YT1、YT2 跳闸线圈通电，断路器 QF1 跳闸，QF2 也跳闸，QF2 的动断触点 3-3 合，通过 KL 触点使 KM2 立即得电动作，KM2 动作后，其两个动合触点闭合，分别使 YC3 和 YC4 合闸线圈带电动作，于是 QF3 和 QF4 合闸。QF3 和 QF4 合闸将备用变压器投入运行，与此同时，通过 QF2 动合触点 2-2 断开使继电器 KL 失电，其延时返回触点经延时后打开，于是 KM2 失电，从而保证了 AAT 装置只动作一次。

3）当 QF1 误跳闸，QF1 跳闸后其动断触点 2-2 闭合，使 YT2 通电，于是 QF2 跳闸。

QF2 跳闸以后的动作情况同上；QF2 误跳闸以后的动作情况与 QF1 误跳闸动作行为相同。

4）当电力系统事故使 I 段母线失去电压，这时 T1 的继电保护不动作，由于 I 段母线失去电压，则 KV1、KV2 动作，它们相串联的触点闭合又启动了时间继电器 KT（如果备用电源有电压，则 KV3 的触点闭合使 KM3 处于动作状态，KM3 触点闭合），其动合触点将延时闭合，使 KM1 得电动作，其动合触点闭合使 YT1、YT2 跳闸线圈通电，断路器 QF1 跳闸，QF2 也跳闸，然后就是前述的动作过程使备用变压器投入运行。如果备用电源也没有电压，则 KV3 触点不闭合，KM3 不带电，则 KT 不启动，备用变压器也不投入运行。

5）如果备用电源自动投于永久性短路故障上，则应由设置在 QF4 上的过电流保护加速将 QF4 跳闸。如果永久性短路故障发生在分支线上，而其保护又发生拒动，则 QF4 过电流保护的时间继电器延时闭合触点可作为后备，使 QF4 经延时后跳闸。

综上所述，图 4-7 所示的 AAT 装置的接线能够满足对 AAT 的基本要求。

2. 接线特点

（1）AAT 装置自动合闸部分由供电元件受电侧断路器（如 QF2）的辅助触点启动，满足了工作电源断开后备用电源才投入的要求。

（2）启动合闸部分的回路还经由闭锁继电器 KL 的延时断开触点，控制了合闸脉冲长短，可保证 AAT 装置只动作一次。

（3）AAT 装置设有独立的低电压启动部分。为了防止电压互感器二次侧任一相熔断器造成的误启动，将 KV1、KV2 接在不同的相别上，并且将其触点相互串联。同时，在低电压启动回路中还串有一个一次侧隔离开关辅助触点，以防止因检修电压互感器等原因引起失压造成误启动。

（4）监视备用电源电压的继电器 KM3 的触点直接串接在"低电压跳闸"回路，这样连接的优点是快速，当工作电源和备用电源分别接在发电机电压的不同母线段时，如果接有工作电源的母线段发生故障，低电压启动回路使时间继电器 KT 立即启动，而不必等到故障切除后才启动，可以缩短 AAT 装置的动作时间。

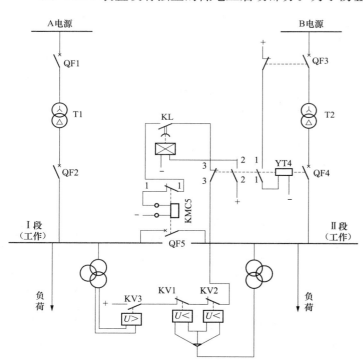

图 4-8　分段备用电源自动投入装置暗备用接线
KV1、KV2—反应 II 段母线电压降低的低电压继电器；
KL—控制 AAT 装置发出合闸脉冲时间的闭锁继电器；
KV3—对 I 段工作母线监视的过电压继电器；
KMC5—QF5 的合闸接触器

六、典型暗备用接线分析

原理接线图如图 4-8 所示，T1 和 T2 互为暗备用。图中只画出 T2 故障后自动投入母线分段断路器的接线图。

工作特性分析：正常运行时，A 电源通过工作变压器 T1 给工作母线 I 段供电，B 电源通过工作变压器 T2 给工作母线 II 段供电，母线分段断路器 QF5 断开。

变压器 T2 故障，T2 保护使 QF3、QF4 跳闸，工作母线 II 段失去电压，工作母线 I 有电压，KV3 动合触点闭合，KV1、KV2 动断触点闭合，经由 QF4 的 3-3 触点，KL 的延时触点接 KMC5，KMC5 励磁 QF5 合闸，工作母线 II 段恢复供电。QF5 合闸后，KL 触点延时断开，保证 QF5 只合闸一次。

七、微机型备用电源自动投入装置实例分析

以 RCS-9651CS 型备用电源自动投入装置为例，学习微机型备用电源自动投入装置的自投逻辑，软件原理及备用方式充放电及动作过程。

RCS-9651CS 型备用电源自动投入保护测控装置可实现各电压等级、不同主接线方式（内桥、单母线、单母线分段及其他扩展方式）的备用电源自动投入逻辑和分段（桥）开关的过电流保护和测控功能。可组屏安装，也可在开关柜就地安装。

1. 备用电源自动投入逻辑

分段（或桥）断路器和进线（或双绕组/三绕组变压器）两种电气元件的备用电源自动投入功能，包括四种备用电源自动投入方式。方式 1 和 2：对应 1 号和 2 号进线（或变压器）互为明备用的两种动作方式。方式 3 和 4：对应通过分段（或桥）断路器实现 II 母和 I 母互为暗备用的两种动作方式。RCS-9651CS 备用电源自动投入一次接线如图 4-9 所示。

2. 软件工作原理

装置引入两段母线电压（U_{ab1}、U_{bc1}、U_{ca1}、U_{ab2}、U_{bc2}、U_{ca2}），用于有压、无压判别。引入两段进线电压（U_{x1}、U_{x2}）作为自动投入准备及动作的辅助判

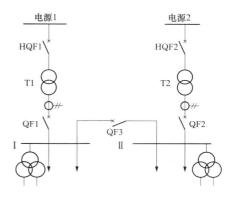

图 4-9　RCS-9651CS 备用电源
自动投入一次接线图

据，可经控制字选择是否使用。每个进线开关各引入一相电流（I_1、I_2），是为了防止 TV 三相断线后造成自动投入装置误投，也是为了更好的确认进线开关已跳开。装置引入电源 1、电源 2 和分段开关的位置触点（TWJ）或断路器的辅助触点（动合），用于系统运行方式判别，自动投入准备及自动投入动作。

装置输出触点有跳电源 1、电源 2 各两副同时动作的触点。用于跳开 QF1（或 I 母需要联跳的开关）、QF2（或 II 母需要联跳的断路器）。输出合电源 1、电源 2 各两副独立动作的触点，用于 QF1、HQF1 和 QF2、HQF2 分时合闸。输出跳、合 QF3 的动作触点，可接装置自身操作回路，也可以用外部的操作回路。

信号输出分别为：装置闭锁（可监视直流失电，动断触点），装置报警，保护跳闸，保护合闸各一副触点。

（1）备用电源自动投入方式 1。1 号进线/变压器运行，2 号进线/变压器备用，即 QF1、QF3 在合位，QF2 在分位。当 1 号进线/变压器电源因故障或其他原因被断开后，2 号进线/变压器备用电源应能自动投入，且只允许动作一次。

1）充电条件：

(a) Ⅰ母、Ⅱ母均三相有压，当 2 号线路电压检查控制字投入时，2 号线路有电压 (U_{x2})。

(b) QF1、QF3 在合位，QF2 在分位。

经备用电源自动投入充电时间后充电完成，备用电源自动投入充电时间可在"装置整定—辅助参数"菜单中整定。

2）动作过程：当充电完成后，Ⅰ母、Ⅱ母均无压（三线电压均小于无压启动定值），U_{x2} 有压（JXY2 投入时），Ⅰ1 无流启动，经延时 T_{t1}，两对电源 1 跳闸触点动作跳开电源 1 开关（QF1）、Ⅰ母需要联切的断路器，电源 2 跳闸触点动作跳开Ⅱ母需要联切的断路器（JLT2 投入时）。确认 QF1 跳开、QFA1 跳开（JLT1 投入时）和 QFA2 跳开（JLT2 投入时）后，且Ⅰ母、Ⅱ母均无压（三线电压均小于无压合闸定值）或满足同期条件 2（检同期 2 投入时），分别经 T_{h1}、T_{h2} 延时合电源 2 的两对合闸触点。

若"加速备自投 12"控制字投入，当备用电源自动投入启动后，若 QF1 主动跳开（TWJ1 为 1），则不经延时空跳 QF1 和需要联切的开关，其后逻辑同上。

同期条件 2：线路电压 U_{x2} 大于有压定值，Ⅱ母 U_{ab2} 大于无压合闸定值 U_{wy}，且两者的相角差小于合闸同期角整定值 D_{Ghz}。

(2) 备用电源自动投入方式 2。

2 号线路/变压器运行，1 号线路/变压器备用，动作过程与方式 1 类似，请自行分析。

(3) 方式 3。分段（桥）开关自动投入：当两段母线分列运行时，Ⅰ母失压。

1）充电条件：

(a) Ⅰ母、Ⅱ母均三相有压。

(b) QF1、QF2 在合位，QF3 在分位。

经备用电源自动投入装置充电时间后充电完成。

2）动作过程：当充电完成后，Ⅰ母无压（三线电压均小于无压启动定值）、Ⅰ1 无流，Ⅱ母有压启动，经 T_{t3} 延时后，两对电源 1 跳闸触点动作跳开 QF1、Ⅰ母需要联切的开关。确认 QF1 跳开和 QFA1 跳开（JLT1 投入时）后，且Ⅰ母无压（三线电压均小于无压合闸定值）或满足同期条件 3（检同期 3 投入时）经 T_{h34} 延时合上 QF3。

(4) 方式 4。分段（桥）开关自动投入：两段母线分列运行，Ⅱ母失压。动作过程与方式 3 类似，请自行分析。

说明：JXY1——线路电压 1 检查控制字（"1"投入，"0"退出）；

JLT1/JLT2——联跳Ⅰ/Ⅱ母开关控制字；

U_{yy}——有压定值；

U_{wyqd}——无压启动定值；

U_{wy}——无压合闸定值；

JS——加速备投控制字；

T_h——合闸时限；

T_t——跳闸时限。

八、备用电源自动投入装置的运行维护及异常处理

1. 备自投装置日常巡视要求

(1) 运行正常，无告警信息与告警灯亮，所报信息均以确认复归。

（2）各交直流断路器均投入正常。

（3）二次压板投、退位置与当前运行方式相符，压接牢固，标示清晰准确，压板上无明显积尘和蜘蛛网。

（4）转换开关投退位置与当前运行方式相符，表示清晰准确。

（5）液晶屏开入量显示正常，无异常告警信号。

（6）装置的各个运行指示灯指示是否正常

（7）二次接线无松脱、发热变色现象，电缆孔洞封堵严密。

（8）屏内外整洁干净，屏内无杂物、蜘蛛网。

2．相关运行要求及注意事项

（1）除了短时转电操作，备用电源自动投入装置的投退应跟随一次设备运行方式的变化而随时投退当一次设备的运行方式与备用电源自动投入方式不符时，应及时将备用电源自动投入装置退出；在恢复与备用电源自动投入方式相符的运行方式前，应及时将备用电源自动投入装置投入。

（2）小电阻接地系统，备用电源自动投入装置与接地变压器保护之间存在配合关系。当接地变压器保护动作时会闭锁备用电源自动投入，当备自投动作时将联跳相应母线的接地变压器（小电阻系统）。所以，当接地变压器单元检修或备用电源自动投入单元检修时，应解除接地变压器保护"闭锁备用电源自动投入"连接片和备用电源自动投入"跳接地变压器"连接片。

（3）对于无过载联切功能的备用电源自动投入，应确保备用电源自动投入动作后相应设备不过载，否则，应控制负荷或退出备用电源自动投入。同样道理，备用电源自动投入动作后应检查变压器等电源的负载情况，监视负载变化情况，如负载联切动作，应检查被联切的线路，不得重合。

（4）备用电源自动投入装置是公共设备，它与主变压器保护、接地变压器保护、馈线断路器等有跳闸、闭锁等功能，备用电源自动投入装置投退应特别注意这些接口的安全性。

3．装置的异常处理

（1）如果装置在母线失压后不动作或断路器合不上，应汇报调度，安排处理。

（2）若运行中出线"交流电压断线"或"直流电源消失"信号，应停用本装置，并查出原因，予以消除。

4．告警处理

备用电源自动投入装置告警分为硬件故障和检测出错两种。电源故障、定值出错等属于硬件故障，将闭锁备用电源自动投入并告警；TV断线、断路器电流与断路器位置不对应等属于检测出错，将延时告警。当备用电源自动投入装置发出"告警"信号时，运行人员应及时检查备用电源自动投入装置装置告警原因，确认后通知检修人员处理，必要时应向调度申请退出备自投。备自投是公共设备，它与至变压器保护、接地变压器保护、馈线断路器等有跳闸、闭锁等功能，备自投投退应特别注意这些接口的安全性。

❋【任务实施】

第一步：根据备用电源自动投入装置的基本构成及一次接线的特点完成其原理接线。

第二步：根据对备用电源自动投入装置的基本要求，分析原理接线图是否能满足要求。

第三步：给出性能检验的方案。

第四步：简述微机型备用电源自动投入装置的基本工作方式。

第五步：给出备用电源自动投入装置日常巡视的要求及典型异常的处理方法。

【复习思考】

4-1-1 什么是备用电源自动投入装置？备用电源自动投入装置有哪些作用？

4-1-2 什么是明备用？什么是暗备用？各有什么特点？

4-1-3 对备用电源自动投入装置有哪些基本要求？为满足这些基本要求，分别采取哪些措施？

4-1-4 备用电源自动投入装置的典型接线方式有哪些？试画出其典型接线图。

4-1-5 备用电源自动投入装置由哪两部分构成？各部分的作用是什么？

4-1-6 备用电源自动投入装置的日常巡视要求有哪些？

任务二　自动按频率减负荷装置的原理、性能检验与运行维护

【教学目标】

知识目标：通过学习和查阅资料，学生能掌握自动按频率减负荷的概念及作用，对自动按频率减负荷装置的基本要求，自动按频率减负荷装置构成、接线、动作分析。

能力目标：能进行对自动按频率减负荷装置动作性能的检验与运行维护。

素质目标：树立正确的学习态度，学会查阅资料，养成自觉学习的好习惯，具备团队协作能力。

【任务描述】

该任务采用任务驱动的教学模式，引导学生从电力系统质量标准之一频率入手，先分析低频运行的危害，分析引起低频运行的原因引出按频率自动减负荷装置；然后，具体分析电力系统的静态频率特性和动态频率特性，通过定量的计算，分析按频率自动减负荷装置的工作原理；最后，介绍实际的按频率自动减负荷装置，熟悉自动按频率减负荷装置的接线及配置，清楚防自动按频率减负荷装置误动的措施。

【任务准备】

每小组一套自动按频率减负荷装置（含说明书），一台继电保护测试仪，一份自动按频率减负荷装置调试大纲，一份自动按频率减负荷装置调试作业指导书。

【相关知识】

一、概述

电力系统的频率反映了发电机组所发有功功率与负荷所需有功功率之间的平衡状况。当电厂发出的有功功率不能满足用户要求而出现缺额时，系统频率就会下降。

电力系统分析中所讨论的系统频率和有功功率自动调节，是指系统在正常运行时，由于计划外负荷所引起的频率波动。这时，系统动用发电厂的热备用容量，即系统运行中的发电机容量就足以满足用户的需要。而当系统中发生较大事故时，系统出现较严重的功率缺额，其数值超出了正常热备用可以调节的能力，这时即使令系统运行中的所有发电机组都发出其可能胜任的最大功率，仍然不能满足负荷的功率需要。在这种情况下，由于功率缺额所引起的系统频率下降，将远远超出系统安全运行所允许的范围。这时，从保证系统安全运行的观点出发，为了保证对重要用户的供电，不得不采取应急措施，切除部分负荷，使系统频率恢

复到可以安全运行的水平以内。

当电力系统因事故而出现较严重的有功功率缺额时，系统频率将随之大幅度降低，其下降的数值与功率缺额有关，根据前述的负荷频率特性曲线，可以求出系统频率下降的稳态值。

系统频率的大幅度下降，对系统的运行极为不利，甚至会造成严重的后果，主要表现在以下几个方面：

（1）运行经验表明，某些汽轮机在频率低于49.5Hz（不同汽轮机对应不同的值）长期运行时，叶片容易产生裂纹，当频率低到45Hz附近时，个别级的叶片可能发生共振而引起断裂事故。

（2）当频率下降到47～48Hz时，火电厂的厂用机械（例如给水泵等）的出力将显著低，使得锅炉的出力减少，导致电厂发出的功率减少，因此系统的功率缺额更为严重。于是系统频率进一步下降，这样形成了连锁反应将使发电厂的运行受到破坏，可能造成电力系统中所谓的"频率崩溃"现象。

（3）当频率降低时，在系统中运行的发电机、励磁机等的转速相应降低，造成发电机的空载电动势下降，使系统的电压水平下降。运行经验表明，当频率降低到45～46Hz时，系统的电压水平将受到严重影响，系统运行的稳定性可能遭到破坏。这时，如果在电力系统中的其他因素（例如发生短路故障，或者无功负荷增大等）作用下，可能再现所谓的"电压崩溃"现象，导致电力系统瓦解。

（4）频率是电能质量的重要指标之一，频率降低会对所有用户产生影响，例如影响某些测量仪表的准确性，使企业生产率下降，产品的次品率上升等。

一旦电力系统发生上述的恶性事故，将会引起大面积停电，而且需要较长时间才能恢复系统的正常供电，对国民经济和人民生活造成极为严重的影响，应引起高度的重视。

综上所述，在电力系统运行中，系统频率不能长期低于49.5Hz，事故情况下不能较长时间停留在47Hz以下，绝对不允许低于45Hz。因此，当电力系统中发生事故造成有较大的有功功率缺额时，应当迅速地断开一些不重要的用户以制止频率下降，保证系统安全稳定运行和电能质量，防止事故扩大，保证重要负荷的供电。在电力系统中广泛采用自动按频率减负荷装置（简称AFL装置），即按照系统频率下降的不同程度，有计划地自动地断开相应的不重要负荷，以阻止频率的下降，使频率迅速恢复。

二、电力系统频率静态特性

电力系统正常运行时，当系统频率变化时，整个系统的负荷功率 P_L 也要随之改变，即

$$P_L = f(f) \tag{4-1}$$

这种负荷功率随频率而改变的特性称为负荷的功率—频率特性，它是负荷的静态频率特性。

不同类型负荷消耗的有功功率，随频率变化的敏感程度不一样，它与负荷的性质有关。电力系统中，各种负荷的功率与频率的关系，可以归纳为以下几类：

（1）与频率变化无关的负荷。例如照明、电弧炉、电阻炉、整流负荷等。

（2）与频率成正比的负荷。例如切削机床、球磨机、往复式水泵、压缩机、卷扬机等。

（3）与频率的二次方成比例的负荷。例如变压器中的涡流损耗，但这种损耗在电网有功

损耗中所占比重较小。

（4）与频率的三次方成比例的负荷。例如通风机、静水头阻力不大的循环水泵等。

（5）与频率的更高次方成比例的负荷。例如静水头阻力很大的给水泵等。

因此，负荷的功率—频率特性一般可表示为

$$P_L = a_0 P_{LN} + a_1 P_{LN}\left(\frac{f}{f_N}\right) + a_2 P_{LN}\left(\frac{f}{f_N}\right)^2 + \cdots + a_n P_{LN}\left(\frac{f}{f_N}\right)^n \tag{4-2}$$

式中　　　　f_N——额定频率；

　　　　　　P_L——系统频率为 f 时，整个系统的有功负荷；

　　　　　　P_{LN}——系统频率为 f_N 时，整个系统的有功负荷；

a_0，a_1，$\cdots$，a_n——上述各类负荷占 P_{LN} 中的比例系数。

将式（4-2）除以 P_{LN}，可得标幺值形式的负荷功率特性

$$P_{L*} = a_0 + a_1 f_* + a_2 f_*^2 + \cdots + a_n f_*^n \tag{4-3}$$

在一般情况下，上面的计算通常取到三次方项即可，因此系统中与频率更高次方成比例的负荷很少，可以忽略。

式（4-2）或式（4-3）称为电力系统中负荷的静态功率—频率特性方程。当系统中负荷的组成及性质确定之后，方程也就唯一地确定了，这时也可以用特性曲线来表示，如图 4-10 所示。

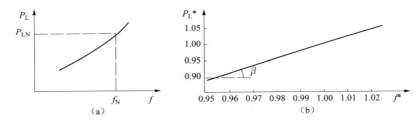

图 4-10　负荷的静态功率—频率特性

(a) 一般特性曲线；(b) 在较小的频率变化范围内

由图 4-10（a）可知，在额定频率 f_N 时，系统的负荷功率为 P_{LN}；当频率下降时，系统负荷功率就下降，如果系统频率升高，则负荷功率将增大。也就是说，当电力系统中机组的输入功率和负荷功率之间失去平衡时，系统负荷也参与了调节作用，它的功频特性有利于系统中有功功率在另一功率值下重新获得平衡。

三、电力系统频率动态特性

当系统中出现功率缺额或功率过剩时，系统频率 f 的动态特性可用指数曲线来描述：

$$f = f_\infty + (f_N - f_\infty)e^{-t/T_{xf}} \tag{4-4}$$

其时间常数 T_{xf} 与系统的机械惯性时间常数并不相等。T_{xf} 值与 P_{GN}、P_{LN}、T_x 和负荷调节效应 K_{L*} 等数值有关，一般 T_{xf} 的值在 4～10s 之间。电力系统频率动态特性如图 4-11 所示。

四、自动按频率减负荷（AFL）的工作原理

当电力系统中出现严重的功率缺额时，AFL 装置的任务是迅速断开相应数量的用户，恢复有功功率的平衡，使系统频率不低于某一允许值，确保电力系统安全运行，防止事故的扩大。

正常运行的电力系统，频率为额定频率 f_N，总负荷为 P_{LN}。当出现有功缺额 ΔP_L 将引起系统频率下降。切除不重要的负荷抑制频率的下降或使频率上升到恢复频率。

五、AFL 装置的动作顺序

在电力系统发生事故、出现严重功率缺额的情况下，被迫采取断开部分负荷的方法，以确保系统的安全运行，这对于被切除的用户来说，无疑会造成不少困难，因此，应力求尽可能少地断开负荷。

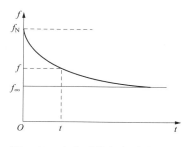

图 4-11　电力系统频率动态特性

如前所述，接于 AFL 装置的负荷总功率是按系统最严重事故的情况来考虑的。然而，系统的运行方式很多，而且事故的严重程度也有很大差别，对于各种可能发生的事故，要求 AFL 装置都能做出恰当的反应，切除相应数量的负荷功率，既不过多又不要不足。由于系统的实际功率缺额决定了频率下降的幅值及频率下降初期的下降速度，如能采用按 $\mathrm{d}f/\mathrm{d}t$ 来切除相应的负荷，可以较好地解决这个问题，但其装置构成较为复杂，尚未得到推广应用。目前普遍采用的分批断开负荷功率以逐步修正（逼近）恢复频率的方法，能够取得较为满意的结果，并且装置的构成简单，下面将详细讨论。

AFL 装置是在电力系统发生事故时，在系统频率下降过程中，按照频率的不同数值顺序切除负荷。也就是将接至 AFL 装置的总负荷功率 P_{cutmax} 分配在不同起动频率值分批地切除，以适应不同功率缺额的需要。根据起动频率的不同，自动按频率减负荷可分为若干级，也称为若干轮，顺序地动作。

为了确定 AFL 装置的级数，首先要定出装置的动作频率范围，即选定第一级启动频率 f_1 和最末一级启动频率 f_n。

（1）第一级启动频率 f_1 的选择。由图 4-11 所示系统频率动态特性曲线显示的规律可知，在事故初期如能及早切除部分负荷功率，这对于延缓频率下降过程是有利的。因此，第一级的启动频率值宜选择得高一些，但是，又必须计及电力系统动用旋转备用容量所需的时间延迟，以及避免因暂时性频率下降而不必要地断开负荷功率的情况。所以，一般第一级的启动频率整定为 48～48.5Hz。在以水电厂为主的电力系统中，由于水轮机调速系统动作较慢，因而第一级启动频率宜取低值。

（2）末级启动频率 f_n 的选择。电力系统允许的最低频率受安全运行的限制，以及可能发生"频率崩溃"或"电压崩溃"的限制。对于高温高压参数的火电厂，在频率低于 46～46.5Hz 时，厂用设备已不能正常工作，在频率低于 45Hz 时，就有"频率崩溃"或"电压崩溃"的危险。因此，末级的启动频率以不低于 46.5Hz 为宜。

（3）频率级差问题。当 f_1 和 f_n 确定之后，就可在这个频率范围内，按频率级差 Δf 分成 n 级断开负荷，即

$$n = \frac{f_1 - f_n}{\Delta f} + 1 \tag{4-5}$$

级数 n 越大，每级断开的负荷功率就越少，这样，装置所切除的负荷量就越有可能接近于实际功率缺额，具有较好的效果及适应性。

现在的问题是怎样选择频率级差 Δf，对此当前有两种截然不同的原则：

1）根据 AFL 的选择性确定级差 Δf。该原则强调各级动作的次序，要在前一级动作之

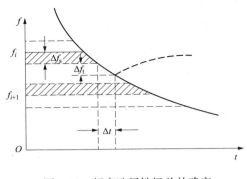

图 4-12　频率选择性级差的确定

后还不能制止频率下降的情况下，后一级才动作。

假设频率测量元件的测量误差为 $\pm \Delta f_s$，最严重的情况是前一级起动频率具有最大负误差，而本级的测量元件却为最大正误差，如图 4-12 所示。设第 i 级在频率为 $(f_1 - \Delta f_s)$ 时起动，经过 Δt 时间后断开用户，这时频率已下降至 $(f_1 - \Delta f_s - \Delta f_t)$。第 i 级断开负荷之后，如果频率不再下降（如图中虚线），则第 $i+1$ 级就不切负荷，这才算是具有选择性。因此，考虑选择性的最小频率级差为

$$\Delta f = 2f_s + \Delta f_t + \Delta f_y \tag{4-6}$$

式中　Δf_s——频率测量元件的最大误差频率；

　　　　Δf_t——对应于每级切除负荷所需时间 Δt 的频率变化，因系统功率缺额不同其值也不同，一般可取为 0.15Hz；

　　　　Δf_y——频差裕度，一般可取为 0.05Hz。

按照各级有选择性地顺序切除部分负荷功率，级差 Δf 的值主要决定于频率测量元件的最大误差 Δf_s 和 Δt 时间内频率的下降数值 Δf_t。当频率测量元件本身的最大误差为 ± 0.15Hz 时，选择性级差 Δf 一般取为 0.5Hz，这样，整个 AFL 装置只可分成 5～6 级。

2）增加级数 n，而级差不强调选择性。由于电力系统运行方式不固定和负荷水平多变，并针对电力系统发生事故时功率缺额有很大分散性的特点，AFL 装置应当遵循逐步试探求解的原则，分多级切除少量负荷，以求达到较佳的控制效果。这就要求减小级差 Δf，增加总的频率动作级数 n，同时也相应减少每级切除的负荷功率，这样，即使是两轮无选择性启动，切除的负荷功率不会过多，系统的恢复频率也不致过高。

在电力系统中，AFL 装置总是分设在各个地区变电站中。前面已讲到，在系统频率下降的动态过程中，如果计及暂态频率修正项 $\Delta f_i(t)$，各节点电压的频率并不一致，所以分散在各地的同一级 AFL 装置，事实上也有可能不同时启动。但是，如果增加级数 n 而减少各级切除的负荷功率，则两级之间的选择性问题就不突出。基于这些原因，近年来的趋势是采用增加级数 n 的方法。例如，对于容量大于 3000MW 的系统，AFL 装置的第一级动作频率不宜低于 49Hz，频率级差不大于 0.3Hz，这样，整个 AFL 装置可以分成 10 级，并且级差还有减小的趋势。

六、关于附加级（或称特殊级、后备级）

在 AFL 装置的动作过程中，当第 i 级动作切除负荷以后，如果系统频率仍继续下降，则下面各级会相继动作，直到频率下降被制止时为止。如果出现了这样的情况：第 i 级动作之后，系统频率可能稳定在 f_i，它低于恢复频率的低限值 $f_{res.min}$，但又不足以使下一级动作。于是系统将长时间在低于 $f_{res.min}$ 的频率下运行，这是不允许的。因此要装设附加级，以便使系统频率恢复到允许的限值以上。附加级的动作频率应不低于 $f_{res.min}$，由于它是在系统频率比较稳定时动作的，因此其动作时限可以是系统时间常数 T_{xf} 的 2～3 倍，一般为 15～25s。附加级还可按时间分为若干段，它们的启动频率相同，但动作时限不一样，各段时间差可不小于 5s，按时间先后次序分批切除负荷，以适应功率缺额大小不等的需要。在分批

切除负荷的过程中，一旦系统恢复频率高于附加级的返回频率，它们就停止切除负荷。

当系统发生事故 AFL 装置第 i 级动作后，频率稳定在稍低于附加级的动作频率时，附加级开始动作，切除部分负荷，系统频率开始回升，但希望频率上升不高于恢复频率 f_{res}。因此，附加级每段动作切除负荷的功率值可按此原则确定。

接于附加级的负荷总功率要按最不利情况考虑，即 AFL 装置切除负荷后系统频率稳定在可能的最低频率值，按此条件来确定附加级切除的负荷总功率的最大值，以保证其有足以使系统频率恢复到 f_{res} 的能力。

七、AFL 装置的动作时限

AFL 装置动作时，原则上应尽可能快，这是延缓系统频率下降的最有效措施。但是，在系统发生事故时，短路故障过程中因电压波形发生畸变，造成频率测量元件的误差，可能引起装置误动作；当电压急剧下降时，会在低频率继电器的频率敏感电路中产生过渡过程，可能导致该继电器误动作，从而造成装置误动作。为了防止 AFL 可能的误动作，要求装置带有一个不大的延时，通常是 $0.3\sim0.5s$，以躲过暂态过程中可能出现的误动作。

最后指出，为了不过多地切除负荷，AFL 装置动作后，不需要使系统频率恢复到额定值，通常恢复到 $48\sim49.5Hz$ 即可，进一步的频率恢复，由运行人员处理。

八、自动按频率减负荷装置

（一）装置原理接线

自动按频率减负荷装置由 n 个基本级和一个附加级组成，每一级就有一套 AFL 装置，其典型接线如图 4-13 所示，它安装在系统内某一变电站中，属于同一级的用户共用一套装置。

图 4-13 中，低频率继电器 KF 取用母线电压互感器的二次电压，当系统频率降低到 KF 的动作频率时，KF 动作闭合其触点，启动时间继电器 KT，经整定时限后起动出口中间继电器 KM，断开相应各负荷。

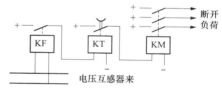

图 4-13　AFL 装置的接线

（二）AFL 的配置

电力系统装设 AFL，应根据电力系统的结构和负荷的分布情况，分散设在电力系统中相关的变电站中，图 4-14 为电力系统 AFL 的配置示图。图 4-15 为某一变电站的 AFL 原理框图。

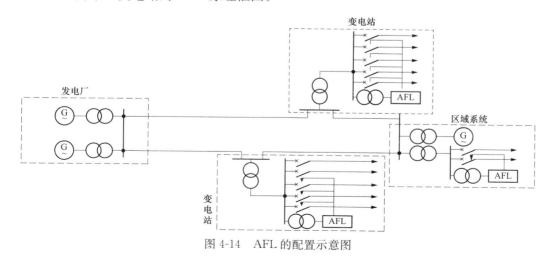

图 4-14　AFL 的配置示意图

由图 4-15 可见，当系统频率降低到 f_i 时，全系统变电站内的第 i 级 AFL 均动作，断开各自相应的负荷 P_{cuti}。

（三）数字式频率继电器

数字测频的基本原理是检测交流电压的周期 T。数字式低频减载装置可以由两个方案来实现：①布线逻辑数字电路；②存储逻辑计算机技术。

（四）微机继电保护和按频率自动减负荷一体化装置

CSC-211 数字式线路保护测控装置为适用于 110kV 及以下电压等级的中性点非直接接地系统的线路保护及测控装置，集成了微机继电保护、低频减载功能、三相一次自动重合闸功能，是微机继电保护与按频率自动减负荷一体化装置。下面简单介绍该装置中与按频率自动减负荷相关的元件及其特性。

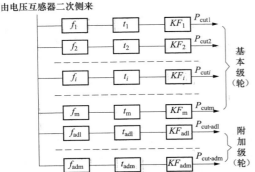

由电压互感器二次侧来

图 4-15　AFL 原理框图

1. 低频减载元件

当系统频率低于整定频率时，低频减载元件启动，根据滑差的大小来区分故障情况、电动机反充电和真正的有功缺额，从而判定是否切除负荷。由于低频减载元件只在稳态时起作用，故取 AB 相间电压进行计算，从此电压低于低频减载闭锁电压定值时，低频减载元件自动退出。试验时仍需加三相平衡电压，低频减载元件动作后重合闸放电。

动作条件：

1）U_{ab}＞定值；

2）$\Delta f/\Delta t$＜定值；

3）f＜定值；

4）负荷电流＞I_{DZ}；

5）T＞时间定值。

I_{DZ} 为低频减载电流定值，其整定范围是 $0\sim 2I_N$。当退出负荷电流判据时，整定为 0，否则建议整定为 $0.1I_N$ 以上。

低频减载元件用软压板投退。

注：面板上设置了低频减载动作信号灯（红灯）。

2. 定值及整定说明

（1）定值清单及说明，见表 4-1。

（2）软压板。设置了"低频减载"软压板，其功能是进行低频减载功能投退。

（五）防止按频率自动减负荷装置误动作的措施

根据运行经验，常见的按频率自动减负荷装置误动作的原因与相应采取的

表 4-1　　CSC211 定值清单（AFL 部分）

序号	定值名称	范围	单位	备注
1	低频减载频率	$45.0\sim 49.5$	Hz	
2	低频减载时间	$0.0\sim 32.0$	s	
3	低频闭锁电压	$10\sim 120$	V	线电压
4	低频闭锁滑差	$1.0\sim 10.0$	Hz/s	
5	低频有流定值	$0\sim 2I_N$	A	
6	闭锁电压变化率	$1.0\sim 60.0$	V/s	线电压

措施如下：

1. 电压突变时，低频率继电器触点抖动而发生的误动作

电力系统发生某些事故使电压突变时，在频率测量回路中产生过渡过程，从而引起低频率继电器触点抖动而发生误动。

由于过渡过程时间很短，所以触点抖动时间很短，那么只要使 AFL 装置带一定短时限即可防止。一般晶体管式 AFL 装置带 0.5s 的时限，数字式 AFL 装置带 0.2s 的时限。

2. 小容量电力系统发生短路故障，引起有功功率损耗突增而使频率下降发生误动作

对于小容量电力系统（容量小于 100～300MW），当输电线路上发生短路故障，故障线路上有功功率消耗高达 50～70MW 时，这种故障在大容量系统中不会引起 AFL 装置的误动作，但在小容量系统中，将造成较大功率缺额，系统频率下降，从而引起 AFL 装置动作。而实际上，当继电保护动作切除故障，系统是不存在功率缺额的，所以，这种情况下 AFL 装置的动作为误动作。可采取如下措施防止。

（1）快速切除故障。快速切除故障，使系统频率来不及下降或下降不多，低频率继电器就可能不动作。此措施是防止此情况下 AFL 装置的误动作首选的措施。

（2）采用按频率自动重合闸进行纠正。按频率自动重合闸装置的原理根据频率恢复速度 df/dt 值的大小构成。故障引起的功率缺额，故障切除后频率恢复速度 df/dt 值较大；而系统真正出现的功率缺额，AFL 装置动作后，频率恢复速度 df/dt 值较小。当故障被切除后 df/dt 值较大，按频率自动重合闸装置动作重新投入被切除的负荷。

3. 系统中旋转备用起作用之前，AFL 可能误动作

系统中的旋转备用容量发挥作用需要一定时间，特别在水轮发电机组上，调速机械动作较慢，其旋转备用需经 10～15s 才能起作用。因此，当系统中发生功率缺额而系统频率下降时，有可能出现旋转备用来不及起作用而 AFL 装置先行误动作的现象，特别是旋转备用大部分在水轮发电机组上的电力系统。

为了防止这种误动作，可采取如下措施：

（1）在确保系统稳定的前提下，AFL 装置前几级带较长时限（可长达 5s）。因旋转备用容量逐步起作用，频率下降速度不会很快，所以，AFL 装置前几级带较长时限不会影响其效果。

（2）在频率恢复到额定值时，对被切负荷进行自动重合闸。

4. 供电电源中断时，负荷反馈引起 AFL 误动作

地区变电站的某些操作可能造成短时间供电中断，或者在输电线路重合闸期间，负荷与电源短时解列。这时，该地区的旋转机组（如同步电动机、同步调相机和异步电动机等）的动作会产生较低频率的电压，会短时反馈输送功率，该电压衰减较慢而频率急剧下降。由于目前应用的低频率继电器的工作电压一般较低，这时仍能正常工作，而频率的急剧下降则可能引起 AFL 动作，切除负荷。待重合闸成功时，或者备用电源自动投入后恢复供电时，这部分负荷已被切去。为了防止这类误动作，可采用以下几种措施：

（1）缩短供电中断时间。如能缩短供电中断时间，可使频率降低得少些，避免 AFL 误动作，这就要求尽量缩短自动重合闸或备用电源自动投入装置的动作时间。

（2）AFL 带一定时延，以躲过负荷反馈电压的影响。在有大型同步电动机的场合，AFL 装置的时延应大于 1.5s；在只有小容量感应电动机的场合，时延也需要 0.5～1s。

（3）加电流闭锁或加电压闭锁。

当采用电流闭锁时，闭锁继电器可接于电源主进线上或变压器上，其触点与低频率继电器触点串联。当供电电源中断时，变电站高压侧无电流通过，这样，在电源中断时电流继电器不动作，将 AFL 装置闭锁，防止了误动作。显然，为了防止正常运行时电流继电器误将 AFL 装置闭锁，电流继电器动作电流应小于 AFL 装置投入时线路的最小负荷电流。

但是，当变电站高压母线上有转送线路，装在变压器上的电流闭锁可能因通过反馈电流而使闭锁失效。在此情况下，可采用电压闭锁。

当采用电压闭锁时，闭锁继电器与低频率电器接于同一节点电压，其触点串联，在供电电源中断时，负荷反馈电压经变压器阻抗后使高压侧电压较低，过电压继电器不动作，将 AFL 装置闭锁。一般过电压继电器动作电压为额定电压的 65%～70%，动作时间取 0.5s。

（4）采用按频率自动重合闸来纠正。当系统频率恢复时，将被 AFL 断开的用户按频率分批进行自动重合闸，以恢复供电，这不但是对误动作的补救，也是对 AFL 正确动作所断开负荷恢复供电的措施。重合闸一般是在系统频率恢复至额定值后进行的，而且采用分组重合投入的方法，每组的用户功率不大。如果重合后系统频率再次下降，则自动重合闸应停止进行。

（5）采用频率变化速度 $\Delta f/\Delta t$ 闭锁。运行经验表明：系统出现功率缺额时，频率下降速度 $\Delta f/\Delta t<3\mathrm{Hz/s}$，而负荷反馈时频率下降速度 $\Delta f/\Delta t\geqslant 3\mathrm{Hz/s}$。采用频率变化速度 $\Delta f/\Delta t$ 闭锁，克服了电压闭锁中引进时限的缺点。

最后应当指出，在实际使用自动按频率减负荷时，针对具体的电力系统，还需注意下面两种情况：

（1）有时电力系统会同时出现有功功率和无功功率缺额，这两种功率缺额是相互影响的。例如，无功功率缺额会引起电压下降，从而导致负荷对有功功率需求减少，这时系统频率可能降低不多，单靠 AFL 装置不能保证系统稳定运行。在这种情况下，电力系统中的无功功率与电压调节系统和有功功率与频率调节系统各司其职，共同维持系统稳定运行。如果仍不能保持有功功率平衡，可设置"低电压切负荷"装置，切除系统中电压最低点的部分负荷。

（2）当系统发生严重有功功率缺额时，如果 AFL 装置失灵，可能导致系统瓦解。为了防止在这种情况下发电厂停运，在电厂中应考虑装设"低频自动解列"装置。一旦发生上述情况，发电厂中部分机组与系统解列，用来专带厂用电和部分重要用户。

【任务实施】

一、按频率自动减负荷装置检验与调试

（一）动作频率整定范围测试

1. 试验线路图

试验线路图如图 4-16 所示。

2. 试验程序

（1）施加辅助激励量，为额定值。

（2）整定动作频率整定值，使动作频率整定值为最小整定位置。

（3）调整试验频率，测量被试产品的动作频率值。

1）调整变频电源，使频率为 50Hz、电压为额定电压。

2）改变变频电源的频率，使频率 50Hz 均匀下降至被试产品动作。

3）测量产品的动作频率值　测量被试产品动合触点回路所接入的动作指示中间继电器可靠动作时的最大动作频率值。

（4）测量 5 次，计算动作频率平均值。

（5）整定动作频率值，使动作频率整定值为最大整定位置。

（6）重复上面的试验步骤。

3. 合格评定

当测试的平均最小动作频率值大于最小动作频率整定值，或者平均最大动作频率值小于最大动作频率整定值时，评定为不合格。

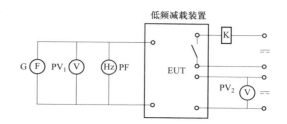

图 4-16　动作频率试验线路

PV₁—交流电压表（0.5 级）；PV₂—直流电压表（0.5 级）；
PF—频率表；G—变频电源；K—动作指示用
快速中间继电器（要求其动作时间不大于 10ms）。

（二）动作频率准确度、返回频率试验

1. 试验线路图

试验线路图如图 4-16 所示。

2. 试验程序

（1）施加辅助激励量，为额定值。

（2）整定动作频率整定值。

（3）调整变频电源频率，测量产品的动作频率、返回频率。

1）调整变频电源，使频率为 50Hz、电压为额定电压。

2）改变变频电源的频率，使频率 50Hz 均匀下降至被试产品动作。

3）测量产品的动作频率值　测量被试产品动合触点回路所接入的动作指示中间继电器可靠动作时的最大动作频率值。

4）再调整变频电源频率，使频率从动作频率均匀上升至被试产品释放。

5）测量产品的返回频率值　测量被试产品动合触点回路所接入的动作指示中间继电器可靠释放时的最小返回频率值。

6）继续调整变频电源频率，使频率从动作频率均匀上升至 50Hz。

（4）测量 5 次，确定 5 次测量的动作频率最大值及最小值，计算动作频率平均值和返回频率平均值。

（5）计算动作频率的准确度（平均误差及一致性）。

（6）计算返回频率和动作频率的频率差。

3. 合格评定

动作频率的平均误差、一致性、频率差超出产品标准要求，评定为不合格。

（三）动作时间测试

1. 试验线路图

试验线路如图 4-17 所示。

2. 试验程序

（1）施加辅助激励量，为额定值。

（2）整定动作频率整定值。

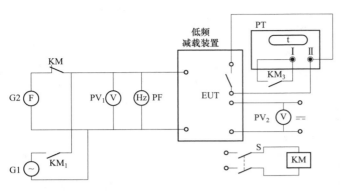

图 4-17　动作时间试验线路

PV₁—交流电压表（0.5 级）；PV₂—直流电压表（0.5 级）；

PF—频率表；S—操作开关；G1—50Hz 工频电源；G2—变频电源；

PT—数字毫秒仪（Ⅰ、Ⅱ—空触点闭合）；KM—控制用中间继电器

应用两对动合触点和一对动断触点，三对触点的不同时性应小于 1ms）。

3. 合格评定

动作时间平均值超过产品标准，可判为不合格。

（四）功能试验

1. 低电压闭锁功能试验

（1）试验条件。基准条件。

（2）试验线路图。试验线路图如图 4-18 所示。

（3）试验程序。

1）施加辅助激励量，为额定值。

2）整定动作频率整定值。

3）整定低电压闭锁整定值。（被试产品为分档整定时，每一整定值都应进行试验。）

（3）整定动作时间整定值。

（4）调整试验电源频率。

1）调整工频电源 G1，使工频电源 G1 的频率为 50Hz、电压为额定电压。

2）调整变频电源 G2，使变频电源 G2 的频率按动作频率整定值所测试的动作频率值减小 0.2Hz，电压为额定电压。

（5）操作开关 S，测量动作时间。

（6）测量五次，确定五次测量的最大值、最小值，计算动作时间平均值。

（7）计算动作时间的准确度。

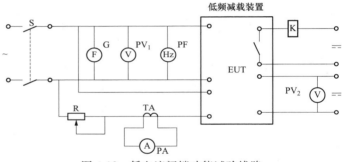

图 4-18　低电流闭锁功能试验线路

PV₁—交流电压表（0.5 级）；PV₂—直流电压表（0.5 级）；

PF—频率表；G—变频电源；S—开关；

PA—交流电流表（0.5 级）；TA—仪用电流互感器；R—可调电阻；

K—动作指示用快速中间继电器，要求其动作时间不大于 10ms

4）调整变频电源，使频率为 50Hz、电压为额定电压。

5）改变变频电源电压，使电压下降至最低电压闭锁整定值。

6）改变变频电源频率，使频率从 50Hz 下降至被试产品的动作频率值。

7）观察被试产品的工作状态。被试产品不动作即为闭锁状态。

8）确定被试产品不动作时的最大闭锁电压值。

9）计算闭锁电压的误差：误差＝最大闭锁电压值－闭锁电压整定值

2. 低电流闭锁功能试验

（1）试验条件。基准条件。

（2）试验线路图。试验线路图如图 4-18 所示。

（3）试验程序。

1）施加辅助激励量，为额定值。

2）整定动作频率整定值。

3）整定低电流闭锁整定值。

4）调整变频电源，使频率为50Hz、电压为额定电压。

5）调整R，使电流回路的输入电流从额定值下降到低电流闭锁整定值。

6）改变变频电源频率，使频率从50Hz下降至被试产品的动作频率值。

7）观察被试产品的工作状态。被试产品不动作即为闭锁状态。

8）确定被试产品不动作时的最大闭锁电流值。

9）计算闭锁电流的误差：误差＝最大闭锁电流值－闭锁电流整定值

3．"鸟啄"试验

（1）试验条件。基准条件。

（2）试验线路图。试验线路图如图4-18所示。

（3）试验程序。

1）施加辅助激励量，为额定值。

2）整定动作频率整定值。

3）调整变频电源，使频率为50Hz、电压为额定电压。

4）采用突然接通或断开输入试验电压的方法。

5）观察被试产品的工作状态。被试产品不应出现瞬间接通后又断开的现象，为"鸟啄"现象。也不应出现动作现象。

4．频率滑差$\left(\dfrac{\mathrm{d}f}{\mathrm{d}t}\right)$闭锁功能试验

（1）试验线路图。试验线路图如图4-19所示。

（2）试验程序。

1）施加辅助激励量，为额定值。

2）整定动作频率整定值。

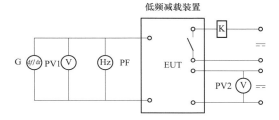

图4-19　频率滑差$\left(\dfrac{\mathrm{d}f}{\mathrm{d}t}\right)$闭锁功能试验线路

PV1—交流电压表（0.5级）；PV2—直流电压表（0.5级）；PF—频率表；G—$\left(\dfrac{\mathrm{d}f}{\mathrm{d}t}\right)$变频电源；K—动作指示用快速中间继电器，要求其动作时间不大于10ms

3）整定频率滑差$\left(\dfrac{\mathrm{d}f}{\mathrm{d}t}\right)$的闭锁整定值。整定频率滑差$\left(\dfrac{\mathrm{d}f}{\mathrm{d}t}\right)$的闭锁整定值的整定方法：

（a）被试产品有频率滑差$\left(\dfrac{\mathrm{d}f}{\mathrm{d}t}\right)$闭锁整定元件，可直接整定频率滑差$\left(\dfrac{\mathrm{d}f}{\mathrm{d}t}\right)$的闭锁整定值。

（b）被试产品没有频率滑差$\left(\dfrac{\mathrm{d}f}{\mathrm{d}t}\right)$闭锁整定元件，可分别整定$f_1$、$f_2$及$\Delta t$。

4）调整变频电源，使频率为50Hz、电压为额定电压。

5）调整变频电源的$\dfrac{\mathrm{d}f}{\mathrm{d}t}$。

6）当变频电源的$\dfrac{\mathrm{d}f}{\mathrm{d}t}\geqslant$频率滑差$\left(\dfrac{\mathrm{d}f}{\mathrm{d}t}\right)$的闭锁整定值时，观察被试产品的工作状态。被

试产品应处于闭锁状态。

7）当变频电源的 $\dfrac{\mathrm{d}f}{\mathrm{d}t}$ < 频率滑差 $\left(\dfrac{\mathrm{d}f}{\mathrm{d}t}\right)$ 的闭锁整定值时，观察被试产品的工作状态。被试产品应正确动作。

8）确定在频率滑差 $\left(\dfrac{\mathrm{d}f}{\mathrm{d}t}\right)$ 的闭锁整定值时，被试产品闭锁时 $\dfrac{\mathrm{d}f}{\mathrm{d}t}$ 的闭锁最小值。

9）计算 $\dfrac{\mathrm{d}f}{\mathrm{d}t}$ 的误差：

$$误差＝\left[\dfrac{\mathrm{d}f}{\mathrm{d}t}的闭锁最小值\right]-\left[\dfrac{\mathrm{d}f}{\mathrm{d}t}的闭锁整定值\right]（\mathrm{Hz/s}）$$

5. 频率下降变化率 $\dfrac{\mathrm{d}f}{\mathrm{d}t}$ 加速动作功能试验

（1）试验条件。基准条件。

（2）试验线路图。试验线路图如图 4-20 所示。

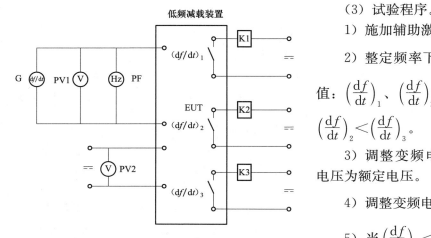

图 4-20　频率下降变化率 $\left(\dfrac{\mathrm{d}u}{\mathrm{d}t}\right)$ 加速动作

功能试验线路

（3）试验程序。

1）施加辅助激励量，为额定值。

2）整定频率下降变化率 $\left(\dfrac{\mathrm{d}f}{\mathrm{d}t}\right)$ 的整定值：$\left(\dfrac{\mathrm{d}f}{\mathrm{d}t}\right)_1$、$\left(\dfrac{\mathrm{d}f}{\mathrm{d}t}\right)_2$、$\left(\dfrac{\mathrm{d}f}{\mathrm{d}t}\right)_3$，且 $\left(\dfrac{\mathrm{d}f}{\mathrm{d}t}\right)_1$ < $\left(\dfrac{\mathrm{d}f}{\mathrm{d}t}\right)_2$ < $\left(\dfrac{\mathrm{d}f}{\mathrm{d}t}\right)_3$。

3）调整变频电源，使频率为 50Hz、电压为额定电压。

4）调整变频电源的 $\dfrac{\mathrm{d}f}{\mathrm{d}t}$。

5）当 $\left(\dfrac{\mathrm{d}f}{\mathrm{d}t}\right)_1$ < $\left(\dfrac{\mathrm{d}f}{\mathrm{d}t}\right)$ < $\left(\dfrac{\mathrm{d}f}{\mathrm{d}t}\right)_2$ 时，按加速方式 1（加速切除部分负荷回路）动作。

6）当 $\left(\dfrac{\mathrm{d}f}{\mathrm{d}t}\right)_2$ < $\left(\dfrac{\mathrm{d}f}{\mathrm{d}t}\right)$ < $\left(\dfrac{\mathrm{d}f}{\mathrm{d}t}\right)_3$ 时，按加速方式 2（加速切除最后一部分负荷回路）动作。

7）当 $\left(\dfrac{\mathrm{d}f}{\mathrm{d}t}\right)$ > $\left(\dfrac{\mathrm{d}f}{\mathrm{d}t}\right)_3$ 时，由于频率下降速率过快，被试产品应处于闭锁状态，以防止由于短路故障、负荷反馈及测量回路引起的误动作。

6. 电压下降变化率 $\left(\dfrac{\mathrm{d}u}{\mathrm{d}t}\right)$ 加速动作、闭锁及短路切负荷功能试验

（1）试验条件。基准条件。

（2）试验线路图。试验线路图如图 4-21 所示。

（3）试验程序。

1）施加辅助激励量，为额定值。

2）整定频率下降变化率$\left(\dfrac{\mathrm{d}u}{\mathrm{d}t}\right)$的整定值：$\left(\dfrac{\mathrm{d}u}{\mathrm{d}t}\right)_1$、$\left(\dfrac{\mathrm{d}u}{\mathrm{d}t}\right)_2$、$\left(\dfrac{\mathrm{d}u}{\mathrm{d}t}\right)_3$、$\left(\dfrac{\mathrm{d}u}{\mathrm{d}t}\right)_4$，且 $\left(\dfrac{\mathrm{d}u}{\mathrm{d}t}\right)_1 < \left(\dfrac{\mathrm{d}u}{\mathrm{d}t}\right)_2 < \left(\dfrac{\mathrm{d}u}{\mathrm{d}t}\right)_3$。

3）调整变频电源，使频率为 50Hz、电压为额定电压。

4）调整变频电源的 $\dfrac{\mathrm{d}u}{\mathrm{d}t}$。

5）当 $\left(\dfrac{\mathrm{d}u}{\mathrm{d}t}\right)_1 < \left(\dfrac{\mathrm{d}u}{\mathrm{d}t}\right) < \left(\dfrac{\mathrm{d}u}{\mathrm{d}t}\right)_2$ 时，按加速方式 1（加速切除部分负荷回路）动作。

6）当 $\left(\dfrac{\mathrm{d}u}{\mathrm{d}t}\right)_2 < \left(\dfrac{\mathrm{d}u}{\mathrm{d}t}\right) < \left(\dfrac{\mathrm{d}u}{\mathrm{d}t}\right)_3$ 时，按加速方式 2（加速切除最后一部分负荷回路）动作。

7）当 $\left(\dfrac{\mathrm{d}u}{\mathrm{d}t}\right) > \left(\dfrac{\mathrm{d}u}{\mathrm{d}t}\right)_3$ 时，由于电压下降速率过快，可视为系统短路，被试产品应处于闭锁状态。

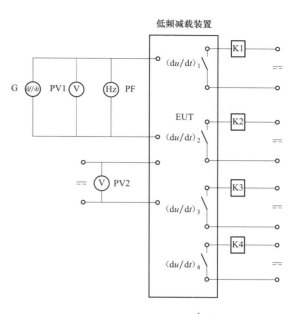

图 4-21　电压下降变化率 $\left(\dfrac{\mathrm{d}u}{\mathrm{d}t}\right)$ 加速动作、闭锁及短路切负荷功能试验线路

8）系统短路后，经保护动作切除负荷，电压回升。当 $\left(\dfrac{\mathrm{d}u}{\mathrm{d}t}\right) > \left(\dfrac{\mathrm{d}u}{\mathrm{d}t}\right)_4$ 时，可视为系统短路切除，被试产品应处于动作状态。

二、用微机继电保护试验仪检验按频率自动减负荷装置的电气性能

（一）动作频率、返回频率试验

（1）选择试验菜单。选择"频率试验功能"菜单。

（2）试验接线。将低频减载装置的线圈接入试验仪的 U_A、U_B 电压输出端子，将低频减载装置的动合触点接入试验仪的开入量的任一端子，如 A 端子。动作频率整定值整定为 48Hz。

（3）试验参数设置。

［变量类型］设置为"电压频率""A 相电压""B 相电压"。"A 相电压"幅值为 50V、相角为 $0°$；"B 相电压"为 50V、相角为 $180°$。

［变化范围］设置"起始值"为 50Hz；"终止值"为 47Hz。

［变化步长］应根据额定值与平均误差的大小来设置，一般可按额定值与平均误差乘积的 0.1 倍设置。

当动作频率额定值为 50Hz、平均误差为 5% 时，变化步长为

$$变化步长 = 0.1 \times 额定值 \times 平均误差 = 0.1 \times 50 \times 5\% = 0.25Hz$$

$\left[\dfrac{\mathrm{d}f}{\mathrm{d}t}\right]$ 设置为 0.5Hz/s。

［控制方式］选择"全程方式"。

［变化方式］选择"始—终—始"。

（4）试验。点击"试验"按键或点击"开关"按键，开始试验并自动记录动作频率及返回频率。

（二）动作时间试验

（1）选择试验菜单。选择"频率试验功能"菜单。

（2）试验接线。同动作频率、返回频率试验。动作频率整定值整定为 48Hz。

（3）试验参数设置。

［变量类型］设置为"电压频率""A 相电压""B 相电压"。"A 相电压"幅值为 50V、相角为 0°；"B 相电压"为 50V、相角为 180°。

$\left[\dfrac{\mathrm{d}f}{\mathrm{d}t}\right]$ 设置为 0.5Hz/s。

［故障类型］选择为"任意状态"。

［故障状态］第一状态：电压幅值为 100V、电压频率为 50Hz。

第二状态：电压幅值为 100V、电压频率为 47.5Hz。

第三状态：电压幅值为 100V、电压频率为 50Hz。

［试验仪计时器启动、停止的方式］

［启动方式］进行第二种状态启动。

［停止方式］动合触点由断开状态变化为闭合状态。

（4）试验。点击"开始试验"按钮，试验仪开始试验。当第一状态进入第二状态时，试验仪自动记录动作时间。在进入第三种状态后，提示停止试验。点击 STOP 命令结束试验。

（三）低电压闭锁功能试验

（1）选择试验菜单。选择"频率试验功能"菜单。

（2）试验接线。同动作频率、返回频率试验。动作频率整定值整定为 48Hz。电压闭锁整定值为 50V

（3）试验参数设置。

［变量类型］设置为"电压频率""电压幅值""A 相电压""B 相电压"。"A 相电压"幅值为 50V、相角为 0°；"B 相电压"为 50V、相角为 180°。

［变化范围］电压频率设置"起始值"为 50Hz；"终止值"为 47Hz。电压幅值设置"起始值"为 100V；"终止值"为 48V。

［变化步长］应根据额定值与平均误差的大小来设置，一般可按额定值与平均误差乘积的 0.1 倍设置。当动作频率额定值为 50Hz、平均误差为 5% 时，变化步长为 0.25Hz。当闭锁电压额定值为 50V、平均误差为 5% 时，变化步长为 0.25V。

$\left[\dfrac{\mathrm{d}f}{\mathrm{d}t}\right]$ 设置为 0.5Hz/s。

［控制方式］

［变化方式］选择"始—终—始"。

［程控方式］选择"全程方式"。

（4）试验。点击"试验"按键或点击"开关"按键，开始试验。观察开入量 A 的状态。

（四）低电流闭锁功能试验

（1）选择试验菜单。选择"频率试验功能"菜单。

（2）试验接线。除按动作频率、返回频率试验接线外，并将电流回路接入试验装置的 I_a、I_n。动作频率整定值整定为 48Hz。电流闭锁整定值为 1A。

（3）试验参数设置。

［变量类型］设置为"电压频率""电压幅值""电流幅值""A 相电压""B 相电压""A 相电流"。"A 相电压"幅值为 50V、相角为 0°；"B 相电压"为 50V、相角为 180°。"A 相电流"为 1A。

［变化范围］电压频率设置"起始值"为 50Hz；"终止值"为 47Hz。电压幅值设置"起始值"为 100V；"终止值"为 100V。电流幅值设置"起始值"为 5A；"终止值"为 0.5A。

［变化步长］应根据额定值与平均误差的大小来设置，一般可按额定值与平均误差乘积的 0.1 倍设置。当动作频率额定值为 50Hz、平均误差为 5%时，变化步长为 0.25Hz。当闭锁电流整定值为 1A、平均误差为 5%时，变化步长为 0.005A。

$\left[\dfrac{\mathrm{d}f}{\mathrm{d}t}\right]$ 设置为 0.5Hz/s。

［控制方式］

［变化方式］选择"始—终—始"。

［程控方式］选择"全程方式"。

（4）试验。点击"试验"按键或点击"开关"按键，开始试验。观察开入量 A 的状态。

（五）"鸟啄"试验

（1）选择试验菜单。选择"频率试验功能"菜单。

（2）试验接线。同动作频率、返回频率试验。动作频率整定值整定为 48Hz。

（3）试验参数设置。

［变量类型］设置为"电压频率""电压幅值""A 相电压""B 相电压"。"A 相电压"幅值为 50V、相角为 0°；"B 相电压"为 50V、相角为 180°。

［故障类型］选择为"任意状态"。

［故障状态］第一状态：电压幅值为 100V、电压频率为 50Hz。

　　　　　　第二状态：电压幅值为 100V、电压频率为 47.5Hz。

　　　　　　第三状态：电压幅值为 100V、电压频率为 50Hz。

［试验仪计时器启动、停止的方式］

［启动方式］进行第二种状态启动。

［停止方式］动合触点由断开状态变化为闭合状态。

（4）试验。点击"开始试验"按钮，试验仪开始试验。当第一状态进入第二状态时，观察开入量 A 的状态。在进入第三种状态后，提示停止试验。点击 STOP 命令结束试验。

（六）滑差闭锁功能试验

（1）选择试验菜单。选择"频率试验功能"菜单。

（2）试验接线。同动作频率、返回频率试验。动作频率整定值整定为 48Hz。$\dfrac{\mathrm{d}f}{\mathrm{d}t}$ 闭锁整定值为 4Hz/s。

（3）试验参数设置。

〔变量类型〕设置为"电压频率""电压幅值""A 相电压""B 相电压""$\dfrac{\mathrm{d}f}{\mathrm{d}t}$"。"A 相电压"幅值为 50V、相角为 0°；"B 相电压"为 50V、相角为 180°。

〔变化范围〕电压频率设置"起始值"为 50Hz；"终止值"为 47Hz。电压幅值设置"起始值"为 100V；"终止值"为 100V。$\dfrac{\mathrm{d}f}{\mathrm{d}t}$ 设置"起始值"为 5Hz/s；"终止值"为 1Hz/s。

〔变化步长〕0.1Hz/s。

〔控制方式〕

〔变化方式〕选择"始—终—始"。

〔程控方式〕选择"全程方式"。

（4）试验。点击"试验"按键或点击"开关"按键，开始试验。观察 $\dfrac{\mathrm{d}f}{\mathrm{d}t}$ 闭锁值。

三、按频率自动减负荷装置运行维护

1. 遇到下列情况，低频减载装置应退出运行

（1）电网频率在正常范围内，低频减载装置"正常灯"灭，中央信号屏上发出"低频减载装置内部故障"光字牌，此时应将低频减载装置退出运行，取下装置所带线路的跳闸压板。

（2）电网频率正常时，"欠频动作指示灯"亮且无法复归，并发出"低频减载装置内部故障"光字牌，此时应将低频减载装置退出运行，取下装置所带线路的跳闸压板。

（3）装置的交流输入端失压也发出上述信号，遇到电压互感器二次失压也应将装置退出运行，并取下装置所带线路的跳闸压板。

2. 低频减载装置的运行规定

（1）带低频减载装置的线路送电后应投入其低频保护，投入时应先用上本线路重合闸放电电压压板，再用上本线路跳闸压板，低频减载装置停用时与此相反。

（2）试验低频减载装置动作情况时，应首先断开线路的跳闸压板，防止误动作跳开线路，切除负荷。

（3）装置正常时工作"正常灯"应亮，当装置动作后"解除闭锁"及"欠频动作灯"均亮，需人工按下装置复归按钮手动复归。

（4）在倒换母线电压互感器时，应尽量避免使低频减载装置失去电源。

（5）低频减载装置停用时，应先停直流电源，后停交流电源。低频减载装置投入运行时，应先合上交流电源，再合上直流电源。

❖【复习思考】

4-2-1　电力系统正常运行时允许的频率偏差值规定为多少？这主要是为了什么目的？在事故情况下要求频率不应低于多少？这又是为了什么目的？

4-2-2　电力系统为什么装设 AFL 装置？AFL 的作用有哪些？

4-2-3　什么是负荷的静态频率特性和电力系统动态频率特性？各有什么特点？

4-2-4　负荷调节效应和自动按频率减负荷的作用是否相同？有什么区别？

4-2-5　AFL 为什么要分级动作？

4-2-6　AFL 分级动作切除负荷的顺序应该怎样确定？

4-2-7　怎样确定 AFL 装置的各级切除负荷量？

4-2-8　AFL 装置为什么设置附加级？附加级为什么带较长延时？

4-2-9　怎样区分电力系统功率缺额引起的频率下降与负荷反馈引起的频率下降？

4-2-10　AFL 装置运行维护的内容是什么？

4-2-11　AFL 装置检验调试的项目及方法步骤是什么？

任务三　自动录波装置的原理、性能检验与运行维护

【教学目标】

知识目标：掌握自动录波装置的作用和基本组成原理。

能力目标：能进行自动录波装置各项性能的检验和波形分析。能进行自动录波装置的运行维护。

素质目标：敬业精神、严谨的工作作风、安全意识、团队协作精神。

【任务描述】

依据自动录波装置标准化作业指导书，设置检验测试的安全措施。依据装置说明书进行装置界面操作。连接好测试接线，操作测试仪器，进行检验测试，对检验测试结果进行判断。

【任务准备】

（1）教师下发项目作业指导书，明确学习目标和任务。

（2）讲解自动录波装置的基本原理及检验测试流程和注意事项。

（3）学生熟悉自动录波装置说明书，熟悉自动录波装置标准化作业指导书；进行继电保护测试仪的学习使用。

（4）学生进行人员分组及职责分工。

（5）制订工作计划及实施方案。教师审核工作计划及实施方案，引导学生确定最终实施方案。

【相关知识】

一、自动录波装置的作用

为了分析电力系统故障及便于快速判定线路故障点，需要掌握故障时继电保护及安全自动装置动作情况及电网中电流、电压、功率等的变化。为此，在主要发电厂、220kV 及以上变电站和 110kV 重要变电站，应装设故障录波或其他类型的故障自动记录装置。

自动录波装置是提高电力系统安全的重要自动装置。系统正常运行时，故障录波装置不动作（不录波）；当系统发生故障及振荡时，通过启动装置迅速自动启动录波，直接记录下反映到故障录波装置安装处的系统故障电气量。故障录波装置所记录的电气量为与系统一次值有一定比例关系的电流互感器和电压互感器的二次值，是分析系统振荡和故障的可靠数据。

自动录波装置的作用有：

（1）为正确分析事故原因、研究防止对策提供原始资料。通过录取的故障过程波形图，可以反映故障类型、相别、反映故障电流、电压大小，反映断路器的跳合闸时间和重合闸是否成功等情况。因此可以分析故障原因，研究防范措施，减少故障发生。

（2）帮助查找故障点。利用录取的电流、电压波形，可以推算出一次电流、电压数值，

由此计算出故障点位置，使巡线范围大大缩小，省时、省力，对迅速恢复供电具有重要的作用。

（3）分析评价继电保护及自动装置、高压断路器的动作情况，及时发现设备缺陷，以便消除隐患。根据故障录波资料可以正确评价继电保护和自动装置工作情况（正确动作、误动、拒动），尤其是发生转换性故障时，故障录波能够提供资料。并且可以分析查找装置缺陷。曾有记录，通过故障录波资料查到某200kV线路单相接地故障误跳三相和某200kV线路瞬时单相接地故障重合闸后加速跳三相的原因。同时，故障录波装置可以真实记录断路器存在问题，例如拒动、跳跃、掉相等。

（4）了解电力系统情况、迅速处理事故。从故障录波图的电气量变化曲线，可以清楚地了解电力系统的运行情况，并判断事故原因，为及时、正确处理事故提供依据，减小事故停电原因。

（5）实测系统参数，研究系统振荡。故障录波可以实测某些难以用普通实验方法得到的参数，为系统的有关计算提供可靠数据。当电力系统发生振荡时故障录波装置可提供从振荡发生到结束全过程的数据，可分析振荡周期、振荡中心、振荡电流和电压等问题，通过研究，可提供防范振荡的对策和改进继电保护及自动装置的依据。故障录波装置为加强对电力系统规律的认识、提高电力系统运行水平积累第一手资料。

二、自动录波器录取量的选择一般应满足的要求

（1）必须录取线路零序电流。

（2）录取波形应能明确看出故障类型、相别、故障电流、电压的量值及变化规律，跳合闸的时间等。

（3）录波量力求完整，如对220kV及以上线路三相电流应当录全。

（4）在可能发生振荡的线路上，可录一相功率量。

（5）对于装用相差高频保护的线路，需要录取高频信号。

三、自动录波装置的分类

自动录波装置已经经历了三个阶段，第一阶段是机械—油墨式故障录波器，现已被淘汰；第二阶段是机械—光学式故障录波器，现已基本不用；第三阶段是微机—数字式故障录波装置，在大量运行使用。

四、微机自动录波装置

微机自动录波装置是由微型计算机实现的新型录波装置，可装于发电厂、变电站等场所，在电力系统发生故障或振荡时，能自动地记录系统发生故障的故障类型、时间、电压、电流的变化过程，以及继电保护和自动装置的动作情况，并计算出短路点到继电保护装置安装的距离和短路后电压、电流的大小。这些事故的资料、参数、电气量的变化过程能通过打印机打印出来，并可长期保存，也能多次地重复打印出来。有些故障录波装置还可以配备智能通信系统，直接将事故报告传送到调度所。它所提供的系统事故记录资料、参数，有助于分析、判断电力系统故障和不正常运行的发生及发展过程，对处理事故、评价继电保护和自动装置工作的正确性提供了可靠的记录资料。在电力系统的安全运行中，该装置是重要的事故分析装置。

微机型自动录波装置由硬件、软件等组成。

软件功能主要有装置起动判别、故障测距计算、波形记录、分析报告等。

（1）装置启动。装置一般具有自启动和命令启动两种起动方式。自启动即通过电气量发生变化时启动装置，例如有电流电压突变量启动、零序分量启动、频率变化量启动等；命令启动即通过调度命令或测试命令启动装置。

（2）波形记录。记录装置启动前两个周期和装置启动后一段时间内的波形，即记录系统故障及断路器跳闸前后的情况，保证记录的波形能够反映电力系统事故的产生和发展过程，不失去故障特征，不影响对事故的分析与正确评价。

（3）报告输出。通过打印机打印输出故障信息，包括站名或厂名、故障时间、故障线路、故障类型、故障点至安装处的距离及阻抗测量值、继电保护和自动装置动作情况、开关变位情况、故障录波图等。电力系统振荡时，装置记录的是电流和电压的包络线，并带时间坐标输出，波形简明清楚。

整个电力系统的微机型故障录波装置可通过 GPS 系统实现同步运行，以便发挥更好的性能。

常规的故障录波器是记录电气量在事故情况下的全部变化过程；对于微机式故障记录装置来说，如果仍然采用记录电气量全部变化过程的话，那么势必需要大量的存储单元，这么做会造成消耗增大成本大幅度增加，除此之外，由于受打印机的速度限制，还会导致打印一次故障波形的时间相当长。为此，微机故障录波装置根据工程技术人员对波形关心的程度，采用故障情况下记录相电流突变启动前 2 个周期及突然变量启动后 9 个周期的方法，这样系统故障及跳闸前后的情况均能反映出来，省略掉了中间稳态的波形和波形的长度，保证了记录下来的波形能够放映电力系统事故的产生和发展的过程，不失去故障的特征，不影响对事故的事故分析与正确评价。

对于无延时元件而动作跳闸的情况，如Ⅰ段动作或全线速动，系统从故障发生到断路器跳开的时间为 70～110ms，均少于 180ms，因此，采用记录故障后 9 个周期（180ms）的方法完全能反映事故的全过程；对于 180ms 以上动作于断路器的情况，记录的是故障发生时刻和故障切除时刻所对应的突变量的前 2 个周期和突变量后 9 个周期波形；重合闸及后加速动作的情况也同样处理。为了使波形易于判读，每个间隔 400ms 打印出一条时间坐标线。

在电力系统发生振荡时，装置记录的是电流和电压的包络线，同时每间隔 400ms 打印出一条时间坐标线。这样，不仅可以节省容量、加快打印速度，而且使波形更简明，清楚地放映了振荡周期、振荡时电流和电压的大小，以及振荡的变化过程。

微机故障录波装置的硬件构成，与微机型线路保护的硬件构成类似。

【任务实施】
一、微机自动录波装置实例
（一）DR750 自动录波装置概述

1. 应用范围

DR750 为嵌入式电力系统动态记录与分析装置（故障录波器），分线路型 DR750/X、机组型 DR750/F 和变压器型 DR750/B，适用于电力系统变电站、发电厂，可作为线路、机组、变压器的故障记录与分析装置。

2. 装置简介

DR750 电力系统动态记录分析系统针对不同的应用对象、应用场合，在统一的硬件平台、软件平台基础上，按不同的要求设计，实现了机组型 DR750/F、线路型 DR750/X 和变压器型 DR750/B 三种型号。

采用嵌入式软硬件技术，系统精简，运行可靠。

同步采样频率达 10kHz，真正满足电力系统动态记录的要求。

录波容量大，模拟输入量最多达 80 路，开关量最多达 160 路。

录波采样频率、录波时间长度可整定，视场合灵活应用。

提供启动前按 0.1s 间隔记录共 5s 的包络线数据和启动后长度不定的包络线数据记录，保证复杂长过程全程记录，为准确分析故障原因提供充分的依据。

电压欠量启动判据智能在线投退，克服电压欠量启动判据长期成立造成的长期启动或频繁启动的现场实际问题。

GPS 时钟自适应技术，解决 GPS 信号微弱时钟停摆的问题。

实时监控软件，提供正常运行时完备的电能质量分析工具，包括采样值分析、有效值分析、谐波分析、序分量分析、波形分析等。

采用前底板背插式结构，强弱电分离，系统抗干扰能力强。

多层 PCB 板、芯片表贴，美观可靠。

专业、详尽的离线分析软件，使用方便，再现故障全过程。

统一的通信规约，兼容多种不同种类通信介质，具备断点续传能力。

强大的联网能力，提供完备灵活的录波联网方案，实现"IP 到设备"，既可接入局域网、也可接入广域网，支持故障信息 Web 发布。

（二）DR750 自动录波装置技术指标

（1）额定参数。

1）交流输入信号：额定电压有效值 U_N＝57.7V 或 100V；允许过电压 $2U_N$。额定电流有效值 I_N＝5A 或 1A；允许过电流 $20I_N$。

2）直流电压、电流输入信号：额定值为变送器输出 4～20mA 或 0V～1000V（包括 mV 信号）。

3）开关量：无源空触点（动合或动断）输入。收发信机输出的解调后的无源电平信号，可直接输入。

4）工作电源：AC 220V$^{+10}_{-15}$％，50Hz ±0.5Hz；DC 220V$^{+10}_{-15}$％。

（2）通道容量：模拟量：80 路；开关量：160 路。

（3）同步采样频率：2.5、5、10kHz 可设置。

（4）开关量事件分辨率：最高 0.1ms。

（5）数据采集：AD 分辨率：16 位。内存：5MB。

（6）谐波分辨率：30 次。

（7）GPS 单元。

内置式：采用进口的 GPS 接收器，其 UTC 时间误差小于 $1\mu s$。

外接式：现场 GPS 信号，要求提供 PPS 脉冲和时间信息，时间信息通常通过串口接入并提供通信协议。

内置硬件时钟：用于无 GPS 时的时钟源，自带电源。

说明：当配置了 GPS 作为时钟源，系统也同时使用内置硬件时钟。两个时钟源，软件采用了自适应检测技术。当检测到 GPS 的 PPS 脉冲时，时钟按 GPS 计时；当检测不到 GPS 的 PPS 脉冲时，自动按硬件时钟芯片计时。避免了 GPS 信号衰弱，时钟停摆的现象。

（8）记录格式、时间。任意一个启动判据启动，按 A、B、C、D 四个区段形成一次完整的录波。

1）启动时刻前、按每隔 0.1s 间隔、记录长度 5s 的有效值。

2）启动时刻前 0.05s 的采样值。

3）按设定的录波采样频率、录波时间记录。

4）如果连续 4s 内所有稳态启动判据返回（整组复归），期间按 0.1s 间隔记录有效值，形成 4s 的包络线，结束录波。如果有稳态启动判据不返回，将持续录波。期间再发生故障，结束本次录波，重新启动，过程同上记录格式如图 4-22 所示。

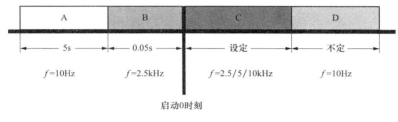

图 4-22 记录格式

（9）故障数据存储。高速固态存储器可存储不少于 1000 次的故障数据，加配硬盘可保存不少于 5000 次的故障录波数据文件。

（10）录波启动方式。录波启动方式包括模拟量启动、开关量启动、手动启动、远方启动。

1）模拟量启动：

（a）突变量启动：包括电压突变量和电流突变量启动。

（b）正序量启动：包括正常运行时过电压、低电压和过电流启动。

（c）负序量启动：利用三相电压、三相电流的采样值，计算获得负序电压和负序电流，包括负序过电压和负序过电流的启动。

（d）零序量启动：零序电压和零序电流是直接采集获得，启动条件包括零序电压和零序电流的突变量启动及稳态过量启动。

（e）直流信号启动：其他形式的物理量经传感器变换成直流电压量，启动条件包括过量和欠量启动。

（f）频率启动：含高频、低频启动和频率变化率启动。

注：由于检修原因造成无压，当电压欠量启动判据投入，可能出现录波器长期录波或频繁启动，为此，对电压欠量启动判据进行了改进。当电压消失，欠量判据启动，按正常的录波格式录波。进行一次录波后，强制结束，同时闭锁该电压欠量启动判据，直到电压量重新恢复正常，再开放该判据。

2）开关量启动：任何一路开关量均可单独整定作为启动量。开关量启动可选择为开关分启动或开关合启动。

3）手动启动、远方启动：当地手动启动及远方通信启动。

表 4-2		交流电压测量精度				
输入（V）	3	10	30	60	90	120
误差（≤）	3%	2%	1%	0.3%	1%	1%

表 4-3		开口三角 $3U_0$				
输入（V）	5	20	50	100	150	180
误差（≤）	5%	1.5%	1%	0.5%	1%	1%

表 4-4		交流电流测量精度					
输入（V）	0.1	0.2	0.5	1.0	5.0	10.0	20.0
误差（≤）	5%	1.5%	1%	0.5%	0.5%	1%	1%

（11）测量精度。

1）交流电压。将设备各相电压回路端子同极性并联加入电压，其数值及误差见表 4-2。

开口三角 $3U_0$，加入电压范围见表 4-3。

2）交流电流。将设备各相电流回路端子同极性串联加入电流，其输入额定电流值的倍数及误差见表 4-4。

3）开关量分辨率。以空接点闭合/断开方式检查开关量的分辨率，不大于 0.1ms。

4）有功功率、无功功率和频率记录。

① 对设备加额定电压电流，记录在 $\varphi=0^0$，45^0，90^0 下的 P、Q 值，误差不大于 1.5%。

② 对设备加额定电压，在输入电压频率分别为 45、50、55Hz 时，记录的频率精度不低于 ± 0.05Hz。

5）相电压、零序电压突变量。相电压突变量整定值为 $5\%U_N$，零序电压突变量整定值为 $2\%U_N$，动作值误差不大于整定值的 3%。

6）电压越限启动。正序电压：过电压整定值为 $110\%U_N$，加 1.05 倍整定值的量可靠启动，加 0.95 倍整定值的量可不启动。欠整定值为 $90\%U_N$，加 0.95 倍整定值的量可靠启动，加 1.05 倍整定值的量可靠不启动。

负序电压：整定值为 $3\%U_N$。加 1.1 倍整定值的量可靠启动，加 0.9 倍整定值的量可靠不启动。

零序电压：整定值为 $2\%U_N$。加 1.1 倍整定值的量可靠启动，加 0.9 倍整定值的量可靠不启动。

（三）DR750 自动录波装置工作原理

装置正常运行期间，数据采集单元实时采集运行中的电压、电流及相关开关量等信号，然后进行启动判据判别。当所有启动判据不成立，这些实时数据可用于进行电力系统电能质量实时分析；当启动判据成立，装置进入故障录波状态，中央处理单元按规定的记录格式进行记录。

C 段为高密度录波区段，C 段结束以后，转入整组复归，即连续 4s 所有的稳态启动判据均为返回状态，结束本次录波。整组复归期间按 10Hz 的频率记录有效值。在此期间如果还有启动条件成立，有以下两种可能的过程：

（1）如果此时间段内突变量启动元件动作，那么立即结束本次录波过程，从头开始一次新的录波。

（2）如果此时间段内没有突变量满足启动条件，但是稳态量满足启动条件，表明本此录波未结束，仍然以 10Hz 的采样率记录有效值，直到所有稳态量启动判据均返回，整组复归、结束录波。

录波结束以后，数据传送和记录基本同步完成，中央处理单元把缓冲区中的数据进行整理，保存并生成硬盘数据文件和配置文件。

随后，中央处理单元投入在线故障分析算法，按照配置参数，进行实时的故障分析诊断，选出故障线路、故障相别，故障距离（多种算法同步计算，以最准确的结果输出），整理保存到录波头文件中，同时添加该次录波事件到历史记录数据库中。

如果在系统配置中选中了故障报表（紧急制表）即时打印选项，那么监控软件将会按照故障报表的项目设定，开启打印机电源，打印输出故障报表。

（四）DR750 自动录波装置系统功能软件包

包括监控软件、故障信息综合分析软件、通信软件、主接线图绘图软件等组成。

1. 监控软件

装置启动后，监控程序自动投入运行，开始初始化运行环境，装载设备驱动程序，初始化 GPS 和串口，启动录波线程、GPS 接收线程、打印队列监测线程、通信线程等几个并行工作任务。

系统正常运行时，通过对实时采集数据的传送、处理，可实时测量系统当前每周期的 PQVF，其值可以实时显示在当前窗口，也可以波形图的方式显示。通过这种对实时采集数据的"快照"，也可以分析电能质量（即作为电能质量分析仪）。

在线监控软件完成运行状态下的各种任务：

（1）系统自检，在信息窗口显示巡检的信息。

（2）完成所有录波数据的记录，并结合系统配置文件进行计算处理，生成标准的数据文件和配置文件，保存于 CF 卡或者硬盘上。

（3）采用多种算法进行分析及故障诊断，可以生成、显示、打印故障分析报告。

（4）响应手动录波命令，记录手动录波数据，检查分析系统的运行质量状况。

（5）响应远方调度的命令，执行相应的操作，并传送相应的数据或其他信息。

（6）历史记录的查询，以数据库的形式管理历史故障数据。可以查询历史的每一次故障数据，进行故障再现，还可以备注信息。

（7）接受全球定位系统 GPS 的 UTC 时间与日期，为系统提供统一故障启动时刻的 GPS 时间时标。

2. 故障信息综合分析软件

对当前故障数据即时进行故障在线诊断，对已经建立的故障录波信息数据库数据进行离线故障全过程的再现。包括各种变量的波形分析、数据汇总、故障分析、谐波分析、故障测距、故障诊断、报表预览打印等。

（1）波形分析。用于显示波形、分析波形及对波形进行编辑。能任意选取某次故障记录仪的记录文件，使波形放大、缩小、移动、叠加及改变颜色设置，读出任意时该模拟量的瞬时值和有效值，能对所选取的模拟量进行任意组合；能通过开关量的动作时序图，正确地检测继电保护与自动装置的动作行为（以上分析是基于在 GPS 统一绝对时标下进行）。

（2）故障分析。根据记录的数据，计算出有效值、测量阻抗、P、Q、两模拟量之间的相角差以及正序、负序、零序分量，提供较详细的定量分析手段。

（3）谐波分析。采用快速傅里叶变换（FFT），能对各模拟量计算出基波分量、直流分量及高次谐波分量，结果以幅值、百分比（相对于基波）、幅角的形式给出。

（4）故障测距。提供两种测距算法，保证在各种故障情况下，测距结果有最高的精度。

（5）故障诊断。记录信息齐全，可为故障诊断提供完整准确的依据。

（6）故障再现。故障再现也称故障追忆，能通过本系统提供的分析软件清晰地分解、展示事故发生后的全过程。

分析软件主界面如图 4-23 所示。

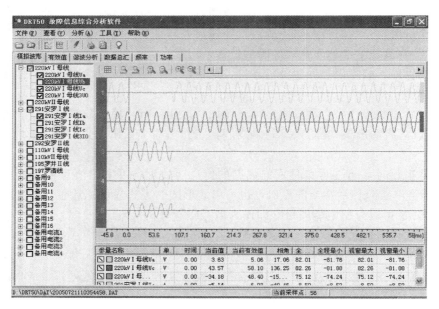

图 4-23　分析软件主界面

3. 网络通信软件

DR750 嵌入式故障录波系统采用嵌入式操作系统 XPE，包含完善的网络、电话等通信功能模块，集成防火墙模块，系统更安全，集成一个小型化完整功能的 IIS Web server。

（1）支持直接串口连接、Modem 拨号、局域网等三种通信介质，采用统一的通信规约，便于实现故障信息联网。数据传送采用了实时数据打包压缩以提高传输效率。

（2）支持主动、自动和被动三种方式的命令和数据传送方式。

（3）支持 Web 故障信息发布，调度端用户可使用 IE 浏览器来查看录波器的实时运行状态、浏览定值、下载数据文件。

4. 主接线图绘图软件

监控软件的主接线图是可以定制的，利用接线图绘图软件，用户可以使用这个绘图程序来绘制和修改监控界面的主接线图。

（五）DR750 自动录波装置故障信息综合管理系统

随着电力系统通信网络的发展，把电力网络中的各个录波装置连接成一个网络，组建多功能的电力局、广域数据网络系统，实现故障录波器的网络化管理和网络化数据共享已经成为发展的趋势。把录波器作为系统的前置端子，由它将所需数据传往数据处理中心，由数据处理中心将各处的数据进行综合处理，快速定位故障，进行各种电气量的分析，生成各种报表和图形等，这必将提高故障信息分析的速度和质量。

故障录波信息管理系统能够利用 RS232/485、Modem 拨号、LAN 等多种通信手段连接站端设备，进行统一的调度和管理。

架构灵活，只要增加一个封装某种型号通信协议的 DLL，就能够实现对此种型号录波器的联网通信。

支持 B/S 模式，调度端用户在通过权限认证以后，可以在局 Mis 网的计算机上，使用 IE 浏览器通过 Web 方式查看录波器的实时运行状态、浏览定值、下载数据文件。

二、微机型故障录波装置现场检验作业指导书

下达任务工单（标准化作业指导书），按标准化作业的步骤进行。在实施过程中，充分发挥学生的主体作用和教师的主导作用，引导学生在做中学，及时纠正学生作业中的不规范行为。

1. 作业环境及作业现场要求

（1）室外作业时，要求天气无雨雪，应避开雷电、大风及多雾天气。空气温度-5～39℃，空气相对湿度一般不高于80%，风速不大于5级。

（2）工作区间与带电设备的安全距离应符合《国家电网公司电力安全工作规程（变电部分）》（国家电网安监〔2009〕664 号）的要求。

（3）作业现场应有可靠的试验电源，且满足试验要求。

（4）作业现场现场道路畅通，无障碍物，且照明良好。

（5）测试对象处于停运状态，现场安全措施完整、可靠。

（6）保持现场工作环境整洁。

2. 作业人员要求

（1）所有作业人员应身体健康，精神状态良好。

（2）所有作业人员必须掌握《国家电网公司电力安全工作规程（变电部分）》（国家电网安监〔2009〕664 号）的相关知识，并经考试合格。

（3）所有作业人员应有触电急救及一般现场紧急救火的常识。

（4）检验工作需要作业人员 2～3 人。其中工作负责人 1 人，工作班成员 1～2 人。

（5）工作负责人应由从事继电保护现场检验工作 3 年以上的专业人员担任，必须具备工作负责人资格，熟练掌握作业程序和质量标准，熟悉工作班成员的技术水平，组织并合理分配工作，并对整个检验工作的安全、技术等负责。

（6）工作班成员应由从事继电保护现场检验工作半年以上的人员担任。必须具备必要的继电保护知识，熟悉本作业指导书，能熟练使用有关试验设备及仪器仪表。

3. 作业前准备工作

（1）开始作业前一天，准备好作业所需设备、仪器、仪表和工器具。主要仪器设备和工器具见表4-5。

表 4-5　　主要仪器设备和工器具

序号	名称	数量	规格	备注
1	继电保护测试仪	1台	微机型	有效期内
2	绝缘电阻表	1只	500V	有效期内
3	数字万用表	1只	4位半	有效期内
4	交流电流表	1只	0.2级，0.5～5A	有效期内
5	交流电压表	1只	0.2级，7.5～120A	有效期内
6	钳形相位表	1只		必要时携带
7	多用电源盘（带剩余电流动作保护器）	1个	220V/380V/10A	
8	试验接线	1套		
9	安全帽	若干		
10	电工工具	1套		
11	绝缘胶带	1卷		
12	毛刷	1把		

（2）工作负责人组织所有工作班成员学习作业指导书，熟悉作业内容、进度要求、作业标准、安全注意事项。

（3）履行工作许可手续：①根据现场作业时间和作业内容办理工作票；②运行人员根据工作票执行安全措施；③工作许可人会同工作负责人检查所做安全措施，应完备、无误，且工作许可人向工作负责人明示带电设备位置和注意事项，并在工作地点放"在此工作"标示牌；④工作许可人和工作负责人在工作票上签字，办理工作许手续。

（4）工作票签发后，工作负责人应向工作班成员做好技术交底、安全交底及试验方案交底，包括作业内容、活动范围、安全注意事项、危险点分析及控制、试验方案等。

4．试验接线

（1）试验装置的电源必须取自专用检修电源箱或专用试验电源屏，不允许用运行设备的电源作为检验用电源。

（2）取自专用检修电源箱时，电源必须接至检修电源箱的相关电源接线端子，且在工作现场电源引入处配置有明显断开点的隔离开关和剩余电流动作保护器。

（3）在监护下专人负责接线，经第二人复查。

（4）试验设备外壳应可靠接地。

5．安全重点注意事项

（1）严禁未履行工作许可手续即进入现场工作。

（2）现场安全技术措施应完备、可靠且准确无误。

（3）执行安全措施时要防止误碰运行设备，拆动二次接线应防止二次交、直流电压回路短路、接地，防止电流回路开路或失去接地点。

（4）在直流馈电屏拉合直流开关时，应防止误拉运行设备直流开关。

（5）在电压回路工作时，应防止电压回路短路或未断开电压回路通电造成反充电。

（6）带负荷检查时应防止电流回路开路、电压回路短路。

（7）恢复安全措施时严格按照安全措施票执行，防止遗漏及误恢复事故。

（8）工作票终结前认真核对定值，防止误整定。

6．作业流程图

作业流程图如图 4-24 所示。

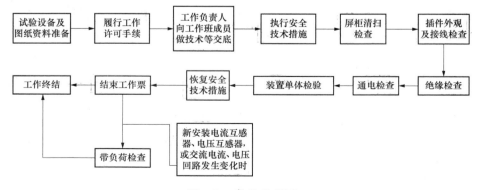

图 4-24　作业流程图

7. 作业程序与危险点控制

作业程序与危险点控制见表 4-6。

表 4-6　　　　　　　　　　　作业程序与危险点控制

√	序号	检验项目	检验内容及要求	危险点控制	检验结果	责任人签字
	1	装置外观及接线检查	（1）清扫屏、端子排、装置内外及二次接线上灰尘，保持清洁无尘。 （2）二次接线应无机械损伤，接线端子压接紧固，特别是 TA 回路的螺栓及连片，不允许有松动情况。 （3）液晶显示屏显示应正常，文字清晰。 （4）各端子、线头标号、电缆挂牌等标识应清晰正确。 （5）用万用表检查电压二次回路不短路，电流二次回路不开路。 （6）电流互感器二次回路中性线在端子箱处保护专用接地铜排上一点接地。 （7）二次电缆屏蔽层已用截面不小于 $4mm^2$ 的多股铜线由铜螺栓压接于屏内保护专用接地铜排上，且接触牢靠	（1）应先断开交流电压回路，后关闭直流电源。 （2）插拔插件前应将装置电源断开，严禁带电插拔插件。 （3）插拔插件应戴防静电环，防止人身静电损坏芯片。 （4）防止操作不当，造成插件损坏。 （5）清扫时应使用绝缘工具，防止短路或接地		
	2	绝缘检查	仅在新安装装置的验收检验时进行该项检查。施加电压时间不少于 5s，待读数达到稳定时读取电阻值			
	2.1	交流电流回路对地绝缘测量	用 500V 绝缘电阻表摇测，要求阻值均大于 20MΩ	（1）确认本间隔电流互感器已全部停电。 （2）暂停在二次回路上的一切工作。 （3）断开故障录波屏上所有直流电源、交流电压开关。 （4）拆开电流回路接地点，将电压回路与其他单元设备的回路断开。 （5）按照装置技术说明书的要求拔出插件。 （6）断开与其他保护的弱电联系。		
	2.2	交流电压回路对地绝缘电阻测量	用 500V 绝缘电阻表摇测，要求阻值均大于 20MΩ			
	2.3	直流电源回路对地绝缘电阻测量	用 500V 绝缘电阻表摇测，要求阻值均大于 20MΩ			

√	序号	检验项目	检验内容及要求	危险点控制	检验结果	责任人签字
	2.4	开关量输入回路对地绝缘电阻测量	用500V绝缘电阻表摇测，要求阻值均大于20MΩ	（7）施加电压时间不少于5s，待读数达到稳定时读取电阻值。（8）测试后，应将各回路对地放电		
	2.5	信号回路对地绝缘电阻测量	用500V绝缘电阻表摇测，要求阻值均大于20MΩ			
	3	逆变电源检验				
	3.1	直流电源缓慢上升时的自启动性能检验	直流电源由零缓慢升至80%额定电压值，检查逆变电源自启动性能			
	3.2	拉合直流电源时的自启动性能检验	直流电源调至80%额定电压、断开、合上电源开关，检查逆变电源自启动性能			
	3.3	电源稳定性检验	调整输入保护装置的直流电源分别为80%、100%、115%的额定电压，观察装置是否运行正常			
	3.4	核对逆变电源运行时间	检查逆变电源运行时间，如超过5年，应更换			
	4	通电检查	装置上电后，各指示灯、显示屏正常			
	4.1	装置键盘操作检查	装置各按键功能正确			
	4.2	打印机与故障录波装置的联机试验	打印机与故障录波装置联机试验正常			
	4.3	版本信息检查	版本信息与定值通知单相同			
	4.4	时钟的整定与校核	将录波装置设置为当前时间，使装置停电5min以上，然后恢复电源，时钟走时应准确。录波装置时钟每24h走时误差小于10s。GPS对时已完善，核对装置时间显示一致，并与后台计算机显示相符			

√	序号	检验项目	检验内容及要求	危险点控制	检验结果	责任人签字
	4.5	定值整定功能检查	按定值通知单输入、修改定值，且装置掉电后定值不应丢失	防止定值通知单内容与实际装置不一致或定值超出装置整定范围		
	5	装置单体检验				
	5.1	零漂检验	保护装置的电流、电压输入端子开路，检查各交流通道的显示值。零漂值应在 $0.01I_N$（或 $0.05V$）以内，且在几分钟内零漂值稳定在规定范围内	防止直流回路短路、接地		
	5.2	模拟量幅值特性检验	在端子排各电流回路加入 $0.2I_N$、I_N 电流值，各电压回路加入 $10V$、$57.7V$ 电压，装置采样值应满足装置技术条件的要求	（1）修改整定值，提高装置启动定值，以免装置频繁启动或告警。（2）若测量值误差超过要求范围，应首先检查试验接线、试验方法以及试验电源有无波形畸变，不可急于调整或更换保护装置中的元器件。（3）防止交流电压回路短路、接地。（4）输入大电流时，时间应不超过 $10s$		
	5.3	模拟量相位特性检验	从端子排通入额定三相对称交流电压和三相对称交流电流，设定同一间隔的电压超前电流角度为 $45°$，装置采样值应满足装置技术条件的要求			
	5.4	启动值检查				
	5.4.1	突变量启动录波检查	分别在各电流、电压通道上突然增大电流、电压，使增加量大于整定的突变量启动值，装置启动录波，突变量启动值误差不大于厂家说明书规定的突变量启动值误差。查看波形，分析波形正确	依据最新整定通知单执行		
	5.4.2	越限量启动录波检查	分别在各电流、电压通道上加入电流、电压，使其值大于越限量启动值，装置启动录波。越限量启动值误差不大于厂家说明书规定的越限量启动值误差。查看波形，分析波形正确			
	5.5	手动启动录波检查	点击工具栏上的手动录波键，装置应能启动录波			
	5.6	开入量启动录波检查	短接开入量公共端和各开入量输入端子，启动录波，查看波形。核对开入量变位情况。动作开入量名称应与实际一致，波形正确	开关量必须设置为启动录波		

续表

✓	序号	检验项目	检验内容及要求	危险点控制	检验结果	责任人签字
	5.7	模拟故障检验	分别模拟单相接地、相间短路故障、启动录波，查看波形。装置分析结果应正确			
	6	带负荷检查	新安装或更换电流互感器、电压互感器，或交流电流、电压回路发生变化，需要进行该项检验	（1）防止电流回路开路、电压回路短路。（2）防止直流短路、接地。（3）采用外接相位表进行交流电压和电流相位检查		
	6.1	交流电压的相别核对	用万用表测量保护屏端子排上的交流相电压和相间电压，并与已确认正确的 TV 小母线三相电压的相别一致	防止电压回路短路		
	6.2	电压和电流采样值检验	进入保护装置菜单，核对各路采样数值、电压电流之间的相位等参数，应与实际负荷状况相符	防止误操作		
	6.3	中性线完好性检查	在断路器端子箱处将任意一相电流端子与中性线电流端子短接，测量并记录中性线电流大小，该电流应不小于 1/2 相电流	防止误接线		
	6.4	办理本次工作终结手续	判定带负荷检查结果正确后填写继电保护检验记录，并办理本次工作终结手续			

发现问题及处理情况						
遗留问题						
工作日期		工作负责人		工作班成员		

8. 现场工作记录

（1）绝缘检查。将检验结果填入表 4-7 中。

表 4-7　　　　　　　　　　绝缘检验结果

检查内容	检查结果（MΩ）	检查内容	检查结果（MΩ）
交流电流回路对地绝缘电阻		开关量输入回路对地绝缘电阻	
交流电压回路对地绝缘电阻		信号回路对地绝缘电阻	
直流电源回路对地绝缘电阻			

（2）软件版本及程序形成时间检查。将检验结果填入表 4-8 中。

表 4-8　　　　　　　　软件版本及程序形成时间检查

检查内容	检查结果
软件版本	
程序形成时间	

（3）装置单体检验。

1）零漂检验。将检验结果填入表 4-9 中。

表 4-9 零 漂 检 验

间隔名称	I_A	I_B	I_C	$3I_0$	U_A	U_B	U_C	$3U_0$
实测值 （A/V）								

2）电流、电压幅值精度检验。将检验结果填入表 4-10 中。

表 4-10 电流、电压幅值精度检验

间 隔 名 称	I_A	I_B	I_C	U_A	U_B	U_C
输入值（A/V）						
实测值（A/V）						
输入值（A/V）						
实测值（A/V）						

3）电流、电压相位精度检验。将检验结果填入表 4-11 中。

表 4-11 电流、电压相位精度检验

间 隔 名 称	U_A-I_A	U_B-I_B	U_C-I_C
输入相位（°）	45	45	45
实测值（A/V）			
输入相位（°）	45	45	45
实测值（A/V）			
输入相位（°）	45	45	45
实测值（A/V）			
输入相位（°）	45	45	45
实测值（A/V）			
输入相位（°）	45	45	45
实测值（A/V）			

4）突变量启动录波检查。将检验结果填入表 4-12 中。

表 4-12 突变量启动录波检查

间隔名称	ΔI_A	ΔI_B	ΔI_C	$\Delta 3I_0$	ΔU_A	ΔU_B	ΔU_C	$\Delta 3U_0$
整定值（A/V）								
启动值（A/V）								
整定值（A/V）								
启动值（A/V）								
整定值（A/V）								
启动值（A/V）								
整定值（A/V）								
启动值（A/V）								
整定值（A/V）								
启动值（A/V）								

5）越限量启动录波检查。将检验结果填入表 4-13 中。

表 4-13　　　　　　　　　　　　越限量启动录波检查

间隔名称		I_A	I_B	I_C	$3I_0$	U_A	U_B	U_C	$3U_0$
	整定值（A/V）								
	启动值（A/V）								
	整定值（A/V）								
	启动值（A/V）								
	整定值（A/V）								
	启动值（A/V）								
	整定值（A/V）								
	启动值（A/V）								
	整定值（A/V）								
	启动值（A/V）								

（4）带负荷检查。

1）负荷及其他记录。将检验结果填入表 4-14 中。

表 4-14　　　　　　　　　　　　负荷及其他记录检验

P（MW）	Q（Mvar）	$\theta = \arctan Q/P$	TA 变比	一次电流

2）带负荷数据检查。将检验结果填入表 4-15 中。

表 4-15　　　　　　　　　　　　带负荷数据检查

间隔名称		I_A	I_B	I_C	U_A	U_B	U_C
	幅值（A/V）						
	相位（°）						
	幅值（A/V）						
	相位（°）						
	幅值（A/V）						
	相位（°）						
	幅值（A/V）						
	相位（°）						
$3U_0$							
中性线电流（mA）							

9. 检验用主要试验仪器。将检验结果填入表 4-16 中。

表 4-16　　　　　　　　　　　　检验用主要试验仪器

序号	试验仪器名称	设备型号	编号	合格期限

三、微机故障录波装置的运行维护

1. 运行监视

故障录波日常巡视检查：

（1）检查装置各个指示应正常。

（2）检查微机箱各个模拟插件和开关量插件插入牢固无松动或掉出。

（3）检查变送器箱各插件插入牢固无松动或掉出，无异常声音。

（4）按键盘任意键，查看显示器显示内容。

（5）检查操作按钮完好无损坏洁净无灰尘。

（6）检查屏下端交流电源开关和直流电源开关在合的位置。

（7）检查屏箱门完好，透明玻璃洁净、无损坏。

2. 故障录波定期巡视检查

（1）检查打印机的电源 ON/OFF 开关打在 ON 的位置，打印机打印纸装备，打印机针头、色带等无积灰尘或蜘蛛网。

（2）检查端子排上各接线端子接触良好，无开路或潮湿短路现象，无烧焦变黑现象。

（3）检查各个箱内无异常声音、无冒烟现象。

（4）检查各箱与箱之间的连接电缆完好无损坏，两端插头插入牢固并接触良好。

（5）检查屏内接地线完好无损坏或锈蚀。

（6）检查屏内通风良好，箱门关闭严密，箱门无脱漆或锈蚀。

四、异常及故障的处理

（1）频繁启动。频繁启动故障一般是定值设置不当造成的。可根据故障报告判断是由哪一通道引起的，然后将定值适当调整，重新设置即可。

（2）不能录波。该故障一般由两个原因造成：

1）参数、定值设置不当。应重新校对参数，重新设置相应通道的各项定值。

2）通道电气连接不当　在调整了定值后仍然不启动录波，可进行手动录波，然后进行波形分析。若相应通道无正常波形，则该通道不正常，原因可能是接线不好或接错线等原因。

（3）电源故障。若整机掉电，应检查供电电源及各个空气开关是否完好。

❖【复习思考】

4-3-1 该任务的知识目标是什么？

4-3-2 该任务的能力目标是什么？

4-3-3 录波装置的作用是什么？

4-3-4 录波器录取量的应满足哪些要求？

4-3-5 录波装置的起动元件有哪些？起动部分的作用有哪些？

4-3-6 录波装置检验的项目有哪些？

4-3-7 录波装置各检验项目的接线？

4-3-8 录波装置各检验项目的标准？

4-3-9 录波装置波形分析？

4-3-10 录波装置运行维护？

任务四　发电机自动调节励磁装置的原理、性能检验与运行维护

【教学目标】
知识目标：掌握发电机励磁调节器的作用、基本组成及工作原理。

能力目标：能进行发电机自动调节励磁装置性能的检验及运行维护。

素质目标：敬业精神、严谨的工作作风、安全意识、团队协作精神。

【任务描述】
依据发电机励磁调节器的调试任务及作业指导书，设置检验测试的安全措施。依据发电机励磁调节器使用说明书进行装置界面操作。连接好测试接线，操作测试仪器，进行检验测试，对检验测试结果进行判断。

【任务准备】
（1）教师下发调试指导书，明确学习目标和任务。

（2）讲解发电机励磁调节器的基本原理及检验测试流程和注意事项。

（3）学生熟悉发电机励磁调节器说明书，熟悉作业指导书和调试指导书；进行相关仪器设备的学习使用。

（4）学生进行人员分组及职责分工。

（5）制订工作计划及实施方案。教师审核工作计划及实施方案，引导学生确定最终实施方案。

【相关知识】

一、同步发电机励磁控制系统概述

同步发电机励磁控制系统在保证电能质量、无功功率合理分配和提高电力系统稳定性等方面都起着十分重要的作用。同步发电机的运行特性与它的空载电动势有关，而空载电动势是励磁电流的函数，因此对同步发电机励磁电流的正确控制，是电力系统自动化的重要内容。

（一）同步发电机励磁系统与励磁控制系统

同步发电机是把旋转形式的机械功率转换成三相交流电功率的设备，为了完成这一转换并满足运行的要求，除了需要原动机—汽轮机或水轮机供给动能外，同步发电机本身还需要有个可调节的直流磁场作为机电能量转换的媒介，同时借以调节同步发电机运行工况以适应电力系统运行的需要。用来产生这个直流磁场的直流电流，称为同步发电机的励磁电流，为同步发电机提供可调励磁电流的设备总体，称为同步发电机的励磁系统。

励磁系统可分为两个基本组成部分：第一部分是励磁功率单元，它向同步发电机的励磁绕组提供直流励磁电流；第二部分是励磁调节器，它感受运行工况的变化，并自动调节励磁功率单元输出的励磁电流的大小，以满足电力系统运行的要求。由励磁功率单元、励磁调节器和同步发电机共同构成的一个闭环反馈控制系统，称为励磁控制系统。励磁控制系统的构成框图如图 4-25 所示。

（二）同步发电机励磁控制系统的任务

在同步发电机正常运行或事故运行中，同步发电机励磁控制系统都起着十分重要的作用。优良的励磁控制系统不仅可以保证同步发电机安全可靠运行，提供合格的电能，而且还可有效地提高励磁控制系统的技术性能指标。根据运行方面的要求，励磁控制系统应承担如

下任务：

（1）在正常运行条件下，供给同步发电机的励磁电流，并根据发电机所带负荷的情况，相应地调整励磁电流，以维持发电机端电压在给定水平上。

（2）使并列运行的各同步发电机所带的无功功率得到稳定而合理的分配。

（3）增加并入电网运行的同步发电机的阻尼转矩，以提高电力系统动态稳定性及输电线路的有功功率传输能力。

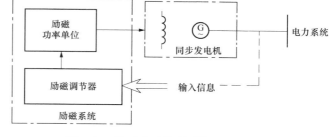

图 4-25　励磁自动控制系统的构成框图

（4）在电力系统发生短路故障造成发电机机端电压严重下降时，进行强励，将励磁电流迅速增到顶值，以提高电力系统的暂态稳定性。

（5）在同步发电机突然解列，甩掉负荷时，进行强减，将励磁电流迅速降到安全数值，以防止发电机端电压的过分升高。

（6）在发电机内部发生短路故障时，进行快速灭磁，将励磁电流迅速减到零值，以减小故障损坏程度。

（7）在不同运行工况下，根据要求对发电机实行过励磁限制和欠励磁限制，以确保同步发电机组的安全稳定运行。

（三）对励磁系统的基本要求

为了很好地完成上述各项任务，励磁系统应满足以下基本要求：

1. 对功能方面的要求

励磁系统应具以下基本功能：

（1）电压稳定调节功能。

（2）无功电流（无功功率）调差功能。

（3）必要的励磁限制及保护功能常见的励磁限制及保护功能有：

1）最大励磁瞬时限制；

2）反时限延时过励限制；

3）伏/赫（V/Hz）限制；

4）欠励限制；

5）TV 断线保护等故障容错功能。

（4）强励、强减和灭磁功能。

（5）应装设励磁系统稳定器和电力系统稳定器等辅助控制功能。

2. 对性能方面的要求

（1）有足够的励磁最大值电压和励磁最大值电流。励磁最大值电压和励磁最大值电流是励磁系统强励时，励磁功率单元所能提供的最高励磁电压和最高励磁电流，它们对应于额定工况下的励磁电压（额定励磁电压）和励磁电流（额定励磁电流）的比值，称为励磁电压强励倍数和励磁电流强励倍数，通常情况下，两个强励倍数相等，统称为强励倍数，其值的大小，涉及制造水平、成本及运行需要等因素，一般为 1.8～2.0 倍，最低不小于 1.6 倍。

（2）具有足够的励磁电压上升速度。理论分析及运行实践证明，只有较高强励倍数而无快速响应性能的励磁系统，对改善电力系统暂态稳定的效果并不明显。要提高电力系统暂态稳定性，必须同时具备较高的强励倍数和足够快的励磁电压上升速度。

（3）有足够的调节容量。为了适应各种运行工况的要求，励磁控制系统应保证励磁电流在 1.1 倍额定励磁电流时能长期运行无危害，以及保证强励允许持续时间不小于 10～20s。

（4）应运行稳定，调节平滑和具有足够的电压调节精度。

（5）反应灵敏，无失灵区或极小失灵区。输入信息（反馈信息）的任何微小变化，都导致励磁电压的相应改变，称这种励磁系统没有失灵区。有失灵区的励磁系统，对系统状态变化的反应迟钝，调压精度低，无功波动大，运行稳定性差。

（6）快速响应能力。不论是从发电机正常运行时的励磁调节，以及从电力系统动态稳定和暂态稳定的观点出发，都要求励磁系统反应迅速，即具有尽可能小的时间常数。

3．其他方面的要求

（1）高度的运行可靠性。

（2）调整容易，维护简便。

（3）结构简单。

二、同步发电机的励磁方式

励磁功率单元的接线方式，也称励磁方式。根据励磁电源的来源不同有多种励磁方式。常见的有三机励磁系统（含无刷励磁系统）、自并励励磁系统等。不同的励磁方式，其励磁功率单元的组成也不同。

（一）三机励磁系统和无刷励磁系统

在三机励磁系统中，同步发电机的励磁由交流主励磁机经二极管不可控整流桥供给，主励磁机的励磁则由副励磁机经全控整流桥提供，励磁调节器控制全控桥输出，改变主励磁机的励磁，进而改变同步发电机的励磁，实现控制同步发电机机端电压的目的。副励磁机的励磁通常采用自励恒压调节方式或采用永磁转子。他励静止半导体励磁系统（三机励磁）原理接线图如图 4-26 所示。

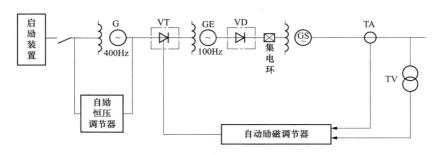

图 4-26　他励静止半导体励磁系统原理接线图

三机励磁系统的特点是：励磁电源独立，不受电力系统短路的影响；由于主励磁机励磁绕组的存在，励磁响应速度较慢。无刷励磁系统与三机励磁系统相似，只是将主励磁机的定子与转子相交换，将静止二极管整流桥变为旋转整流桥，使之与发电机转子相对静止，从而省去炭刷和集电环，旋转硅整流器励磁系统（无刷励磁）原理接线图如图 4-27 所示。

无刷励磁系统的特点也与三机励磁系统相似，只是发电机的励磁电压和励磁电流的测量因旋转而变得比较困难。

（二）自并励励磁系统

同步发电机的励磁电流由发电机自身通过机端变压器供给，其特点是整个励磁系统没有

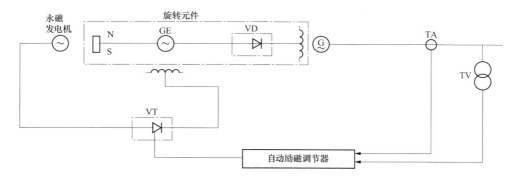

图 4-27 旋转硅整流器励磁系统原理接线图

转动部件，故也称静止励磁系统，自并励励磁系统原理接线图如图 4-28 所示。

自并励励磁系统取消了励磁机，简化了设备及其接线，因而提高了可靠性，同时也提高了响应速度。但机端三相短路会使励磁电源失去，因此必须考虑在机端使用封闭母线和配备快速继电保护。

运行经验和研究结果表明，自并励励磁系统的综合指标高于三机励磁系统。目前，国内

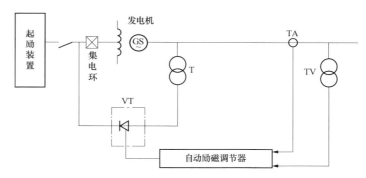

图 4-28 自并励励磁系统原理接线图

水电机组几乎清一色使用自并励，国外火电机组也多采用自并励，近年来国内火电机组也开始大力推广自并励。

三、励磁调节器的基本组成及工作原理

励磁调节器是励磁控制系统中的智能设备，它检测和综合励磁控制系统运行状态及调度指令，并产生相应的控制信号作用于励磁功率单元，用以调节励磁电流大小，满足同步发电机各种运行工况的需要。

为了完成励磁控制系统的基本任务，励磁调节器至少需要以下几个基本组成部分：

1. 测量、给定与比较单元

该单元的任务：测量发电机机端电压，并与给定电压相比较，输出机端电压的偏差信号到综合放大单元。给定电压要求在规定范围内可调。

2. 综合放大单元

综合放大单元对电压偏差信号、稳定控制信号、励磁限制信号和各种补偿信号等起综合和放大的作用（线性叠加），经综合放大后的控制信号输出到移相触发单元作为触发脉冲角度的移相控制信号。其中，电压偏差信号来自上述测量给定比较单元，稳定控制信号来自励磁系统稳定器（ESS）和电力系统稳定器（PSS），励磁限制信号来自各种励磁限制器，补偿

信号来自励磁绕组时间常数补偿器等。

3. 移相触发单元

移相触发单元根据综合放大单元送来的控制信号的变化，改变输出到晶闸管的触发脉冲的相位，即改变控制角 α，从而控制晶闸管整流电路的输出电压，达到调节发电机的励磁电流的目的。

移相触发器的基本原理：利用主回路电，源电压信号产生一个频率与主回路电源同步的、幅值随时间单调变化的信号（称为同步信号），将其与来自综合放大单元的控制信号比较，在两者相等的时刻形成触发脉冲；移相触发器一般由三个功能环节组成：同步、脉冲形成、脉冲放大。

根据同步信号的形式划分，常见的移相触发器有锯齿波移相（或线性移相）和余弦波移相两种。

（1）锯齿波移相原理：将主回路电源的正弦电压信号整形为方波信号作为门控信号，用来控制一个恒流源积分器的充放电，积分器充电时输出一个线性上升的电压波形，该电压波形就是具有与主回路同步且随时间单调变化特点的同步信号，将调节器输出的控制信号与该线性变化的同步信号相比较，两者相等时发出触发脉冲。锯齿波移相原理如图 4-29 所示。

锯齿波移相的特点：①控制角与控制电压成正比（或反比）关系（故锯齿波移相又称线性移相）；②控制角不受主回路电源电压幅值的影响；③全控桥输出电压与控制电压成余弦关系。

（2）余弦波移相原理：直接将主回路电源电压适当变压后作为同步信号，将调节器输出的控制信号与该余弦变化的同步信号相比较，两者相等时发出触发脉冲。余弦波移相原理如图 4-30 所示。

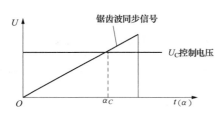

图 4-29　锯齿波（线性）移相原理

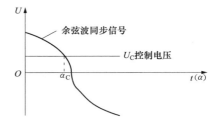

图 4-30　余弦波移相原理

余弦移相的特点：①控制角与控制电压成反余弦关系；②控制角受主回路电源电压幅值的影响；③全控桥输出电压与控制电压成正比关系。

4. 调差单元

调差单元是并列运行各同步发电机之间合理分配无功功率的关键环节。所谓合理分配无功功率，就是指负荷总无功功率按机组容量百分比（即标幺值）相等的原则分配给各并列机组。调差系数的计算

$$k_u\% = \frac{U_{G0} - U_{G2}}{U_{GN}} \times 100\% \tag{4-7}$$

式中　U_{G0}——发电机的空载（无功为零）机端电压标幺值；

　　　U_{G2}——发电机无功电流为额定值时的机端电压标幺值；

　　　U_{GN}——发电机额定机端电压标幺值。

分析可知：负荷无功功率增量在并列运行机组之间分配时，调差系数较大的机组分得的无功功率增量的标幺值较小，调差系数较小的机组，分得的无功功率增量的标幺值较大；因此为了按机组容量标幺值相等的原则合理分配负荷无功功率增量，必须要求并列运行机组的调差系数均相等。

5. 励磁系统稳定器

励磁系统稳定器又称阻尼器。从原理上讲，它是一个转子电压微分负反馈环节，常用在三机励磁系统中，起抑制机端电压超调和阻尼励磁系统振荡的作用。

6. 电力系统稳定器

电力系统稳定器对大容量发电机组、远距离、重负荷输电场合必不可少。

大容量发电机和远距离输电线路使电抗增加，重负荷使功率角加大，导致稳定性减弱。电力系统稳定器引入有功功率和/或转速信号，参与励磁调节进行补偿，增加阻尼、抑制振荡，可提高输送线路功率和运行稳定性。

7. 励磁限制器

为保证同步发电机组安全可靠稳定运行，有必要设置完善的励磁限制与保护措施。常见的励磁限制器有：防止转子过热的过励限制和防止同步发电机失去同步的欠励限制。

〰 【任务实施】

一、励磁系统构成

UNITROL 5000 静态励磁系统利用晶闸管整流器通过控制励磁电流来调节同步发电机的端电压无功功率，根据图 4-31 所示的原理图，整个系统可以分成四个主要的功能块：励磁变压器(-T02)；两套相互独立的励磁调节器（-A10、-A20）；晶闸管整流器单元-G31、-G33；起励单元(-R03、-V03、-Q03)和灭磁单元（-Q02、-F02、-R02)。

在静态励磁系统（常称自并励或机端励磁）中，励磁电源取自发电机机端。同步发电机的磁场电流经由励磁变压器-T02、磁场断路器-Q02 和晶闸管整流器 G31 与 G33 供给。励磁变压器将发电机端电压降低到晶闸管整流器所要求的输入电压、在发电机端电压和场绕组之间提供电绝缘，与此同时起着晶闸管整流器的整流阻抗的作用。晶闸管整流器 G31 与 G33 将交流电流转换成受控的直流电流 I_f。

在起励过程开始时，充磁能量来源于发电机端残压（转子剩磁产生的）。晶闸管整流器的输入电压达到 $10\sim20V$ 后，晶闸管整流器和励磁调节器就可以正常工作了。随之而来的是 AVR 控制的软起励过程。

并网后，励磁系统可以在 AVR 模式下工作，调节发电机的端电压和无功功率，或者可以在一种叠加的模式下工作，如恒功率因数调节、恒无功调节等。此外，它也可以接受电厂的成组调节指令。

灭磁设备的作用是将磁场回路断开并尽可能快地将磁场能量释放掉。灭磁回路主要由磁场断路器-Q02、灭磁电阻 R02 和晶闸管跨接器 F02（以及相关的触发元件）组成。

根据系统的要求，励磁调节器可以采取单通道（-A10）的结构或者双通道（-A10 和-A20)的结构。一个通道主要由一个控制板（COB）和测量单元板（MUB）构成，形成一个独立的处理系统。每个通道含有发电机端电压调节、磁场电流调节、励磁监测/保护功能和可编程逻辑控制的软件。在单通道结构中，利用一个被称为扩展的门极控制器（EGC）的分离单元作为备用通道，也就是一个手动通道。除励磁调节器外，一些接口电路如快速输入/输出（FIO）模块和功率信号接口模块（PSI）也被用来提供测量和控制信号的电隔离。此外，每个晶闸管整流桥都配备一套整流器接口电路包括整流器接口单元（CIN）、门极驱动接口单元（GDI）和整流器显示单元（CDP）。

UNITROL 5000 还具有强大的串行通信功能。一方面，它可以通过串行通信实现与电站监控系统的接口，支持 Modbus、Modbus＋和 Profibus 等协议。另一方面，在励磁系统内，控制和状态信号的交换是通过 ARCnet 网实现的。磁场断路器跳闸回路还附加了硬件回路。

图 4-31 和图 4-32 为 UNITROL5000 静态励磁系统原理图和柜布置示意图。

UNITROL 5000 型励磁调节器是基于微机控制的数字式控制系统，主要用于大型静态励磁系统的控制和调节。UNITROL 5000 的控制电路以 UNITROL F 和 UNITROL P 平台为基础，增添了新的精巧的解决方案和手段，例如：晶闸管整流桥动态的、智能化的均流方法、残压起励以及完善的通信功能和多种调试手段。

UNITROL 5000 型励磁调节器的核心是一块被称作 COB 的控制板。所有的调节和控制功能以及脉冲生成等均由 COB 实现。此外，还有一块带数字信号处理器（DSP）的测量单元板（MUB），用于快速处理实际的测量值。这两块板按上下层结构安装，并装入一个金属箱中，形成一个独立的调节通道。在这样的配置中，利用一个扩展的门极控制器（结构上是独立的 EGC）作为备用通道，用于磁场电流调节。另外一种配置是采用两套调节器组成一个完全冗余的系统。两个通道是完全独立的，可以在线维护。每个通道可以控制一个或多个并联的整流桥，输出励磁电流可高达 10 000A。

采用了诸如快速 I/O 卡和功率柜接口板（CIN）等接口装置，用于电气隔离和信号转换。这些接口装置一般都放置在信号源相近的位置，比如功率柜接口板（CIN）安装在功率柜内。励磁系统内的信号处理，若无需实时处理，则通过 ARCnet 网执行。

基于 UNITROL 5000 的励磁系统配置灵活，用户有多种选择（详见产品说明书）。图 4-32 中的缩写如下：

　　　　AVR——自动电压调节器；

　　　　FCR——励磁电流调节器；

　　BFCR——备用励磁电流调节器；

　　　　UG——发电机端电压的测量信号；

　　　　IG——发电机端电流的测量信号；

　　　　IF——发电机场电流的测量信号。

控制器的两种状态是"on-line"（在线）和"stand-by"（备用）。

二、励磁系统的运行维护和设备管理

1. 励磁系统的定期巡视制度

（1）励磁系统的运行、检修人员应坚持对励磁设备的定期巡视。

（2）有人值班的电厂运行人员巡视每班不少于 1 次；无人值班（少人值守）的电厂值守人员每周至少巡视 3 次。巡视人员应作好巡视记录，发现问题应及时通知检修人员处理。

（3）有人值班的电厂检修人员巡视每周不少于 1 次；无人值班（少人值守）的电厂检修人员每周至少巡视 1 次。巡视人员应作好巡视记录，发现问题应及时处理。

2. 励磁设备巡视的主要内容

（1）励磁系统各表计指示是否正常，信号显示与实际工况是否相符。

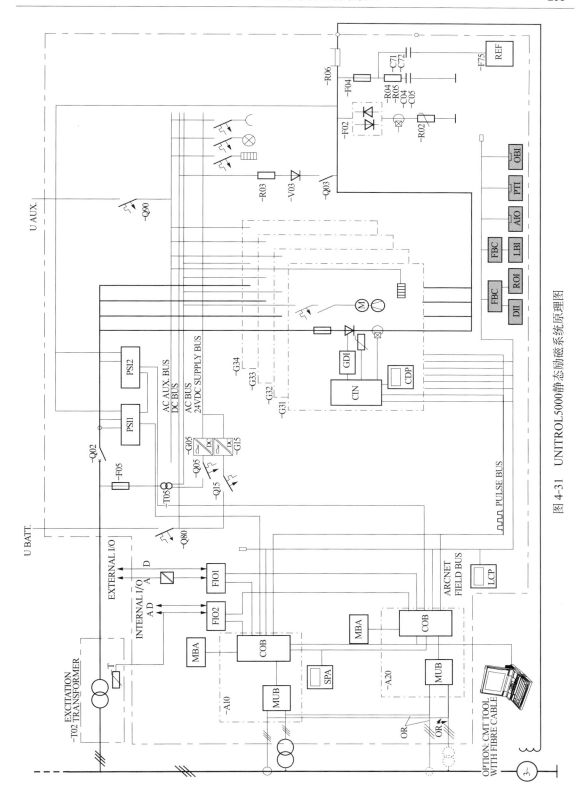

图 4-31　UNITROL5000静态励磁系统原理图

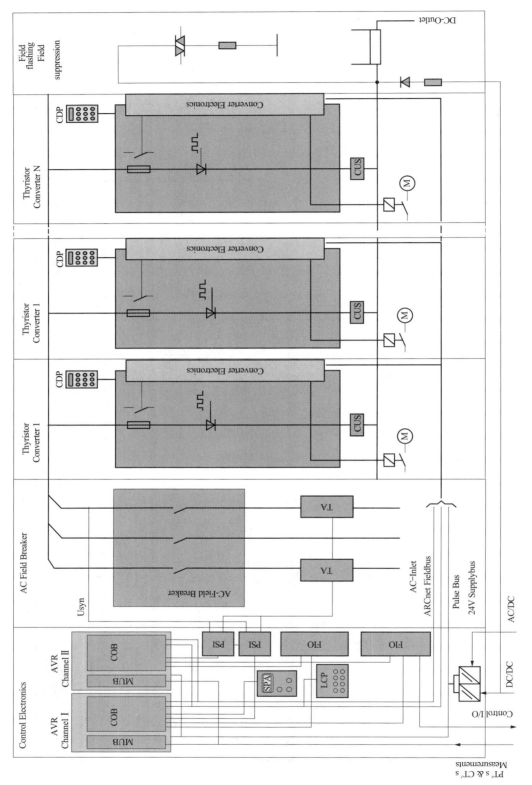

图 4-32　柜布置示意图

（2）冷却系统是否正常。

（3）有关设备、元器件是否在运行要求的状态。

（4）有关设备、元器件有无过热等异常现象。

（5）整流功率柜运行状态及均流情况。

（6）调节器运行状态及稳压电源工作状态。

（7）调节器显示参数是否与实际工况相符等。

各发电厂应根据本厂的设备配置情况规定详尽的设备巡视细则。

3. 励磁系统的日常维护

励磁系统的日常维护由励磁系统检修人员负责。其日常维护工作主要有：

（1）检查励磁系统各表计、灯具，发现损坏应及时修理或更换。

（2）定期清洗励磁冷却系统的过滤网。

（3）定期检查励磁变压器、整流功率柜的运行工况、温度及各开关触头、电缆有无过热现象。

（4）定期检查励磁系统的绝缘状况。

（5）定期分析励磁系统及装置的健康状况。

（6）励磁系统及装置运行中发现的缺陷应尽快组织检修人员抢修处理，防止故障范围扩大。

（7）各发电厂根据具体情况规定的其他检查、维护项目及内容。

4. 励磁系统的运行、检修管理

（1）励磁系统的运行由发电厂运行人员管理，负责励磁系统的投入、退出、倒换操作和日常巡视。凡发生装置及功能单元投入、退出操作的，运行人员应记入运行值班记录。重要操作内容应报告厂生产主管部门及电网值班调度。

（2）励磁系统的检修工作由发电厂励磁检修人员管理。所有励磁系统设备的停电检修工作，励磁检修人员均应记入《励磁装置检修事件登记簿》和《励磁装置运行、检修履历》。

5. 励磁系统运行维护注意事项

（1）严格执行 DL408《电业安全工作规程》。

（2）严格遵守现场有关安全的规定和要求。组织技术措施。

（3）防止 TV 回路短路、防止 TA 回路开路。

（4）绝缘电阻测试时，应防止强电进入弱电回路。

（5）上电时闭锁跳闸出口逻辑或退出压板，持续 12s。

（6）不要带电插拔插件。

（7）静态整组特性试验时，外接模拟电阻要有足够的容量。

（8）发电机空载情况下，励磁调节器试验前应临时改变发电机过电压保护定值，调节器内部各有关限制值也应作相应的修改，确保试验安全。

（9）TV 断线处理。

1）检查跟踪、TV 断线切换值和切换时间，首先检查信号是否可以复归；再用万用表检查 TV 各相电压，检查运行和备用调节器 TV 运行情况。

2）检查跟踪良好后，对调节器运行通道的 TV 需要切换通道后进行检查，防止检查时调节器输出扰动。

（10）调节器工作电源更换。检查信号是否可以复归；由于励磁调节器的直流、交流辅助电源模块双路输出电源直接在端子进行并接，为准确判断故障电源，可以测量输出电流。注意电源模块输出电流大小和电流流向。

（11）励磁调节器参数设置前，应首先记录原始参数设置值，以便试验完成后恢复。

（12）当发生有功摆动或振荡时退出 PSS；若振荡继续，则减少发电机有功功率。

三、自动调节励磁装置作业指导

下达任务作业指导书，按标准化作业的步骤进行发电机励磁系统的检验调试与运行维护。在实施过程中，充分发挥学生的主体作用和教师的主导作用，引导学生在做中学，及时纠正学生作业中的不规范行为。

（一）设备概况

静态自并励励磁系统，主要由机端励磁变压器、晶闸管整流装置、自动电压调节器、灭磁和过电压保护装置、启励装置和必要的监测保护报警辅助装置等组成。励磁系统为高起始响应系统，连续控制系统保证电压控制的高精度。静态自并励励磁系统为双自动/双手动通道＋独立的后备控制板，运行中，两个 AVR 通道之中的一个处于备用状态。通道之间的切换是自动的、无扰动的。

（二）检修类别周期及工期

检修类别周期及工期见表 4-17。

（三）检修项目

A 级检修项目见表 4-18。

表 4-17　检修类别周期及工期

检修类别（级别）	检修周期（年）	检修工期（天）
A	4	25
B	2	10
C	1	7

表 4-18　　A 级检修项目

序　号	项目名称	备注
1	外部检查	
2	开关量信号核对	
3	励磁系统各部件绝缘测试	
4	励磁系统定值核对，励磁装置软件检查	
5	励磁调节器交、直流电源检验	
6	励磁装置柜内继电器、变送器特性检验	
7	励磁调节器各通道（TV、TA、P、Q 温度）测量精度和功能检验	
8	转子过电压保护单元测试	
9	转子接地保护检验	
10	整流柜开环特性试验	
11	整流柜风机静态试验	
12	灭磁开关分合闸最低动作电压测试	
13	带开关传动试验、联动回路传动试验	
14	核相试验	
15	发电机空载励磁试验：励磁启励试验	
	励磁自动手动调节范围检验	
	发电机空载阶跃试验	
	励磁 V/Hz 限制试验	
	励磁调节器通道切换试验	
	TV 断线试验	

序号		项目名称	备注
15	发电机空载励磁试验	整流柜风机电源切换试验	
		发电机空载额定电压下灭磁试验	
16	发电机负载励磁试验	自动方式下通道切换试验	
		自动方式下励磁调节器阶跃试验	
		励磁电流过励磁限制器检验	
		定子电流限制器检验	
		发电机低励限制器检验	
		最小励磁电流限制器试验	
		励磁功率柜均流试验	
		电力系统稳定器 PSS 试验	

B、C 级检修项目见表 4-19。

表 4-19　　　　　　　　　　　**B、C 级检修项目**

序号	项目名称	备注	序号	项目名称	备注
1	外部检查	B、C 级检修	4	整流柜风机静态试验	B 级检修
2	开关量信号核对	B、C 级检修	5	励磁整流柜风机轮换	B、C 级检修
3	励磁系统各部件绝缘测试	B、C 级检修	6	带开关传动试验、联动回路传动试验	B、C 级检修

（四）检修步骤项目及方法

1. 安全条件

（1）进入控制柜操作，应小心谨慎。

（2）接触系统带电部件会造成严重伤害。没有专业知识及没有采取防护措施的操作人员不可以进入控制柜。调节柜（＋ER）电压超过 50V，它的所有带电部件都有防意外接触保护。

（3）整流柜（＋EG，散热器，母线等）与励磁系统变压器的二次侧或转子相连，其部件的电压极端危险。因此这些部件有有机玻璃罩，防止意外接触。如果在柜内进行维护操作，必须移开这些罩。

（4）由于励磁变压器二次电压和转子励磁电压接入励磁柜，当有故障发生时，柜内存在短路电流的危险。

（5）在灭磁开关柜中（＋EE），灭磁开关和灭磁电阻直接与转子连接，因此任何时候都会有危险电压。

2. 对检修人员的要求

检修人员应有深厚的电气工程和机械知识，检修应只能由经过 UNITROL　5000 训练的人员进行。

（1）调试人员必须熟悉励磁系统的"功能说明"和"用户手册"。

（2）必须熟悉在励磁系统本地操作或在远程操作的控制组件，以及运行和报警显示。

（3）必须熟悉运行调试维护和修理程序。

（4）熟悉励磁系统的电源，知道紧急停机措施，并能在发生紧急故障时切断系统电源。

（5）所有工作人员应知道灭火器的位置和操作，并知道紧急出口的位置。

3. 检修前准备工作

（1）熟悉励磁系统检验规程和图纸资料。

（2）准备好励磁装置说明书、与现场实际状况一致的图纸、上次检验记录、最新定值整定通知单和检修文件包等。

（3）准备好合格的仪器仪表、设备的备品备件、调试工具和连接导线等。

（4）交、直流电源完备，并随时可接通。若计划中有发电机测试和初始测试的话，要准备好励磁变压器用临时电源，并随时可接通。

4. 检验过程中的注意事项

（1）必须严格执行继电保护安全措施票中的内容，做好安全措施，并经 H 点验收合格，方可开始检修工作。

（2）对二次电压回路通电时，必须可靠断开至电压互感器二次侧的回路，防止反充电。

（3）检验用的试验电源：交流试验电源和相应调整设备应采用专用电源并有足够的容量，以保证在最大试验负荷下，通入装置的电压及电流均为正弦波。

（4）检验过程中如出现开关跳闸、直流接地或误发报警信号时应立即停止工作，待查明与本身工作确实无关后方可继续进行检验工作。

（5）测量绝缘前应将交、直流母线短接，做好安全措施。测量绝缘结束后及时恢复。

（6）试验接线必须经过第二个人核对确认接线正确后，方可通电试验。

（7）检查印刷电路板时应戴好防静电环。

5. 检验内容

（1）设备清扫、外部检查。利用毛刷、吸尘器、干净的抹布和电气设备专用清洗剂对励磁系统中的灭磁开关柜、整流柜、励磁调节器柜、交流进线柜及直流出线柜的柜顶，内部端子排及各元器件（包括励磁调节器、晶闸管、散热片、电容、电阻、印刷电路板、开关、熔断器、电源装置及风扇电机和交直流母线排等）进行清扫；保证检验后的设备清洁无污垢、无灰尘。

（2）端子紧固对盘柜内的各个螺栓逐个进行紧固，检查接线压接良好。

（3）装置内部板卡检查戴好防静电环，检查 COB、MUB、EGC、CIN、和 GDI、FIO、PSI 板卡的各个芯片、电气元件应正常，焊接无松动，连接线压接良好；各端子的接线与图纸一一对应。

（4）跨接器、非线性电阻检查外观良好，无过热痕迹。

6. 励磁系统回路及各部件绝缘测试

（1）准备工作。断开励磁交流进线柜入口与励磁变压器封闭母线的软连接；将整流桥的输出"＋"、"－"和整流桥三相输入 A、B、C 之间短接；直流操作回路的"＋"、"－"端短接；励磁备用电源交流回路短接。合上灭磁开关和励磁备用电源交流开关，并将接触器的输入与输出短接；退出可以退出的弱电元件，不能退出的将其短接。将半导体器件各端子、非线性电阻和电容器短路。将非试验回路和每一个柜体的外壳连接在一起并接地。

（2）绝缘测量：用 1000V 绝缘电阻表测量交、直流回路的绝缘电阻应大于 $1M\Omega$。

7. 开关量信号核对试验

参照技术说明书，按调试说明进行。

8. 励磁调节装置各单元特性测定

利用继电保护测试仪对励磁系统中的电源模块、继电器、接触器、灭磁开关分合闸最低动作电压及励磁调节器各通道的电流、电压、相位角、有功和无功功率的精度进行检验。

（1）电源的检验。

1）交流电源特性检验。在励磁调节器交流电源接线端子输入试验电压，调节试验电压在额定电压的（85%～110%）范围内变动，测量调节器电源的输出电压值应稳定。

2）直流电源特性检验。在励磁调节器直流电源接线端子输入试验电压，调节试验电压在额定电压的（80%～110%）范围内变动，测量调节器电源的输出电压值应稳定。

（2）继电器检验。

1）线圈电阻的检验。用数字万用表测定线圈电阻，测量值与出厂值比较误差应在±10%以内。

2）动作电压及返回电压检验。施加直流电压使继电器动作和返回，记录动作和返回值。动作值应在30%～70%额定电压范围内，返回值不应小于5%额定电压。

3）动作（返回）时间测定。在额定直流电压下，测定继电器的动作和返回时间。

4）检查触点通断情况应正确。

（3）励磁调节器软件检查。下载励磁调节器程序和参数，检查程序版本和参数与最新定值单相符。

（4）调节器各通道精度检查。

1）各通道的TV测量精度检验。在励磁调节器电压端子加入三相电压，调节试验电压值，在不同的电压值时，记录相应的励磁调节器测量到的电压值，要求电压的平均值误差不大于1%。

2）各通道TA测量检验。在励磁调节器电流端子加入三相电流，调节试验电流值，在不同的电流值时，记录相应的励磁调节器测量到的电流值，要求电流的平均值误差不大于1%。

3）各通道的P、Q测量功能检验。在励磁调节器端子加入三相电压、电流，改变电压、电流的角度，比较输入的有功、无功功率值和励磁调节器显示的有功、无功功率值误差应不大于1%；角度误差不大于2%。

4）整流柜、励磁变温度测量校准。选择好准确的温度计，在整流柜中放置5min，待测量温度值保持静止后，确定当前温度是否与显示温度一致，该测量值无法进行调校。

9. 变送器输入输出特性检验

检验励磁系统中各个交、直流变送器的输入输出特性，变送器精度应合格。

10. 转子一点接地保护检验

（1）动作值检验。外接试验用电阻箱，模拟转子接地故障，将转子一点接地保护的动作时间设置为最小，调节电阻数值，使转子一点接地保护在整定值处正确动作。

（2）动作时间检验。在0.7倍的动作值时测量转子一点接地保护的动作时间。

（3）保护出口触点检查。检查转子一点保护的动作触点通断良好。

11. 转子过电压保护单元试验

将转子过电压保护与励磁主回路断开，在转子过电压保护装置两端施加高电压，同时用示波器观察电压波形的变化，当正弦波电压波峰被削平、正向或反向平顶电压峰值不再随电源电压升高而有明显变化时，表明过电压保护动作限压，记录波形，读取动作电压值，转子过压保护动作值应与整定值相符。

12. 整流柜开环假负载特性试验

断开励磁交流进线柜入口与励磁变封闭母线的软连接，在励磁交流进线侧加入三相380V试验电源，直流侧输出接模拟负荷（可取 200Ω，2.5A 滑线电阻，实际以试验交流电压为准计算），合上灭磁开关，改变励磁功率柜可控硅的触发角，逐个测量各个整流柜的输出电压，并用录波器测录输出电压的波形，检查晶闸管导通正确在当前通道的手动方式下，参数设定参照技术说明书要求进行。

四、反事故措施

（1）励磁系统应设全过程的技术监督。

（2）严格执行"防止发电机损坏事故"中有关励磁系统故障的检查和控制方法。

（3）应选用具有良好抗干扰性能的，并符合电力行业电磁兼容及相关的抗干扰技术标准的安全自动装置。

（4）应重视励磁装置与接地网的可靠连接。

（5）励磁控制二次回路均应使用屏蔽电缆。

（6）规范继电保护专业人员在各个工作环节上的行为，及时编制、修订继电保护及安全自动装置检修规程和典型操作票，在检修工作中必须严格执行各项规章制度及反事故措施和安全技术措施。通过有秩序的工作和严格的技术监督，杜绝继电保护人员因为责任造成的"误碰、误整定、误接线"事故。

（7）检修设备在投运前，应认真检查各项安全措施，特别是有无电压二次回路短路、电流二次回路开路和不符合运行要求的接地点的现象。

（8）在运行中的装置上进行检查、测量前，应认真考虑防止装置不正确动作的有效措施，并做好事故预想和防范措施。在实施过程中要特别注意现场设备的安全性。

【复习思考】

4-4-1 该任务的知识目标？

4-4-2 该任务的能力目标？

4-4-3 微机励磁调节器的作用？

4-4-4 微机励磁调节器应满足哪些要求？

4-4-5 微机励磁调节器检验的项目有哪些？

4-4-6 微机励磁调节器各检验项目的接线？

4-4-7 微机励磁调节器的作业步骤？

4-4-8 微机励磁调节器运行维护的工作？

4-4-9 微机励磁调节器运行维护的注意事项？

任务五　准同期自动并列装置的原理及性能检验

【教学目标】

知识目标：掌握准同期并列的条件、准同期自动并列装置的基本原理、动作的逻辑关系、定值整定。

能力目标：能进行准同期自动并列装置的接线、能进行准同期自动并列装置各项性能的检验、能用准同期自动并列装置实现并列操作。

素质目标：敬业精神、严谨的工作作风、安全意识、团队协作精神。

【任务描述】

依据准同期自动并列装置的标准化作业指导书，设置检验测试的安全措施。依据保护装置说明书进行装置界面操作，输入固化定值。连接好测试接线，操作测试仪器，进行检验测试，对照定值单等对检验测试结果进行判断。

【任务准备】

（1）教师下发同期自动并列装置的作业指导书，明确学习目标和任务。

（2）讲解准同期自动并列装置的基本原理及检验测试流程和注意事项。

（3）学生熟悉准同期自动并列装置技术说明书，熟悉准同期自动并列装置标准化作业指导书、定值单；进行继电保护测试仪的学习使用。

（4）学生进行人员分组及职责分工。

（5）制订工作计划及实施方案。教师审核工作计划及实施方案，引导学生确定最终实施方案。

【相关知识】

一、准同步并列的基本原理

1. 对并列操作的基本要求

电力系统中，各发电机是并联在一起运行的。并列运行的同步发电机，其转子以相同的电角速度旋转，每个发电机转子的相对电角速度都在允许的极限值以内，称为同步运行。一般来说，发电机在没有并入电网前，与系统中的其他发电机是不同步的。

电力系统中的负荷是随机变化的。为保证电能质量，并满足安全和经济运行的要求，须经常将发电机投入和退出运行，把一台待投入系统的空载发电机经过必要的调节，在满足并列运行的条件下经开关操作与系统并列，这样的操作过程称为并列操作。在某些情况下，还要求将已解列为两部分运行的系统进行并列，同样也必须满足并列运行条件才能进行开关操作，这种操作也为并列操作，其并列操作的基本原理与发电机并列相同，但调节比较复杂，且实现的具体方式有一定差别。

电力系统这两种基本并列操作中，以同步发电机的并列操作最为频繁和常见，如操作不当或误操作，将产生大的冲击电流，损坏发电机，引起系统电压波动，甚至导致系统振荡，破坏系统稳定运行，因此对同步发电机的并列操作有两个基本要求：

（1）并列瞬间，发电机的冲击电流不应超过规定的允许值。

（2）并列后，发电机应能迅速进入同步运行。

采用自动并列装置进行并列操作，不仅能减轻运行人员的劳动强度，也能提高系统运行的可靠性和稳定性。

2. 同步发电机并列操作的方法

电力系统中，并列方法主要有准同步并列和自同步并列两种。

（1）准同步并列。先给待并发电机加励磁，使发电机建立起电压，调整发电机的电压和频率，在接近同步条件时，合上并列断路器，将发电机并入电网。若整个过程是人工完成的称手动准同步并列，若是自动进行的称自动准同步并列。

　　准同步并列的优点是并列时产生的冲击电流较小，不会使系统电压降低，并列后容易拉入同步，因而在系统中广泛使用。

　　（2）自同步并列。待并发电机先不加励磁，当其转速接近同步转速时，投入电力系统，在并列断路器合闸后，立即给转子加励磁，由系统将发电机拉入同步。

　　自同步的优点是并列速度快，但这种并列方法并列时产生的冲击电流较大，同时发电机要从系统中吸收无功，会引起系统电压短时下降。下面着重讨论准同步并列。

　　3. 准同步并列条件及分析

　　准同步并列理想条件：要使一台发电机以准同步方式并入系统，进行并列操作最理想的状态是：在并列断路器主触头闭合的瞬间，断路器两侧电压的大小相等、频率相同，相角差为零，即

　　（1）待并发电机电压与系统电压相等。

　　（2）待并发电机频率与系统频率相等。

　　（3）并列断路器主触头闭合瞬间，待并发电机电压与系统电压间的相角差为零。

　　符合上述三个理想条件，并列断路器主触头闭合瞬间，冲击电流为零，待并发电机不会受到任何冲击，并列后发电机立即与系统同步运行。但是，在实际运行中，同时满足以上三个条件几乎是不可能的，事实上也没有必要，只要并列时冲击电流较小，不会危及设备安全，发电机并入系统拉入同步过程中，对待并发电机和系统影响较小，不致引起不良后果，是允许进行并列操作的。因此，实际运行中，上述三个理想条件允许有一定偏差，但偏差值要严格控制在一定的允许范围内。

　　准同步并列实际条件分析：

　　现以图 4-33 所示电路来讨论非理想条件下并列操作的情况。图 4-33（a）所示为待并发电机与系统的一次接线图，发电机 G 已加励磁，其机端电压为 $\dot{U}_\mathrm{G}$，设系统为无穷大系统，即系统电压 $\dot{U}_\mathrm{S}$ 的大小为常数，系统综合电抗 $X_\mathrm{S}=0$，并列时产生冲击电流 $\dot{I}_\mathrm{im}$ 为图示方向。图 4-33（b）为求冲击电流 $\dot{I}_\mathrm{im}$ 的等值电路。

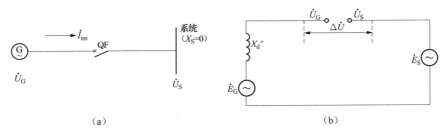

图 4-33　发电机并列示意图

(a) 一次系统图；(b) 等值电路

　　下面分三种情况来讨论。

　　（1）电压差允许值。发电机并列时，设发电机电压频率 f_G 与系统电压频率 f_S 相等，二者相差角 $\delta=0°$，只是电压大小不等，即 $U_\mathrm{G}\neq U_\mathrm{S}$，且 $U_\mathrm{G}>U_\mathrm{S}$，作出其相量图如图 4-34（a）所示，电压差值 $\Delta\dot{U}$ 即为发电机电压 $\dot{U}_\mathrm{G}$ 与系统电压 $\dot{U}_\mathrm{S}$ 的幅值差。

　　由于准同步并列是经常性操作，为保证发电机的安全，一般冲击电流不允许超过机端短

路电流的 1/10～1/20。据此，在并列时要求电压差值不应超过 5%～10% 的额定电压值。

（2）相角差允许值。发电机并列时，设电压大小相等，$U_G = U_S = U$，频率相同，$f_G = f_S$，合闸瞬间存在相角差，即 $\delta \neq 0°$。作出相量图如图 4-34（b）所示，由于存在相角差，断路器两端就有一电压差值 $\Delta \dot{U}$，并列时将产生冲击电流。

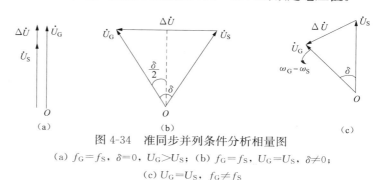

图 4-34　准同步并列条件分析相量图
(a) $f_G = f_S$，$\delta = 0$，$U_G > U_S$；(b) $f_G = f_S$，$U_G = U_S$，$\delta \neq 0$；
(c) $U_G = U_S$，$f_G \neq f_S$

并列时相角差 δ 越大（在 180° 范围内），产生的冲击电流也越大。$\delta = 180°$，冲击电流出现最大值，如果在此时误合闸，极大的冲击电流可能会烧毁发电机。

为了在发电机并列时不产生过大的冲击电流，应在 δ 角接近于零时合闸。通常并列操作时允许的合闸相角差不超过 10°，对于 200MW 及以上机组，合闸相角差不超过 2°～4°。

（3）频率差允许值。发电机并列时，设电压大小相等，$U_G = U_S = U$，二者频率不同，即 $f_G \neq f_S$，发电机电压 $\dot{U}_G$ 和系统电压 $\dot{U}_S$ 各自以角速度 ω_G 和 ω_S 旋转。以 $\dot{U}_S$ 作参考量，作出相量图如图 4-34（c）所示，$\dot{U}_G$ 绕系统电压 $\dot{U}_S$ 以角速度 $\omega_G - \omega_S$ 旋转。当 $\omega_G > \omega_S$，$\dot{U}_G$ 绕 $\dot{U}_S$ 逆时针旋转；$\omega_G < \omega_S$，$\dot{U}_G$ 绕 $\dot{U}_S$ 顺时针旋转。在旋转过程中，两电压之间的相角差由 0°→180°→360° 变化，电压差值 $\Delta \dot{U}$ 的大小也由小→大→小变化，相应产生的冲击电流大小也在从小→大→小变化。由于 $f_G \neq f_S$，并列时使发电机振动，会导致系统振荡。根据运行经验，并列时频率差值不应超过 0.2%～0.5% 的额定频率，即不超过（0.1～0.25）Hz。

（4）综合上面分析，得到准同步并列的实际条件为：

1）待并发电机电压和系统电压接近相等，其电压差不超过（5%～10%）额定电压；

2）待并发电机电压与系统电压的相角差在并列瞬间应接近于零，相角差 δ 不大于 10°；

3）待并发电机频率与系统频率接近相等，其频率差不超过（0.2%～0.5%）额定频率。

4. 合闸脉冲命令的发出

在频率差、电压差满足要求的前提下，并列瞬间的相角差不能太大，要尽量使并列合闸时，即并列断路器主触头闭合瞬间相角差 $\delta = 0°$。将发电机并入电网，实质上是将发电机出口断路器合上。由于一般断路器合闸机构为机械操作机构，从合闸命令的发出，到断路器主触头闭合，要经历一段时间，为 0.1～0.7s，因此要使并列合闸瞬间 $\delta = 0°$，合闸脉冲不能在 $\delta = 0°$ 时发出，而必须在 $\delta = 0°$ 之前提前一个时间发出。这一提前的时间叫导前时间，用 t_{ad} 表示，显然 t_{ad} 为发合闸脉冲起到断路器主触头闭合止中间所有元件的动作时间之和，其中主要为断路器的合闸时间。

为保证断路器主触头闭合瞬间 $\delta = 0°$，导前时间 t_{ad} 应不随频差、压差变化，是一个固定的数值，所以有恒定导前时间之称，以此原理构成的装置也被称为恒定导前时间式自动准同步装置。

5. 自动准同步装置的分类与功能

从构成上来看，自动准同步装置可以分成模拟式和数字式两大类。

自动准同步装置的任务是实现自动并列操作，具体应有以下功能：

（1）能自动检测待并发电机与系统之间的电压差、频率差大小，当满足准同步要求时，自动发出合闸脉冲命令，使断路器主触头闭合瞬间 $\delta=0°$。

（2）如压差或频差不满足要求，能自动闭锁合闸脉冲，同时检出压差或频差的方向，对待并发电机进行电压或频率的调整，以加快自动并列的进程。

二、数字式自动准同步并列装置

1. 概述

模拟式自动准同步并列装置以一个滑差周期为基本检测周期，一旦检测到压差和频差符合条件，就认为在恒定导前时间内滑差 ω_d 是不变的常数（即匀速），也就是认为并列操作是在发电机转速已达到稳定情况时进行的。这是理想情况，实际情况是多变的，如系统频率不很稳定或发电机转速是变化的，都会有不同程度的加速度，因而影响了准同步并列操作的准确性，如合闸时间较长的断路器，可能使合闸瞬间相角差很大，引起极大的冲击电流；或为了获得稳定的滑差 ω_d，把并列过程拉得很长。另外，由于装置元件老化或因温度变化引起的参数变化，也会使导前时间产生误差。随着电力系统的发展，单机容量不断增大，对合闸允许相角差的要求也相应提高，因此以匀速准则实现的模拟式自动准同步并列装置的使用有一定的局限性。

用大规模集成电路微处理器（CPU）等器件构成的数字式自动并列装置，由于硬件简单，编程方式灵活，运行可靠，且运行上日趋成熟，成为当前自动并列装置使用和发展的主流。微处理器（CPU）具有高速运算和逻辑判断能力，它的指令周期以微秒计，这对于发电机频率为 50Hz、每周期 20ms 的信号来说，可以具有足够充裕的时间进行相角差 δ 和滑差角频率 ω_d 近乎瞬时值的运算，并按照频差值、电压差值的大小和方向确定相应的调节量，对机组进行调节，以达到较满意的并列控制效果。同时数字式并列装置可以采用较为精确的公式，考虑相角差 δ 可能具有加速运动等问题，能按照 δ 当时的变化规律，选择最佳的导前时间发出合闸信号，这样可以缩短并列操作的过程，提高了自动并列装置的技术性能和运行可靠性。此外引入计算机技术后，可以较方便地应用检测和诊断技术对自动并列装置进行自检，提高了装置的运行维护水平。

2. 同步条件检测

微机自动准同步并列装置借助于微处理器的高速处理信息能力，利用编制的程序，在硬件配合下实现发电机并列操作。同步并列条件的检测与合闸信号控制的基本原理介绍如下。

（1）电压检测。交流电压变送器可以把交流电压 u 转变为直流电压 U，其输出的直流电压与输入的交流电压值成正比。如图 4-35（a）所示，CPU 从 A/D 转换接口读取的电压量 D_G、D_s 分别表示发电机电压 u_G 和系统电压 u_s 的有效值。设机组并列时，允许电压偏差的整定值为 ΔU_{set}，装置内对应的整定值为 $D_{\Delta U}$。

当 $|D_s-D_G|>D_{\Delta U}$ 时，不允许合闸信号输出；

当 $|D_s-D_G|\leqslant D_{\Delta U}$ 时，允许合闸信号输出。

如 $D_s>D_G$ 时，并行口输出升压信号，输出调节信号的宽度与其差值成比例；反之，则发降压信号。

（2）频率检测。把交流电压正弦信号转换为方波，经二分频后，它的半波时间即为交流电压的周期 T。利用正半周期高电平作为可编程定时计数器开始计数的控制信号，其下降沿即停止计数并作为中断请求信号，由 CPU 读取其中计数值 N，并使计数器复位，以便为下一个周期计数作好准备。图 4-35（b）为测频方框图。

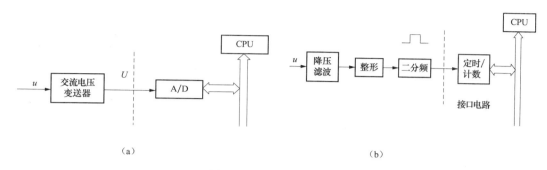

图 4-35　电压和频率测量

(a) 电压测量；(b) 频率测量

设可编程定时计数器的计时脉冲频率为 f_c，则交流电压的周期为 $T=(1/f_c)N$。
交流电压频率为

$$f = f_c/N \tag{4-8}$$

发电机电压和系统电压分别由可编程定时计数器计数，主机读取计数脉冲值 N_G 和 N_S。由式（4-8）求得 f_G 和 f_S。与上述电压检测所采用算式类同，把频率差的绝对值与设定的允许频率偏差整定值比较，作出是否允许并列的判断。

当 $|f_S-f_G| \geqslant \Delta f_{set}$ 时，不允许合闸信号输出，同时发调频脉冲；

当 $|f_S-f_G| \leqslant \Delta f_{set}$ 时，允许合闸信号输出。

按发电机频率 f_G 高于或低于系统频率 f_S 来输出减速或增速信号。选择相角差 δ 在 0°～180°区间，调节量按与频差值 f_d 成比例进行调节。

如图 4-36 所示，先将待并发电机电压 u_G 和系统电压 u_S 转换为方波电压，再将两个方波电压加至异或门后，在异或门的输出端也是一系列宽度不等的矩形波，表示了相角差 δ 的变化。借助于定时计数器和 CPU 可读取矩形波宽度的大小，求得两电压间的相角差 δ 的变化轨迹。为了叙述方便起见，设系统频率为额定值 50Hz，待并发电机的频率低于 50Hz。从电压互感器二次侧来的电压 u_S、u_G 波形如图 4-37（a）所示，经削波限幅后得到图 4-37（b）所示的方波，两方波异或就得到图 4-37（c）中的一系列宽度不等的矩形波。显然，这一系列矩形波的宽度 τ_i 与相角差 δ_i 相对应。系统电压方波的宽度 τ_s 为已知，它等于 $1/2T_s$（或 180°），因此 δ_i 为

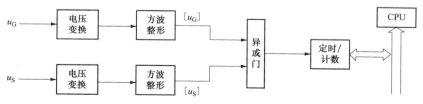

图 4-36　相角差 δ 测量

$$\left.\begin{array}{l} \delta_i = (\tau_i/\tau_s) \cdot \pi(当\ \tau_i \geqslant \tau_{i-1}，即矩形波逐渐变宽) \\ \delta_i = [2\pi - (\tau_i/\tau_s) \cdot \pi] \\ \quad = (2 - \tau_i/\tau_s) \cdot \pi(当\ \tau_i < \tau_{i-1}，即矩形波逐渐变窄) \end{array}\right\} \qquad (4\text{-}9)$$

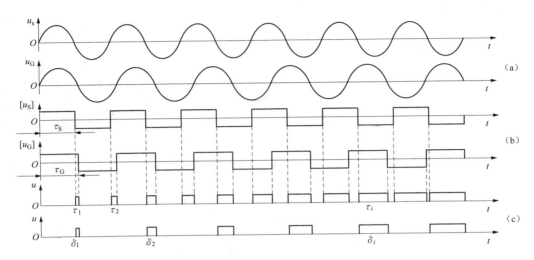

图 4-37　相角差 δ 测量波形分析
(a) U_S、U_G 波形；(b) $[u_S]$、$[u_G]$ 波形；(c) 两方波异或

式（4-9）中 τ_i 和 τ_s 的值，CPU 可从定时计数器读入求得。如每一工频周期（约 20ms）做一次计算，主机可记录下 δ_i 的轨迹。

来自并列点断路器两侧的电压互感器的二次电压经过隔离电路隔离后，通过相敏电路将正弦波转换为相同周期的矩形波，通过对矩形波电压过零点的检测，即可获取待并发电机和系统的频率 f_G 和 f_S，由此可以求出频率差 f_d、角频率差 ω_d。

3. 微机自动准同步并列装置的构成框图

微机型自动准同步并列装置形式较多，但其功能和原理是相似的，硬件构成也大体相同。图 4-38 是微机自动准同步装置的逻辑框图，可分为七个部分：第一部分是由微处理器、输入/输出接口构成的微计算机；第二部分是频率差、相角差鉴别电路；第三部分是电压差鉴别电路；第四部分是输入电路（开关量输入、键盘）；第五部分是输出电路（显示部件、继电器组）；第六部分是装置电源；第七部分是试验装置。分述如下。

（1）微计算机。由单片机、存储器及相应的输入/输出接口电路构成。自动准同步装置运行程序存放在程序存储器（只读存储器 EPROM）中。同步参数整定值存放在参数存储器（电可擦存储器 EEPROM）中。装置运行过程中的采样数据、计算中间过程及最终结果存放在数据存储器（静态随机存储器 RAM）中。输入/输出接口为可编程并行接口，用以采集并列点选择信号、远方复位信号、断路器辅助触点信号、键盘信号、压差越限信号等开关量，并控制输出继电器实现调压、调速、合闸、报警等功能。

（2）频差、相角差鉴别电路。频差、相角差鉴别电路用以从外界输入装置的两侧电压互感器 TV 二次电压中提取与频差、相角差有关的量，进而实现对准同步三要素中频差及相角差的检查，以确定是否符合准同步并列条件。此外频差测量可作为发电机组的调速器进行加速和减速控制的依据。

来自并列点断路器两侧的电压互感器 TVₛ 及 TV_G 的二次电压经过隔离电路隔离后，通过相敏电路将正弦波转换为相同周期的矩形波，通过对矩形波电压过零点的检测，即可从频

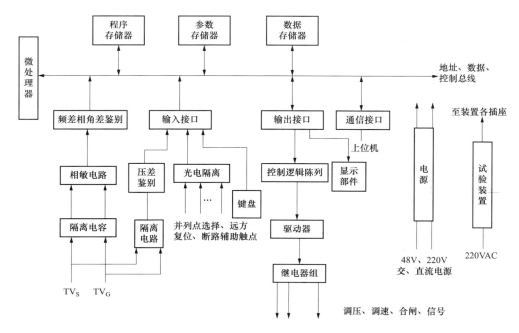

图 4-38　微机自动准同步装置原理框图

差、相角差鉴别电路中计算获取待并发电机侧和系统侧的频率 f_G 和 f_s，由此可由式计算理想导前合闸角 δ_{ad}。

同时从两个电压互感器 TV 二次电压间相邻同方向的过零点找到两电压的相角差 δ，在一个工频周期中由于有两次过零点，因此每半个周期就可取得一个实时的相角差，有了每一个工频周期计算出来的理想导前合闸角 δ_{ad}，又有了每半个工频周期测量出来的实时相角差 δ，只要不断搜索 $\delta = \delta_{ad}$ 的时机，一旦出现，自动准同步装置即可发出合闸命令，使待并发电机正好在 $\delta = 0°$ 时并入系统。

（3）压差鉴别电路。压差鉴别电路用以从外部输入装置的两电压互感器 TVₛ 及 TV_G 的二次侧电压中提取压差超出整定值的数值及极性信号。该电路具有整定允许压差及检查压差极性的功能。整定压差的内容包括：允许正负方向压差对额定电压的百分值、发电机电压对额定电压过电压保护整定值的百分值、待并发电机侧及系统侧的低电压闭锁启动电压对额定电压的百分值（低电压闭锁是防止电压互感器二次侧断线或熔丝熔断引起同步装置误动作）。

压差的数值及极性还可为同步装置在压差偏离允许值时对励磁调节器进行均压控制的依据，为快速并网创造条件。

（4）输入电路。微机自动准同步装置的输入信号除并列点两侧的二次电压外，还要输入以下开关量信号。

1）并列点选择信号。一般来说，一台自动准同步装置可以供多台发电机并网使用，但每次只能为一台发电机服务。自动准同步装置的参数存储器中预先存放好各台发电机的同步参数整定值，如导前时间、允许频差、均频控制系数、均压控制系数等。在确定即将并网的

并列点后，首先要通过控制台上每个并列点的同步开关从自动准同步装置的并列点选择输入端送入一个开关量信号，这样自动准同步装置接入后（或复位后）即会调出相应的整定值，进行并网条件检测。

2）断路器辅助触点信号。并列点断路器辅助触点是用来实时测量断路器合闸时间（含中间继电器动作时间）的，自动准同步装置的导前时间越是接近断路器的实际合闸时间，并网时的相角差就越小，这也就是为什么要实测断路器合闸时间的理由。在自动准同步装置发出合闸命令的同时，启动内部的一个毫秒计时器，直到装置回收到断路器辅助触点的变位信号后停止计时，这个计时值即为断路器的合闸时间。

3）远方复位信号。"复位"是使微机从头再执行程序的一项操作，自动准同步装置在自检或工作过程中出现硬件、软件问题或受干扰都可能导致出错或死机。此时可按一下装置面板上的复位按钮或设在控制台上的远方复位按钮使装置复位，复位后装置可能又正常工作了，也可能仍旧显示出错或死机。前者说明装置受短暂的干扰，而本身无故障，后者则是装置有故障应检查。

"复位"的另一作用是在自动准同步装置处经常带电工作方式时，如果要其再启动，则需通过进行一次"复位"操作。因自动准同步装置在上次完成并网后，程序进入循环显示断路器合闸时间状态，直到接到一次复位命令后才又重新开始新一轮的并网操作。

4）面板的按键及开关。同步装置面板上装有若干按键和开关，这些开关按键也是开关量形式的输入量，由装置面板直接输入到并行输入接口电路，分别实现均频功能、均压功能、同步点选择、参数整定、频率显示以及外接信号源类别等。

（5）输出电路。微机自动准同步装置的输出电路分四类：第一类是控制类，实现自动准同步装置对发电机的均压、均频和合闸控制。第二类是信号类，指示装置异常及电源消失报警。第三类是录波类，对外提供反映同步过程的电量进行录波。第四类是显示类，供使用人员监视装置工况，实时参数，整定值及异常情况等提示信息。

控制命令由加速、减速、升压、降压、合闸、同步闭锁等继电器执行，同步闭锁继电器是在进行装置试验时闭锁合闸回路的。

装置异常及失电信号也由继电器发出，自动准同步装置任何软件和硬件故障都将启动报警继电器动作，触发中央音响信号，具体故障类别同时在自动准同步装置的显示器上显示。

为了评价自动准同步装置参数整定值设置的正确性，需要在同步装置并网过程中进行录波，脉动电压及同步装置合闸出口继电器触点能最确切地描述并网过程，因此这两个电量是自动准同步装置供录波用的输出量。

自动准同步装置的面板上有两个显示部件，一个是指示并网过程的相角差变化，也反映滑差的极性和大小的整步表；另一个主要用来显示参数整定值、频差及压差越限情况、出错信息、待并发电机及系统频率等。

（6）电源。自动准同步装置使用专门设计的广域交直流两用高频开关电源，电源由48～250V交直流电源供电。

4. 试验装置

为便于自动准同步装置的试验，应有专用的试验开发装置，或装置内部自带试验模块，其功能如下：

（1）产生模拟待并侧及系统侧电压互感器二次电压的信号。

（2）有模拟多个并列点同步开关触点的同步点选择开关。

（3）由多个按键组成的控制键盘可实现设置或修改同步参数整定值；修改并列点断路器编号；检查自动准同步装置的全部开关、按键、发光二极管、继电器、同步表是否正常。

配合自动准同步装置内部的可调频的工频信号源即可对同步装置进行全面的检查及试验。

◈【任务实施】

一、SID-2CM 微机同期控制器

（一）概述

SID-2C 系列微机同期控制器有两类产品：SID-2CT 适用于 1～12 条线路并网用，SID-2CM 适用于 1～12 台（条）发电机或线路并网复用。各类产品均备有内置试验检测单元，无需借助其他仪器设备即可进行控制器的例行试验、故障检测及外电路正确性校核等工作。

SID-2C 系列微机同期控制器的突出特点是能自动识别差频和同频同期性质，确保以最短的时间和良好的控制品质促成同期条件的实现，并不失时机的捕捉到第一次出现的并网机会。

主要功能有：

（1）SID-2CM 有 8～12 个通道可供 1～12 台（条）发电机或线路并网复用，或多台同期装置互为备用，具备自动识别并网性质的功能，即自动识别当前是差频并网还是同频并网（合环）。

（2）设置参数有：断路器合闸时间、允许压差、过电压保护值、允许频差、均频控制系数、均压控制系数、允许功角、并列点两侧 TV 二次电压实际额定值、系统侧 TV 二次转角、同频调速脉宽、并列点两侧低压闭锁值、同频阈值、单侧无压合闸、无压空合闸、同步表功能。

（3）控制器以精确严密的数学模型，确保差频并网（发电机对系统或两解列系统间的线路并网）时捕捉第一次出现的零相差，进行无冲击并网。

（4）控制器在发电机并网过程中按模糊控制理论的算法，对机组频率及电压进行控制，确保最快最平稳地使频差及压差进入整定范围，实现更为快速的并网。

（5）控制器具备自动识别差频或同频并网功能。在进行线路同频并网（合环）时，如并列点两侧功角及压差小于整定值将立即实施并网操作，否则就进入等待状态，并发出遥信信号。

（6）控制器能适应任意 TV 二次电压，并具备自动转角功能。

（7）控制器运行过程中定时自检，如出错，将报警，并文字提示。

（8）在并列点两侧 TV 信号接入后而控制器失去电源时将报警。三相 TV 二次断线时也报警，并闭锁同期操作及无压合闸。

（9）发电机并网过程中出现同频时，控制器将自动给出加速控制命令，消除同频状态。控制器可确保在需要时不出现逆功率并网。

（10）控制器完成并网操作后将自动显示断路器合闸回路实际动作时间，并保留最近的 8 次实测值，以供校核断路器合闸时间整定值的精确性。

（11）控制器提供与上位机的通信接口（RS-232、RS-485），并提供通信协议，和必需的开关量应答信号，以满足将同期控制器纳入 DCS 系统的需要。

（12）控制器采用了全封闭和严密的电磁及光电隔离措施，能适应恶劣的工作环境。

（13）控制器供电电源为交直流两用型，能自动适应 110、220V 交直流电源供电。

（14）控制器输出的调速、调压及信号继电器为小型电磁继电器，合闸继电器则有小型

电磁继电器及特制高速、高抗扰光隔离无触点大功率 MOSFET 继电器两类供选择，后者动作时间不大于 2ms，长期工作电压可达直流 1000V，接点容量直流 6A。在接点容量许可的情况下，可直接驱动断路器，消除了外加电磁型中间继电器的反电动势干扰。

（15）控制器内置完全独立的调试、检测、校验用试验装置，不需任何仪器设备即可在现场进行检测与试验。

（16）可接受上位机指令实施并列点单侧无压合闸或无压空合闸。

（17）在需要时可作为智能同步表使用。

（18）控制器提供同步表视频转换器可选件，将同步表的相位、压差、频差及合闸信息通过视频电缆传送到控制室大屏幕的视频输入端。

（二）工作原理

1. 电力系统并网的两种情况

断路器连接两侧电源的合闸操作称为并网，并网有以下两种情况：

（1）差频并网：发电机与系统并网和已解列两系统间联络线并网都属差频并网。并网时需实现并列点两侧的电压相近、频率相近、在相角差为 0° 时完成并网操作。

（2）同频并网：未解列两系统间联络线并网属同频并网（或合环）。这是因并列点两侧频率相同，但两侧会出现一个功角 δ，δ 的值与连接并列点两侧系统其他联络线的电抗及传送的有功功率成比例。这种情况的并网条件应是当并列点断路器两侧的压差及功角在给定范围内时即可实施并网操作。并网瞬间并列点断路器两侧的功角立即消失，系统潮流将重新分布。因此，同频并网的允许功角整定值取决于系统潮流重新分布后不致引起新投入线路的继电保护动作，或导致并列点两侧系统失步。

2. 差频并网合闸角的数学模型

准同期的三个条件是压差、频差在允许值范围内时应在相角差 φ 为零时完成并网。压差和频差的存在将导致并网瞬间并列点两侧会出现一定无功功率和有功功率的交换，不论是发电机对系统，或系统对系统并网对这种功率交换都有相当承受力。因此，并网过程中为了实现快速并网，不必对压差和频差的整定值限制太严，以免影响并网速度。但发电机并网时角差的存在将会导致机组的损伤，甚至会诱发后果更为严重的次同步谐振（扭振）。因此一个好的同期装置应确保在相差 φ 为零时完成并网。

在差频并网时，特别是发电机对系统并网时，发电机组的转速在调速器的作用下不断在变化，因此发电机对系统的频差不是常数，而是包含有一阶、二阶或更高阶的导数。加之并列点断路器还有一个固有的合闸时间 t_k，同期装置必须在零相差出现前的 t_k 时发出合闸命令，才能确保在 $\varphi=0°$ 时实现并网。或者说同期装置应在 $\varphi=0°$ 到来前提前一个角度 φ_k 发出合闸命令，φ_k 与断路器合闸时间 t_k、频差 ω_s、频差的一阶导数 $\frac{d\omega_s}{dt}$ 及频差的二阶导数 $\frac{d^2\omega_s}{dt^2}$ 等有关。其数学表达式为

$$\varphi_k = \omega_s t_k + \frac{1}{2}\frac{d\omega_s}{dt}t_k^2 + \frac{1}{6}\frac{d^2\omega_s}{dt^2}t_k^3 + \cdots \tag{4-10}$$

同期装置在并网过程中需不断快速求解该微分方程，获取当前的理想提前合闸角 φ_k，并不断快速测量当前并列点断路器两侧的实际相差 φ，当 $\varphi=\varphi_k$ 时装置发出合闸命令，实现精确的零相差并网。

不难看出获得精确的断路器合闸时间 t_k（含中间继电器）是非常重要的，因此 SID-2C 系列准同期控制器具有实测 t_k 的功能。同时也不难看出计算机对 φ_k 的计算和对 φ 的测量都不是连续进行的，而是离散进行的。从而使得我们不一定能恰好捕获 $\varphi_k=\varphi$ 的时机。这就会导致并网的快速性受到极大的影响。本控制器用另一微分方程实现对合闸时机的预测，可靠实现捕捉第一次出现的并网时机，使并网速度达到极值。

3. 均频与均压控制的方式

实现快速并网对满足系统负荷供需平衡及减少机组空转能耗有重要意义。捕捉第一次出现的并网时机是实现快速并网的一项有效措施，而用良好控制品质的算法实施均频与均压控制，促成频差与压差尽快达到给定值也是一项重要措施。SID-2CM 控制器使用了模糊控制算法，其表达式为

$$U = g(E,C) \tag{4-11}$$

式中　　U——控制量；

E——被控量对给定值的偏差；

C——被控量偏差的变化率；

g——模糊控制算法。

模糊控制理论是依据模糊数学将获取的被控量偏差及其变化率作出模糊控制决策。下面的模糊控制推理规则表可描述其本质。

表中将偏差 E 的模糊值分成正大到负大共 8 档，将偏差变化率 C 的模糊值分成正大到负大共 7 档，与它们对应的控制器发出的控制量 U 的模糊值就有 56 个（见表 4-20），从正大到负大共 7 类值。以调频控制为例，如控制器测量的频差 $\omega_S=\omega_F-\omega_X$（$\omega_F$、$\omega_X$ 分别为待并发电机及系统的角频率）为负大，而频差变化率 $\dfrac{d\omega_s}{dt}$ 也是负大，则控制量 U 为零（表中右下角的值）。这表明尽管发电机较之系统频率很低，但当前发电机频率正以很高的速度向升高方向变化，因此无需控制发电机频率就能恢复到正常值。

表 4-20　　　　　　　　　　　　　　　控制量 U 的模糊值

U ＼ E　　C	正大	正中	正小	正零	负零	负小	负中	负大
正大	零	零	负中	负中	负大	负大	负大	负大
正中	正小	零	负小	负小	负中	负中	负大	负大
正小	正中	正小	零	零	负小	负小	负中	负大
零	正中	正中	正小	零	零	负小	负中	负中
负小	正大	正中	正小	正零	零	零	负小	负中
负中	正大	正大	正中	正中	正小	正小	零	负小
负大	正大	正大	正大	正大	正中	正中	零	零

SID-2CM 控制器是通过均频控制系数 K_f 和均压控制系数 K_V 两个整定值来对控制量进行量化的，K_f 及 K_V 的选取是在发电机运行过程中人工手动将频差或压差控制超出频差及压差定值的工况下进行的，根据 SID-2CM 控制器在纠正频差及压差的过程中所表现的控制质量来修改 K_f 及 K_V，当发现纠正偏差的过程太慢，则应加大 K_f 或 K_V，反之，如纠正偏差过快并出现反复过调，则应减小 K_f 或 K_V，直到找到最佳值。不难看出，SID-2CM 控制

器实际上是针对发电机组调速系统及励磁调节系统的具体特性来整定控制系数的。

（三）使用说明

程序菜单按三种方式选择（设置、测试、工作）形成三条主干的树状结构，如图 4-39 所示。

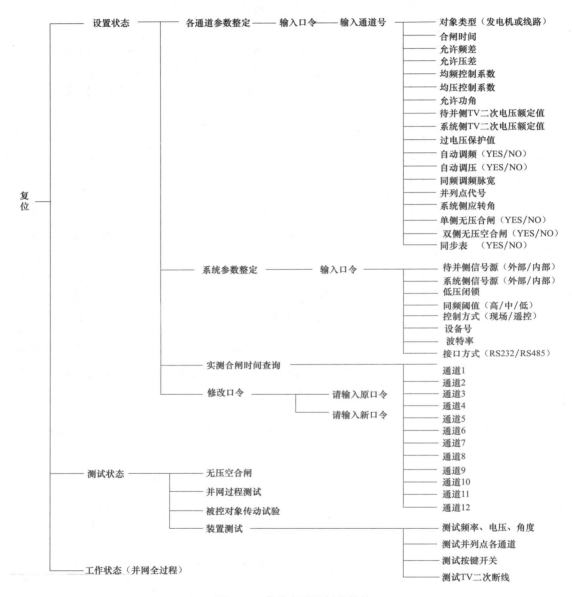

图 4-39　菜单主干的树状结构

（四）SID-2CM 微机同期控制器测试

（1）现场测试。测试菜单中的各功能项都会在现场测试时引起实施调压、调速或合闸，因此要在测试前做好相应的安全措施。

无压空合闸：装置在判断系统侧 TV 和待并侧 TV 没有电压的情况下，按"确认"键即可合一次断路器,目的是试验断路器及合闸回路是否正常。

并网过程测试:该操作除不能按遥控方式进行外,其过程及显示与工作状态下的并网操作一样,也会调压和调频,只是继电器 SL 闭锁了合闸回路。

被控对象传动实验:用于测试加速、减速、升压、降压、合闸、闭锁和报警继电器是否能正确一一对应的驱动被控对象(或中间继电器),以确认外部控制电缆接线的正确性。进入"被控对象传动实验"菜单则显示屏显示如下:

> 正在测试继电器
> ××继电器
> 按退出键停止测试

按"▼"键,分别驱动降压、升压、减速、加速等继电器。此时在××位置上相继显示
-V(降压)、+V(升压)、-F(减速)、+F(升速)、SW(合闸)、ALM(报警)、SL
(闭锁)、PA(功角大),并且在面板上对应的指示灯点亮。按"▼"键反顺序驱动前述继电器,直到按"退出"键,回到设置菜单。如显示了继电器符号,而对应指示灯不亮,表明继电器未启动。为了真正驱动被控对象,应将测试电缆的 JK4 插头从后面板上拔下,而将通向现场被控对象的 JK4 插头插到后面板的 JK4 插座上。

(2)装置测试。装置测试包括测试频率、电压、角度、测试并列点各通道、测试按键开关、测试 TV 二次断线。在进行装置测试前首先在后面板上连接好由本公司提供的专用测试电缆和试验模块电源线。合上前面板右下角试验模块电源开关,然后开机。进入设置菜单后选择"装置测试",按"确认"键后,则进入"装置测试"菜单:

> 测试频率电压角度
> 测试开入各通道
> 测试按键开关
> 测试 TV 二次断线

1)测试频率、电压、角度。有两个系统参数与本测试相关:待并侧信号源和系统侧信号源。可选择从外部输入 50Hz 电压信号或由本机产生可变频率信号。如果使用内部信号,在 Fs 或 Fg 右边显示-i。如果使用外部信号,显示-o。

如果此时选择了一个同期点,并且系统侧信号源选择外部,那么系统侧信号将根据该通道"系统侧应转角"参数,转一个角度(-30°、0°、+30°)。

进入"装置测试"菜单后,如选择"测试频率电压角度"时则显示屏显示如下:

> 测试频率电压角度
> Fs ××.×××   -o+δ
> Fg ××.×××   -i
> Us ×××.×   ××××
> Ug ×××.×   ××××
> 按退出键停止测试

在 Fs 右边显示的是系统侧频率值(Hz)。

在 Fg 右边显示的是待并侧频率值(Hz)。

在 Us 右边分别显示系统侧电压值(V)和 A/D 采集的数字量。

在 Ug 右边分别显示待并侧电压值（V）和 A/D 采集的数字量。

角度以灯光形式显示在相位表上。

如果是用内部产生的待并侧频率信号，按"▼"或"▲"键，即可减少或增加频率 Fg。

旋转面板上的 Us、Ug 旋钮，即可改变系统侧或待并侧的电压。改变后的频率和电压值在显示屏上显示。

按"退出"键退出测试，回到装置测试菜单。

2）测试并列点各通道：进入测试并列点各通道与进入测试继电器相同。

进入"测试并列点"后显示如下：

```
测试开入各通道
P1  P2  P3  P4
P5  P6  P7  P8
P9  P10  P11  P12
EC  SM  ST  NV
按退出键停止测试
```

当面板上的某并列点开关拨上时，对应的并列点被选中，液晶显示屏上对应的显示反转。

3）测试按键、开关。该功能用于测试面板上的工作方式开关和 6 个按键（"▼""▲""◀""▶""退出""确认"）是否开关和按键都完好。

进入测试按键开关与进入"测试继电器"相同。

4）测试 TV 二次断线。进入："测试 TV 二次断线"后，显示屏显示如下：

```
系统侧 TV 断线
待并侧 TV 断线
```

测试模块下部的 TV 二次断线试验开关 SF、SA、SB、SC、GF、GA、GB、GC 分别代表并列点两侧 TV 二次电压输入端。开关拨向上方为断线，如断线则反转显示。

（3）测试模块的使用。SID-2CM 同期控制器内附有一个供调试、检测装置用的测试模块，该模块通过控制器背板上的 55 芯航空插座 JK5 将各种信号经随控制器供货的连接线连到控制器的 JK2、JK3、JK4 插座。连接线上共有 4 个插头，即 14 芯的 JK2 插头、26 芯的 JK3 插头、19 芯的 JK4 插头、55 芯的 JK5 插头。测试时除将该连接线的插头一一对接外，还要将 220V 交流电源经随附的两根电源线接入 JK7 插座和 JK1 插座。在 JK1 插座的引线中可串一个电源开关，用以模拟控制器失电。由 JK7 插座接入的 220 VAC 电源由右下角的电源开关控制。JK1 可用交、直流电源，JK7 必须用交流 220V 电源。

试验模块面板下方的 Us 及 U$_G$ 旋钮用以调节输入系统侧及待并侧的 TV 二次电压，其值可从面板右下角的 Us、U$_G$ 接线柱测量。利用 Us 及 U$_G$ 旋钮可校核各个在显示屏上显示的与电压有关的整定值是否与实测值相符。

试验模块面板上部的 12 位拨码开关用以模拟现场的同期开关，对 SID-2CM 控制器只可选择第 1～12 通道的并列点，此开关还可检测没有并列点或同时出现两个及以上并列点的检错功能。左侧的 TV 二次电压选择开关用以确定系统侧和待并侧 TV 二次电压是用线电压（U$_L$）还是相电压（U$_{pn}$）。

试验模块面板上方的"远方复位"和"辅助触点"按钮用以检查控制器是否能接受远方的复位命令，和检测断路器辅助触点的状态，后者用以测断路器合闸回路时间和反映断路器的状态。面板顶部的 8 个指示灯自左至右分别反映降压、升压、减速、加速、合闸、报警、合闸闭锁、功角越限继电器的接点状态，指示灯亮为继电器启动状态。

如果测试控制器时需要改变待并侧的频率可在系统参数设置菜单下待并侧信号源选"内部"信号源。此时即可通过按"▼"或"▲"键调整发电机（待并侧）频率。如选择使用"内部"系统侧信号源，则是稳定的 50Hz 信号，不可调。

二、微机型自动准同期装置现场检验作业指导书

下达任务工单（标准化作业指导书），按标准化作业的步骤进行。在实施过程中，充分发挥学生的主体作用和教师的主导作用，引导学生在做中学，及时纠正学生作业中的不规范行为。

1. 试验接线

（1）试验装置的电源必须取自专用检修电源箱或专用试验电源屏，不允许用运行设备的电源作为检验用电源。

（2）试验装置的电源取自专用检修电源箱时，必须接至检修电源箱的相关电源接线端子，且在工作现场电源引入处配置有明显断开点的隔离开关和剩余电流动作保护器。

（3）在监护下专人负责接线，经第二人复查。

（4）试验设备外壳应可靠接地。

2. 安全重点注意事项

（1）严禁未履行工作许可手续即进入现场工作。

（2）现场安全技术措施应完备、可靠且准确无误。

（3）执行安全措施时要防止误碰运行设备，拆动二次接线应防止二次交、直流电压回路短路、接地，防止电流回路开路或失去接地点。

（4）在直流馈电屏拉合直流开关时应防止误拉运行设备直流开关。

（5）为防止设备损坏，断开直流电及交流电后才允许插拔插件。

（6）在电压回路工作时，应防止电压回路短路或未断开电压回路通电造成反充电。

（7）恢复安全措施时严格按照安全措施票执行，防止遗漏及误恢复事故。

（8）工作票终结前认真核对定值，防止误整定。

3. 作业流程图

作业流程图如图 4-40 所示。

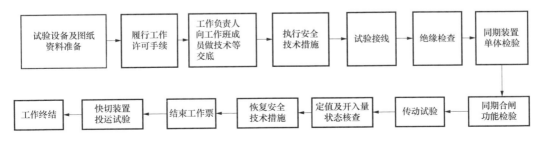

图 4-40 作业流程图

4. 作业程序与危险点控制

作业程序与危险点控制见表 4-21。

表 4-21　　　　　　　　　　作业程序与危险点控制

√	序号	检验项目	检验内容及要求	危险点控制	检验结果	责任人签字
	1	装置外观及接线检查	（1）清扫同期屏、端子排、同期装置内外及二次接线上灰尘，保持清洁无尘。 （2）二次接线应无机械损伤，装置后板配线连接良好，接线端子压接紧固。 （3）装置上切换开关、按钮、键盘、操作应灵活、手感良好。 （4）各元件、压板、端子、线头标号、电缆挂牌等标识应清晰正确。 （5）装置插件上的电压变换器及继电器应无松动。 （6）用万用表检查电压二次回路不短路，电流二次回路不开路。 （7）二次电缆屏蔽层已用截面不小于 $4mm^2$ 的多股铜线由铜螺栓压接于屏内保护专用接地铜排上，且接触牢靠 （8）保护屏屏体、前后柜门应可靠接地，保护装置箱体必须可靠接地	（1）应先断开交流电压回路，后关闭直流电源。 （2）插拔插件前应将装置电源断开，严禁带电插拔插件。 （3）插拔插件应戴防静电环，防止人身静电损坏芯片。 （4）防止操作不当，造成插件损坏。 （5）清扫时应使用绝缘工具，防止短路或接地		
	2	绝缘试验	仅在新安装装置的验收检验时进行该项试验。施加电压时间不少于 5s，待读数达到稳定时读取电阻值			
	2.1	交流电压回路对地绝缘电阻测量	用 500V 绝缘电阻表摇测，要求阻值均大于 20MΩ	（1）确认断路器、电压互感器已全部停电。 （2）停止在回路上的一切工作。 （3）断开直流电源、交流电压开关，拆开回路接地点。 （4）将电压回路与其他单元设备的回路断开。 （5）断开同期装置与其他装置的连线。 （6）将同期装置的模数插件、各个 CPU 插件及通讯管理插件拔出机箱。 （7）测试后，将各回路对地放电。 （8）在测量某一回路对地绝缘电阻时，应将其他各组回路都接地		
	2.2	直流电源回路对地绝缘电阻测量	用 500V 绝缘电阻表摇测，要求阻值均大于 20MΩ			
	2.3	跳闸和合闸回路对地绝缘电阻测量	用 500V 绝缘电阻表摇测，要求阻值均大于 20MΩ			
	2.4	开关量输入回路对地绝缘电阻测量	用 500V 绝缘电阻表摇测，要求阻值均大于 20MΩ			
	2.5	信号回路对地绝缘电阻测量	用 500V 绝缘电阻表摇测，要求阻值均大于 20MΩ			

续表

√	序号	检验项目	检验内容及要求	危险点控制	检验结果	责任人签字
	3	逆变电源检验				
	3.1	直流电源缓慢上升时的自启动性能检验	直流电源由零缓慢升至80%额定电压值,检查逆变电源自启动性能			
	3.2	拉合直流电源时的自启动性能检验	直流电源调至80%额定电压、断开、合上电源开关,检查逆变电源自启动性能	(1) 外加直流电源,严防直流回路短路或接地。 (2) 确认外加直流电源极性正确,防止直流电源极性接反		
	3.3	电源稳定性检验	调整输入同期装置的直流电源分别为80%、100%、115%的额定电压,装置运行正常,各指示灯、显示屏应正常			
	3.4	核对逆变电源运行时间	检查逆变电源运行时间,如已运行五年,应更换			
	4	通电初步检查	装置上电,各指示灯正常,液晶显示屏显示应正常,文字清晰			
	4.1	同期装置键盘操作检查	装置各按键功能正确			
	4.2	软件版本和程序校验码的核查	软件版本和程序校验码与定值通知单相同			
	4.3	时钟的整定与校核	时钟整定及失电保持功能正确			
	4.4	定值整定功能检查	按定值通知单输入、修改定值,且装置掉电后定值不应丢失	防止定值通知单内容与实际装置不一致或定值超出装置整定范围		
	5	开关量输入回路检验	在同期屏端子排处将开入量端子依次短接至+24V电源进行检查	(1) 防止直流回路短路、接地。 (2) 防止强电进入弱电回路损坏插件		
	6	模数变换系统检验				
	6.1	零漂检验	将电压输入端子开路,检查各交流通道的显示值。零漂值应在0.05V以内,且在几分钟内零漂值稳定在规定范围内			
	6.2	模拟量幅值精度检验	从端子排通入额定交流电压,设定待并侧与系统侧电压幅值分别为额定电压的20%、100%、120%,装置采样值应满足装置技术条件的要求	(1) 检验过程中,若测量值误差超过要求范围,应首先检查试验接线,试验方法以及试验电源有无波形畸变,不可急于调整或更换同期装置中的元器件。 (2) 防止交流电压回路短路、接地		
	6.3	模拟量相位精度检验	从端子排通入额定交流电压,设定待并侧与系统侧电压相位差分别为0°、±90°、±180°,装置采样值应满足装置技术条件的要求			
	6.4	模拟量频率精度检验	从端子排通入额定交流电压,设定电压频率分别为45Hz、50Hz、55Hz,装置采样值应满足装置技术条件的要求			

√	序号	检验项目	检验内容及要求	危险点控制	检验结果	责任人签字
	7	控制、操作与信号回路检查				
	7.1	控制回路检验	对同期装置发出加速、减速、增磁、减磁、合闸等出口回路进行正确性传动试验	防止直流回路短路、接地		
	7.2	操作回路检验	对并列点选择、远方复位、同期装置上电、启动同期、同期装置退电等操作信号开入回路进行检验			
	7.3	信号回路检验	对同期装置报警、同期装置失电等信号开出回路进行检验			
	8	定值检验				
	8.1	压差定值检验	待并侧、系统侧电压频率均为额定，保持系统侧电压幅值不变，改变待并侧电压幅值，检查装置调压动作正确			
	8.2	频差定值检验	待并侧、系统侧电压幅值均为额定，保持系统侧电压频率不变，改变待并侧电压频率，检查装置调频动作正确	防止电压回路短路		
	8.3	低电压闭锁定值检验	待并侧、系统侧电压频率均为额定，分别降低待并侧和系统侧电压幅值，检查装置低压闭锁功能正确			
	8.4	过电压保护定值检验	调节待并侧电压达到过电压保护定值，检查同期装置能切断加速回路并持续发出降压指令			
	9	中间继电器检验	校验中间继电器的电阻、动作值、返回值和动作时间	防止电压回路短路		
	10	同期合闸功能检验	改变装置两路电压信号之间的相位差，观察相位指示灯指示正确。分别调节待并侧和系统侧压差、频差均在允许范围之内，观察相位指示灯旋转方向正确，待并侧频率高于系统侧频率时指示灯应顺时针旋转，待并侧频率低于系统侧频率时指示灯应逆时针旋转。观察合闸信号能正确发出，测量合闸脉冲输出正常			

√	序号	检验项目	检验内容及要求	危险点控制	检验结果	责任人签字
	11	传动试验				
	11.1	控制回路传动	在DCS画面分别进行自动准同期装置的投入、解除和复位操作、检查自动准同期装置动作正确			
	11.2	同期点选择检验	在DCS画面分别对自动准同期选线器装置选择同期点进行切换、检查相关切换回路动作应正确	（1）必须得到一次工作负责人或运行值班人员同意，方可传动断路器。 （2）检查断路器本体上确无人员工作，且开关场应有专人监视。 （3）防止走错间隔		
	11.3	调速功能传动检验	通过自动准同期装置发出增速、减速脉冲，检查汽轮机调速系统动作正确			
	11.4	调压功能传动检验	通过自动准同期装置发出升压、降压脉冲，检查励磁调节装置动作正确			
	11.5	同期合闸检验	通过自动准同期装置发出合闸脉冲，检查断路器动作正确（在不同同期点试验）			
	12	恢复继电保护安全措施	（1）拆除试验接线及临时电源线。 （2）对照继电保护安全措施票恢复二次安全措施、经专人核查并做记录。 （3）清理工作现场	（1）防止误接线、误投压板。 （2）防止电流回路开路、电压回路短路。 （3）防止直流短路、接地		
	13	定值与开关量状态核查				
	13.1	定值核查	断、合一次逆变电源开关、核对定值报告与定值整定通知单的一致性，并注明定值单号及日期	防止误整定		
	13.2	开关输入量状态核查	核对开关量状态应与实际运行状态一致			
	14	结束工作票	（1）会同运行人员检查继电保护安全措施确已恢复。 （2）会同运行人员核对装置定值正确无误。 （3）填写同期装置检验记录			
	15	同期装置投运试验				

√	序号	检验项目	检验内容及要求	危险点控制	检验结果	责任人签字
	15.1	零起升压检同期试验	测量发电机和母线 TV 二次电压及相序，检查同期装置的两路同期输入电压信号应幅值相等，相位一致	（1）防止电压回路短路。（2）防止直流短路、接地。（3）假同期并网操作前，注意通知热控专业做好措施，防止 DEH 误判断为发电机真并网造成汽轮机超速。（4）试验过程中如同期装置都一直是带电状态，则每次试验前都应对同期装置进行复位操作		
	15.2	调频、调压控制系数和同频调频脉宽调整	投入同期装置的调速及调压功能，观察发电机频率或电压的变化情况，确保调节过程既快速又平稳			
	15.3	假同期试验	测量断路器操作回路实际合闸时间，并调整系统参数定值			
	15.4	准同期并网	用录波器录入整个自动准同期并网过程中的电压、电流、合闸接点信号、断路器辅助接点位置信号，录波数据应与实际相符			
	15.5	办理本次工作终结手续	判定试验数据正确后填写同期系统检验记录，并办理本次工作终结手续			
发现问题及处理情况						
遗留问题						
工作日期		工作负责人		工作班成员		

5. 现场工作记录

（1）绝缘检查记录表见表 4-22。

表 4-22　　　　　　　　　　　　　绝缘检查记录表

检查内容	检查结果（MΩ）	检查内容	检查结果（MΩ）
交流电压回路对地绝缘电阻		信号回路对地绝缘电阻	
直流电源回路对地绝缘电阻		跳、合闸回路对地绝缘电阻	

（2）逆变电源运行时间核查记录表见表 4-23。

表 4-23　　　　　　　　　　　　逆变电源运行时间核查记录表

检查内容	检验结果
逆变电源投运时间	

（3）通电初步检验记录表见表 4-24。

表 4-24　　　　　　　　　　　　　通电初步检验记录表

检查内容	检验结果	检查内容	检验结果
软件版本		程序形成时间	
程序校验码		定值单执行情况	字　号　　年　月　日

（4）模数变换系统检验。

1）零漂检验记录表见表 4-25。

表 4-25 　　　　　　　　　　　　　　零漂检验记录表

通　道		U_A	U_B	U_C
实测值（V）	待并侧			
	系统侧			

2）电压幅值精度检验记录表见表 4-26。

表 4-26 　　　　　　　　　电压幅值精度检验记录表

输入电压（%）	待并侧实测值［基准值（%）］			系统侧实测值［基准值（%）］		
	U_A	U_B	U_C	U_A	U_B	U_C
20						
100						
120						

3）电压相位差精度检验记录表见表 4-27。

表 4-27 　　　　　　　　　电压相位精度检验记录表

待并侧 A 相与系统侧 A 相相位差	输入值（°）	0	90	−90	180	−180
	实测值（°）					
待并侧 B 相与系统侧 B 相相位差	输入值（°）	0	90	−90	180	−180
	实测值（°）					
待并侧 C 相与系统侧 C 相相位差	输入值（°）	0	90	−90	180	−180
	实测值（°）					

4）电压频率精度检验记录表见表 4-28。

表 4-28 　　　　　　　　　电压频率精度检验记录表

待并侧电压频率	基准值（Hz）	45	50	55
	实测值（Hz）			
系统侧电压频率	基准值（Hz）	45	50	55
	实测值（Hz）			

（5）定值检验。

1）压差定值检验记录表见表 4-29。

表 4-29 　　　　　　　　　压差定值检验记录表

系统侧电压幅值（V）	95%待并侧下限电压（V）	105%待并侧下限电压（V）	检验结果
系统侧电压幅值（V）	95%待并侧上限电压（V）	105%待并侧上限电压（V）	检验结果

2）频差定值检验记录表见表 4-30。

表 4-30 　　　　　　　　　频差定值检验记录表

系统侧电压频率（Hz）	95%待并侧下限频率（Hz）	105%待并侧下限频率（Hz）	检验结果
系统侧电压频率（Hz）	95%待并侧上限频率（Hz）	105%待并侧上限频率（Hz）	检验结果

3）电压闭锁定值检验记录表见表 4-31。

表 4-31　　　　　　　　　　　**电压闭锁定值检验记录表**

系统侧电压幅值（V）	95％待并侧闭锁电压（V）	105％待并侧闭锁电压（V）	检验结果
待并侧电压幅值（V）	95％系统侧闭锁电压（V）	105％系统侧闭锁电压（V）	检验结果

4）过压保护定值检验记录表见表 4-32。

表 4-32　　　　　　　　　　　**过电压保护定值检验记录表**

系统侧电压幅值（V）	95％待并侧过压（V）	105％待并侧过压（V）	检验结果

（6）中间继电器检验记录表见表 4-33。

表 4-33　　　　　　　　　　　　**中间继电器检验记录表**

名称	型号	编号	电阻（Ω）	动作值（V）	返回值（V）	动作时间（ms）
HJ						
1ZZJ						
2ZZJ						
3ZZJ						
4ZZJ						
5ZZJ						
6ZZJ						
1ZJ						
2JJ						
SWJ						工作线圈
						复归线圈

（7）同期合闸功能检验记录表见表 4-34。

表 4-34　　　　　　　　　　　**同期合闸功能检验记录表**

电压频率情况	系统侧电压幅值（V）	待并侧电压幅值（V）	指示灯旋转方向	合闸脉冲输出	检验结果
待并侧电压频率高于系统侧电压频率					
待并侧电压频率低于系统侧电压频率					

（8）传动试验。

1）控制回路传动试验记录表见表 4-35。

表 4-35　　　　　　　　　　　**控制回路传动试验记录表**

同期装置投入	同期装置解除	同期装置复位	检验结果

2）同期点选择检验记录表见表 4-36。

表 4-36　　　　　　　　　　　**同期点选择检验记录表**

同 期 点 选 择	检 验 结 果

3）调速功能传动检验记录表见表 4-37。

表 4-37　　　　　　　　　　　调速功能传动检验记录表

同期装置发出增速脉冲	同期装置发出减速脉冲	检验结果

4）调压功能传动检验记录表见表 4-38。

表 4-38　　　　　　　　　　　调压功能传动检验记录表

同期装置发出升压脉冲	同期装置发出降压脉冲	检验结果

5）同期合闸检验记录表见表 4-39

表 4-39　　　　　　　　　　　同期合闸检验记录表

同期装置发出合闸脉冲	检 验 结 果

（9）定值及开关输入量状态核查记录表见表 4-40。

表 4-40　　　　　　　　定值及开关输入量状态核查记录表

检验内容	核对定值与定值整定通知单的一致性，核对开关量状态与实际运行状态的一致性
检验结论	

（10）投运试验。

1）零起升压检同期试验记录表见表 4-41。

表 4-41　　　　　　　　　　零起升压检同期试验记录表

系统侧电压幅值（V）	系统侧电压相序（V）	待并侧电压幅值	待并侧电压相序

2）调频、调压控制系数和同频调频脉宽调整记录表见表 4-42。

表 4-42　　　　　　调频、调压控制系数和同频调频脉宽调整试验记录表

调频控制系数整定	调压控制系数整定	同频调频脉宽整定

3）假同期试验记录表见表 4-43。

表 4-43　　　　　　　　　　　假同期试验记录表

断路器操作回路实际合闸时间（ms）	

（11）检验用主要试验仪器记录表见表 4-44。

表 4-44　　　　　　　　　　检验用主要试验仪器记录表

序号	试验仪器名称	设备型号	编号	合格期限

❖【复习思考】

4-5-1 准同步并列的条件有哪些？

4-5-2 非同步并列的危害有哪些？

4-5-3 准同步并列合闸命令发出的时刻是什么时候？

4-5-4 自动准同步并列装置的功能是什么？

4-5-5 自动准同步并列装置的定值有哪些？

4-5-6 自动准同步并列装置检验的工作流程是什么？

4-5-7 自动准同步并列装置检验的项目有哪些？

4-5-8 自动准同步并列装置检验的步骤是什么？

4-5-9 自动准同步并列装置检验现场记录是什么？

Ⓖ【项目总结】

通过该项目学习和实施，使同学们掌握了备用电源自动投入装置、自动按频率减负荷、故障录波装置、发电机自动调节励磁装置、准同期自动并列装置的原理及性能检验与运行维护的相关知识和技能，培养了学生严谨的工作作风和敬业精神、安全意识和团队协作精神。

附录 A　线路保护现场运行与维护导则

（1）运行中的保护装置，每个运行班必须巡视检查一次。

（2）正常巡视检查项目：

1）各继电器、整组箱、保护装置外壳应清洁，外盖无松动、破损、裂纹现象。

2）继电器工作状态应正常，无异常响声、冒烟、烧焦气味。

3）压板及转换开关位置应与运行要求一致。

4）各类监视、指示灯、表计指示正常。

5）光字牌、音响信号和闪光装置经试验良好。

6）直流绝缘监察装置完好，直流回路绝缘电阻变化在规定值内，监察装置交流电源已投入，各测试位置的信号正常。

7）控制熔断器、信号刀闸、电源刀闸（快分开关）位置符合运行要求。

8）为保证装置准确工作的空调机应能正常运行，如发现不能运行，应立即报告主管生产领导。

9）保护打印机的打印纸应足够，打印机应在准备工作状态（POWER 和 LINE 指示灯应亮）。打印机的打印色带应及时更换。

10）现场运行人员应在每月 1 日对微机保护装置进行采样值检查；每周星期一核对时钟。

（3）一次设备的负荷电流不得超过该设备所允许的负荷电流，否则应汇报当值调度员。

（4）凡一次操作过程中涉及继电保护装置可能误动时，应先将可能误动的保护退出，操作完毕后，按正常方式投入。

（5）为防止寄生回路引起保护装置误动，装直流控制熔断器时，应先装负极，后装正极，取下时相反。

（6）凡断路器机构进行调整或更换部件后，须经过保护带断路器做传动试验合格后，继电保护装置方可投入运行。

（7）一次设备或继电保护装置检修试验前（即将开工前），应考虑断开以下压板：

1）该设备保护启动远切、远跳、联切的启动压板及远切、远跳、联切跳该设备的压板。

2）母联及旁路跳闸压板。

3）母差、失灵保护跳该设备的跳闸压板。

4）该设备保护启动失灵保护的压板。

5）低频、低压减载装置跳该设备的压板。

6）该设备的跳闸压板。

（8）继电保护装置的检验工作在开工前，值班人员应按 DL 408《电业安全工作规程（发电厂和变电所电气部分）》的要求布置好安全措施。

（9）运行中的继电保护装置如需改变原理接线，应有经调度该设备的继电保护专业归口主管部门批准的文件和图纸资料，经运行人员验收合格并签字后方可投入运行。

（10）当运行值班员发现保护有异常时，按现场运行规程需停用的，应及时汇报调度将其停用，并迅速通知维修单位。

（11）保护动作使断路器跳闸后，运行人员应准确记录断路器跳闸的时间，详细记录所有需人工复归的保护动作信号和光字牌信号及其异常情况，打印微机保护总报告和分报告以及故障录波报告，并将有关的记录和报告按规定及时汇报当值调度员和继电保护部门。

（12）保护误动或动作原因不明造成断路器跳闸，除按第（11）条做好记录外，值班人员还应保护好现场，严禁打开继电器和保护装置的盖子或动二次回路，并及时汇报调度、维修单位和相关领导，听候处理。

（13）交流电压回路发生断线不能尽快恢复或人为切断交流电压时，必须将接在该电压回路上的下列保护装置退出并汇报调度：

1）距离保护。

2）高频方向保护。

3）高频闭锁距离、零序保护（非独立的高频闭锁零序保护只退高频闭锁部分）。

4）只采用自产 $3U_0$ 的方向零序电流保护，如需继续运行，应按调度命令将方向零序电流保护改为零序电流保护。

5）低电压解列装置。

6）低频、低压减载装置。

7）低电压保护。

8）采用阻抗或电压作选相元件且用零序电流作接地故障判别元件的综合重合闸装置，其重合闸方式开关置"停用"位置。

9）其他可能误动的保护装置。

（14）在下列情况下，重合闸装置方式开关投"停运"位置：

1）新建或检修后的线路送电时。

2）合闸电源不可靠时。

3）断路器遮断容量不够时。

4）断路器因故障跳闸次数超过规定次数而未检修时。

（15）如一台断路器配有两套重合闸装置，正常运行只合上其中一套的合闸压板，但两套重合闸的方式开关应按调度命令切换一致。

（16）重合闸的重合方式和重合闸时间的选择按调度命令执行。

（17）当保护装置发"直流消失"信号时，如装置逻辑回路采用变电站直流电源直接供电方式，应立即报告当值调度员，申请退出保护装置，并迅速查明原因进行处理；如装置逻辑回路采用逆变电源供电方式，应先将逆变电源再启动一次，若装置仍不能恢复直流电压时，应立即报告当值调度员，申请退出保护装置，并通知维修部门。

（18）倒闸操作时，如交、直流电压采用刀闸辅助触点启动中间继电器自动切换方式，倒闸过程中可不退距离保护，倒闸完毕后应检查电压切换是否良好；如交、直流电压由切换把手经中间继电器人工切换时，在电压切换过程中，应先断开距离保护的出口压板，然后操作切换把手切换交流电压，在交流电压切换成功后，再进行倒闸操作。

（19）当两个交流电压切换中间继电器同时动作发信号时，在发信号期间运行人员不允许断开母联断路器，以防止电压互感器反充电。

（20）当零序电流保护所取用的电流回路被旁路时，应考虑退出该保护可能误动段。

（21）高频保护的运行与维护见《高频保护运行规程》（由于篇幅有限，此处不再赘述），强调如下内容。

1）高频保护在投入运行时，收信裕度量不得低于 8.868dB（以收信灵敏始点电平为基值），否则不能投运。

2）高频保护必须每天交换信号，运行中当传输衰耗较投运时增加量超过规定值（3dB）而发告警信号时，应立即报告当值调度员；运行中如发现裕度量低于 5.68dB 时，应立即报告当值调度员，并申请退出高频保护，通知维修部门处理。保护调试人员应在收发信机收信电平表（收信裕度电平表）上将收信裕度量 8.868dB、5.68dB 之处予以标记。

3）当母联兼旁路（或专用旁路）断路器代线路断路器运行时，如高频切换采用通道切换方式，应将被代线路高频通道切换到母联兼旁路（或专用旁路）的收发信机，而该收发信机的频率应切换到被代线路的高频保护相应频率；如高频切换采用切换收发信机（或收发信机和高频闭锁装置），应将被代线路的收发信机（或收发信机和高闭装置）切换至母联兼旁路（或专用旁路）保护屏。旁路保护可以改变频率的收发信机在不运行时，应将收发信机本机负荷投入。

（22）母联兼旁路断路器代出线路断路器运行时，应退出母联非全相保护。

（23）母联兼旁路断路器（或专用旁路断路器）代出线断路器的操作前，退出被代断路器线路的高频保护，被代断路器的距离和方向零序电流保护不退出，投入旁路断路器的距离和方向零序保护。操作完毕后按第（21）条 3）投入高频保护。

参 考 文 献

[1]　国家电力调度通信中心. 国家电网公司继电保护培训教材（上、下册）. 北京：中国电力出版社，2009.

[2]　国家电网公司人力资源部. 继电保护及自动装置. 北京：中国电力出版社，2010.

[3]　贺家李，李永丽，李斌，等. 电力系统继电保护原理与实用技术. 北京：中国电力出版社，2009.

[4]　贺家李，宋从矩. 电力系统继电保护原理（增订版）. 北京：中国电力出版社，2004.

[5]　张成林，王宇，谢红灿. 基于工作项目的"继电保护及自动装置"课程研究与教材开发探索. 中国教育与发展，2010，（12）：25-28.

[6]　李火元，等. 电力系统继电保护及自动装置. 北京：中国电力出版社，2009.

[7]　唐建辉. 电力系统自动装置. 北京：中国电力出版社，2005.

[8]　杨德先. 电力系统综合实验与指导. 北京：机械工业出版社，2004.

[9]　杨利水. 继电保护及自动装置检验与调试. 北京：中国电力出版社，2008.

[10]　陈延枫. 电力系统继电保护技术. 北京：中国电力出版社，2011.

[11]　刘学军. 继电保护原理. 北京：中国电力出版社，2004.

[12]　王维俭. 发电机变压器继电保护应用. 2版. 北京：中国电力出版社，2005.

[13]　涂光瑜. 汽轮发电机及电气设备. 2版. 北京：中国电力出版社，2007.

[14]　李玉海，刘昕，李鹏. 电力系统主设备继电保护试验. 北京：中国电力出版社，2005.

[15]　陈生贵. 电力系统继电保护. 重庆：重庆大学出版社，2003.

[16]　黑龙江省电力调度中心. 220kV及以上电网继电保护装置检验方法和检验报告. 北京：中国电力出版社，2005.

[17]　贺家李. 电力系统继电保护原理（增订版）. 北京：中国电力出版社，2004.

[18]　福建省电力有限公司. 变电运行岗位培训教材. 北京：中国电力出版社，2011.

[19]　李丽娇，齐云秋. 电力系统继电保护. 北京：中国电力出版社，2005.

[20]　福建省电力有限公司. 变电运行岗位培训教材. 北京：中国电力出版社，2011.

[21]　钱武、李生明. 电力系统自动装置. 北京：中国水利水电出版社，2004.

[22]　李斌. 电力系统自动装置. 北京：中国电力出版社，2008.

[23]　黄梅，张海红. 电力系统自动装置同步训练. 北京：中国电力出版社，2003.

[24]　王晴. 变电站值班与运行管理. 北京：中国电力出版社，2008.

[25]　韩天行. 继电保护及自动化装置检验手册. 北京：机械工业出版社，2004.

[26]　韩天行，等. 微机继电保护及自动化装置检验手册. 北京：中国电力出版社，2011.